Walter Alfred Siebel

Noosomatik

Band III

Physiologische Anatomie

und

Noosomatik

Band IV

Physiologische Anthropologie

D1617830

Dareschta Verlag

Autor: **Walter Alfred Siebel**, geboren am 25.10.1947 in Simmern/Hunsrück. September 1966 Abitur, Hochschulstudien unterschiedlicher Fachrichtungen in Heidelberg, Tübingen, Genf und Bonn. Theologische Examina 1970 und 1972, in kirchlichen Diensten bis 31.10.1980. Danach selbständig als Berater, Forscher und Dozent.

ISBN 978-3-89379-072-2

Bibliografische Information der Deutschen Bibliothek
Die Deutsche Bibliothek verzeichnet diese Publikation in der Deutschen Nationalbibliografie;
detaillierte bibliografische Daten sind im Internet über http://dnb.ddb.de abrufbar.

Dareschta Verlag und Versandbuchhandlung
Bahnhofstr. 41, 65185 Wiesbaden
www.dareschta.com

Druck: Tiemann Grafik Hohenlohe, 74653 Künzelsau

Printed in Germany 2009
© 1980 – 2009 Walter Alfred Siebel

Vorwort

Auch dieser Band ersetzt keine medizinischen Kenntnisse, setzt vielmehr deren angemessene Anwendungen voraus und möchte der Diagnostik und der Beratung und Therapie Perspektiven eröffnen, das Individuelle der Einzigartigkeit eines Menschen erfassen zu können. Der Stand der Forschung ist kein Stillstand, so dass neue Erkenntnisse nach Drucklegung natürlich nicht berücksichtigt werden konnten.

In diesen Band haben auch Vorveröffentlichungen, die z. T. erheblich überarbeitet worden sind, Eingang gefunden, die nur dann gesondert vermerkt werden, wenn andere inhaltlich an der Erstellung beteiligt gewesen sind. Die unterschiedlichen Stile und Schreibweisen (z. B. Oozyte bzw. Oocyte) in den Texten und in den Zitaten lassen sich also leicht erklären.

Das Anliegen, für Laien (wenigstens einigermaßen) verständlich zu schreiben, besitzt nach wie vor Priorität, weshalb manche humorvolle oder „saloppe" stilistische Einlagen verkraftet werden müssen.

Den Hormonen haben wir Ziffern zugeordnet, die sich auf die Bearbeitung und eine Liste in dem noch zu veröffentlichenden Band II der Noosomatik-Reihe beziehen.

Nach den Methoden des Männlich-Weiblichen-Prinzips (siehe Noosomatik Bd. I) haben wir die Organe den Senkrechten des Umgangs-Diagramms (siehe Noosomatik Bd. I) und ihrem jeweiligen Prinzip zugeordnet. Wo MP oder WP zweimal vorkommt, haben wir den Parasympathikus bzw. den Sympathikus für essenziell erklärt, die jeweiligen 2 MP bzw. 2 WP „auseinanderzuhalten". Die entsprechenden Diagramme für Bd. III finden sich im Anhang.

Hormone und auch nervale Aktivitäten können aufeinander einwirken. Es kann dabei zu Beeinflussungen kommen, die als Qualifizierung (Begrenzung) wirken. Dafür haben wir die Abkürzung „qual" verwendet.

Mit dem Begriff „Organ" bezeichnen wir eine körperliche Einheit, die in der Lage ist, Information der Fähigkeit des Organs entsprechend anzunehmen, zu verarbeiten und das Verarbeitungsprodukt abzugeben. So betrachtet ist der Mensch selbst ein Organ!

Wiesbaden, 17.4.2009

Walter Alfred Siebel

Walter Alfred Siebel

Noosomatik

Band III

Physiologische Anatomie

Dareschta Verlag

Zu den Inhalten der Reihe Noosomatik

Da die Reihe Noosomatik eine Sammelreihe ist, kann zwar jedes Buch für sich selbst stehen, jedoch können nicht in jedem Band immer wieder Grundlegungen ausführlich besprochen werden, die anderen Bänden vorbehalten sind.

Deshalb hier eine <u>kurze</u> Übersicht:

Band I
Theoretische Grundlegungen

Band II
Zytologie und Stoffwechsel

Band III/IV
Physiologische Anatomie
Physiologische Anthropologie

Band V
Noologie, Neurologie und Kardiologie

Band V.1
EKG-Modul

Band VI.1
Die somatischen Formenkreise

Band VI.2
Kompendium der hämatologischen und serologischen Laborwerte

> *Anschlussbände:* VI.3 Dokumentationen; VI.4 Pharmakologisches Kompendium, VI.5 Praktische Naturheilkunde

Band VII
Anatomie einiger philosophischer Theorien

Abkürzungen der Fundstellen

GuG: Geist und Gegenwart
Texte zu Grundlagen der Anthropologie
Beiheft 1 zu WuL, 1988

GuM: Gemeinschaft und Menschenrecht
Texte zur anthropologischen Soziologie
2., Aufl., 1995

OuW: W. A. Siebel: Ordnung und Weite
Texte zur Anthropologie des Rechts auf sich selbst
Beiheft 5 zu WuL, 1991

Schmach usw. W. A. Siebel: Schmach
Die Schuld eine Frau zu sein
4., Aufl., 2007

SuI: W. A. Siebel: Sinn und Irrtum
Texte zu den Inhalten logosophischer Weiterbildung
1991

Umgang: W. A. Siebel: Umgang
Einführung in eine psychologische Erkenntnistheorie
5., Aufl., 2007

WuL: Wissenschaft und Logos
Halbjahresschrift für Theologie, Medizin und Psychologie. ab Mai 1986 - 1992
1993-1997: Jahresschrift für Anthropologie, Medizin und Religionswissenschaft

WuM: Würde und Mut
Texte zur Anthropologie der Sprache und des Rechts auf Gegenwart
2., Aufl., 1995

ZuA: W. A. Siebel: Zeit und Augenblick
Texte zur interdisziplinären Betrachtung der Heilungstendenz im Menschen
Beiheft 4 zu WuL, 1990

Wichtige Abkürzungen

a.a.O.   am angeführten Ort (gleiche Fundstelle wie zuvor)
adsyst   adversives System
AS   Aminosäure
autonsyst autonoetisches System
avsyst   aversives System
cf.   siehe (die Zitatstelle wird angegeben)
div.   diverse: mehrere Stellen a.a.O.
dra   draußen
dri   drinnen
dru   drumherum
Eff/Int   (Verwechslung) von Effekt/Intention

f. (ff.)	und die folgende(n) Seite(n)
FH	Frontalhirn
GPS	Gehirnphysiologischer Schalter
GS	Glaubenssenkrechte
HS	Heilssenkrechte
(i)MV	(individuelles) Mischungsverhältnis
LS(B)	Lebensstil(bild)
medsyst	mediales System
metansyst	metanoetisches System
MP	männliches Prinzip
MWP	männlich-weibliches Prinzip
NOD	Noosomatisches Organdiagramm
pathsyst	pathisches System
SDV	Sargdeckelverschluss
sE	schädigende Erziehung; schädigender Erzieher/ schädigende Erzieherin
sotsyst	soterisches System
ugspr.	umgangssprachlich
UD	Umgangsdiagramm
VA	Verwundung(s-Atmosphäre)
WP	weibliches Prinzip

Abkürzungen der Lebensstilbilder

A^4	ohne Zusatz
A^5	ohne Zusatz
As	Auserwählt sein und bleiben (wollen)
Aw	Immer wieder neu auserwählt werden wollen
EH	Einsame Heldin / Einsamer Held
Ek	Einzelkämpfer/in
Er	Erste/r
Gü	Gütste/r
He	Herzogin
Ka	Kaiser/in
Kö	König/in
Ku	Kuddelmuddel
Mä	Märtyrer/in
Pr	Prinz/essin
WO	Williges Opfer

Einige Abkürzungen der Hormone

ACE	Angiotension Converting Enzyme
ACTH	Adrenocorticotropes Hormon
ADH	antidiuretisches Hormon
ANF	Antinatriuretisches Hormon
ATP	Adenosintriphosphat

ATP-P	Adenosintetraphosphat
cAMP	cyclisches Adenosinmonophosphat
CCK	Cholecystokinin
CGrP	Calcitonin Gene related Peptide
CRF	Corticotropin-Releasing-Factor
DOC	11-Desoxycorticosteron
DOPA	Dihydroxyphenylalanin
E2	Estradiol, Östradiol
E3	Estriol, Östriol
EPO	Erythropoietin
FSH	Follikelstimulierendes Hormon; syn.: Follitropin
FAB	Follikuläres aromatasehemmendes Protein
GABA	Gamma-Aminobuttersäure
GH	Growth Hormone
GIP	Gastric Inhibitory Polypeptide
HCS	human chorionic somatomammotropin
HPL	Human Placental Lactogon
HSH	human survival hormone
IGF	Insulin-like Growth Factor
LH	luteinisierendes Hormon, syn.: Lutropin
MIH	Melanostatin, syn.: Melanotropin Release-Inhibiting-Hormone
MRH	Melanoliberin, melanotropin releasing hormone
MSH	Melanozytenstimulierendes Hormon
OMI	Oocyte Maturation Inhibitor
PBP	Prostata Binding Protein
PG	Prostaglandin
POMC	Proopiomelanocortin
SRH	Somatoliberin
STH	somatotropes Hormon, Somatotropin
STH-IH	Somatostatin
T3	Trijodthyronin
T4	Thyroxin
TBG	Thyroxinbindendes Globulin
TBPA	Thyroxinbindendes Präalbumin
TRH	Thyreoliberin, Thyreotropin-releasing-hormone
TSH	Thyroidea-stimulating-hormone
VIP	vasoaktives intestinales Polypeptid

Kleines Glossar medizinischer Fachbegriffe

apokrin	einen Teil ausschüttend
Cerebr-:	Wortverbindungen, die das Gehirn betreffen
cervical	halswärts
Cervix	Hals, Nacken
Cortex (cortical)	Rinde (zur Rinde gehörend)
Derm-	Wortverbindungen, die die Haut betreffen

dorsal	zum Rücken hin
dorso-lateral	vom Rücken her seitwärts
endokrin	Abgabe nach innen, ins Blut
Epithel(ium, Plural: ia)	Deckgewebe, oberste Zellschicht einer Haut oder Schleimhaut
exokrin	Abgabe in nach außen
Gastr-	Wortverbindungen, die den Magen betreffen
-gen	von ... her, zu ... gehörig
holokrin	sich ganz ausschütten (einschließlich Zelle)
intermediär	dazwischenliegend
interzellulär	zwischen den Zellen
Intestin-	Wortverbindungen, die den Darmtrakt betreffen
intrazellulär	innerhalb der Zelle
Kardio-	Wortverbindungen, die das Herz betreffen
kardiogen	zum Herz gehörig, vom Herz ausgehend
kaudal	zum unteren Ende hin
kranial	zum Kopf hin
kraniokaudal	vom Kopf zum unteren Ende hin
lateral	seitwärts
longitudinal	längswärts
Lumen	lichte Weite eines röhrenförmigen Hohlorgans
Nephr(o)-	Wortverbindungen, die die Niere betreffen
neurokrin	in Richtung Nervenzelle
parakrin	neben die Zelle (Zellzwischenraum)
paraxial	neben (para) der Achse
parietal	einer Körperhöhle zugewandt
perikrin	etwas durch Abschnüren ausschütten
Peripherie	das, was (vom Zentrum aus) entfernt ist
proliferieren	wuchern, vermehrt wachsen (Proliferation)
rostral	nach vorne gelegen
Septum	Scheidewand
Thorax (thorakal)	Brustraum (zwischen Hals und Zwerchfell)
-trop	auf ... hin, für ...
ventral	bauchwärts
ventro-medial	bauchinnenwärts
visceral	einem Organ zugewandt
Zyste	Blase (allgemein!)

VIII

Inhaltsverzeichnis

X

Essenzialität von Hormonen

Wir können nur das verstehen, das mit unserem Gehirn kompatibel ist. Alles dem Gehirn nicht Kompatible ist uns unverständlich. Zum Beispiel ist uns nur nachvollziehbar, wozu wir selbst auch in der Lage sind.

Berücksichtigen wir, dass jedes Gehirn einzigartig ist, ist es ein Wunder, dass wir uns überhaupt verstehen.

Macht ein anderer etwas uns Unverständliches, können wir nachfragen. Oft warten wir die Antwort gar nicht ab, weil wir davon ausgehen, dass uns die Antwort nicht gefallen wird. Wenn wir Auskunft einholen und der andere zögert, bauen wir eine Interpretation, so dass uns alles wieder bekannt vorkommt und sei es, dass wir Erklärungen hinzufügen. Neues wird nur akzeptiert, wenn es zu unserem bisherigen Wissen und zu unserer Gewohnheit passt und sei es durch Einordnung, eventuell durch Verfälschung. Haben wir kein ausreichendes Wissen, um mit Neuem umzugehen, empfinden wir uns als hilflos und ohnmächtig. Das erinnert uns zumindest unbewusst an frühkindliche Erfahrungen, die unangenehm und schmerzhaft gewesen sind, Schmerzen verursacht haben. Wir agieren Anpassung des Draußen an das Drinnen oder Einpassung des Drinnen nach draußen. Wir sehen das, was wir sehen wollen.

Die Menschheit hat sich „flott" von den Jägern und Sammlern zu den gegenwärtigen Freizeitspezialisten entwickelt. Die Evolution (wer immer das auch ist) hat einiges zu Wege gebracht, aber wie einige meinen, etwas versäumt. Das Versäumte bezieht sich auf die hormonelle Aktivität, den Stoffwechsel, nicht auf die nervale Aktivität. Wir haben immer noch die Fluchtmöglichkeit vor Säbelzahntigern, obwohl es diese nicht mehr gibt.

Wovor stehen wir dann, wenn wir Fluchtenergien bereitstellen? Wir produzieren ein bestimmtes Verhalten und unser Gegenüber reagiert so, dass wir eigentlich die Flucht ergreifen müssten.

Primäre und sekundäre Sozialisation bringen mit sich, mit den kulturellen Erfordernissen umgehen zu können. Diese Sozialisation ist Folge von kulturellen Konventionen, auch wenn diese gemäß gewisser Institutionen von einem Gott direkt übergeben worden sein sollen. Da schleicht sich Zweifel ein. Bei den Institutionen jedoch schleicht sich auch Zweifel ein, da deren Reden schizoid, paradox und zwiespältig erscheinen: mal ja zu etwas, mal nein dazu. Diese Reden erinnern an gewisse gespaltene weiße Zungen. Also gehen wir vielleicht zurecht davon aus, dass nicht ein Sonnengott, sondern wir die kulturelle Entwicklung vollbracht haben.

Wenn wir jedoch mit unserer Produktion nicht umgehen können, sondern damit umgehen müssen, was wir vielleicht aber nicht können, weil etwas im Stoffwechsel nicht ausgereicht hat, müssen wir sagen, dass wir weder (religiös gesprochen) dazu geschaffen noch (säkular gesprochen) ausgestattet sind, mit den Folgen unserer „rasanten"

Entwicklung fertig zu werden. So ist es nachvollziehbar, dass nur das für uns Wirklichkeit ist, was wir für uns dazu erklären.

Diese tatsächlich ironisch gemeinte theoretische Verballhornung der konstruktiven Evolutionstheorie soll uns darauf hinweisen: wenn das stimmt, was da behauptet wird, verlieren wir irgendwann den Kontakt zur Wirklichkeit. Das kann sich in einer persönlich individuellen Entwicklung offenbaren: Beeinträchtigung durch Krankheiten (des Geistes und des Körpers), jedoch dann auch in der Summe in einem kulturellen Kollaps.

Hormone sind jedoch substanzielle Informationsträgerinnen und sind für unsere substanzielle Versorgung zuständig, angemessene Ernährung vorausgesetzt.

Nervale Informationen können schneller gegeben werden, um auf spontane Gefahren gescheit reagieren zu können. Doch die hormonellen Informationen sind die entscheidenden, sie unterstützen über Substanzvermittlungen die Tätigkeit unserer Organe. Unter dem Aspekt der organischen Betrachtung können wir definieren, was tatsächlich den Namen Organ verdient. Organe können mindestens etwas aufnehmen, etwas verarbeiten und etwas abgeben. Diese Betrachtungsweise ist die Voraussetzung für das Noosomatische Organdiagramm (NOD; siehe im Anhang).

Wir können die Organe einander zuordnen, ihre Dimensionen und Verwandtschaften erkennen und sie so in Senkrechten und Waagerechten einordnen. Die Dimensionen der Senkrechten und Waagerechten können über das männlich-weibliche Prinzip (MWP) definiert werden, das wir auch in der Noosomatik verwenden nach der Regel: es kann nur eine Wahrheit für den gleichen Sachverhalt geben.

Als Nächstes müssen wir herausfinden, wie die Organe für sich selbst sorgen, welchen Beitrag sie zum Selbsterhalt leisten. Dabei stoßen wir auf hormonelle Zusammenhänge, die noosomatisch essenziell genannt werden. Jedes Organ hat essenzielle Hormone, die nur für es selbst essenziell sind und nicht für andere. Diese Hormone machen zwei Dinge gleichzeitig: eines unterstützt und eines stützt. Diese Hormone können auch an anderer Stellen im Organismus auftauchen und produziert werden. Das ist physiologisch sehr ökonomisch. Wenn ein Organ erkrankt und in diesem Hormon Störungen auftreten, bedeutet es nicht, dass wir insgesamt auf die Produktion dieser Hormone verzichten müssen bzw., dass wir nicht mehr gesunden können. Im Laufe der noosomatischen Forschung konnte nachgewiesen werden, dass die geforderten essenziellen Hormone in den entsprechenden Organen vorzufinden sind. Die Literaturdurchsicht hat das überwiegend belegt.

Bei einigen, vor allem den gelben Organen, den „nach-18-Uhr-Organen" werden die von mir geforderten Substanzen als nicht besonders wichtig betrachtet. Das betrifft die „muco"-Substanzen (Schleimbestandteile) und andere Einweißverbindungen, die noch nicht als konkrete Substanz von anderen identifiziert wurden.

Die gelben Organe müssen in ihren tatsächlichen, nicht nur die Reproduktion betreffenden Tätigkeiten, betrachtet werden. Dann nämlich finden wir die physiologisch essenziellen Substanzen.

D.h. die Zusammenarbeit der Organe, als echtes Organ betrachtet, vermittelt einen Eindruck, wie vielfältig die Informationsverarbeitung in unserem Gesamtorganismus ist, nerval und über Substanzen über den Bluttransport. Ins Gehirn gelangt nicht alles. Die so genannte Blut-Hirn-Schranke wehrt bestimmte großmolekulare Angriffe ab, so dass nur die feinen Stöffchen durchkommen können, die lebenserhaltenden. Die Organe selbst bilden die entsprechenden Substanzen, die offiziell auch Hormone genannt werden, Vorstufen von Hormonen, die selbst auch hormonelle Wirkung entfalten.

4

A^{Dog}: primäre Adjunkta

Spermiendeutendes Organ (SO)

A^{Dog} MP plus pathsyst MWPa = MP plus MP plus WPa plus Sympathikus

Essenzielle Hormone
MP: Ätiocholanolon (1.1.2.5.4.); A^{Dog}; (wirkt fiebererregend)
MP: Androsteron (1.1.2.5.3.); A^{Dog}; (Abbauprodukt des Testosteron)
WPa: HSH (human survival hormone) (3.1.44.); A^{Dog}

Androsteron qual Ätiocholanolon qual HSH

LSB: Ku

Das SO (Spermiendeutende Organ) besteht aus der Zona pellucida und der Corona radiata, die die Oozyte umgeben. Die Entwicklung des SO beginnt mit der pränatalen Reifung und wird durch die postnatale Reifung der Oozyten fortgesetzt.

Embryologie
Zuerst vermehren und teilen sich die Oogonien mitotisch (Zellteilung). Dann beginnt die Prophase der ersten Reifeteilung (Meiose) bis zum Diktyotänstadium, in der die Oogonien sich nur wenig vergrößern. Die entstandenen **primären Oozyten** werden von einer einschichtigen Lage von Follikelepithelzellen umhüllt (ca. 12. Schwangerschaftswoche) und werden **Primordialfollikel** genannt (siehe Ovar).
    „Follikel sind im fetalen Ovar dann gebildet, wenn somatische Zellen, die zukünftigen Follikelzellen, individuelle Ovocyten vollständig umgeben, und wenn eine durchgehende Basallamina diese Einheit einschließt ... Diese Follikelbildung setzt nicht ein, bevor der Ovocyt in die Meiose eingetreten ist." (Hinrichsen, S. 788 f.)

Anatomie
Nach der Geburt entwickelt sich die Corona radiata während der Follikelreifung aus einem Teil der Follikelepithelzellen.
Aus dem **Primordialfollikel** entsteht, unabhängig von gonadotropen Hormonen, in der Zeit, in der die Oozyte springen wird, der **Primärfollikel**. Die Follikelzellen um die Oozyte, bislang einschichtig angeordnet, nehmen an Größe zu, wie auch die Oozyte. Dann ordnen sich die Follikelepithelzellen mehrschichtig an. Zwischen der innersten Zellschicht und der Oozyte entsteht die **Zona pellucida**, eine azelluläre Schicht, die aus Glykoprotein besteht, das von der Oozyte stammt! Bereits wenn zwei Schichten an Follikelzellen die Oozyte umgeben, ist die Bildung der Zona pellucida abgeschlossen.
Die Zellkommunikation zwischen den Follikelzellen und der Oozyte wird über gap junctions aufrecht erhalten: Ausläufer der Follikelzellen

durchsetzen die Zona pellucida und bleiben in direktem Kontakt mit der Ovozytenmembran (Hinrichsen, S. 793).

Nun treten Rezeptoren auf den Follikelzellen für FSH (follikelstimulierendes Hormon) auf. Durch eine FSH- (und eventuell LH- =luteinisierendes Hormon) Stimulation bilden die Follikelzellen einen flüssigkeitsgefüllten (liquor follicularis) Hohlraum. Dabei vermehren sie sich. Diese Follikelhöhle (Antrum folliculare) kommt ins Zentrum des so entstandenen **Sekundärfollikels**. Am Rande des Sekundärfollikels hat sich ein mehrschichtiger Randsaum (Epithel aus Follikelzellen, jetzt Granulosazellen genannt) gebildet. Ihnen innen anliegend befindet sich die Oozyte, umgeben weiterhin von der Zona pellucida und mehrschichtig angeordneten Follikelzellen, jetzt Cumulus Oophorus genannt.

Die innerste angrenzende Zellage im Cumulus Oophorus an die Zona pellucida ist die Corona radiata (Hinrichsen, S. 796).

Die Granulosazellen und die Zellen des Cumulus Oophorus zeigen jetzt die für Proteinsynthese und Sekretion typischen Merkmale (raues ER, auch 2-kernige Zellen, große reticuläre Nucleoli, Mitosen, zahlreiche freie Ribosomen in der Form von Polysomen, Fetttröpfchen im Cytoplasma).

Die Follikelzellen stehen untereinander durch lange cytoplasmatische Fortsätze in Kontakt. An den Kontaktstellen finden sich zahlreiche gap junctions. Die Zellen der Corona radiata stehen über ähnliche Zellfortsätze und gap junctions mit der Oozyte in Kontakt. Die Zellfortsätze durchsetzen die Zona pellucida.

Die den Follikel umgebenden Theca-interna-Zellen produzieren unter LH-Einfluss vorwiegend Androgene, von denen ein Teil die Follikelzellen erreicht, die sie in die Östrogene umbauen. Dabei wirkt FSH stimulierend. Im Follikel ist die Konzentration von 17-beta-Östradiol tausendfach höher als im Blut und fördert Wachstum und Entwicklung des Sekundärfollikels. Die Follikelzellen synthetisieren auch „Inhibin, Prostaglandine, Ovozytenreifungs-Hemmfaktor und einen Faktor, der die Desensitierung des LH-hCG-Rezeptors bewirkt" (Hinrichsen, S. 796).

Nun beginnt das Stadium des Tertiärfollikels. Der peripher liegende Kern der Oozyte löst die Kernmembran auf und beginnt mit der Meiose bis zur Metaphase der 2. meiotischen Teilung.

Die Follikelzellen um die Eizelle produzieren nun viel **Glycoprotein**, das nach außen abgegeben wird und auch in die Poren der Zona pellucida eindringt. Die Zellkontakte der Follikelzellen untereinander und die der Follikelzellen der Corona radiata zur Oozyte werden unterbrochen als Folge der LH-Wirkung. Diese Unterbrechung löst die Meiosetätigkeit der Oozyte aus (siehe oben).

Kurz vor der Ovulation schwimmt die Oozyte mit den sie umgebenden Cumulus-Zellen frei in der Follikelhöhle. Die wandständigen Follikelzellen bekommen nun Strukturmerkmale von steroidbildenden Zellen.

Die den Follikel umgebende Basalmembran löst sich auf, Blutgefäße wachsen ein. Das Antrum schwillt an, bis der Follikel sich öffnet und die Oozyte, umgeben von Zona pellucida und Corona radiata, entweicht.

Jede Oozyte hat einen „**Schutzmantel**", das „Spermiendeutende Organ". Das Spermiendeutende Organ besteht aus zwei Schichten, der **Zona pellucida** und der **Corona radiata**. Sie bilden formal die äußere Begrenzung der befruchtungsfähigen Oozyte und werden deshalb von uns als das ‚Spermiendeutende Organ' bezeichnet, da von diesem Organ nur das eine Spermium hindurch gelassen wird, das der Oozyte entspricht. Diese Deutung verhindert, dem Zusammenwirken von Zona pellucida und Corona radiata eine Art „sinngebender" Funktion zuzusprechen. Die biochemische Verträglichkeit des Spermiums sorgt dafür, dass die Oozyte ihre Aufgabe als Gastgeberin mit allen Konsequenzen erfüllen kann - oder anders ausgedrückt: der Gast (das Spermium) muss sich der Oozyte anpassen und nicht umgekehrt.

Dieses Organ entscheidet darüber, welches Spermium durchgelassen werden darf. Also: nicht das schnellste Spermium kommt durch (wie einige Darwinisten behaupten). Bei der geglückten Begegnung von Oozyte und Spermium ist Geschwindigkeit nicht das Entscheidende. Durchgelassen wird das Spermium, das zur Oozyte passt. Der **Erkennungsreflex** ist bereits hier zu beobachten.

Dieser Sachverhalt lässt sich 4-dimensional beschreiben. Er besteht aus folgenden 4 voneinander unabhängigen Tatbeständen:

1. eine spezielle sexuelle Aktivität eines weiblichen Individuums,
2. eine spezielle sexuelle Aktivität eines männlichen Individuums,
3. ein spezieller Zeitpunkt im Hinblick auf die Fruchtbarkeit und
4. ein spezieller Zeitpunkt im Hinblick auf das Vorhandensein des zur Oozyte passenden Spermiums. (aus: Noosomatik Bd. I-2, 2.11.2.)

Kommt es zu einer Zusammenkunft von Oozyte und Spermium, begleitet das SO die Zygote (die „befruchtete" Oozyte) in der Tube und wird am Ende des 5. Tages, durch den entstandenen Raumbedarf der Blastozyste, aufgelöst. Kommt es nicht zu einer Zusammenkunft von Oozyte und Spermium, wird das SO in der Tube mit-„vernascht" zur zusätzlichen Regeneration der Frau. (siehe „Schmach, usw.", 8. Kapitel)

Essenzielle Hormone

MP: Ätiocholanolon (1.1.2.5.4.) ist ein wasserlösliches 17-Ketosteroid und Abbauprodukt des Testosterons und des Dihydrotestosterons, das in der Leber gebildet wird. Ätiocholanolon wirkt fiebererregend.

MP: Androsteron (1.1.2.5.3.) ist ebenfalls ein Abbauprodukt des Testosterons und sorgt dafür, dass das Spermium schwimmen kann. Androsteron ist schwach androgen wirksam.

Testosteron wird über die Niere in Form von Ätiocholanolon und Androsteron ausgeschieden.

WPa: HSH (Human Survival Hormone) (3.1.44.)

Mit der Entstehung der Zygote ist gleichzeitig per effectum diese selbst als **Ur-APUD-Zelle** entstanden und produziert dann HSH (Human Survival Hormone). (siehe auch ZuA, S.37 ff. und S.72 ff.)

Die direkte Abstammung der APUD-Zellen von der Zygote zeigt sich auch in deren Kommunikation, in der Ähnlichkeit von HSH und APUD-Hormonen: HSH ist ein Glykopeptid, die APUD-Hormone sind Peptide, beinhalten also Teile der HSH-Information (der Zucker des HSH dient dem Aufbau von Gedächtnismolekülen). (siehe Noosomatik Bd. V-2, S. 52)

„Die erhöhte Testosteron-Zufuhr bei der A^4-VA wirkt eine anabole Stoffwechsellage, die Anteile des HSH aufspaltet in Glukose (zum Aufbau von Gedächtnismolekülen) und in Enzyme (aus den Proteinen), die beim Umwandlungsprozess des Testosterons beteiligt sind, indem sie die 17-Ketosteroide im Blutkreislauf in Östrogen umwandeln. Nach getaner Arbeit kehren die Enzyme neu konfiguriert zur Glukose zurück und bilden das Gedächtnis für die Fähigkeit des Menschen, nicht in seinem eigenen männlichen Prinzip zu ersticken.

Der wirksamste Schutz der Feten gegen die pränatale Verwundung, das HSH, induziert bei Verwundung vermehrte Glukosebildung zum Aufbau von Gedächtnismolekülen, was nach der Geburt dazu führt, dass pränatal Verwundete ihrer Verwundung entsprechend mehr **Gedächtnismoleküle** produzieren. Dies bildet dann nach der Geburt einen ausreichenden Schutz gegen die pränatal notwendige erhöhte HSH-Produktion. Die Biochemie der Glukose begrenzt das HSH durch Quantifizierung. Gleichzeitig werden die prä- und paratraumatischen Erfahrungen dem physiologischen Zugriff zugänglich, selbst wenn perinatale Verwundungen diesen Zugriff durch Änderung hormoneller Mischungsverhältnisse blockieren." (Noosomatik Bd. I-2, S.223)

Frontalhirn

A^{Dog} MP plus autonsyst MP plus Sympathikus

Essenzielle Hormone
MP: **Neurotensin (3.1.27.), A^{Dog}**; (bewirkt eine Hyperthermie bei den Frontalhirnzellen und kommt in den das Frontalhirn mit Information versorgenden Nervenzellen vor)

MP: **Somatostatin (3.1.03.); A^4**; (bremst das Wachstum, verlangsamt die Stoffwechselaktivität)

Neurotensin qual Somatostatin qual Sympathikus

LSB: Gü

Embryologie
Ende der 4. Schwangerschaftswoche entwickeln sich am Neuralrohr drei primäre **Hirnbläschen**: das Vorderhirn (Prosenzephalon), das Mittelhirn (Mesenzephalon) und das Rautenhirn (Rhombenzephalon). Ab der 5. Woche erfolgt die Teilung des Vorderhirns in das paarige

8

Endhirnbläschen (Telenzephalon) und das unpaarige Zwischenhirn (Dienzephalon). Aus den Endhirnbläschen entwickeln sich die Großhirnhemisphären mit dem Frontalhirn, indem sie sich ballonartig ausdehnen und die phylogenetisch älteren Gehirnanteile (Zwischen-, Mittel-, Rautenhirn) überdecken. (Moore, 4., Aufl., S. 452 ff.)

Anatomie

Das Frontahlhirn (auch **Stirnhirn** oder praefrontale Rinde genannt) ist Bestandteil des Lobus frontalis, der wiederum eines der vier Lobuli (Lappen) des Großhirns ist (Lobus frontalis, Lobus parietalis, Lobus temporalis und Lobus occipitalis).

Das Frontalhirn liegt an den vorderen, unteren Rundungen der beiden Großhirnhälften (Hemisphären), im Bereich der beiderseits gelegenen Areae (Hirnareale) 47 und 11 (nach K. Kleist). Die Area 11 erstreckt sich von medial unten an der Fissura longitudinalis cerebri (Spalt, der die Hirnhälften längs teilt) gelegenem Gyrus rectus über die vorderen Anteile des Gyrus orbitales nach laterokaudal, zur Seite hin abgegrenzt vom lateralen Sulcus (Rinne) orbitalis. Seitlich schließt sich die lang gestreckte Area 47 an als vorderer Anteil des lateralen 3. Gyrus orbitales. Unmittelbar neben der Area 47 befinden sich von vorne die Areae 10, 46, 45a. An die Area 11 grenzen von vorne beginnend im Bereich der Fissura die Areae 10, 32, 25.

Die **Areae 47 und 11** weisen eine für das Großhirn typische 6-Schichtung auf, hier vom polaren Typ (wie auch die Area 18). Der differenzierte 6-schichtige Aufbau des Großhirns ist Hinweis auf phylogenetisch neuere Strukturen.

Die Areae 47 und 11 sind relativ klein und entwicklungsgeschichtlich betrachtet neue Areale, die anatomisch hereingeinselt wurden. Die alten Gehirnanteile wurden abgeschnitten und sind nach der „Tumorisierung" abgedrängt und vom Frontalhirn umgeben worden. Das Frontalhirn nimmt einen kleinen Raum ein, besteht ausschließlich aus Nervenzellen und ist nerval aktiv. Nach der Geburt bis zur Pubertät (7.-8. Lebensjahr) werden die Frontalhirnzellen mit Informationen von außen gefüllt.

„Im Frontalhirn werden Gedächtniszellen im zeitlichen Zusammenhang mit den während der vorlogischen Phase (bis etwa zum 7./8. Altersjahr) gemachten Erfahrungen angelegt. D.h. die Füllungen der Gedächtniszellen der Verwundung repräsentieren auch ihre Zeit - nicht nur den Inhalt -, d.h. sie behalten ihr Alter, so dass wir dann in der Lage bleiben, uns so zu verhalten, als wären wir z.B. vier Jahre alt.

Im Frontalhirn werden diese Gedächtniszellen im Zusammenhang ihrer Entstehung, also inklusive Zeitfaktor, angelegt.

Siehe dazu auch „Gedächtnisspuren in Nervensystemen und künstliche neuronale Netze" von Daniel L. Alkon, Spektrum der Wissenschaft, 9/1989, S. 66 ff." (Noosomatik Bd. I- 2, S. 83)

Das Frontalhirn enthält **Abbildungen**, die Antwort auf Widerfahrnisse/Außenimpulse sind, die sich nerval abgebildet haben und mit Handlungsmöglichkeiten assoziiert sind. Werden die Handlungs möglichkeiten vorher angekündigt? Befinden sich im Frontalhirn schon ein Teil der Handlungsmöglichkeiten?

Im Frontalhirn steckt die VA-Assoziation und eine Assoziation zum Erfolg im Sinne des Lebensstilbildes (LSB), und dazwischen liegen informative Assoziationsbahnen der sensomotorischen Art. Das bedeutet, eine VA-Assoziation im Frontalhirn löst an einer anderen Stelle im Gehirn Motorik oder Handlungsweisen oder beides aus. Wir sind zu den gleichen Handlungsweisen in unterschiedlichen Situationen in der Lage, auch ohne aversive Umgebung. Wir können z. B. auf einen Baum klettern und Kirschen pflücken, ohne dass ein Säbelzahntiger in der Nähe ist. Das gleiche Verhalten kann je nach Bedingungen mit oder ohne VA-Assoziation erfolgt sein. Auf den Baum klettern muss nicht mit der VA zusammenhängen.

Bei der **Parathymie** bleibt das Lachen in einer Katastrophensituation immer noch Lachen. Lachen ist Lachen, weshalb auch immer. Wir können einfach beschreiben, dass es diesen Umstand gibt ohne Schuld und Wertung, doch mit guten Kirschen ...

Essenzielle Hormone

Das Frontalhirn ist zum Überleben wichtig. Es wird in den ersten 7 bis 8 Jahren nach der Geburt gefüllt (gefüttert). Es gibt 14 LSB, deshalb brauchen wir ein Hormon, das aus 14 Aminosäuren besteht und wachstumsstoppend ist, damit das Frontalhirn nicht ins Unermessliche wächst. (siehe auch LSB in Noosomatik Bd. V-2)

Das zweite Hormon sollte weniger Aminosäuren haben, wegen der Asymmetrie und der LS-Änderungsmöglichkeit, damit die adversive Umdrehung möglich bleibt.

Über die 4-Schritt-Regel (4 mal 7 Systeme) gelangen wir zu 28 Syndromen (siehe „4-Schritt-Regel", Noosomatik Bd. I-2, S. 354 ff., und Syndrome Noosomatik Bd. V-2).

27 Stellen werden durch die beiden Hormone (14 Aminosäuren und 13 Aminosäuren) besetzt. Das Frontalhirn hat eine Lücke (die 28. Stelle im Frontalhirn); die für die 180°-Drehung (LS-Änderung) von Bedeutung ist. Diese Lücke kann uns bei adversiven Änderungsmöglichkeiten allerdings auch in Panik geraten lassen.

Aminosäuren können puffern, sie haben ein basisches Ende und ein Säureende und haben unmittelbaren Bezug zur Bioproteinsynthese für die Strukturierung. Gedächtnisinhalte müssen strukturierbar sein. Aminosäuren können Zucker binden und transportieren. Sie sind allseitig einsetzbar.

MP: Somatostatin (14 AS; STH-IH) (3.1.03.)

Somatostatin schützt, stützt und bremst das Frontalhirn, damit es nicht ins Unermessliche wächst. Somatostatin ist Gegenspieler des Insulins. Es wird fast überall im Körper gefunden (im Hypothalamus, den D-Zellen des Pankreas, in der Mucosa des Gastrointestinaltraktes, in den extrahepatischen Gallenwegen, im Thymus, in der Zunge, im Ovar, in den C-Zellen der Schilddrüse zusammen mit Calcitonin).

Sekretionsauslöser sind saurer pH-Wert im Magenantrum und im Duodenum, Fett, Stress, Östrogene und Androgene, gastrin releasing peptide, Substanz P, CCK, Sekretin, Neurotensin, Glucagon, Somatoliberin, Thyreoliberin, Somatotropin (feedback-Hemmung) Interleukin I.

Die Sekretion wird verringert durch Vagusaktivität, Serotonin, VIP, Enkephalin, pankreatisches Peptid, bei Morbus Alzheimer, Multipler Sklerose und Parkinson.

Die meisten Sekretionsauslöser für Somatostatin werden selbst von ihm gehemmt (feedback-Hemmung). Die generalisierte hemmende Wirkung von Somatostatin auf cAMP als second messenger über Synthesehemmung und Abbauförderung (Phosphodiesterase) führt zu einem großen Wirkungskreis.

Die **Wirkungen von Somatostatin** sind:
- Verringerung der cAMP-Synthese;
- Erhöhung der Phosphodiesteraseaktivität;
- Verringerung der Freisetzung und Wirkung von: Somatotropin (Wachstumshormon), Prolaktin, Thyreotropin, Calcitonin, Insulin, Glucagon, VIP, GIP, Sekretin, pankreatisches Polypeptid, gastrin releasing peptide, Gastrin, CCK;
- Verringerung der Sekretion von Magensäure und Pepsin, von Bicarbonat und Enzymen im Pankreas, des Gallenflusses, der Resorption von Glukose, Aminosäuren, Fetten, Calcium, Wasser und diversen Ionen, der neuronalen Aktivität im ZNS, der Zellteilung, des Blutdruckes und des Pulses. (König, 1993, S. 201 ff.)

Somatostatin kann als **Rückzugs- und Regenerationshormon** betrachtet werden. Es hat eine allgemein dämpfende Wirkung auf den Organismus: Nahrungsaufnahme, Reizaufnahme, Hormonaktivität, zentralnervöse Aktivität werden vermindert. Es wirkt so das Sich-Zurückziehen auf sich.

Aversive Verhaltensweisen können ebenfalls durch Somatostatin inhibiert werden: eine Art Selbstschutz des Organismus vor aggressiven Einflüssen von draußen oder drinnen.

MP: Neurotensin (13 AS) (3.1.27.) wirkt Hypotension, Hypothermie, Hyperglykämie, sowie eine Einschränkung der Sekretion und Mobilität im Magen-Darm-Trakt. Dieses wird in der VA dringend benötigt. Es dient dem **Schutz des Frontalhirns** und seiner Aktivität und kann auf den Magen-Darm-Trakt wirken (das Frontalhirn wirkt „gastrointestinales Strammstehen"). Der sekretionsauslösende Einfluss des Neurotensins entspricht einer feedback-Hemmung gegen überschießende Reaktionen in der VA. Neurotensin sorgt im Frontalhirn für Beweglichkeit, Spannung und Wärmeregulierung und schützt das Frontalhirn vor Überverwundung. Im Frontalhirn selbst wirkt dieses Hormon die Beweglichkeit der Füllung der Zellen mit Hilfe einer Hyperthermie.

Neurotensin kann nervale Aktivitäten in Gang setzen, die selbst wiederum auf hormonelle Mischungsverhältnisse einwirken können. Diese Einwirkung kann z. B. weibliche Hormone aktivieren durch Konzen tration der Sinnesorgane (Aufmerksamkeit). Wenn weibliche Hormone durch diese aktivierte Konzentration von Sinnesorganen entstehen, kann es jedem Menschen geschehen, dass er plötzlich - sozusagen adversiv vom weiblichen Prinzip ergriffen - intelligente Leistungen vollbringen kann, besonders im Hinblick auf die Erfassung von Wirklichkeit.

Noosomatisch ist das Frontalhirn ein **Sinnesorgan**. Es übt eine Sinnestätigkeit aus (dra/dri), die mit Hilfe des Neurotensins wahrgenommen werden kann. Das Neurotensin wirkt die Sinnestätigkeit, es sorgt dafür, dass notwendige Abwehreffekte in anderen Regionen verarbeitet werden können. Das Frontalhirn bekommt alle Informationen von draußen zur Überprüfung, am schnellsten die thalamischen Impulse über Augen, Ohren und Haut, um ggf. das Bereitstellen von VA-Antworten zu organisieren. Das Frontalhirn kann auch auf den Hirnstamm (und dann auf die Motorik) einwirken und hat Einfluss auf die Leber (und dort auf die hormonelle Produktion). D.h. niedrige Leberwerte sind auch VA-Folge.
Der Sympathikus kann das Frontalhirn durch Überbetonung (wie bei der Sorge) sozusagen zum Kochen bringen. Bei leichter, sanfter, freudiger Erregung geschieht dort nichts. Das Frontalhirn wird nicht aktiv, wenn eine gewisse Reizschwelle nicht überschritten wird, da die Nervenzellen nach dem **Alles-oder-Nichts-Prinzip** arbeiten. Impulse unterhalb der Schwelle werden nicht weitergeleitet, d.h. das Frontalhirn ruht gelegentlich! Genau das kann von uns als Irritation missverstanden werden, die dann aversiv verändert wird zum Erhalt des unterbewussten Systems. Die Möglichkeit des gelegentlichen Ruhens kann verhindert werden durch die Aktivierung des Sympathikus über Sorge mit Hilfe der Sinneszellen der anderen Sinnesorgane, z. B. der Augen. Wir können bei der Wahrnehmung etwas Unangenehmes assoziieren und schon haben wir den Sympathikus aktiviert.
Wir haben drei Möglichkeiten das Frontalhirn zu aktivieren: durch eine Assoziation, durch Hinzuschaltung von Ideen, Fiktionen o. Ä., beim Zögern oder durch die Bildung von Syndromen.

Das Frontalhirn kann uns beim bewussten **Ich-Erleben** unterstützen, damit wir mitbekommen, wenn unsere Orientierung nicht stimmen sollte, und es hat auch Einfluss auf die **Ich-Vitalität**. Vitalität ist ein Effekt und damit eine Abbildung innerer Zusammenhänge (siehe Noosomatik V-2, 5.3 „Ich-Phänomene").
Das Empfinden der eigenen Vitalität und Lebendigkeit kann Schwankungen unterliegen. Die Ich-Vitalität ist von der aktuellen Situation abhängig, die Schwankungen auslösen kann. Ein Abschlaffen (verringerte Lebertätigkeit; Einfluss auf die Motorik durch den Hirnstamm) kann Folge davon sein, dass die Zustimmung des Frontalhirns zu einem Gedankengang fehlt. Dies kann bei Neuem auftreten, das für das Frontalhirn unbekannt ist. Das Gegenteil (Überdynamik, erhöhte Motorik), das als „lebendig" interpretiert werden kann, scheint erlaubt. Dies bedeutet, dass das Vitalitäts

erleben geistig beeinflussbar ist, es ist eine lebendige Teilhabe, der wir zustimmen können – und **das bedeutet, dass wir hier einen Weg erkennen können, auf dem wir auf unsere Organe noogen einwirken**. Dazu benötigen wir die Mitwirkung des Sympathikus.

Schleimhäute

A^{Dog} MP plus medsyst MWPb = MP plus MP plus WPb plus Sympathikus

Essenzielle Hormone
MP: **Heparansulfat (4.3.); A^{Dog}**; (lagert Wasser ein)
MP: **Mucoglobin (3.1.64.); A^{Dog}**; (ein lokales Immunsystem mit Eiweißanteilen - auch im Schleim enthalten)
WPb: **Interferon gamma (3.1.63.3.); A^{Dog}**; (begrenzt die Immunreaktion und fördert die Schleimfreisetzung)

Mucoglobin qual Heparansulfat qual Interferon gamma

LSB: A^5

Anatomie
Schleimhäute unterschiedlicher Art bedecken die Körperinnenräume. Sie sezernieren entweder selbst Schleim, oder zwischen ihnen befinden sich schleimproduzierende Drüsen oder Drüsenzellen (siehe dort). Schleimhäute kommen z. B. im Magen vor, dort wird in der Oberfläche der Epithelzellen ein hochvisköser Schleim gebildet. Ferner gibt es einschichtige Schleimhäute im Dünndarm und der Gallenblase. Mehrschichtige Schleimhäute in der Lunge, in der Bindehaut, der Nasenhöhle, spezielle in der Riechschleimhaut, in der Harnblase, im Nierenbecken, in der Harnröhre, in der Gallenblase, im Mund, in der Speiseröhre, in der Vagina und im Analkanal. (Geneser, S. 715)
Die meisten Schleimhäute besitzen Mikrovilli (feine Härchen) an ihrer in den Schleim ragenden Schicht. Sie sind auf Grund ihres Aktin und Myosinanteils sehr beweglich, und helfen mit, die im Schleim befindlichen Stoffe weiter zu transportieren.
Aktin ist ein Muskelprotein, das sich mit Myosin (unlösliches Muskeleiweiß) reversibel verbindet und für die Muskelkontraktion wichtig ist. (Psychrembel, 256., Aufl.)
Die Schleimhäute vermitteln die Zusammenarbeit der Organe durch den Schleim. Der Schleim gibt durch seine Inhaltsstoffe und Konsistenz Informationen.

Essenzielle Hormone
MP: Mucoglobin (3.1.64) (-globin weist auf den Eiweißanteil) unterstützt die Schleimbildung. Es wirkt antientzündlich und ist ein lokales Immunsystem.
MP: Heparansulfat (4.3.)
Das MP-Hormon muss strukturieren und stützen. Heparansulfat ist in der Lage, Wasser einzulagern und unterstützt die Struktur der

Schleimhaut. Es ist sauer und kann gegen basische Eindringlinge (z.B. in den gelben Organen) vorgehen. (Rauber, Kopsch, Band I, 1987, S. 27)

WPb: Interferon gamma (3.1.63.3.)
Es untersützt die Herausgabe des Schleims und setzt Flüssigkeit frei. Interferon gamma wirkt antiviral. Es induziert die Exprimierung von MHC-Klasse II. (Roitt, 1995, S. 96 f.)
Der **Sympathikus** sorgt für die Durchblutung der Schleimhäute.

Leber

A^{Dog} MP plus metansyst WPa

Essenzielle Hormone
MP: **Somatomedin C** (IGF-1**) (3.1.35.); A^{Dog}**; (Wirkung auf den Zellstoffwechsel, mitosefördernd, Einfluss auf die Wirkung von STH)
WPa: Androstendion (1.1.2.4.2.); A^{Dog}; (Vorläufer für weibliche und männliche Steroidhormone)

Parasympathikus qual Somatomedin A qual Androstendion

LSB: Ka

Embryologie
Mitte der 3. Woche beginnt die Leberentstehung als ventrale Ausbuchtung des Entoderms. In das Mesoderm zwischen Herzbeutel (Perikardhöhle) und Dottersackstiel sprossen aus der entodermalen Ausbuchtung Leberzellbälkchen, die sich mit dem einsprossenden Bindegewebe zu Leberzellbalken und -platten organisieren.
Ab der 6. Woche ist die Leber der Entstehungsort der zellulären Blutbestandteile und bleibt über den 5. Monat hinaus Hauptbildungsort der Blutzellen. Daneben dient sie dem Glykogenaufbau. Kurz vor der Geburt lernt sie zusätzliche Stoffwechselaktivitäten: den Glykogenabbau und die Entgiftungsfunktionen. Die Abbauprodukte der roten Blutkörperchen und des roten Blutfarbstoffes werden als Gallenfarbstoffe ab der 13.-16. Woche als Galle in den Dünndarm abgegeben und bilden zusammen mit den Epithelzellen der Darmwand das Meconium („Kindspech").

> Am Ende des 3. Monats wird der Fet unabhängig von der mütterlichen Östrogen- und Progesteronproduktion (die Plazenta übernimmt diese weitgehend). Ab diesem Zeitpunkt kann mütterliches Testosteron (siehe A^4-VA in Noosomatik Bd. V-2, 8.4.2.12.1) in der fetalen Leber zu 17-Ketosteroiden (17-K.) umgewandelt werden, um Plazenta und fetale Nebennierenrinde hierin zu entlasten, da diese noch andere Aufgaben zu bewältigen haben (sonst käme es zum Abort wegen der die Plazenta zu sehr begrenzenden Wirkung).

Anatomie

Die Leber (Hepar) besteht aus einem linken und rechten Leberlappen. Sie liegt im rechten Oberbauch unterhalb des Zwerchfells. Ein Teil ihrer Oberfläche (Facies diaphragmatica) ist mit diesem verwachsen. Sie ist dem rechten Rippenbogen angeglichen. Ihre Unterfläche (Facies visceralis) liegt den Baucheingeweiden auf. Sie ist oval (oben dicker als unten) und von rotbrauner Farbe. Sie ist die größte Drüse des Körpers, wird von einer dünnen Bindegewebskapsel (Glisson-Kapsel) begrenzt und ist zu einem großen Teil durch das Bauchfell bedeckt. Die Leberpforte (Porta hepatis) liegt an der Unterfläche der Leber und dient als Eingang für die Leberarterie (Arteria hepaticapropria) und die Pfortader (Vena portae) und als Ausgang für den rechten und den linken Gallengang.

Das Lebergewebe ist in kleine Leberläppchen unterteilt, die von einem dichten Netz an Haargefäßen (Lebersinusoide) durchzogen werden. Darin findet der Stoffaustausch statt. An den inneren Kapillarwänden der Lebersinusoide, die aus Epithelzellen gebildet werden, befinden sich phagozytierende Kupffer-Sternzellen. Die Gallenkapillare liegen als erweiterte Interzellulärräume zwischen den Leberepithelzellen. (Geneser, S. 450 ff.)

„Leberzellen gehören zu den funktionell vielseitigsten Zellen des Organismus" (Junqueira, 4., Aufl., S. 542).

Sie bilden Stoffe, geben sie ab, speichern, setzen frei und metabolisieren. Die Stoffe werden entweder ins Blut oder in die Ausführungsgänge der Galle abgegeben.

Kohlenhydrate werden als Glykogen gespeichert und bei Bedarf frei gesetzt. Fette und Proteine werden ständig um- und abgebaut (z.B. Synthese von Fettsäuren, Abbau von Aminosäuren, Harnstoffsynthese) und Giftstoffe und Medikamente werden inaktiviert.

Die Leber produziert die Galle (Gallenflüssigkeit) aus den aus Cholestrol gebildeten primären Gallensäuren (Cholsäure, Chenodesoxycholsäure) und den sekundären Gallensäuren (Desoxycholsäure, Lithocholsäure), die zusammen mit Wasser, Bilirubin, Cholesterol und Phospholipiden in die Gallenkanälchen sezerniert werden.

Das wasserunlösliche freie (indirekte) **Bilirubin** im Blut stammt aus dem Hämoglobinabbau. An Albumin gebunden erreicht es die Leberzelle, in der es an die Glucuronsäure gebunden wird und dann in die Gallenkanälchen sezerniert wird. Im Darm wird es von Bakterien gespalten und zum größten Teil ausgeschieden (siehe auch Galle).

Über den enterohepatischen Kreislauf fließt ein Teil (ca. 15%) der Gallenflüssigkeit über die Pfortader vom Darm in die Leber zurück (Rezirkulation).

Die Leber als **physikalisches Organ** wärmt durch ihre Stoffwechselvorgänge das Blut. Dieses fließt aus der Leber über die sehr kurze Strecke der unteren Hohlvene ins Herz und weiter in die Lunge.

Die Leber muss versorgt werden. Sie bekommt durch die Venen Informationen aus dem südlichen Bereich, durch die Arterien aus dem nördlichen Bereich. Aus dem südlichen Bereich, dem Gastrointestinaltrakt, gelangen die Nährstoffe über die **Pfortader** (Vena portae) aus Magen, Milz, Darm, Pankreas, Gallenblase in die Leber (die Leber nimmt). Dort wird das Blut in die Zwischenräume der Leberzellen geschüttet. Die Leber wandelt die Stoffe um, speichert und gibt her. Die **Arteriae hepaticae propriae**, die der Leber eigene Arterie, informiert die Leber über die anderen Organe. Die Leber gibt das ihre über die **Lebervenen** (Venae hepaticae) in die **untere Hohlvene** (Vena cava inferior). Die untere Hohlvene sammelt Blut aus den Bein-, Nieren-, Nebennieren-, Uterus-, Ovar- und Hodenvenen. Die **obere Hohlvene** (Vena cava superior) sammelt das Blut oberhalb des Zwerchfells, einschließlich der Lunge, des Kopfes, des Halses, der Schilddrüse und der Arme.

Die von der Leber abgegebene Menge ist abhängig von der ankommenden Menge (10 Liter rein, 10 Liter raus). In den Leberzellen wird entschieden, welche Stoffe über die Venen in den Blutkreislauf und welche Stoffe in die Galle kommen. Die Stoffe, die über die Venen weiter transportiert werden, müssen wasserlöslich sein und schwimmen können. Die für die Galle bestimmten Stoffe sind fette Stoffe. Diesen Stoffen wird etwas angehängt (entgiftende Funktion).

Die Leber produziert Hormone, Zucker, Eiweißverbindungen, Fette, Gerinnungsstoffe (für die Blutgerinnung, um nicht zu verbluten) und bluthemmende Stoffe. Sie wandelt Milchsäure in Zucker um, bildet Eiweißkörper für das Immunsystem, Gamma-, Beta- und Alpha-Globuline und Albumine als Abwehrstoffe sowie Aminosäuren und Enzyme. Die Leber kann auch mischen, z. B. Zucker mit Eiweiß zu Glykoproteinen oder Fette mit Eiweiß zu Lipidhormonen (Vorstufe für Hormone an anderer Stelle).

Leberzellen speichern keine Proteine, „sondern setzen sie laufend frei" (Junqueira, 4., Aufl., S. 543).

Die Leber ist kräftig durchblutet und „schafft" und „schafft" (A^{Dog}). Je weniger die Leber aktiv ist, desto „sicherer" empfindet sich der Mensch (die Teilhabe am „leben" ist eingeschränkt). Tut jemand mehr, wird alles unübersichtlich. Die Arbeitsweise der Leber ist über das **Reptilien-Syndrom** (Noosomatik Bd. V-2, 8.7.1.2., wie rein so raus) und das Monokel-Syndrom (Noosomatik Bd. V-2, 8.7.1.3., so und nur so) verständlich.

Essenzielle Hormone
MP Somatomedin C (3.1.35.):
Somatomedine, ältere Bezeichnung für die Insulin like growth factors-1 und −2 (IGF-1, IGF-2), vermitteln einen großen Teil der GH-Wirkungen (syn. für Somatotropin). Die meisten Somatomedine entstammen der Leber. (Löffler, Petrides, Heinrich, 8., Aufl., S. 887)
IGF-1 hat 3 Aminosäuren weniger als IGF-2, das 70 Aminosäuren hat.

Somatomedin C wirkt anabol auf den Zellstoffwechsel, ist mitosefördernd und fördert das Wachstum. Es mediiert und reguliert die Wirkung des Wachstumshormons STH.

Somatomedin C schützt die Leber vor Schrumpfung und hält bei
Sucht die Fettrate geringer. Es gewährleistet die Versorgung, denn
die Leber muss bei einem Zuviel und bei einem Zuwenig arbeiten. Sie
darf nicht verstopfen. Somatomedin C verhindert die Speicherung von
Proteinen. (Ist der Chloridspiegel niedrig, werden Eiweiße im Körper
aufgezehrt.)

IGF-1 hemmt durch negative Rückkopplung die STH-Produktion und –
Freisetzung. (Silbernagl, Despopoulos, 7., Aufl., S. 283)

Nach der Geburt und während der Pubertät wird vermehrt IGF-1 gebildet. IGF-2 ist zusammen mit Insulin während der embryonalen und
fetalen Entwicklung ein wichtiger Wachstumsfaktor. (Löffler, Petrides,
Heinrich, 8., Aufl., S. 887)

WPa: Androstendion (1.1.2.4.2.) ist Ausgangsstoff für weibliche
und männliche Steroidhormone. Aus Androstendion können sowohl
Testosteron als auch Östrogen gebildet werden. Androstendion verhindert die Fettspeicherung; es baut aus den Fetten nach Bedarf entsprechende Lipidhormone. (Löffler, Petrides, 4., Aufl., S. 771)

Androstendion wird in Hoden, Ovar und NNR aus 17 alpha-Hydroxy-
progesteron gebildet. Es hat die Fähigkeit der Öffnung gegenüber den
Impulsen von außen. Es kann die Lebertätigkeit dynamisierend unterstützen. (WPa gibt ab und kann aufnehmen.)

Glandulae uterinae

A^{Dog} MP plus sotsyst MWPb plus Sympathikus = MP plus MP
plus WPb plus Sympathikus

Essenzielle Hormone
MP: Uterinomucin (9.7); A^{Dog}; (Schleim)
MP: 11-Desoxycorticosteron (DOC) (1.1.2.3.1.); A^{Dog}; (fördert
die Flüssigkeit des Schleims; antinatriuretisch)
WPb: Uterinoglobulin (3.1.59.); A^{Dog}; (ein lokales Immunsystem)

Uterinomucin qual DOC qual Uterinoglobulin

Embryologie
Die Glandulae uterinae (Drüsen in der Gebärmutter) entwickeln sich
aus den Zellen der Müller-Gänge des Endometriums.

Anatomie
Die Glandulae uterinae befinden sich im Uterus (Gebärmutter) und
helfen beim Aufbau der Gebärmutterschleimhaut. Die Gebärmutterschleimhaut (Endometrium) besteht aus der **Basalis** (Stratum basale
endometrii), die während des Zyklus weitgehend unverändert bleibt,
der **Funktionalis** (Stratum functionale endometrii), die hormonab-
hängig ist und während der Menstruation abgestoßen wird und dem
Epithel.

Zu Beginn der **Proliferationsphase** liegen die englumigen Glandulae uterinae in der ca. 1 mm dicken Endometriumschicht. Während der Proliferationsphase bildet sich die Funktionalis mit langen leicht geschlängelten Drüsen. In der **Sekrektionsphase** hat das Endometrium eine Dicke von 5-8 mm erreicht mit weitlumigen Glandulae uterinae, die Glykogen und Mukoide enthalten. (Roche Lexikon, 2003, S. 1905)

Die Glandulae uterinae führen von der Funktionalis bis in die Basalis, wo sie sich verzweigen. Das Gewebe der Drüsen besteht im Wesentlichen aus sezernierenden und aus einzelnen Flimmerzellen. Die Drüsengefäße verlaufen spiralförmig und werden Spiralarterien genannt. Über kleine Arterien (Arteriolen) setzen sie sich in einem oberflächlichen Kapillarnetzwerk fort. (Junqueira, S. 598)

> „Der feinstrukturelle Zellaufbau der menschlichen Glandulae uterinae lässt den zyklischen Umbau von der undifferenzierten Zelle zur reifen und funktiontüchtigen Zelle erkennen, ..." (Strauss, Der weibliche Sexualzyklus, 1986, S. 131).

> „Weder die einzelnen Schleimhautfelder noch die Glandulae uterinae bilden sich synchron zurück, was auf einen endokrinen Einfluss der Gonaden zurückgeführt werden könnte ... Dieses differente Verhalten der verschiedenen endometralen Gewebskomponenten und –areale während der einzelnen Zyklusphasen macht deutlich, daß der uterine Gefäßapparat offensichtlich nicht völlig vom ovariellen Zyklus abhängt." (a.a.O., S. 183)

Essenzielle Hormone
MP: Uterinomucin (9.7)
Die Drüsen bilden mucoide Sekretkugeln. Beim Eisprung ist das Sekret am dünnsten. Der Sympathikus kann die Schleimbildung begrenzen.

MP: 11-Desoxycorticosteron (1.1.2.3.1.) wird aus Progesteron gebildet. Es fördert die Verflüssigung des Schleimes, damit die Drüsen nicht verstopfen. An der Niere wirkt es antinatriuretisch (gegen die Ausscheidung von Natrium und per effectum Wasser).

WPb: Uterinoglobulin (3.1.59.), ein örtliches Immunsystem.

> „Histochemische Untersuchungen am menschlichen Endometrium machen es wahrscheinlich, dass auch die glandulae uterinae ein dem Cervicalschleim nahe verwandtes Glycoprotein sezernieren, dessen Grundstruktur alle Sekrete des Müller'schen Ganges charakterisiert ..." (a.a.O., S. 110).

Bläschendrüsen

A^Dog^ MP plus sotsyst MWPb plus Sympathikus = MP plus MP plus WPb plus Sympathikus

Essenzielle Hormone
MP: **Vesiculomucin (9.8.), A^Dog^**; (Schleim als Proviant für die Spermien.)

MP: **11-Desoxycorticosteron (DOC) (1.1.2.3.1.), A^{Dog}**; (fördert die Flüssigkeit des Schleims)

WPb: Vesiculoglobulin (3.1.60.), A^{Dog}; (lokales Immunsystem)

Vesiculomucin qual DOC qual Vesiculoglobulin

Embryologie

Die Bläschendrüsen (Vesiculae seminales) sind mesodermalen Ursprungs. Im Laufe der 12. Woche differenzieren sie sich aus einer Ausstülpung des Ductus deferens (Samenleiter), kurz vor seiner Einmündung in der hinteren Wand des Sinus urogenitalis (zukünftige Pars prostatica der Urethra).

Anatomie

Die beiden auch Vesiculae seminales („**Samenbläschen**") genannten Bläschendrüsen sind schlauchförmig gewundene Säckchen von etwa 4-5 cm Länge und 2 cm Breite. Die Wand der Bläschendrüse enthält eine Schicht glatter Muskulatur. Die beiden Bläschendrüsen liegen dem hinteren Boden der männlichen Harnblase an. Sie gehen in die beiden Ausführungsgänge Ductus deferentes („Samenleiter") kurz vor der Prostata über.

Unter dem Einfluss von Testosteron (1.1.2.5.1.) produzieren sie ein zähflüssiges, alkalisches, proteinhaltiges und fruchtzuckerreiches Sekret, das auch Prostaglandine und Flavine (gelbliche Pigmentkörperchen, die für Wachstum und Zellatmung wichtig sind) enthält. Bei der Ejakulation wird dieses Sekret durch Kontraktion der glatten Muskelzellen (Sympathikusinnervation) abgegeben und vermischt sich auf dem Weg durch die Prostata in die Harnröhre mit den Spermien.

Essenzielle Hormone

MP: Schleim (Vesiculomucin) (9.8.)

Der alkalische flüssige Schleim ist reich an Fructose und Protein. Er dient als Wegproviant für die Spermien.

MP: 11-Desoxycorticosteron (DOC) (1.1.2.3.1.) (siehe auch Glandulae uterinae) DOC fördert die Flüssigkeit des Schleims. An der Niere hemmt es die Ausscheidung von Natrium und per effectum Wasser (antinatriuretisch).

DOC wird aus Progesteron durch 21-Monooxygenase (Einbau eines Sauerstoffatoms am C-Atom mit der Nummer 21) gebildet. (Silbernagel, Despopoulos, 1991, S. 259)

WPb Vesiculoglobulin (3.1.60.) ist ein örtliches Immunsystem.

Die Spermien bekommen die Endausbildung im Nebenhoden. Die Bläschendrüsen liefern Energie und Schleim, versorgen, schützen und erhalten die Spermien am Leben. Die Bläschendrüsen werden über den Parasympathikus blockiert. Bei hoher Sympathikusanspannung (z.B. bei Sorge um die Männlichkeit) wird die Schleimbildung begrenzt. Das DOC steigt an und kann wegen seiner Progesteron-„Vergangenheit" entzündlich wirken.

Talgdrüsen

A^{Dog} MP plus advsyst WPb

Essenzielle Hormone
MP: 6-ß-Hydroxycortisol (1.1.2.2.8.); A^{Dog}; (entzündungshemmend)

WPb: 19-ß-Hydroxylase-Aromatase-Komplex (3.1.69.); A^{Dog}; (wandelt Testosteron in Östrogen um)

Parasympathikus qual 6-ß-Hydroxycortisol qual 19-ß-Hydroxylase-Aromatase-Komplex

LSB: Ku

Embryologie
Die Talgdrüsen entwickeln sich aus einer Verdichtung des Mesenchyms an den Epithelknospen am seitlichen Haarfollikel oder als Anhanggebilde der Epidermis. Von da wachsen sie etwa ab der 16. Woche in das umgebende Mesenchym und bilden alveoläre Endstücke und Ausführungsgänge.
Die Zellen in den Alveolen bilden ein talgartiges Sekret. Die Zellen selbst gehen davon als Ganzes zugrunde (holokrine Sekretion). (Moore, 1996, S. 523 ff.)
Ab der 21. Woche vermischen sich die abgeschilferten Epidermiszellen mit dem Talg zur Vernix caeseosa, der Käseschmiere, „einer weißlichen, zähen Substanz, die die fetale Haut vor der Amnionflüssigkeit schützt und durch ihre Schlüpfrigkeit den Geburtsvorgang erleichtert" (Moore, 2007, S. 551).

Anatomie
Die Talgdrüsen (Glandulae sebaceae) befinden sich auf der gesamten Haut mit Ausnahme der Handflächen und Fußsohlen. An den Haarwurzeln liegen ein bis zwei Talgdrüsen. Sie geben ihr zu Sekret umgewandeltes Zellmaterial in die oberen Haarfollikel ab. Daneben kommen sie unabhängig von Haaren in Übergangsbereichen von verhornter zu unverhornter Haut vor und in manchen Schleimhäuten: in den Lippen, Wangeninnenflächen, den Augenlidern und in den Wimpern (Meibom-Drüsen), in den Mamillen, in den kleinen Schamlippen, im Glans penis und der inneren Oberfläche der Vorhaut. Besonders große Talgdrüsen, die auch als „Poren" bezeichnet werden, kommen in hoher Dichte im Gesicht (Nasenrücken), Kopfhaut und Mittellinie von Brust und Rücken vor. (Geneser, S. 386 f.)
Talgdrüsen sind holokrine Drüsen, sie gehen bei der Freisetzung des Sekrets zugrunde. Jede Drüsenzelle ist nur zu einem Sekretionsvorgang fähig.

> „Zur Fortsetzung der Sekretion müssen laufend neue Drüsenzellen gebildet werden. Dies erfolgt basal in einer Schicht undifferenzierter abgeflachter Epithelzellen, die einer Basalmembran aufliegen. Die neugebildeten Zellen lagern als Sekret eine komplizierte Mischung aus freien Fettsäuren, Cholesterin, Triacylglycerinen und

anderen Estern in Form zahlreicher Tropfen im Zytoplasma ein."
(Junqueira, 4., Aufl., S. 428)

Die holokrine Arbeitsweise bedeutet, dass Talgdrüsen nicht unterscheiden zwischen etwas abgeben und sich abgeben.

Talgdrüsen werden hormonell gesteuert. Die großen Drüsen stehen
unter dem Einfluss männlicher Hormone und werden erst zur Pubertät
voll ausgebildet und funktionsfähig. (Geneser, S. 387) Nerven haben
nur indirekten Einfluss auf die Talgdrüsen. Die Talgdrüsen an der
Haarwurzel werden von dem glatten Muskel umgeben, der auch das
Haar umgibt. Kontrahiert der Muskel, richtet sich das Haar auf und
presst damit die Talgdrüse etwas aus. (Mörike, 1997, S. 499) Der
Talg (sebum) macht die Haut geschmeidig, fettet Haare und Haut ein
und macht sie widerstandsfähig gegen Wasser. Er trägt zum Glanz
der Haare bei. Talgdrüsen verhindern das Austrocknen der Haut und
fördern die Gleitfähigkeit.

Essenzielle Hormone

MP: 6-ß-Hydroxy-Cortisol (1.1.2.2.8.) kann den Raum begrenzen
und sorgt dadurch für die Drüsentätigkeit (wenn der Raum verdrängt
wird, wird Sekret nach außen gedrückt). Um den Raum zu nehmen
muss eine anabole Stoffwechsellage hergestellt werden. Wenn das MP
aktiv bleibt, muss eine Zelle nach der anderen „gehen".

Dieses Lipidhormon sorgt für den Aufbau. Es beeinflusst die Fette.
Wenn es zu reichlich produziert wird, gehen die Fette aus, bzw. es
entsteht eine Entzündung. Das Hormon fördert die Mitose (als Wie-
dergeburtshelfer: es befördert ins Jenseits und reinkarniert wieder).

Es kann austrocknen, Raum nehmen und wirkt dann entzündlich. Es
ist kulturtragend insofern, dass etwas Neues hergestellt wird, das das
Gleiche tut wie das Vorherige.

WPb: 19-ß-Hydroxylase-Aromatase-Komplex (3.1.69.)

Das WP-Hormon schützt den Raum, damit durch den Erneuerungs-
vorgang Nachschub kommen kann (er muss regenerieren). Der 19-
beta-Hydroxylase-Aromatase-Komplex befindet sich auch in den
Haarbälgen. In normalen geringen Dosen wirkt das Hormon immer
wieder neu so, dass ein Teil des 6-beta-Hydroxy-Cortisols in das
schnell flüchtige weibliche Hormon Cortico-Östriol umgewandelt wird.
(siehe Löffler, Petrides, 1988)

Der 19-beta-Hydroxylase-Aromatase-Komplex ist ein Hormon, das
„höher dosiert" versucht, aus Männern gute Frauen zu machen (um
dadurch ein noch besserer Mann zu werden?).

Medulla oblongata

A^{Dog} MP plus avsyst WPa

Essenzielle Hormone

MP: **Prolactin (3.1.43.); A^1**; (wirkt bei Stress entkrampfend, ohne Stress verkrampfend)

WPa: Somatotropin (STH) (3.1.42.); A⁴; (fördert das Wachstum und die Freisetzung von Energien im Hirnstamm)

Prolactin qual Parasympathikus qual Somatotropin

LSB: Pr

Embryologie

Aus dem Rautenhirn (Rhombenzephalon), eines der drei primären Hirnbläschen, bildet sich ab der 5. Woche das verlängerte Mark (Myelenzephalon). Zuerst wandern Neuroblasten an den Rand des Bläschens und bilden Kerne, die Anschluss an die Hinterstrangbahnen bekommen, dann entwickeln sich die beiden Pyramiden. Durch das Wachstum der Brückenbeuge werden die Seiten nach außen geschoben und per effectum die motorischen Kerne medial und die sensorischen Kerne lateral angeordnet. Die motorischen Kerngruppen bilden auf jeder Seite drei Kernsäulen. Aus den sensorischen Kernen wachsen auf jeder Seite vier Kernsäulen. Einige Kerne wandern ventral (z.B. Nucleus olivaris). (Moore, 1996, S. 470 ff.)

Anatomie

Die Medulla oblongata (verlängertes Rückenmark) befindet sich im Übergangsbereich vom Schädel zur Halswirbelsäule. Sie ist der unterste Anteil des außerdem aus Mittelhirn und Brücke bestehenden Hirnstammes. Durch die Medulla oblongata verlaufen alle sensorischen, sensiblen und motorischen Nervenbahnen des Körpers (außer denen, die den Kopf betreffen) und viele kreuzen (Pyramidenkreuzung) in dem Bereich auf die Gegenseite. Zusätzlich bekommt die Medulla oblongata über zahlreiche Nervenbahnen Informationen über die Vorgänge im Gehirn.

In der Medulla oblongata liegen mehrere Nervenkerngebiete: Vaguskerne, Olivenkerne (als Bestandteil der Feinabstimmung von Bewegungen in Abstimmung mit dem Gleichgewicht), Geschmackskerne, Kerne, die Impulse aus Ohr und Gleichgewichtsorgan verarbeiten, Teile der Formatio reticularis (siehe dort) und Hirnnervenkerne für die Zungenbewegung und die Hals- und Schultermuskulatur. (Duus, 6., Aufl., S. 98 ff.)

Der Hirnstamm ist das Unterbewusste des Körpers, hier wird die Motorik organisiert.

Das vitale Gedächtnis (aus Noosomatik Bd. V-2, 5.8.1.7.)

Das vitale Gedächtnis ist die **Medulla oblongata** im so genannten **Hirnstamm**. Physiologisch werden dort alle notwendigen vitalen Informationen gespeichert. Wenn die Informationswege unterbrochen werden oder die Arbeit des Hirnstamms blockiert wird, z. B. durch eine Reizflut in den Hippocampus und seine Umgebung, so dass dort die Zellen nicht mehr arbeiten können, wird die Verbindung zum Hirnstamm so pathologisiert, dass die vitalen Funktionen zusammenbrechen und der Mensch sofort stirbt. Das vitale Gedächtnis ist gleichzeitig ein Koordinationsgedächtnis. Es koordiniert die anderen

Anteile des Gehirns. Wenn wir uns nun gehirnanatomisch vor Augen führen, dass sich in der Nähe auch die Formatio reticularis, das Mutzentrum, befindet, das Energien zum Handeln, Denken, Fühlen und zu einer Mischung aus allem entlässt, dann können wir uns vorstellen, wie vital der Hirnstamm arbeiten kann und soll. Die Verbindung über den Thalamus in Richtung Geist, die direkte Verbindung zum Hippocampus, zum Gefühlszentrum, die direkten Wege zum Handeln (Motorik), - hier vom Hirnstamm aus wird Vitales unmittelbar und direkt so organisiert, dass wir lebensfähig sind. Das vitale Gedächtnis ist anders als das physiologische Gedächtnis. Das physiologische Gedächtnis konzentriert sich auf die Organisationsformen und die Kooperation der Organe. Das vitale Gedächtnis sorgt sozusagen „im Hintergrund" für die Koordination der Organisation der Organe. D.h. wir haben für die anderen sechs Gedächtnismöglichkeiten als Basis **das vitale Gedächtnis** - und wir können sagen, dieses vitale Gedächtnis ist der **Würde** der Menschlichkeit des Menschen verpflichtet. Das vitale Gedächtnis hält jeden Menschen für lebens- und liebenswert.

Essenzielle Hormone
MP: Prolactin (luteotropes Hormon=LTH) (3.1.43.)
Prolactin wird vor allem im Hypophysenvorderlappen gebildet, aber auch im Brustdrüsengewebe, den Thymocyten, T-Zellen und im Endometrium. (Journal of molecular endocrinology, 1999 Jun; 22 (3), p. 285-292) Es ist ein Polypeptid, das chemisch mit dem Wachstumshormon (somatotropes Hormon, STH) verwandt ist. Es findet sich in HVL, Hypothalamus, Myometrium, Placenta und im Ovar.
Rezeptoren für Prolactin wurden in der Milchdrüse, Leber, Niere, Hypothalamus, Prostata, Testes, Ovarien, Haarfollikeln, Muskeln, ZNS und den Lymphocyten gefunden. (Tausk, 4., Aufl., 171 f.)
Die Freisetzung von Prolactin wird stimuliert durch TRH (3.1.01.), Endorphine, Östradiol, VIP (3.1.29.), CCK (3.1.24.), Insulin (3.1.18.), Thymosin (3.1.20.), Bradykinin (3.1.33.). Gehemmt wird sie durch Dopamin (2.1.2.1.), GABA, Somatostatin (3.1.03.), Calcitonin (3.1.16.), Interleukin 3, T_3 (2.1.1.1.), Melatonin (2.2.1.), Vasopressin (3.1.15.). (König, 1993, S. 180)
Prolactin ist ein Stresshormon. (a.a.O., S. 172) Stresshormone sind vom MP her orientiert und blockieren die Überdynamik. Ohne Stress wirken sie verkrampfend. Bei zu großer Versorgungslage, also innerer Reizflut, ohne tatsächlich geforderten Stress, entstehen Verkrampfungen und Tics.
Während des Schlafs ist der Prolactinspiegel erhöht. Prolactin senkt die TSH-Abgabe (siehe Schilddrüse). Zudem sorgt es im Hirnstamm für eine angemessene Organisation der Motorik, fördert die Milchproduktion, die Dopamin-Synthese, die Progesteronsynthese, und es ist eine Immunstimulans.
Prolactin ist für die gestreifte Muskulatur zuständig (Willkürmotorik). Durch den Hirnstamm läuft auch die Willkürmotorik (zentrales Nervensystem), gekoppelt an das Vegetative Nervensystem. Eine Stö

rung kränkender Art in der Region des Hypothalamus und Umgebung bewirkt den Zusammenbruch der vitalen Kräfte. Der Hirnstamm mit seinen essenziellen Hormonen sorgt auch dafür, dass wir nicht bei jedem willkürlichem Irrtum sterben.

WPa: Somatotropin (STH, syn. Growth Hormone GH) (3.1.42.) besteht aus einer Peptidkette mit zwei Disulfid-Brücken. Es ist ein Wachstumshormon und für die Freisetzung von Energien im Hirnstamm essenziell zuständig. Wachsen ist Energie umsetzen, anwenden und strukturieren.

Für das breite Wirkungsspektrum bekommt STH Unterstützung durch Somatomedine. Wichtigstes Somatomedin ist das Somatomedin C (IGF I), das in allen Zellen die Zellteilung stimuliert und Längenwachstum und Knochenregeneration unterstützt. (Thews, Mutschler, Vaupel, 4., Aufl., S. 542)

STH wirkt eine Hemmung der Glucoseaufnahme im Muskel, mobilisiert die Fettfreisetzung und das Muskel-, Knorpel- und Knochenwachstum.

STH fördert die Insulinfreisetzung. Es wirkt antidiuretisch, regeneriert den Thymus und stimuliert zytotoxische T-Zellen und natürliche Killerzellen.

STH-Konzentrationen sind abhängig vom Lebensalter. Die höchsten Werte haben Feten und Neugeborene. (Löffler, Petrides, Heinrich, Biochemie und Pathobiochemie, 8., Aufl., S. 886)

Die Ausschüttung von STH wird stimuliert durch Somatoliberin (SRF), Insulin, alpha MSH , GIP, Pentagastrin, Angiotensin II (3.1.34.), Dopamin und Neurotensin (3.1.27.). Die Freisetzung wird verringert durch Somatostatin (SRIF), Corticoliberin und Calcitonin. (König, 1993, S. 174 ff.)

Durch Glukose wird die Sekretion von Somatotropin vermindert, durch Aminosäuren und Fettsäuren gefördert. Non-REM-Tiefschlaf, körperliche Anstrengung und Stress wirken auf die Freisetzung stimulierend. (Karlsons, Biochemie und Pathobiochemie, 15., Aufl., S. 545)

A⁰: motorischer Formenkreis

Ektoderm

A⁰ WPb plus pathsyst MWPa plus Parasympathikus = WPb plus MP plus WPa plus Parasympathikus

Essenzielle Hormone
WPb: Enkephalin (3.1.46.); A⁰; (kontrolliert und stützt das vegetative Nervensystem)
MP: **beta-Endorphin (31 AS) (3.1.45.); A⁰**; (wirkt Schmerzdämpend, verhindert eine Überaktivität des Parasympathikus)
WPa: Cholecystokinin (CCK, 33 AS) (3.1.24.); A⁰; (wirkt dynamisierend und lösend)

beta-Endorphin qual CCK qual Enkephalin

LSB: A⁵

Embryologie
In der embryonalen Entwicklung vom 1. bis zum 21. Tag entstehen die 4 **Keimblätter** Ektoderm (Außenhaut), Entoderm (Innenhaut), intraembryonales Mesoderm (Zwischenhaut, abgekürzt Mesoderm) und extraembryonales Mesoderm.
Die Zellen des Embryoblasten (des Kindes!) lassen am 7. Tag zwei (abgrenzbare!) Schichten erkennen: Die eine, nach **innen** hin in Richtung der Blastozystenhöhle gelegen, ist **das Entoderm**; die andere, nach **außen** hin an den Trophoblasten angrenzend, ist **das Ektoderm**. (Noosomatik Bd. I-2, 2.11.8.)

Anatomie
Aus dem Ektoderm entstehen:
- Zentralnervensystem (ZNS: Gehirn und Rückenmark),
- peripheres Nervensystem (das übrige),
- Sinnesepithel von Ohr, Nase und Auge,
- Epidermis (Oberhaut) einschließlich der Haare und Nägel,
- Unterhautdrüsen,
- Milchdrüsen,
- Hypophysenanteil des TRO,
- Zahnschmelz

Essenzielle Hormone
WPb: Enkephalin (3.1.46.) inhibiert die Freisetzung von Neurotransmittern peripher und zentral. Es kontrolliert das vegetative Nervensystem und stützt es.
Enkephalin befindet sich in Fasern von Nervus vagus, Nervus ischiadicus und Nervi splanchnici (Rauber, Kopsch, Bd. III, 1987, S. 69), in den katecholaminergen Zellen des Glomus caroticum und in den NNM-Zellen.

MP: beta-Endorphin (3.1.45.) dämpft die Schmerzempfindung und Spannung und begrenzt die Sympathikuswirkung. Es stoppt einen parasympathischen Schock, indem es dessen sympathische Gegensteuerung begrenzt.

beta-Endorphin ist etwa 50-mal stärker schmerzstillend wirksam als Morphin. Es wird in der Amygdala, dem Corpus striatum und dem Hypothalamus an den selben Rezeptoren gebunden, die auch Morphin und andere Opiate binden. (Hofmann, Medizinische Biochemie, 1996, S. 647 f.)

beta-Endorphin besitzt einen Antikörperrezeptor, „über diesen gewinnt das Peptid einen stimulierenden Einfluss auf das Abwehrsystem" (Rauber, Kopsch, Bd. II, 1987, S. 209). Auch in den D-Zellen der menschlichen Pankreasinseln wurden ß-Endorphine gefunden (a.a.O., S. 195).

Die Freisetzung von beta-Endorphin ist an die von ACTH gekoppelt, weshalb als Reaktion auf Stress nicht nur Stoffwechsel-Umschaltungen, Kreislauf-Reaktionen durch Glukokortikoide oder Adrenalin, sondern auch analgetische Effekte ausgelöst werden. Beim „Leistungsstress" kann dies zu Glücksgefühlen führen. (Kleine, Rossmanith, Hormone und Hormonsystem, 2007, S. 39)

> In einer VA-Situation mit einer Angst- und Schockreaktion ist der Parasympathikus sehr aktiv. Es kommt zur Zentralisation des Kreislaufs, in der Milz zu einem Blutstau und zu einer vermehrten Ausschüttung von Endorphinen. Die durch die Endorphine gewirkte Schmerzdämpfung verhindert eine Überaktivität des Parasympathikus, die zur Erstarrung führen würde. Damit wird gleichzeitig einer pathologischen Aktivität des Sympathikus gewehrt, um die Zentralisation des Kreislaufs zu begrenzen und dadurch der Mangelversorgung der Organe zu wehren.

> Stimmungsmäßig kann sich die Endorphinwirkung von einer per effectum dynamisierenden Stimmung bis hin zur Euphorie auswirken.

WPa: Cholecystokinin (CCK) (3.1.24.)

CCK wird im Dünndarm, Pankreas und Gehirn gebildet. Es wirkt dynamisierend und lösend, wirkt exzitatorisch auf corticale Neurone und wirkt bei der Anpassung der regionalen Hirndurchblutung an den jeweiligen Erfordernissen mit, es wirkt somit unabhängig von Nervenzellen.

> Das Peptid CCK hat eine hohe Konzentration im Neokortex, kann aber auch an anderen Regionen des ZNS gefunden werden. (Zilles, Rehkämper, Funktionelle Neuroanatomie, 1994, S. 402)

Es hat 33 AS, deren Sequenz teilweise mit der des Gastrin identisch ist. Es wird in Zellen („I-Zellen") im Epithelverband von Duodenum (höchste Konzentration), Jejunum und Ileum, als Cholecystokinin-Oktapeptid (CCK 8) im Zentralnervensystem und im Plexus myentericus nachgewiesen, und es ist mit dem als ‚Pankreozymin‘ bezeichneten Wirkstoff identisch.

CCK wird unter dem Einfluss von Fettsäuren, Aminosäuren bei niedrigem pH-Wert, die aus dem Darm wirken, an das Blut abgegeben. Es wird durch die Säure- und Peptidsekretion des Magens und die Magen- und Dünndarmmotorik stimuliert und führt zur Kontraktion und damit zur Entleerung der Gallenblase. Am Pankreas ruft es die Abgabe eines enzymreichen Bauchspeichels hervor. „CCK-Gabe wirkt ein Sättigungsempfinden" (Rauber, Kopsch, Bd. II, S. 234).

Haut

A⁰ WPb plus autonsyst MP

Essenzielle Hormone
WPb: alpha-MSH (3.1.11.); A⁰; (stimuliert die Melaninbildung der Melanozyten, wirkt an der Haut antientzündlich)
MP: Cortison (1.1.2.2.4.); A⁰

Sympathikus qual Cortison qual alpha-MSH

LSB: As

Embryologie
Die Haut entwickelt sich ab der 4. Woche aus dem Ektoderm und dem Mesenchym. Die Epidermis differenziert sich aus dem Ektoderm, die darunter liegenden Schichten aus dem Mesenchym.
Die Epidermis besteht aus einer Lage Zellen, die proliferieren und eine zweite Schicht, das Plattenepithel (Periderm), bilden. Die oberflächlichen verhornten Zellen schilfern ab und bilden mit dem Talg (siehe Talgdrüsen) die schützende Vernix caseosa (Käseschmiere). Unter dem Periderm differenzieren sich die tieferen Zellschichten, die die abgestoßenen Peridermzellen ersetzen, bis das Periderm ab der 21. Woche durch das Stratum corneum ersetzt wird.
Zellen, die sich zu Melanoblasten differenzieren, wandern aus der Neuralleiste zwischen dem 40.-50. Tag in die Haut. Dort werden sie in der Epidermis zu Pigmentzellen (Melanozyten) mit zahlreichen Zellfortsätzen und bilden bereits vor der Geburt Melanin, das sie an die Epidermiszellen abgeben.
Ab der 11. Woche bilden die Mesenchymzellen kollagene und elastische Fasern. Mit der Entwicklung der Hautleisten werden die Papillae occultae gebildet, in denen die Kapillarschlingen, Tastkörperchen, Nervenenden etc. entstehen.
Die Hautblutgefäße bilden sich aus dem Mesenchym. Die Gefäße enthalten eine Muskelhülle aus Myoblasten, die sich aus dem umgebenden Mesenchym differenziert haben. (Moore, 1996, S. 522 ff.)

Anatomie
Die Haut bedeckt den gesamten Körper (Ausnahme: Bindehaut der Augen) und besteht von außen nach innen aus Oberhaut (Epidermis), Lederhaut (Dermis bzw. Corium) und Unterhaut (Subcutis).
Von der untersten Schicht der **Oberhaut**, einer einzelligen Basalschicht (**Stratum basale**), werden ständig Zellen zur Regeneration

der Haut an die mehrzellige Stachelzellschicht (**Stratum spinosum**) abgegeben. Die Zellen dieser Schicht binden sich fest miteinander über Zellwandverbindungen (Desmosomen). Die nach außen folgende nächste Schicht ist die Körnerschicht (**Stratum granulosum**), die lange flache Zellen mit der verhornenden Substanz (Keratinkörper) enthält.

Darüber befindet sich die Glanzschicht (**Stratum lucidum**) mit stark lichtbrechenden Substanzen. In die äußerste Schicht, die Hornschicht **(Stratum corneum)** werden die abgestorbenen Zellen (Hausstaub) für die Hautbesiedler (Bakterien, Pilze) abgegeben.

An Handinnenflächen und Fußsohlen wird die Oberhaut kräftiger ausgebildet und zur Hornhaut. Auf der Hornhaut sind die über die gesamte Haut verteilten Faltungen und Ausbuchtungen der Lederhaut deutlich als Hautlinien (**Papillenlinien**) zu erkennen. Diese sind individueller Ausdruck der Haut eines jeden Menschen (Fingerabdruck).

In den Ausbuchtungen der Papillen in der Epidermis nahe der Grenze zur Lederhaut sind die **Merkel-Zellen** (scheibenförmige Mechanorezeptoren, die als Gruppe auch „Tastscheiben" genannt werden). Sie kommen hauptsächlich an empfindlichen Hautstellen vor.

> Die Merkel-Zellen „liegen im Stratum basale, sind abgeflacht, hell und zeigen als Charakteristikum in ihrem Zytoplasma kleine, dichte Granula, die denen katecholaminhaltiger Zellen ähneln. ... An die etwas verdickte Basis der Merkel-Zellen treten freie Nervenendigungen heran." (Junqueira, 4., Aufl., S. 420)

In die lebenden Schichten der Oberhaut sind **Melanozyten** eingewandert, Zellen mit weitverzweigten Zellausläufern und Pigmentkörnchen (Melanin), deren Bildung durch verstärkte Sonneneinstrahlung und Hormone (z. B. MSH) initiiert werden kann. Weitere nomadisierende Zellen sind die **Langerhans Zellen** (Immunzellen).

Die **Lederhaut** besteht aus einem dichten Geflecht aus elastischem und kollagenhaltigem Bindegewebe, das der Haut die Stabilität und Reißfestigkeit verleiht. Die Lederhaut ist gefäßreich, enthält Blut- und Lymphgefäße, afferente und efferente Nervenfasern sowie zahlreiche Immunzellen und Rezeptoren. In der Lederhaut können zwei Schichten unterschieden werden: die Papillenschicht (**Stratum papillare**), die über papillenartige Einbuchtungen mit der Oberhaut verzahnt ist und darüber ihre Kontaktfläche vergrößert, und die tiefer liegende zellärmere Schicht, die Geflechtschicht (**Stratum reticulare**) mit vielen netzartig verteilten kollagenen Faserbündeln.

> „Beide Schichten sind reich an wasserbindenden Glykosaminoglykanen, v. a. Dermatansulfat und Hyaluronat, ferner Chondroitinsulfat A und C." (a.a.O., S. 420)

Im Stratum papillare unmittelbar unter der Epidermis befinden sich die **Meissner-Tastkörperchen**. Sie bestehen aus einem Stapel abgeflachter Zellen, zwischen denen sich Nervenfasern durchwinden, und nehmen Berührungsreize auf.

> Sie „kommen im Bindegewebe der Papillen des Stratum papillare der Leistenhaut, der Schleimhaut, der Mundhöhle, ferner der

Stimmritze und im Bindegewebe des Afters vor. Darüber hinaus werden sie in den Papillen der unbehaarten Haut der Lippe, des Augenlides und der Haut der Glans und des Praeputium penis angetroffen." (a.a.O., S. 647)

Die Hautschicht wird von freien Nervenendigungen durchzogen, Rezeptoren der Schmerz- und Temperaturempfindungen. Die Verteilung der **Sinnesrezeptoren** weist eine unterschiedliche Dichte auf. In der oberen Schicht, befinden sich blind endende Lymphsäckchen, die in die Lymphbahnen der Unterhaut ziehen. Im Stratum reticulare sind größere Blutgefäße, die meist parallel zur Hautoberfläche verlaufen. Das rosige Aussehen der Haut hängt von der Durchblutung der Lederhaut ab.

Die behaarte Haut hat in der Lederhaut weniger Druckrezeptoren. Das Haar, das im Fettgewebe aus einer Haarzwiebel wächst, besitzt um die Haarwurzelscheide freie Nervenendigungen, die Sinnesrezeptoren sind und die Berührung des Haares registrieren. Seitlich am Haar setzt der glatte Haarbalgmuskel an und endet in der Basalschicht (der Haarbalgmuskel hat Haarbalgmuskelnervenzellen). Zwischen Haar und Haarbalgmuskel sitzen Talgdrüsen (s. Talgdrüsen).

Die **Unterhaut** besteht aus gefäß- und fettgewebsreichem Bindegewebe.

Sie „gehört entwicklungsgeschichtlich nicht zur Haut, verbindet aber die Haut locker mit dem darunter gelegenem Gewebe." (a.a.O., S. 413).

Das Fettgewebe (10-20 kg bei Erwachsenen) dient als Wasserspeicher, Druckpolster und Energiedepot. Die Dicke dieser Schicht schwankt an einzelnen Körperstellen und ist individuell unterschiedlich. Bei Frauen ist das Fettgewebe an bestimmten Körperstellen kräftiger ausgebildet als bei Männern. In der Unterhaut sind **Vater-Pacini-Lamellenkörperchen** zu finden, die für die Wahrnehmung von Vibrationen zuständig sind. Außerdem sind hier die Schweißdrüsen, die mit Blutgefäßkapillaren umgeben sind sowie zur Haut ziehende Nerven und Gefäße.

Kurzkommentar zur Haut
(aus Noosomatik Bd. V-2, 5.10.5.2)

Die Haut registriert Kälte, Wärme, Berührung und Verletzung. Ein Impuls trifft auf die Haut; die Selektion geschieht in den unterschiedlichen Hautschichten durch die Rezeptorenverteilung und –empfindlichkeitsschwelle. Im Unterhautfettgewebe befinden sich unterschiedlich spezialisierte Sinneszellen für Druck, feine Berührungen, Wärme, Kälte, und es befinden sich dort freie Nervenendigungen für Schmerz und extreme (schmerzhafte) Temperatur. Die Membranpotentialänderung setzt Transmitter frei, die das Aktionspotential der nachfolgenden Nervenzellen in Gang setzen. Die Informationen gehen über die peripheren Nerven ins Rückenmark und von dort aus in den Thalamus; vom Thalamus gehen Informationen direkt in den Neocortex und von dort über Assoziationsbahnen zu anderen sekundären Zentren, in denen die Identifizierung stattfindet. Die Identifizierung des

Reizes (und damit auch die zugeschaltete Benennung durch Gedächtniszellen!) geschieht vor der Reaktion (zur Begrifflichkeit „Reaktion"
und „Aktion" siehe SuI S. 77 und „Relationspotenz" Noosomatik Bd.
V-2, 5.1).

Wenn eine „Memory-Zelle" gegen spezielle Hautimpulse arbeitet, z.B.
aufgrund von Verwundungserfahrungen in der peri- oder postnatalen
Phase, geschieht eine sehr schnelle Abwehrreaktion, während alle
anderen Aktionen relativ (!) spät erfolgen. Wir können beobachten,
dass die Trennung zwischen drinnen und draußen als kritische Funktion („krisis" heißt Unterscheidung) des Körpers durch die Haut gewährleistet wird. Axone (Nervenbahnen) des sympathischen Nervensystems innervieren die Schweißdrüsen (Transmitter Acetylcholin)
und die Minimuskeln zum Aufrichten der Hauthaare und die Eng- und
Weitstellung der Gefäße (eng durch Noradrenalin; weit durch niedrige
Adrenalin- oder Noradrenalinmengen oder überschießendes Noradrenalin). Wir sprechen vom „Dichtwerden" oder „Sich-Öffnen". Wir haben es hier mit einem Sonderfall zu tun: der Sympathikus kann an
diesem Ort einen Transmitter des Parasympathikus benutzen, das A-
cetylcholin, zur Steuerung der Schweißdrüsen und damit der Körper-
ausdünstung und damit der Gestaltung von „Atmosphäre". Die Haut
scheidet CO_2 und Wasser aus (Atmung), Milchsäure (Angstatmung bei
zu wenig Sauerstoff), Buttersäure (Sauerstoffmangel plus Fettver-
wertung anstelle von Zucker, z. B. bei Schweißfüßen), Mineralien
(Salze, z. B. bei Schweiß), andere Säuren. Auf der Haut „wohnen"
Staphylo-, Mikro-, Peptokokken und der Streptococcus faecalis, apa-
thogene Corynebakterien, aerobe Sporenbildner, Enterobakterien, a-
pathogene Mykobakterien, Aktinomyceten und Hefen. Auch sie tragen
zur Gestaltung von „Atmosphäre" ihren Teil bei. Talgdrüsen verhindern das Austrocknen der Haut und fördern die Gleitfähigkeit. Das
Phänomen des **„übertragenen Schmerzes"** (z. B. Schmerzen im linken Arm bei Schmerzauslöser Herz) beruht auf dem segmentalen
Aufbau des Nervensystems (beachte die Somitenbildung). Aus einem
Segment des Nervensystems werden ein bestimmtes Hautareal, eine
bestimmte Muskelgruppe und ein bestimmtes inneres Organ „versorgt". Der Reflexbogen besteht aus einer vegetativen aufsteigenden
Faser, die in die Haut zieht und dort eine Milieuveränderung bewirkt.
Diese wird von den freien Nervenendigungen (als Schmerz) nach
zentral weitergemeldet (einschließlich zugeschalteter Deutung einer
Memoryzelle!). Die aus dem Segment innervierte Muskelgruppe kann
verstärkt innerviert werden (Verkrampfungen, Verspannungen; vgl.
auch die Abwehrspannung der Bauchdecke bei Erkrankungen von Organen in der Bauchhöhle).

Wenn die Haut austrocknet, der Säureschutzmantel unzureichend
wird, kommt es zu Hautläsionen, die Eintrittspforten für bakterielle
Infektionen sind (z. B. bei Neurodermitis). Die Aufnahmefähigkeit der
Haut für Außenreize wird eingeschränkt durch Verringerung der Zufuhr von innen.

Die Haut erneuert sich selbst durch einen autonomen Regelkreis: Die Zellen in der Basalschicht vermehren sich durch Teilung (die Information zur Teilung steckt in jeder unspezialisierten Zelle), per effectum wandern sie zur Oberfläche der Haut. Das Vitamin A qualifiziert die Arbeit der Zellen, die Melanin (Farbstoff) bilden. Diese Zellen heißen Melanozyten; sie kommen auch im Auge (!) vor. Sie reagieren auf Licht und auf TRO-Aktivität (vor allem auf das Melanozyten-stimulierende Hormon, „MSH", vgl. ACTH). Melanozyten scheiden Melanin aus, das die Haut färbt und gegen zuviel Lichtinformationen schützt. Das Schilddrüsenhormon Thyroxin (T_4) regelt in der Leber die Umwandlung von Carotin in Vitamin A; T_4 kann selbst umgewandelt und abgebaut werden zu Melanin.

Außer der behaarten Kopfhaut und der geschlechtsspezifischen Behaarung kann die Behaarung der Haut individuell unterschiedlich sein. In der Regel weisen Männer eine stärkere Körperbehaarung als Frauen auf.

Zu den geschlechtsspezifischen Unterschieden bei der Haut
(siehe auch „Schmach usw.")
Etwa ab der siebten Entwicklungswoche zeigt sich die geschlechtsspezifisch unterschiedliche Entwicklung der Haut darin, dass die Haut der Frau mehr Bindegewebe und eine ausgeprägtere Unterhautfettschicht hat, während die Haut des Mannes mehr Haare hat.
Im Bindegewebe der Haut finden sich Pacinikörperchen, die druckempfindlich sind. Sie reagieren unmittelbar auf den leisesten Druck. Daraus folgt, dass die Haut der Frau als ihr „zweites Gehörsystem" zu betrachten ist, da diese andere Beschaffenheit der Haut den Druck der akustischen Impulse wahrnehmen kann. Die frauliche Haut ist also auch ein Wahrnehmungsorgan für Atmosphäre (die ja bekanntlich auch einen gewissen Druck ausüben kann). Dieser Sachverhalt bestimmt natürlich auch das Zärtlichkeitsempfinden einer Frau. Das bedeutet nicht, dass ein Mann weniger sensibel ist; er ist es anders. Durch die vermehrte Behaarung ist er über die Haut für die Wahrnehmung der adversiven Anwendung des weiblichen Prinzips empfänglich und kann Reizflut (Überdynamisierung) von angemessenem Umgang unterscheiden. Reizflut lässt ihm die Haare zu Berge stehen und macht ihn unruhig; sie kann jedoch auch seine patriarchale Grundausbildung aktivieren und ihn verleiten, den „Big Mac" zu spielen. Nebenbei: Die Tastfähigkeit des Mannes kann von ihm als zusätzliche Wahrnehmungshilfe angenommen werden. Die Haut der Frau unterstützt ihr weibliches Prinzip, die Haut des Mannes sein männliches Prinzip.

Die Haut als Sinnesorgan ist lebensnotwendig. Sie ist für die **Außenwahrnehmung** zuständig und vermittelt von dra nach dri und von dri nach dra. Sie nimmt Impulse auf und gibt sie weiter. Die freien Nervenendigungen arbeiten wie Einbahnstraßen und wissen, wohin die Informationen müssen. Es gibt Nervenendigungen, die etwas weitergeben und andere, die Informationen abgeben. Die Haut ist nicht willkürlich beeinflussbar. Manchmal wirkt sie grauer als es unserem „Teint" gut tut (LSB As).

Die Haut ist dem Außen ausgeliefert. Wir können sie durch Kleidung schützen. Von ihrer Funktion her ist die Haut für unsere Überlebensfähigkeit von großer Bedeutung. Die Nervenendigungen der Haut geben Informationen über Schmerz, Druck, Berührung, über die feinen Schwingungen der Haare, über Temperaturempfindungen. Die unterschiedlichen Rezeptoren der Haut, z. B. für Wärme oder Kälte, können differenzieren. Wir lernen die unterschiedlichen Druckarten zu unterscheiden.

> Die willentlich steuerbare Muskulatur, die quergestreifte, kommt in der Haut nicht vor. Der Muskulus arrector pili wird unwillkürlich durch den Sympathikus beeinflusst.

Die Haut (A^0) hat auch mit der Selbstvorstellung und dem eigenen Mut zu tun. Sie informiert uns über die Widerfahrnisse von uns selbst und über das Recht auf uns selbst. Die Haut umgibt uns unmittelbar. Sie ist eine große Fläche zum Wahrnehmen und Verletzen. Sie informiert uns über unsere persönliche Situation im Augenblick. Sie reagiert sofort, wenn wir eine Information, die sie gibt, nicht annehmen.

Die Reihe der Sinnesorgane (Frontalhirn, Haut, Auge, Ohr, Zunge, Nase, Formatio reticularis) stehen im Zusammenhang mit den Retraktionen im Sinn des autonoetischen Systems: Alle Informationen, die von außen in uns eindringen (von uns aufgenommen werden), werden von mindestens einem Sinnesorgan entgegen genommen. Bei aversiven Informationen führt die Akzeptanz zu physiologischen Retraktionen mit kränkender Wirkung. Eine Schädigung der Haut von innen kann nur geschehen, wenn Informationen von außen nicht oder falsch geachtet werden. Dann kann die nervale Information unserer Einschätzung zu einer Unterversorgung der Haut führen.

Die Besonderheiten der Haut zeigt sich darin, dass Parasympathikus oder Sympathikus in der Haut das machen, was eigentlich nur der jeweils andere kann. Der Sympathikus nutzt in der Haut Acetylcholin, den Transmitter des Parasympathikus im 2. Neuron (der Teil, der in der Haut ankommt).

Wozu verwendet der Sympathikus das Acetylcholin? Der Transmitterstoff des Sympathikus ist Noradrenalin und der des Parasympathikus Acetylcholin. Acetylcholin ist ein Stoff aus Cholin (in der Membran kommt er auch vor) und einem Essigsäurerest (ein Grundbaustein). Dieses Zack-Zack (die Schnelligkeit) ist in der Haut wichtig:
1. die direkte Information durch Schaltstellen
2. Acetylcholin kann die Zelle sofort beeinflussen, ohne über die normalen Wege zu gehen.

Über das Auge können Zukunftsvisionen wach werden, die besorgniserregend sein können, auch die Atmosphäre kann besorgniserregend sein. Bei viel Sorge (Unterbrechung der Noradrenalin- und Adrenalinsynthese) entsteht ein Überangebot an Noradrenalin. Bei einer er höhten Stimulation des TRO wirkt sich das auf den Sympathikus und die NNR aus, und **Cortisol** wird ausgeschüttet.

Rezeptoren sind in der Lage, Eindrücke zu speichern. Unmittelbar nach der Geburt bildet die Zelle Rezeptoren, die mithelfen, die VA zu verarbeiten. Bei bestimmten Bewegungen heißt es dann: „aha – Mutter" oder „aha – Vater" (siehe Auge). Beobachtungen von Bewegungen können wir differenzieren. Es ist ein Bestandteil unserer Fähigkeit, dass wir das unterbewusste System eines anderen Menschen mitbekommen.

Mit dem „aha" können wir unser System stabilisieren. Das betrifft alle Sinneszellen in irgendeiner Weise. Bestimmte Atmosphären machen dünnhäutiger, die Sensibilität ist geschärft oder dickhäutiger, dann ist sie entschärft. Das wirkt sich auf die Sinneszellen aus.

Beim **Hirsutismus** spielen LS, VA-Erfahrungen und hormonelle Mischungsverhältnisse die entscheidende Rolle. Die Person empfindet sich als gestraft genug und möchte nur Angenehmes hören. Zu dem Phänomen gehört, dass diese Menschen möchten, dass andere sich für sie interessieren, wobei Interesse mit Aggression verwechselt wird. Wirkliches Interesse wird von der Lebensstileigentümlichkeit als Aggression gedeutet. Der Organismus „sieht" das aber nicht so. Dann produziert der Mensch mehr Haare. Eine andere Sichtweise ist die auf die VA. Fehlendes Interesse lässt Haare als Schutz wachsen, damit das Desinteresse in Ansätzen bereits wahrnehmbar ist. Das Problem ist das Zuviel an Haaren und das Zuwenig an Information. Ein Zuviel einer Produktion ist immer ein Hinweis auf eine Lücke, die für einen Raum gehalten wird.

Der Mensch kann sich die Widerfahrnisse von „leben" zukommen lassen z. B. über die Haut (Wind, Eindrücke). Er übernimmt und trägt die Verantwortung für das eigene Tun und Empfinden, trotz des Risikos, auch Aversives zu tun. Aversiv zu handeln kommt vor, darauf zu insistieren und dies als Fehler zu deuten, ist Wertung. Dahinter steckt die Versuchung, die VA als Makel zu deuten und sich zusätzlich zu belasten.

Die Sinnesorgane nehmen einfach von dra nach dri auf, die Interpretation der Wahrnehmung setzen wir von dri nach dra! Es kann ein inneres Stressmilieu entstehen, dem dann gegengesteuert werden muss.

Wir haben gelernt uns zu „ver-"antworten - vor anderen. Wir haben das „sich ver-antworten" von den Eltern gelernt. Also müssen wir, wenn wir Verantwortung übernehmen, die Rolle unserer Eltern übernehmen. Aber: es geht um **antworten** und nicht „ver-"antworten! Wir sollen, dürfen und können eigene Antworten geben!

Essenzielle Hormone

MP: Cortison (1.1.2.2.4.) ist ein Glukokortikoid. Es schützt, damit die Rezeptoren angemessen arbeiten können.

WP: MSH (3.1.11.) Melanozyten schützen die Haut vor Reizflut. In der Hormonfamilie von MSH (Melanozyten stimulierendes Hormon) gibt es Untergruppen, z.B alpha-MSH und beta-MSH. Melanozyten haben mehr Aufgaben, als nur die Haut zu bräunen. MSH stimuliert nicht nur die Melanozyten, es kann auch Sorge wecken. Die Melanozyten stützen das weibliche Prinzip. alpha-MSH fördert das Wachstum, die Entwicklung der Muskelzellen und der Haut. Die Muskelzellen arbeiten mit Rezeptoren, die auf mechanische Reize ansprechen (mechanorezeptiv). Sie sind langsam adaptierend, bei gleichbleibendem Druck schützen sie desensibilisierend. Der Reiz wird nach einiger Zeit nicht mehr wahrgenommen.

Die Zellen enthalten Granulat (kleine Körnchen). Sie sind dicht und können schnell reagieren. Sie weisen Ähnlichkeiten mit den Zellen des NNM auf. Das MSH kann in der Haut also auf Verwandtschaft stoßen (verwandte Teile des NNM).

> Die Haut sorgt für uns, für die zärtliche Begegnung mit „leben" und für den Mut zur Begegnung. Nehmen wir das Wetter wahr, können wir wahrnehmen, wie der Wind uns streichelt und die Sonne uns wärmt.

Haut und NNM

Zwischen **Haut** und **NNM** besteht eine Verwandtschaft. Uns geht schon mal etwas unter die Haut. Wir haben in der Haut Rezeptoren ausgebildet für die Sorge. Die Haut „sagt" z. B.: „hm, das ‚leben' ist schön", und dann kommt das Frontalhirn und sagt: „Wie?" Und schon setzen Zweifel oder Sorge ein. Sorge ist ein gedachtes Gefühl, eine Umwandlung des genuinen Gefühls Gerechtigkeit. Vor der Sorge muss das Gefühl der Gerechtigkeit da gewesen sein. Das gilt für alle gedachten Gefühle! Jeder Mensch antwortet seine eigenen Empfindungen!

Die Haut schützt und informiert uns nicht nur, sie hat auch die Aufgabe uns zu schonen. Die Prügelstrafe durchbricht diese Schonung. Als Folge gucken wir von der Schonung zur Verschonung.

Mandeln

A⁰ WPb plus medsyst MWPb plus Parasympathikus = WPb plus MP plus WPb plus Parasympathikus

Essenzielle Hormone
WPb: Interferon alpha (3.1.63.1.); A⁰; (hilft beim Umgang mit Viren)
MP: Somatoliberin (3.1.02.); A⁰; (fördert das Wachstum durch die Erhöhung der Ausschüttung von STH)
WPb: Pregnandiol (1.1.2.1.4.); A⁰; (antibakteriell und antientzündlich)

Somatoliberin qual Interferon alpha qual Pregnandiol

LSB: As

Embryologie

Die **Gaumenmandeln (Tonsillae palatinae)** entstehen im Bereich der 2. Schlundtasche. In dieser Ausbuchtung verdickt sich das entodermale Epithel und bildet epitheliale Knospen, die in das umgebende Mesenchym einwachsen. Daraus bilden sich die tonsillären Krypten, indem sich der zentrale Teil der Knospen auflöst. Während der 20. Woche differenziert sich das Mesenchym, das die Krypten umgibt, zu lymphatischen Gewebe. Bald darauf tauchen die ersten Lymphfollikel auf. (Moore, 1996, S. 225)

Ihre Entstehung erstreckt sich bis in die ersten Monate post partum. (Hinrichsen, S. 362) In der 19.-20. Woche bilden die Gaumenmandeln ihre bindegewebige Organkapsel.

Die **Rachenmandel (Tonsilla pharyngea)** bildet sich im Dach und der hinteren Wand des Nasenrachenraumes (Nasopharynx), zeitlich eng gekoppelt an die Entstehung der kleinen gemischten Speicheldrüsen des Rachendaches im 3. Monat. Im 5. Monat nimmt die Rachenmandel Gestalt an, erste lymphatische Primärfollikel zeigen sich, und das Epithel wird von lymphatischen Zellen reich infiltriert. Im 7. Monat ist die Differenzierung der Rachenmandel abgeschlossen.

Die **Zungenmandel (Tonsilla lingualis)** ähnelt in ihrer Entwicklung der Tonsilla palatina. Die Keimzentren treten erst nach der Geburt auf. (a.a.O., S. 362)

Anatomie

Die Mandeln bestehen aus **Lymphgewebe**. Zu den Mandeln (Tonsillen) gehören die Gaumenmandeln, die Rachenmandel und die Zungenmandel sowie das lymphatische Gewebe von den Seitensträngen in der Rachenwand bis zum Eingang in die Tuba auditiva (Tonsilla tubaria).

In dem zur Mundhöhle gehörenden (oralen) Teil des Rachenraumes liegt auf jeder Seite eine **Gaumenmandel** in einer Fossa tonsillaris (Gaumenmandelnische).

Das Gewebe (Epithel) jeder Mandel enthält 10-20 schmale Einbuchtungen (Krypten), die tief in das Gewebe (Parenchym) hineinreichen. Es ist im oberen Teil mehrschichtig unverhornt und in der Tiefe netzartig aufgelockert, ohne Basalmembran. Das lymphatische Gewebe der Gaumenmandeln wird durch eine Kapsel mit dichtem Bindegewebe von der Umgebung der Mundschleimhaut getrennt.

Die **Rachenmandel** ist eine unpaare Mandel am Dach des Nasenrachens. Sie ist vom mehrreihigen hochprismatischen Flimmerepithel bedeckt. Auf der Mandel liegen zwischen den Schleimhautfalten Buchten, in die z.T. Ausführungsgänge gemischter Drüsen einmünden. Die Kapsel der Rachenmandel ist dünn.

Die **Zungenmandel** liegt am Zungengrund. Sie besteht aus weit auseinander liegenden Einbuchtungen (Einzelkrypta), die von lymphatischem Gewebe umgeben sind. Die Zungenmandel wird von einem mehrschichtigen Plattenepithel bedeckt. (Junqueira, 1996, S. 360)

Beim Einatmen strömt die Luft an den Mandeln vorbei. Die Mandeln sind sehr sensibel und reagieren auf die kleinsten Variationen der Zusammensetzung der Luft. Auch über die aufgenommene Nahrung bekommen die Mandeln Informationen. Sie sind Kommunikationsorgane für die Vermittlung von dra nach dri. Die Mandeln haben Schutzfunktion. Das Organ selbst muss aktiv in der Lage sein zu verarbeiten, was kommt.

Die Mandeln bilden den so genannten lymphatischen Rachenring. Das Lymphsystem unterscheidet nicht und nimmt folglich auch „Schrott" auf. Wenn die Mandeln dadurch verändert sind, besteht Gefahr für Herz und Nieren.

Perinatal sind die Mandeln überlebenswichtig, sie reagieren auch bei Nasenatmung. Die Mandeln schützen das Kind in den ersten Tagen ("first protecting factor"). Die Wegnahme der Mandeln ist von Natur aus nicht vorgesehen.

Essenzielle Hormone

MP Somatoliberin (SRH) (3.1.02) SRH schützt den ersten Atem ("first protecting factor"). Es wird im Hypothalamus gebildet und hat die Aufgabe, die Somatotropin-Produktion (somatotropes Hormon, STH) zu fördern.

Somatotropin (STH) ist ein Wachstumshormon und für das normale Wachstum bei Kindern und Jugendlichen unentbehrlich. Es fördert z.B. den Aufbau von Eiweiß, Muskeln und das Längenwachstum der Knochen. Außerdem erhöht Somatotropin den Blutzuckerspiegel (durch Glykogenolyse) und wirkt auf die Fettzellen fettabbauend (lipolytisch).

> „Auffallend sind die hohen Wachstumshormonspiegel bei Neugeborenen während der ersten zwei Lebenstage." (Tausk, S. 226)

SRH findet sich in Hypothalamus, Gastrointestinaltrakt und Plazenta. Die Ausschüttung von SRH wird stimuliert durch GABA, DOPA, T_3 (2.1.1.1.), T_4 (2.1.1.2.), Glukoseaufnahme, Arachidonsäure, Testosteron (1.1.2.5.1.), Melatonin (2.2.1.) und VIP (3.1.29.). Sie wird gehemmt durch SRH selbst, sowie Dopamin (2.1.2.1).

WPb: Interferon alpha (3.1.63.1) hilft im Umgang mit Viren. Es hat einen antiviralen Effekt, indem es die vermehrte Exprimierung von MHC-Klasse-I induziert. Es wird in Epithelien und Fibroblasten gebildet (Roitt, Brostoff, Male, Kurzes Lehrbuch der Immunologie, 2., Aufl., 1991). Interferon alpha ist ein Protein.

Für den **Umgang mit Viren** gleich nach der Geburt braucht das Kind Schutz, bis es gelernt hat damit umzugehen. Die Mandeln sind auch für den **Proeffekt** (Pro-Virus-Effekt) da.

Bei den Mandeln befindet sich unter dem Epithel mesenchymales Bindegewebe, damit kann Flüssiges ausgeschieden werden.

WPb: Pregnandiol (1.1.2.1.4.) ist antibakteriell und antientzündlich. Für den Umgang mit **Bakterien** stellen die Mandeln Pregnandiol zur Verfügung, das sie selbst brauchen und das gleichzeitig nach drinnen schützt. Pregnandiol entsteht in der Leber, der Niere und der Haut aus Progesteron über Pregnandion. Es ist Abbau- und Ausscheidungs produkt von Progesteron. Pregnandiol übernimmt vorgeburtlich die Mandeltätigkeit. Es ist für das Kind wichtig.

> „Die im Harn ausgeschiedene *Menge* an *Pregnandiol* erlaubt Rück-schlüsse auf die *Funktion* der *Ovarien*. ... Auch gehört ein hoher *Pregnandiolspiegel* zu den ersten Kriterien einer Schwangerschaft." (Hofmann, Medizinische Biochemie, 1996, S. 588)

Schwangere Frauen scheiden mehr Pregnandiol aus. Es gibt ein ver-mehrtes Angebot von Seiten des Kindes. Das erfreut die Mutter und stabilisiert nach drinnen. Hat eine Frau während der Schwangerschaft eine Blasenentzündung, muss sich das Kind vermehrt schützen, es braucht selbst mehr Pregnandiol.

Hat die Mutter „die Nase voll", auch von der Schwangerschaft, ver-sorgt sie das Kind nicht mehr und das Kind wächst ab ca. dem 8. Mo-nat nicht mehr. Das Kind verbraucht die Eigenproduktion von Pregnandiol nicht mehr für das Wachstum, sondern um am „leben" zu bleiben.

Das Kind wächst langsam, wenn die Atmosphäre draußen nach der Geburt bleibt wie vorgeburtlich. Wenn die Mandeln nach der Geburt ihre angemessene Tätigkeit finden dürfen, wächst das Kind ganz normal.

Parasymapthische Nervenfasern erreichen über Abzweige des Ner-vus glossopharyngeus die Mandeln.

Lunge

A^0 WPb plus metansyst WPa plus Parasympathikus

Essenzielle Hormone
WPb: Angiotensin I (3.1.32.); A^0; (fördert die Gefäßkontraktion)
WPa: Bradykinin (3.1.33.); A^0; (fördert die Durchlässigkeit der Kapillarwände, erhöht das Schmerzempfinden, fördert Freiset-zung von Histamin aus Mastzellen und die Gefäßweitstellung)

Parasympathikus qual Angiotensin I qual Bradykinin

LSB: Aw

Embryologie
Die Lunge entwickelt aus dem **Entoderm** die epitheliale Auskleidung und die Drüsen der Luftröhre (Trachea), den Kehlkopf, den Bronchial-baum und das Alveolarepithel. Aus dem **Mesenchym** bilden sich das Bindewebe, die Knorpelplatten und die glatte Muskulatur des Atem-traktes.

Etwa am 26. Tag entwickelt sich auf der kaudalen Seite des Vorder-darms aus einer Rinne die Lungenknospe. Sie wächst nach kaudal in die Zölomhöhle vor, gabelt sich und teilt sich in die Hauptbronchien auf (2 links, 3 rechts). Über weitere Aufzweigungen entsteht nach und nach der Bronchialbaum. Er ist von visceralen Mesodermzellen (Lungenfell) umgeben, aus denen sich die Knorpelspangen, die glatte

Muskulatur, das Bindegewebe und die Blutgefäße der Bronchien bilden. Die Zölomhöhle, die sich vom Brust- zum Beckenraum erstreckt, wird in der 7. Woche in Pleura- (Brust-) und Peritoneal- (Bauch-)höhle unterteilt. Vorher stehen sie durch die dorsal gelegenen Pleuroperitonealkanäle miteinander in Verbindung.

Von der 24. Woche an haben sich Lungenbläschen (Alveolen) und Blutgefäße gebildet. Die Lunge kann ihre Atemarbeit aufnehmen. Die Alveolarepithelzellen (Typ II) stellen eine oberflächenaktive Substanz her, die die Lungenbläschen innen benetzt und ihre Weitung bei der Luftaufnahme ermöglicht.

Die Lungenentwicklung lässt sich in vier sich überlappende Zeitabschnitte einteilen:

1. die pseudoglanduläre Periode (5.-17. Woche): Die Lunge gleicht einer Drüse. Gegen Ende der Periode ist das luftleitende System (Bronchialsystem) entstanden.
2. die kanalikuläre Periode (16.-25. Woche): Bronchien und Bronchiolen erweitern sich, die Lungenbläschen entwickeln sich. Der Gasaustausch ist eingeschränkt möglich.
3. die terminale Periode (Aussackungsphase, 24. Woche - Geburt): Die Aussackung der Lungenbläschen erfolgt, das Kapillarnetz und die Lymphkapillaren entstehen. Die sekretorischen Pneumozyten bilden **Surfactants**, eine Mischung aus Lipiden, Proteinen und Kohlenhydraten, die als dünner Film die Lungenalveolen bedecken und durch die Herabsetzung der Oberflächenspannung die Ausdehnung der Alveolen erleichtern. Ein früh geborenes Kind kann damit überleben.
4. die Alveolarperiode (späte Fetalzeit bis zum 8. Lebensjahr): In ihr verdünnen sich die Lungenepithelien zunehmend für den rascheren Gasaustausch.

Vorgeburtlich unternimmt das Kind bereits kräftige „Atemübungen" und inspiriert dabei Amnionflüssigkeit (ohne zu Husten). (Moore, 4., Aufl., 262 ff.)

Anatomie

Die Lunge besteht aus den beiden **Lungenflügeln**, den **Bronchien** und der **Luftröhre**. Die Luftröhre beginnt im Hals nach dem Kehlkopf und verläuft bis in Höhe knapp oberhalb des Herzens im Mediastinum (dem bindegewebigen fettreichen Raum im Brustkorb zwischen den Lungenflügeln). Dort zweigt sie sich auf in zwei Hauptbronchien, die zu beiden Seiten in die beiden Lungenflügel einmünden, sich dort weiter verzweigen bis in die feinen Bronchioli („Bronchlein"), die in die Lungenbläschen (Alveolen) münden. In den **Alveolen** findet der **Gasaustausch** statt: Sauerstoff diffundiert ins Blut, Kohlendioxid aus dem Blut in die Luft. In den Wänden der Bronchien befindet sich ringförmige glatte Muskulatur, die vegetativ nerval gesteuert wird und sich durch den Einfluss des Parasympathikus zusammenzieht.

Eine hochaktive **Schleimhaut** mit vielen Flimmerhärchen kleidet die Bronchien aus. Die Lungenflügel liegen in den beiden Lungenhöhlen und sind nur im Bereich des Eintritts der Bronchien mit dem Mediasti num verbunden. Durch Kontraktion des Zwerchfells und der äußeren Zwischenrippenmuskulatur sowie der Atemhilfsmuskulatur im Schulter- und Halsbereich wird der Brustkorb geweitet und die Lunge so passiv ausgedehnt. Durch die Kontraktionskraft der Lunge findet das Ausatmen bis zur Atemruhelage ohne Beteiligung von Muskeln durch den Zug der Lunge statt. Die Lunge haftet im gedehnten Zustand durch den Unterdruck im Spalt zwischen den beiden Rippenfellblättern am Thorax. Weitere Ausatmung über die Atemruhelage hinaus erfordert die Kontraktion der Bauchmuskulatur und ebenfalls eines Teils der Zwischenrippenmuskulatur.

In den kleineren **Bronchien**, die wenige oder keine Knorpelspangen in ihren Wänden haben, und in den Bronchiolen findet sich unter der mit Flimmerepithel besetzten Schleimhaut reichlich glatte ringförmig angeordnete Muskulatur. Sie wird sympathisch und parasympathisch innerviert: **Sympathische Reize** weiten die Bronchialmuskulatur, **parasympathische** führen zu einer Verengung der Bronchien durch Kontraktion der glatten Muskeln. Von den Bronchien gehen parasympathische und sympathische (afferente) Nervenfasern zum Hirnstamm, der Informationen aus der Lunge ins Gehirn vermittelt. Die Muskulatur dient dazu, die Belüftung der Lungenbläschen, in denen der Gasaustausch stattfindet, zu regulieren. In Ruhe ist der Luftbedarf geringer, die Geschwindigkeit der Luftströmung bleibt erhalten.
Befinden sich in der Luft Stoffe, die unliebsam in die Lungen gelangen und sich dort im Schleim der Schleimhaut ablagern, verengen sich die Bronchien, und vermehrte Schleimproduktion beginnt (Parasympathikuswirkung). Über die **adversive Verwechslung** von Effekt und Intention setzt die Inversion des vegetativen Nervensystems ein: Beim Ausatmen (sympathische Hingabe - WP) verengen sich die Bronchien parasympathisch zusätzlich, um die Strömungsgeschwindigkeit der Ausatemluft zu erhöhen, und die im Schleim befindliche Noxe abzuatmen, gegebenenfalls auch abzuhusten. Beim Einatmen dagegen weiten sich die Bronchien. Die muskuläre Atmung kippt um in die stressbetonte Brustkorbatmung. Um den Einatem wird aktiv „gerungen", der Ausatem geht passiv ab. Nachdem die Gefahr vorbei (oder ihr potentielles Opfer ihr entflohen) ist, kann sich die Atmung wieder umstellen.

Die Lunge vermittelt zwischen draußen und drinnen und drinnen und drinnen. Bei der Flachatmung werden z. B. bildlich die „Sprungfedern angezogen" (siehe LSB Aw). Die Lunge wird von außen impulsiert, dann fällt sie in sich zusammen. Sie hat keine Schmerzrezeptoren. Sie reguliert sich selbst nicht über eine Rückkopplung.
Wird CO_2 nicht über die Lunge abgeatmet, wird es über den Urin ausgeschieden als Calcium-Carbonat. Der Weg ist von der Lunge zum Blut, vom Blut in die Nieren und von den Nieren in den Urin. Es ist eine Überlebenssituation, wenn die Atmung nicht vollständig funktioniert. Über den Darm lässt sich CO_2 nur ausscheiden, wenn es vorher

zu einer festen Substanz umgewandelt werden konnte. Einfacher erfolgt die Ausscheidung über den Urin.

Physiologisch gilt, dass - wie bei der Atmung von Kleinkindern und Babys - die Ausatmung aktiv durch die Bauchatmung abgegeben wird (Hingabe) und die Einatmung passiv erfolgt. Diese Art der Atmung führt auch bei Erwachsenen zu Wohlbefinden.
>   Wie in Christian Becker-Carus, Thomas Heyden, Gismar Ziegler, Psychophysiologische Methoden, 1979 gezeigt wurde, wenden Menschen in Ruhe eher die Bauchatmung an, während sie in einer körperlichen Belastungssituation oder auch in innerer stressbetonter Befindlichkeit zur Brustatmung übergehen. (siehe auch in „Umgang" das Kapitel „Meditationstheorie")

Bedingt durch Verwundungserfahrungen kann die Bauchatmung, aus dem frühkindlichen Erleben der Umwandlung der Angewiesenheit in Abhängigkeit und Ausgeliefertsein mit der Folge des Versuchs der Sicherstellung, „umkippen" in Brustatmung, mit dem Ziel, die Einatmung zu intendieren.

Selbstvorstellung und Lunge

Die **Ich-Aktivität** hat mit der Selbstvorstellung zu tun. Sie kann quellen oder erstarren wie die Lunge. Der Begriff „Störung der Ich-Aktivität" gehört zu den Begriffen, die allgemein in der Psychologie verwendet werden und als „Störung der Emotionen" beschrieben werden. Bei leichten Graden fallen alltägliche Entscheidungen schwer, bei etwas schwereren Graden ist alles verlangsamt, auch die Sprache. Bei schweren Graden tritt Ratlosigkeit bis Stupor und Staunigkeit auf. (Noosomatik Bd. V-2, 5.3.8.)

Welcher Zusammenhang besteht zur Lunge? Die Atmung kann per intentionem verlangsamt oder beschleunigt werden. Vor dem Einatmen muss ausgeatmet werden (Hingabe). Aus dem Sauerstoff kann ATP und ATP-P (ssssd) gebildet werden. Auch Wasser wird gebildet, das auf den Säure-Basen-Haushalt (nicht zu sauer und nicht zu basisch) wirkt. Das Blut wird mit Sauerstoff versorgt, CO_2 wird ausgeatmet. Die Atmung unterstützt die Blutpumpe (Kreislauf), die Skelettmuskulatur und die Muskulatur insgesamt. Die Lunge recycelt CO_2 und wirkt damit auf den Säure-Basen-Haushalt: Wenn ein Mensch „sauer ist", kann er ätzende Bemerkungen machen, ist er basisch, schäumt er über (Hyperventilation, ganz viel tief atmen). Erst wird „gepumpt", dann „läuft er über".

Beim Sprungfeder-Syndrom (A[1]) (Noosomatik Bd. V-2, 8.7.3.4.) atmen die Menschen normal wenn sie sich zurückziehen, dann „pumpen" sie für den nächsten Sprung. Das Sprungfeder-Syndrom geht einher mit einer Histaminerhöhung. **Histamin** ist ein essenzielles Hormon in der Epiphyse. Auch da kann die Lunge mitwirken, indem sie dem Menschen hilft „über den eigenen Schatten" zu springen.

Essenzielle Hormone

WPb: Angiotensin I (3.1.32.) hat Fernwirkung zur Niere. Es ist ein Hormon, das für die Umwandlung hilfreich ist (später wandelt es sich in Angiotensin II). Es hat Beziehungen zu den Spannungen der Lunge im Hinblick auf den Säure-Basen-Haushalt, hat durchblutungsfördernde Wirkung und fördert die gesamte Lungenaktivität.

WPa: Bradykinin (3.1.33.) („brady"=langsam, Stabilisierung der langsamen Bewegungen) fördert die Durchlässigkeit der Kapillare, die Erhöhung des Schmerzempfindens, die Freisetzung von Histamin aus Mastzellen und die Gefäßweitstellung.

Der **Parasympathikus** ist für die Kontraktion, das Ausatmen zuständig, Einatmen (Sympathikus) ist ein Effekt.

Spirometrie (Lungenfunktionsmessung)

Mit der Lungenfunktionsmessung werden die Luftmenge beim Ein- und Ausatmen und die Strömungsgeschwindigkeit ermittelt. Mit einem Peak-Flow-Meter kann die erreichte Spitzengeschwindigkeit der Ausatemströmung und mit dem Volumeter die Vitalkapazität (das Volumen eines Ausatemzuges nach maximalem Einatmen) gemessen werden.

Verringerte Peak-Flow-Werte bei normaler Vitalkapazität weisen auf eine Luftströmungsbeeinträchtigung (Obstruktion) beim Ausatmen. Verringerte Peak-Flow-Werte in Verbindung mit einer leicht verringerten Vitalkapazität weisen auf die Tendenz zu einer Lungenüberblähung: Unphysiologisches Betonen des aktiven Einatmens durch Brustkorbatmung mit erhöhter Atemmittellage führt zur beginnenden Überblähung der Lungenbläschen (Alveolen), die ihre Elastizität einbüßen können, so dass die Lungenbläschen dann unvollständig entleert werden.

Die Luftfüllung der Lunge lässt sich in unterschiedliche Volumina einteilen: Die unbewusst aus- und eingeatmete Luftmenge in Ruhe heißt **Atemzugvolumen** (AV). Das darüber hinaus bewusst maximal eingeatmete Luftvolumen heißt **inspiratorisches Reservevolumen** (IRV), das ebenso ausgeatmete **exspiratorisches Reservevolumen** (ERV). Der Luftrestgehalt der Lunge nach maximaler Exspiration wird **Residualvolumen** (RV) genannt. Das RV kann nur durch eine Spezialuntersuchung, z. B. die Ganzkörperplethysmographie erfasst werden. Hierbei wird in einer geschlossenen Kammer der Atemwegswiderstand und das gesamte in den Lungen befindliche Luftvolumen, auch das Residualvolumen (RV), ermittelt. Diese Untersuchung dient oft juristischen Zwecken zur Feststellung der Versorgungsbedürftigkeit.

Das Residualvolumen kann auch über die sog. „Heliumeinwaschmethode" bestimmt werden: die/der zu Untersuchende atmet ein bestimmtes Volumen Luft, das mit Helium (wird nicht resorbiert und ist nicht toxisch) versetzt ist, in einem geschlossenen System mehrmals ein und aus. Über die Konzentrationsabnahme des Heli ums (in der Lunge befindlichen Luft ist zu Beginn kein Helium) wird das Residualvolumen berechnet.

Glandulae cervicales uteri

A⁰ WPb plus sotsyst MWPb plus Parasympathikus = WPb plus MP plus WPb plus Parasympathikus

Essenzielle Hormone

WPb: Calcitonin Gene related Peptide (CGrP) (3.1.52.); A⁰;
(blutgefäßerweiternd)

MP: **Cervicomucin (Schleim) (9.5.); A⁰**

WPb: Cervicoglobulin (3.1.57.); A⁰; (ein lokales Immunsystem)

Cervicomucin qual CGrP qual Cervicoglobulin

Anatomie

Die Glandulae cervicales uteri (**Gebärmutterhalsdrüsen**, Zervixdrüsen) entstehen aus dem Bindegewebe der Cervixschleimhaut. Sie befinden sich zahlreich in der Schleimhaut des Gebärmutterhalses, dem untersten Teils der Gebärmutter. Sie sind zuständig für die Sezernierung (Ausschüttung) eines glasigen, alkalischen Schleims (Zervixschleim), der ggf. eindringenden Spermien gut bekommt und ihnen weiterhilft. Die Hauptaufgabe des Schleims ist der Schutz vor aufsteigenden Infektionen.

Die Schleimhaut besteht aus einem einschichtigen Schleim sezernierenden Zylinderepithel, welches Oberfläche und Drüsen auskleidet. Sie ändert ihre Höhe, Breite und Schleimsekretion der Zellen, wird jedoch nicht mit der Menstruationsblutung abgestoßen.

Die Viskosität (Zähigkeit) und die produzierte Schleimmenge ändert sich während des Zyklus. Während des Eisprungs produzieren die Drüsen die maximale Menge (ca. 10 mal mehr als sonst) eines alkalischen, eher dünnen Schleims. In der Lutealphase wird der Schleim wieder stark viskös.

Abhängig vom Alter und dem Östrogenspiegel wandert die Schleimhaut des Gebärmutterhalses mit den Glandulae cervicales uteri in Richtung Gebärmutterhals auf die Oberfläche des Muttermundes.

Essenzielle Hormone

MP: Cervicomucin (Schleim) (9.5.)

Die Konsistenz des Schleims korreliert mit dem Östradiolspiegel. Bei der Ovulation ist die Konsistenz fädenziehend und dünn, sonst viskös.

WPb: Cervicoglobulin (3.1.57.)

Das Cervicoglobulin ist ein immunologisches Eiweiß. Es handelt sich um ein lokales Immunsystem. (Kaiser, Pfleiderer, Lehrbuch der Gynaekologie, 1989, S. 95.) Mittels dieses Immunsystems schützt die Cervix sich selbst, den Uterus und die Tuben gegen aufsteigende Infektionen.

WPb: Calcitonin Gene related Peptide (CGrP) (3.1.52.)

Das CGrP baut den Schleim auf und hält ihn elastisch. Es hat eine sehr starke gefäßdilatierende (erweiternde) Wirkung und fördert ma ximal die Durchblutung. Für den Einlass von Spermien muss der Schleim flüssiger sein.

Littrésche Drüsen

A^0 WPb plus sotsyst MWPb plus Parasympathikus = WPb plus MP plus WPb plus Parasympathikus

Essenzielle Hormone
WPb: Calcitonin Gene related Peptide (CGrP) (3.1.52.); A^0;
      (wirkt blutgefäßerweiternd)
WPb: Littréglobulin (3.1.58.); A^0; (ein lokales Immunsystem)
MP: Littrémucin (Schleim) (9.6.); A^0
Littrémucin qual CGrP qual Littrégobulin

Embryologie
Parallel der Entwicklung der Prostata (12. Woche) entwickeln sich die Littreschen Drüsen und Cowperschen Drüsen aus den paarigen endodermalen Ausstülpungen der Pars spongiosa der Urethra, die auf die Pars prostatica und membranacea folgt.

Anatomie
Die mukösen Littréschen Drüsen (**Glandulae urethrales**) liegen innerhalb des Deckgewebes (Epithel) der männlichen Harnröhre in den Lacunae urethrales. (Geneser, S. 521)
Unterhalb der Prostata befindet sich der Musculus transversus perinei profundus. Er umschließt die Urethra und ist willkürlich innervierbar. Unterhalb dieses Muskels finden sich die **Cowperschen Drüsen**, die vor der Ejakulation ein alkalisches Sekret sezernieren, das durch die Harnröhre nach vorne gelangt (zur Glans = Eichel). Dieses Sekret baut das alkalische Milieu in der Harnröhre und sorgt für die Gleitfähigkeit der Glans. In der Region dieser Drüsen (Pars spongiosa) befinden sich auch die **Littréschen Drüsen** (Glandulae urethrales), deren Sekret der Feuchthaltung und Flexibilität der Harnröhre dienen (Noosomatik Bd. I-2, S. 250).

Essenzielle Hormone
MP Littrémucin (Schleim) (9.6.)
WPb Calcitonin Gene related Peptide (CGrP) (3.1.52.) wirkt blutgefäßerweiternd.
WPb Littrégobulin (3.1.58.): Entsprechend den Cervico-Globulinen fordern wir Littréglobuline. Sie schützen die Schleimhaut der Harnröhre vor Bakterien von draußen.
Die Littréschen Drüsen haben mit Einlass zu tun. Tritt an die Stelle des Einlasses die Sorge um die eigene Männlichkeit und eine Abwertung der Frau, wird der Einlass und die Schleimbildung begrenzt. Die Durchblutung nimmt zu und die Immunwirkung nimmt ab, so dass ein Tumor oder eine Entzündung entstehen kann.

Für Mönche wäre die söhnliche Addition „attraktiv und hilfreich". Mönche brauchen keine Konkretion. Es könnte sein, dass darüber Impotenz in Gang gesetzt wird. Tritt eine „attraktive söhnliche Additionseinstellung" dominant auf, „passiert" nichts mehr. Diese Form schützt den Mann auch vor zu viel söhnlicher Aktivität. Der Einlass erstarrt entmutigt. Das kann Sinn haben, dass ein Mann eine gewisse innere Grenze erkennt und sei es nur unbewusst. Bei Problemen in der Sexualität, wenn z. B. jemand Zusatzausstattungen braucht (Sadomasochismus), ersetzt Serotonin das Engagement. Das niedrige Selbstbewusstsein wird dabei so nach unten überdreht, dass ein Mann sich über der Frau wähnen und Macht über die Frau fantasieren kann. (Noosomatik Bd. V-2, Nr. 7.3.)

Schweißdrüsen

A⁰ WPb plus advsyst WPb plus Parasymphatikus

Essenzielle Hormone
WPb: Urotensin I (3.1.67); A⁰; (fördert die Natrium-Rückresorption)
WPb: Prolin-Hydroxylase (3.1.68); A⁰; (fördert den Aufbau der Basalmembran, ihre Tätigkeit setzt Sauerstoff frei)

Prolin-Hydroxylase qual Parasympathikus qual Urotensin I

LSB: Pr

Embryologie
Die ekkrinen (merokrinen) Schweißdrüsen entwickeln sich ab der 20. Woche aus Epithelknospen in der Epidermis, die ins Mesenchym wachsen und sich zu lang gestreckten Epithelschläuchen entwickeln, an deren Enden sezernierende Drüsenzellen und glatte Muskelzellen sitzen. (Moore, 4., Aufl., S. 527)

Anatomie
Schweißdrüsen (Glandulae sudoriferae merocrinae) finden sich überall in der Haut mit Ausnahme von Lippen, Klitoris, Labia minora, Glans penis und Innenfläche des Präputiums. Vermehrt sind Schweißdrüsen an der Haut der Stirn, der Handinnenflächen und der Fußsohlen.
Die Schweißdrüse ist unverzweigt und röhrchenförmig (tubulös) gewunden, am Ende dreht sie sich stark spiralförmig und wird deshalb auch **Knäueldrüse** genannt. Das Ende der Schweißdrüse liegt zwischen Dermis und Cutis, ihr **Ausführungsgang** ist bis in den Eintritt in die Epidermis gestreckt und besteht aus einem zweischichtigen eckigem (kubischen) Gewebe (Epithel). Der letzte, durch die Epidermis verlaufende Teil ist geschlängelt.
Die Sekretion erfolgt durch erweiterte Zellzwischenräume (Interzellularspalten) zwischen den keratinbildenden Zellen (**Keratinozyten**) der Haut.
Die Schweißdrüse ist von einer dicken Basalmembran umgeben und hat einen Durchmesser von etwa 0,4 mm. Zwischen Basalmembran

und den Drüsenzellen sind viele Myoepithelzellen zu finden, die sich zusammenziehen (kontrahieren) können und die Abgabe des Sekretes unterstützen.

Im Endstück der Schweißdrüse lassen sich dunkle und helle Zellen unterscheiden: Die dunklen Zellen sondern Sekret ab mit geringem Zellplasmaverlust (merokrine Sekretion). (Bei der merokrinen Sekretion werden mit dem Sekret Teile des Zellinhalts abgegeben.) Die hellen Zellen dienen dem Transport von Ionen und Wasser. (Junqueira, S.429)

Schweißdrüsen schützen. Sie bilden den Schutz der Haut und sorgen für den Wärmeaustausch der Haut. Das Sekret der Schweißdrüsen bildet einen „Säureschutzmantel" auf der Haut und hemmt Bakterienwachstum. Die dünnflüssigen Schweißanteile beinhalten Natrium- und Chloridionen, Harnstoff, Harnsäure und Ammoniak und ggf. andere Stoffwechselabbauprodukte wie Stresshormone.

Schweißdrüsen werden durch cholinerge Sympathikusfasern innerviert. Acetylcholin ist normalerweise ein Transmitter des Parasympathikus. D.h. der Angstschweiß, den wir zu empfinden meinen, ist Sorgeschweiß. Schweiß riecht normalerweise nicht. Der Geruch steht in unmittelbarem Zusammenhang mit der Situation des Menschen, insofern ist er ein Phänomen des Selbstbewusstseins.

Wir werden uns selbst bewusst in der Situation, in der es selbstbewusst ist, zu gehen. Wenn durch Stress oder parasympathischen Stopp der Parasympathikus überstrapaziert wird, findet eine Gegenregulation statt. Eine angemessene Tätigkeit des Parasympathikus signalisiert, dass alles in Ordnung ist, eine Überdehnung setzt die vitalen Funktionen des WP in Gang. Aus diesem Grund hat der Parasympathikus Zugang zu den Drüsen. Wenn wir es nicht riechen und nichts ändern, gehen die Drüsen „unter".

D.h. wir stoßen bei der Schweißdrüse auf ein Phänomen, das den Zusammenhang des Organismus in der Wirkung auf ein Organ aufzeigt.

Essenzielle Hormone

WPb: Urotensin I (3.1.67) ist ähnlich aufgebaut wie **Oxytocin** (3.1.14.) oder **ADH** (aus dem HHL des TRO). Es hält bei starkem Schwitzen die Natriumresorption in Gang, damit die Gefahr des Elektrolytverlustes gebannt wird. Darin besteht eine Verwandtschaft mit der Niere (A^5 bildet sich auf A^0 ab). Das Hormon entlastet die Niere. Es gehört zur Familie der **CRF** (Corticotropin releasing factor) und ist noogenen Einflüssen unmittelbar zugänglich.

Embryologisch waren zuerst die Hormone da und dann die Nerven. Wir sind in der Lage, über nervale Aktivitäten auf das hormonelle System einzuwirken. Das ist Verwundungsfolge.

WPb: Prolin-Hydroxylase (3.1.68) fördert die Regeneration und Elastizität der Basalmembran, damit Kontraktionen stattfinden können und die Drüsenknäuels „drüsen" können. Es sorgt für das Sauerstoffreservoir, damit die Drüsen Raum haben, sonst entstünde beim Schwitzen ein gefährlicher anaerober Zustand. Es arbeitet als Re duktase und Antioxidans. Es kann OH⁻ (Alkohol) organisieren, um Wasser oder Sauerstoff zu bilden. Es sorgt auch für schöne Haut (Kosmetikum).

Tetrarezeptives Organ (TRO)

A⁰ WPb plus avsyst WPa plus Parasympathikus

Essenzielle Hormone
WPb: Oxytocin (3.1.14.); A²; (fördert die Kontraktion glatter Muskulatur)
WPa: Vasopressin (ADH; antidiuretisches Hormon) (3.1.15.); A¹; (hemmt die Wasserausscheidung und erhöht den Blutdruck)

Oxytocin qual Parasympathikus qual ADH

LSB: EH

Hypothalamus, Adenohypophyse (Hypophysenvorderlappen; HVL), Pars intermedia (Hypophysenmittellappen; HML) und Neurohypophyse (Hypophysenhinterlappen; HHL) wirken und arbeiten so miteinander, dass wir sie als **ein Organ mit vier (tetra) Anteilen** betrachten und **Tetrarezeptives Organ (TRO)** nennen.

„Hypothalamus und Hypophyse können als funktionelle Einheit zur Steuerung der nachgeordneten inkretorischen Organe betrachtet werden. Sie gelten auch als genetische Einheit." (Hinrichsen, S.607)

Embryologie
Der **hypothalamische Anteil** des TRO entsteht ab der 5. Woche im vordersten Anteil des Diencephalons (des Zwischenhirns) an der Unterseite des 3. Ventrikels. In den folgenden Wochen bilden sich die hypothalamischen Kerne aus, die auch neurosekretorische Funktionen übernehmen. Ab der 9. Woche sind Gonadotropin-Releasing-Hormone nachweisbar.
Die **Hypophyse** entwickelt sich aus zwei unterschiedlichen Anteilen, dem Epithel der ektodermalen Mundbucht und einer Ausstülpung des Zwischenhirns.
Der Hypophysenvorderlappen (HVL, syn. **Adenohypophyse**) und der **Hypophysenmittellappen** (HML) entstehen als Ausbuchtung (Rathke-Tasche) der ektodermalen Mundbucht. Sie wächst auf das Diencephalon (Zwischenhirn) zu. Gleichzeitig sprosst aus dem Diencephalon nach unten das Infundibulum (Teil des späteren Hypophysenhinterlappens; syn.: **Neurohypophyse**). (Moore, 4., Aufl., S. 477) Die Verbindung zum Rachendachepithel löst sich Ende des 2. Monats auf. Die Zellen in der Vorderwand der Rathke-Tasche proliferieren und bilden den Pars distalis des HVL. Kleine Ausläufer umwachsen den Infundibulumstiel und werden zum Pars infundibularis. Das Lumen der Rathke-Tasche reduziert sich auf einen engen Spalt. Die Zellen der

dorsalen Wand (Pars intermedia = HML), die seit dem 28. Tag im engen Kontakt zum Infundibulum stehen, proliferieren nicht (a.a.O., S.477).

Ab der 7. Woche lassen sich im HVL ACTH-produzierende Zellen (ACTH=Adenocorticotropes Hormon) nachweisen, später sind somatotrope und gonadotrope Zellen nachweisbar, ab der 13. Woche thyrotrope und kurz darauf melanotrope. Ab der 12. Woche kann TSH (Thyreoidea <Schilddrüse> stimulierendes Hormon) nachgewiesen werden (Hinrichsen, S. 613 ff.).

„Sehr unterschiedlich ist der Verlauf pränataler Konzentrationskurven: So zeigt das ACTH eine hohe Anfangskonzentration und (nach einem Gipfel in der 20. Woche) eine deutliche Abnahme bis zum Geburtstermin. Hohe Konzentrationsgipfel um die 20. Woche haben FSH und LH, bei weiblichen Feten etwas früher und deutlich höher als bei männlichen, mit einem steilen Abfall zum Schwangerschaftsende. Prolactin hat seine höchste Konzentration erst in den letzten Wochen, während TSH einen ganz steilen Konzentrationszuwachs perinatal aufweist." (a.a.O., S. 613)

Aus den Infundibulumzellen entstehen der Hypophysenstiel und der HHL. Aus dem Hypothalamus wachsen marklose Nervenfasern durch den Hypophysenstiel in den Hinterlappen. Die Neurosekretion des Antidiuretischen Hormons (ADH) und des Oxytocin ist ab der 12.-14. Woche nachgewiesen Beide Hormone zeigen einen steten Konzentrationsanstieg, der erst während und nach der Geburt deutlich abfällt. (a.a.O., S. 613)

Anatomie

Der **Hypothalamus** ist der basale Anteil des Zwischenhirns. In ihm ragt der III. Hirnventrikel (Hirnkammer) bis ins Infundibulum, die trichterartige Verbindung zur Hypophyse. Der Hypothalamus reicht nach vorne bis zur Lamina terminalis und darunter der Sehnervenkreuzung (Chiasma opticum), seitlich bis zum Nucleus subthalamicus, nach oben bis zu einer Furche in der Wand des 3. Ventrikels, dem Sulcus hypothalmicus, und nach dorsal bis zum Corpus mamillare.

Der Hypothalamus hat einen markreichen Anteil, seitlich um den 3. Ventrikel, und einen markarmen, nervenzellreichen Anteil medial um den 3. Ventrikel, der die hormonbildenden Zellen enthält.

In der trichterartigen Wand des Hypothalamus finden sich mehrere **Nervenkerngebiete**, das dorsale und das rostrale Kerngebiet (Wärmeregulation), übergeordnete Zentren des sympathischen Nervensystems, Zentren, die die Releasing Hormone bilden wie der **Nucleus supraopticus** und **paraventricularis** (vegetatives Kerngebiet), deren Axone (Nervenfasern) nach Durchtritt durch das Infundibulum im Hypophysenhinterlappen enden und dort Hormone freisetzen.

Die **Hypophyse** ist etwa 0,5 cm groß. Sie sieht tropfenförmig aus und liegt geschützt in einem knöchernen Sattel des Keilbeins. Der vordere Teil, der Hypophysenvorderlappen (Adenohypophyse), setzt sich bis ins vordere Infundibulum fort. In der Mitte befindet sich der

Hypophysenmittellappen, dahinter der Hypophysenhinterlappen (Neurohypophyse).

Der Hypothalamus steuert die Hypophysenaktivität und reguliert autonome Mechanismen, z. B. die Konstanthaltung von Temperatur und innerem Milieu, die physiologischen Voraussetzungen für biochemische Prozesse. Bestimmte biochemische Vorgänge brauchen eine bestimmte Wärmemenge, bevor sie starten können.

Das TRO als **Empfangsstation** nimmt Impulse an, die Aktivitäten als Effekte auslösen – daher: „rezeptiv".

Das TRO ist der Ort für die Begegnung von Bewusstem und Unbewusstem. Es ist über alles informiert, was im Gehirn vor sich geht, direkt und indirekt.

> Die Körperempfindungen (Sensationen, gedachte Gefühle) werden vom TRO aus organisiert. Sie haben immer einen verbalisierbaren Inhalt, da die ursprünglichen Impulse aus dem Frontalhirn kommen. Z. B. wird der Sympathikus im TRO zentral innerviert (Überdehnung: Sorge) und von den Vaguskernen (im Hirnstamm) gezügelt (bei zu starker Zügelung: Angst). Die genuinen Gefühle sind als Effekt dann möglich, wenn keine Gefahrenmeldung vorliegt. So hat das TRO auch eine Schutzfunktion für die Aktivitäten des Hippocampus und seiner Umgebung (limbisches System).

Das TRO empfängt über die Nervenbahnen ausgewählte Impulse (von übergeordneten Hirnanteilen) mit klarer, objektiver Aussagekraft und über die Blutbahn ungesiebte Informationen (und Nachrichten), vor allem Wärme.

Zwischen Nervenbahnen und Blutbahn entsteht eine Wechselwirkung. Das, was ankommt, beinhaltet zwar bereits die Entscheidung (sie ist immer eine persönliche), jedoch erst durch die Wechselwirkung im TRO ist die Umsetzung (Wachheit oder Schlaf) möglich, die auch eine individuelle emotionale Färbung erhält. Die individuelle Auswahl geschieht vorher.

> Die individuell mitbeeinflussende Vorauswahl findet im **Hirnstamm** statt. Er ist für alle Eventualitäten gesichert. Er trägt dazu bei, dass die Versorgungslage gewährleistet ist. Der Hirnstamm lebt von Außenimpulsen und übernimmt keine Verantwortung (LSB Pr). Er entsteht in der dritten Schwangerschaftswoche, nachdem der Kreislauf geschlossen ist. Der Thalamus entsteht erst in der 7. Woche, ist also ein Delegationsorgan.

Das TRO ist am Konflikt zwischen Pflicht und Neigung („**Schützengrabenschlaf**") beteiligt und reguliert die Möglichkeit, sich dem Leben zu stellen (Wachheit) oder sich ihm zu entziehen mit allen Folgen (Schlaf). Es regelt die Wachsamkeit und die Konzentration, die in Sorge oder Panik umkippen kann.

> Der sogenannte „Schützengrabenschlaf" ist der Versuch, sich gegenüber einem Konflikt vorübergehend stillzulegen, so dass die Auslieferung an den Konflikt gebremst wird.

Das TRO fördert Schlaffähigkeit oder Schlafbedürftigkeit (**Schlaf-zentrum**).

Über das TRO werden die autoaggressiven situativen **Aktionsweisen** innerviert. Diese setzen einen hohen Grad an Wachheit nach innen voraus (was nach außen schon mal als „müde" erscheinen kann). Die autoaggressiven Aktionsweisen haben eine causale Orientierung, als sei Vergangenheit änderbar.

Die aggressiven situativen Aktionsweisen benötigen hingegen zusätzliche Energiefreisetzung (Adrenalin aus dem NNM), die jedoch die Wahrnehmung einschränkt. Die aggressiven situativen Aktionsweisen (z. B. aggressive Aufmerksamkeitssuche) haben nur das Ziel vor Augen, z. B. ausschließlich Aufmerksamkeit, wobei nicht interessiert, ob dabei ein anderer verletzt wird (finale Ausrichtung). Die zusätzliche Energie wird verbraucht, so dass die Wahrnehmungsfähigkeit eingegrenzt wird. (siehe Noosomatik Bd. V-2, 8.1.)

Wachheit ist Wahrnehmungs- und Leistungsfähigkeit. Je größer die Wahrnehmungsfähigkeit desto größer die Handlungsfähigkeit.

Beim Ausfall des rostralen Nervenkerngebietes (NKG) im Hypothalamus bekommen Menschen zentrales Fieber, beim Ausfall des kaudalen Nervenkerngebietes Wechselwärme. Der Mensch kann seine Kerntemperatur nicht mehr unabhängig von der Umgebungstemperatur konstant halten.

Rostrales Nervenkerngebiet: Der Körper ist in der Lage, sich selbst ein höheres Temperaturniveau zu geben. Dabei kommt es zu einer Veränderung des Stoffwechsels. Das rostrale NKG beeinflusst den Zellstoffwechselaktivität und dadurch die Organtätigkeiten des Körpers.

Beim GPS (zum Gehirnphysiologischen Schalter siehe Noosomatik Bd. V-2, 8.4.2.8.1.) verhindert der Druck auf das rostrale NKG, dass es autonom arbeiten kann.

Kaudales Nervenkerngebiet: Der Körper ist in der Lage, sich der äußeren Temperatur anzugleichen. Bei einer Blockade des kaudalen NGK wird die innere, körperliche Temperatur nur noch von außen beeinflusst. Die Zellaktivität vergrößert sich bei höherer Außentemperatur und vermindert sich bei niedriger Außentemperatur. Im kaudalen NKG wird die Innentemperatur des Körpers so reguliert, dass die für die Zellaktivität angemessene Temperatur drinnen gegenüber allen Außeneinflüssen bereitgestellt wird.

Das Innere antwortet auf das Äußere, sei es angemessen und damit selbsterhaltend oder sei es nicht angemessen und damit den Selbsterhalt verweigernd (noch nicht selbstzerstörerisch) und damit auf einen Außeneinfluss angewiesen. Das Reptilien-Syndrom (Noosomatik Bd. V-2, 8.7.1.2.) ist das Endprodukt einer Aktivitätskette. Es ist in der Wirklichkeit erfahrbar, dass der SDV (Hyperathymie siehe Noosomatik Bd. V-2, 6.4.2.) langsam ist, denn in der Regel antwortet das Drinnige auf das Draußige.

Das rostralen NKG beeinflusst das kaudale NKG. Die Einflüsse können die Aktivität fördern oder hemmen. Das kaudale NKG ist für die Quantität, das rostrale NKG für die Qualität zuständig.

Quantität = Menge
Qualität = Beschaffenheit, Begrenzung der Menge
Die Qualität bestimmt die Größen der Quantität. Quantifizierung und eingreifende Qualifizierung gehören zusammen. Bei unbegrenzter Quantität entsteht zentrales Fieber. Qualität allein bewirkt Wechselwärme.

Die **TRO-Hormone** können dem medialen, pathischen und soterischem System zugeordnet werden:
STH (Somatotropes Hormon, "Growth" Hormon), MSH (Melanozyten stimulierendes Hormon) und Oxytocin sind über das **mediale System** zu verstehen. Alle drei Hormone wirken an mehreren Stellen.
STH: Der Wuchs des Menschen ist keine Funktion, vielmehr vermittelt er Informationen der Erbfaktoren an die Zufuhr von Stoffwechselprodukten, die selbst wiederum von Außen des Körpers in den Körper initiiert werden. Die Umsetzung in die Wirklichkeit erfolgt durch alle vom STH mitgesteuerten Lebensvorgänge.
MSH stimuliert zum Schutz gegen Informationsflut die Melanozyten in der Haut, die Pigmente bilden, die diesen Schutz darstellen. Das MSH ist für die Qualifizierung der vermittelten Aufgabe der Haut zwischen dra/dri und dri/dra zuständig.
Oxytocin wird über nervale Impulse ausgeschüttet. Es wirkt auf die glatte Muskulatur von Uterus und Prostata und vermittelt so nervale Impulse zu Organen mit glatter Muskulatur.

TSH, ACTH und ADH (Antidiuretische Hormon = Vasopressin) sind über das **pathische System** zu verstehen.
TSH wirkt auf die Schilddrüse, die mit vermehrter Produktion und Abgabe von Schilddrüsenhormonen (T_3, T_4) in den Blutkreislauf reagiert. Eine Erhöhung liegt vor, wenn zu einer Situation außerhalb des Körpers im Körper über nervale Impulse aus dem Frontalhirn die Abbildung der Verwundung unabhängig von ihrer Richtigkeit gedeutet wird. Eine Erniedrigung liegt vor, wenn die Situation außerhalb des Körpers mit Überlebensdogmen des unterbewussten Systems im Einklang stehen, so dass das Frontalhirn als Information Informationen unterlässt. Dogmatogene Einstellungen (u.a. auch das Monokel-Syndrom, Noosomatik Bd. V-2, 8.7.1.3.) widerfahren als Effekt, wenn die Situation außerhalb des Körpers für den Erhalt des bisjetzigen Systems ungefährlich ist.
Das Monokel-Syndrom wird angewandt, wenn sich der Anwender im von den Eltern zugeteilten Machtraum befindet, das Gegenüber hat dann keine Chance.
Bei allen pathischen Kategorien gilt, dass sie vom LS über die Verwechslung von Eff/Int im Sinne der 1. Umdrehung gedeutet wer

den. In der Regel sind die Senkrechten A^0 oder A^1 oder A^2 betroffen.

ACTH wirkt auf die Zona fasciculata der Nebennierenrinde, die mit vermehrter Produktion und Abgabe von Glukocorticoiden in den Blutkreislauf reagiert.

ADH wirkt auf die Zona glomerulosa der NNR, die mit vermehrter Produktion und Aufgabe von Mineralcorticoiden in den Blutkreislauf reagiert.

Jede der NNR-Schichten (siehe NNR) ist in einem Zusammenhang aktiv, wobei die beiden äußeren Schichten dem pathischen System zuzuordnen sind (Mineralcorticoide und Glukocorticoide), die innerste Schicht jedoch logischerweise als Vermittler zwischen Mark und Rinde dem medialen System (Androgene), sie wird vom STH aus dem HVL stimuliert. Die Zona reticularis ist das dritte System der Nebenniere und präsentiert das Mediale im Medialen.

Das **STH** ist kein Wachstumshormon (Wachstum ist ein Effekt), es ist vielmehr das Hormon, das aus der Mitte zwischen Hypophyse und Hypothalamus in die Mitte von Mark und NNR gelangt, genau diese Mitte des Medialen repräsentiert und damit für den Erhalt der Fähigkeit des Menschen, Organ zu sein, zuständig ist. Wir können geradezu von der Vermittlung des centrocorporalen Drüsensystems und des centrocerebralen Drüsensystems sprechen. Das STH ist die Vermittlung zwischen oben und unten und unten und oben und deshalb für den aufrechten Gang des gesunden Menschenverstandes zuständig. Wie das TRO ist auch die NNR ein rein rezeptives Organ und erfüllt keine sinngebende Funktion (also auch darüber wird der Mensch nicht zu einer Gottheit).

FSH und STH und TSH wirken zusammen mit der Folge von Regeneration als Gemeinschaftseffekt. Alle drei im Verbund ergeben Regeneration als Effekt.

FSH, LH und LTH sind über das **soterische System** zu verstehen; sie repräsentieren auf ihre Art die Heilungstendenz. FSH und LH wirken auf den Follikel im Ovar bzw. auf bestimmte Zellen im Hoden. Sowohl Follikel als auch Hoden produzieren Hormone als angemessene Lebensäußerungen, die vom Körper verstanden und gebraucht werden. LTH wirkt auf die Brustdrüsen. Das FSH ist bei Frau und Mann gleich wirksam und wirkt regenerativ (LH hat weckende Aufgaben)!

Es ist ein Hormon gefunden worden (F. E. Bauer et al.: "Growth Hormone Release in Man Induced by Galanin, a New Hypothalamic Peptide", Lancet II 1986, 8500, S. 192-194. Zitiert in Münchener Medizinische Wochenschrift 128, 1986, S. 24), das sogenannte **Galanin**, das eine Freisetzung ausschließlich von STH aus der Hypophyse bewirkt. Gleichzeitig gibt es jedoch einen bereits bekannten Releasing-Faktor für das STH, der zu einem geringeren Ausmaß auch die Ausschüttung von Oxytocin bewirkt.

Bei dem gefundenen Releasing-Faktor (RF) handelt es sich um den RF für STH. Der bisher bekannte RF für das STH ist derjenige, der zwei der drei Hormone des **medialen Systems** aus der Hypophyse (STH-MSH-RF) freisetzt: wir nennen ihn daher SMRF.

Eine ähnliche Situation finden wir im Bereich der **soterischen Hormone**: das GnRH (GnRF) stimuliert Synthese und Freisetzung von LH und FSH. Darüber hinaus hat man die Existenz und Wirkung eines FSH-eigenen RF bewiesen. GnRF ist als der RF für die Hormone des soterischen Systems im Bereich des TRO aufzufassen. Folglich wird auch das Prolactin-RF (PRF) von ihm bewegt; einen eigenen Faktor für LH muss es ebenfalls geben.

Der Logik folgend postulieren wir die Existenz eines RF für die **Hormone des pathischen Systems**: den TSH-ACTH-RF, kurz TARF.

Die Größenverhältnisse der einzelnen RF für die Systeme der Hypophysenhormone sind entsprechend den Relationen von soterisch zu medial und von medial zu pathisch. Dabei geschieht beim Übergang vom Medialen zum Pathischen ein Riesensprung. Der rein additive Unterschied zwischen Soterischem und Medialem wird zum multiplikativen beim Übergang vom Medialen zum Pathischen.

> In der Evolution bildet sich dieser Sprung darin ab, dass es zunächst nicht spezielle Formen der Lebewesen gegeben hat und dann plötzlich (nachdem etwas Non-apparentes geschehen war) eine Fülle von Arten existiert hat.

In diesem Riesensprung, der sich real im Denken zeigt, wird der Quantensprung abgebildet. Arithmetisch vollzieht er sich beim Übergang von der Addition zur Multiplikation.

Bei der Zusammensetzung der Hormone bedeutet die Anzahl der Aminosäuren (AS) die Quantität der Information; der Unterschied in der Aminosäuren-Zahl gibt den Informationssprung wieder. Die Einteilung der releasing factors, die auf das Tetrarezeptive Organ wirken, in GnRF, SMRF und TARF stellt auch ihre Systematik dar. Die Garantie ihrer Funktion als Effekt und als relationiertes Gebilde ist die Abbildung von Heil in der Ordnung, in der die Asymmetrie offene Systeme und Weiterentwicklung ermöglicht.

> Das GnRF stimuliert Synthese und Freisetzung von LH und FSH; das SMRF die von STH und MSH; das TARF die von TSH und ACTH.

Essenzielle Hormone

Oxytocin und **Vasopressin** werden im Nucleus supraopticus und im Nucleus paraventricularis im Hypothalamus gebildet. Oxytocin und Vasopressin kooperieren mit Hilfe des Parasympathikus, um das rezeptive Konzept des TRO so zu organisieren, dass trotz der formalen MP-Aktivität des Organs die lebendige Kommunikation mit den anderen Organen erhalten bleibt als ein umfassendes Konzept.

> Siehe die sensuelle Situation bei der Sexualität: Die WP-Dynamik der Frau erfährt sich selbst über die MP-Aktivität des Mannes so, dass die MP-Annahme der Frau eben genau diese Information des

vorher Hingegebenen als eine „geheime" Information über sie selbst zurückerhält!

Das MP ist eine Gemeinschaft aus WPa und WPb, einschließlich des Non-Apparenten im „und"!

WPb: Oxytocin (3.1.14.) entsteht aus einem Prohormon zusammen mit Neurophysin I im Hypothalamus. Aus dem Hypothalamus führen Oxytoxin-Fasern in das limbische System. Oxytoxin wird auch gefunden in: Epiphyse, Retina, Thymus, Corpus luteum und Testes. Die Oxytoxinfreisetzung wird stimuliert z. B. durch Brustwarzenreizung, CCK (Cholezystokinin) und während des Orgasmus/der Ejakulation. Die Oxytoxin-Rezeptorendichte im Gehirn wird durch Testosteron und Östrogen erhöht. Oxytoxin stimuliert die Uteruskontraktion, Laktation, Na^+- und Wasserdiurese, Relaxinfreisetzung und die Freisetzung von alpha-MSH und ACTH aus der Plazenta. Während der Schwangerschaft wird Oxytoxin durch eine Oxytocinase aus der Plazenta inaktiviert (König, 1993, S. 108 ff.).

Oxytocin fördert die Beweglichkeit der glatten Muskulatur in der Mamma und in den gelben Organen im südlichen Bereich - also in allen gelben Organen. Die glatte Muskulatur in den gelben Organen ist also WPb. Es ist wichtig, dass eine vitale Organisation zwischen TRO und gelben Organen stattfindet.

WPa: ADH (Vasopressin) (3.1.15.) entsteht aus einem Prohormon zusammen mit **Neurophysin II**, ein Prolactin releasing factor. Es wird im Hypothalamus gebildet. Aus dem Hypothalamus führen Fasern ins limbische System. Vasopressin wird an den gleichen Orten gefunden wie Oxytocin. Die Vasopressinfreisetzung wird stimuliert durch Dehydratation (Wasserverlust), Histamin, Dopamin, Angiotensin, Pneumadin (einem Faktor aus der Lunge). Die Freisetzung wird gehemmt durch GABA und Opiate. Vasopressin bewirkt ACTH-Abgabe, Vasokonstriktion, Hypothermie, Antidiurese, Serotoninfreisetzung aus Thrombozyten. Am nicht schwangeren Uterus bewirkt Vasopressin stärkere Kontraktionen als Oxytocin, in der Schwangerschaft verhält es sich umgekehrt. (a.a.O.)

Vasopressinfreisetzung wird (außer über die Barorezptoren z. B. im Aortenbogen und an osmosensitive Neuronen im Hypothalamus) auch über eine Chemorezeptor-Region im Bereich der Area postrema der Medulla oblongata (im Bereich des Erbrechens-Zentrums) stimuliert. Über diese Rezeptorregion scheinen auch Dopamin-Antagonisten zu wirken, indem sie die Vasopressinfreisetzung herabsetzen (Gary L. Robertson, in "Internal Medicine", 4. ed., Mosby, 1994, S. 1312 ff), - ein sehr diskreter Hinweis für eine dopaminsekretionssteigernde Wirkung des Vasopressin.

Oxytocin erschwert das Erinnern, Vasopressin verzögert das Vergessen gelernter Inhalte (Tausk, 4., Aufl., S. 253, 259). Oxytocin senkt, Vasopressin hebt den Blutdruck.

Alle Informationen, die das TRO erhält, werden verarbeitet. Die Verarbeitung erhält immer eine Rückmeldung, nämlich genau die, die die

Hergabe wirkte. Wir sind hier beim Geheimnis adversiven sexuellen Umgangs zwischen den Geschlechtern!

Wäre es anders, würde das TRO den Menschen auf das MP fixieren (falls der Parasympathikus hier angesiedelt wäre!), und es käme zum Abbruch der Kommunikation mit den anderen Organen, da der Parasympathikus eben nur auseinander halten kann, aber nicht verbinden!

Das TRO ist ein dynamisierendes Organ. Es ist zuständig für die zentrale Innervierung des Sympathikus und für den GPS sowie den SDV im kaudalen Nervenkerngebiet. Es ist zuständig für die Entlassung von Releasing Faktoren (Hormone) in Richtung Nebennierenrinde (männliche) und NNM (weibliche; Sorge). Es ist ein vom WP her verstehbares Organ.

Der **Sympathikus** wird zentral vom TRO innerviert. Der Parasympathikus wird nicht zentral vom TRO innerviert. Der Parasympathikus kann die Hormone auseinander halten. Die glatte Muskulatur wird über die vegetative Gestimmtheit beeinflusst. Das TRO besteht überwiegend aus Nervenbahnen und Drüsen. Die vegetative Gestimmtheit insgesamt wird dorthin gemeldet. Das TRO muss alles aushalten, auch eine Explosion des GPS; männliche Hormone. Das weibliche Hormon sorgt für den Ausgleich.

A^1: sensitiver Formenkreis

Entoderm

A^1 MP plus pathsyst MWPa plus Sympathikus= MP plus MP plus WPa plus Symphatikus

Essenzielle Hormone
MP: Neuropeptid Y (3.1.47.); A^1
MP: Corticosteron (1.1.2.2.3.); A^1
WPa: Vasoaktives intestinales Polypeptid (VIP, 28 AS)
        (3.1.29.); A^1

Neuropeptid Y qual Corticosteron qual VIP

LSB: WO

Embryologie
In der embryonalen Entwicklung vom 1. bis zum 21. Tag entstehen die vier Keimblätter Ektoderm (Außenhaut), Entoderm (Innenhaut), intraembryonales Mesoderm (abgekürzt Mesoderm genannt) und extraembryonales Mesoderm. Die Zellen des Embryoblasten lassen am 7.Tag zwei (abgrenzbare!) Schichten erkennen: Die eine, nach **innen** hin in Richtung der Blastozystenhöhle gelegen, ist das **Entoderm**; die andere, nach **außen** hin an den Trophoblasten angrenzend, ist das **Ektoderm**.

Aus dem Entoderm entstehen:
- Magen-Darm-Kanal,
- Innenauskleidung der Atemwege,
- Organgewebe der Tonsillen (Mandeln), der Schilddrüse, der Nebenschilddrüse, des Thymus, der Leber und des Pankreas,
- Innenauskleidung der Harnblase und der Harnröhre,
- Innenauskleidung der Paukenhöhle (Mittelohr) und der Eustachi-Röhre (Verbindung zwischen Mittelohr und Rachenraum.

Essenzielle Hormone
MP: Neuropeptid Y (NPY, 3.1.47.) wird in vielen Neuronen synthetisiert. Es wird vor allem im Hypothalamus (Nucleus arcuatus) gebildet, aber auch im Hirnstamm und Magen-Darm-Trakt. NPY reguliert die Nahrungsaufnahme und CRH-Freisetzung. Außerhalb des Gehirns kommt es häufig in noradrenergen Neuronen vor. (Kleine, Rossmanith, Hormone und Hormonsystem, 2007, S. 36)
NPY ist Co-Transmitter von Noradrenalin und wirkt auf die Durchblutung des Gehirns. „Die auffällig hohe Konzentration von NPY im embryonalen Gehirn wird als Zeichen einer besonderen Funktion bei der Hirnentwicklung gedeutet." (Wolf, BI-Lexikon, Neurobiologie, 1988, S. 278f.)
MP: Corticosteron (1.1.2.2.3.) ist ein Glucocorticoid. Es wird über mehrere Zwischenstufen aus Cholesterin gebildet. Es entsteht durch

Hydroxilierung des Progesteron und kann zu Aldosteron umgebaut werden. Es wirkt eine Erhöhung von Aminosäuren, Glukose, Harnstoff und freien Fettsäuren im Blut sowie eine erhöhte Stickstoffausscheidung. (Buddecke, 8., Aufl., S. 358 f.)

WPa: Vasoaktives intestinales Polypeptid (VIP, 28 AS) (3.1.29.) wird im ganzen Körper gefunden, auch in der Hypophyse, im ZNS und im Liquor cerebrospinalis. (Buddecke, 8., Aufl., S. 390) Es stimuliert mit Bombesin (3.1.28.) endokrine und exokrine Funktionen im Magen-Darm-Trakt (Tausk, S. 267).

In der Nase wirkt VIP an der Schleimhaut, damit wir z. B. bei Sympathikushypertonie doch noch etwas riechen können. VIP führt zur Atropinresistenz in den Zellen der Nasenschleimhautdrüsen. (Rauber, Kopsch, Bd. III, S. 68 f.)

VIP wird als Co-Transmitter häufig an parasympathischen Nervenendigungen freigesetzt und hat gefäßerweiternde Wirkung in den Speicheldrüsen, dem Pankreas, der Magen- und Dickdarmschleimhaut, den erektilen Geweben der Geschlechtsorgane und an den Gehirn- und Herzkranzgefäßen. (a.a.O., S. 332)

Auge

A^1 MP plus autonsyst MP plus Sympathikus

Essenzielle Hormone
MP: **Substanz P (3.1.48.); A^1**; (Substanz P fördert die Weitergabe der Information und schützt das Auge vor zu viel Lichteinfall)

MP: **Melatonin (2.2.1.); A^1**; (Melatonin wirkt stressabbauend und wirkt so ein Ansteigen der Östrogene)

Substanz P qual Sympathikus qual Melatonin

LSB: Kö

Embryologie
Aus dem Diencephalon bilden sich Retina (Netzhaut), Pigmentepithel und Nervus opticus. Die Linse und das Epithel der Cornea (Hornhaut) entstehen aus der Epidermis, alle anderen Bestandteile des Augapfels entstehen aus dem Mesenchym.

Ungefähr ab dem 22. Tag (noch bevor sich das Neuralrohr geschlossen hat) beginnt die Entwicklung der Augenanlage durch Verdickung und Ausbuchtungen der Wand des Vorderhirns (Prosenzephalon). Nach dem Schließen des Neuralrohrs induzieren die Ausbuchtungen (Augenbläschen) durch Kontakt mit dem Oberflächenektoderm die Entwicklung der Linsenplakode.

Im Kontaktbereich stülpen sich die Augenbläschen nach innen (28. Tag) und bilden einen doppelwandigen Augenbecher, während die eingestülpten verdickten Ektodermzellen (Linsenplakode) die Linsenbläschen bilden und in den Augenbecher wandern. Im Bereich der Ab schnürung des Ektoderms entsteht später, angeregt durch die Linse (Hinrichsen, S. 489), die Hornhaut des Auges.

Seitlich der Augenbecher entstehen die Augenbecherspalten, durch die die Blutgefäße wachsen, die die Linsen und später die Glaskörper versorgen.

In der 7. Woche schließt sich die Augenbecherspalte. Die Entwicklung des Ciliarmuskels, der später für die Bewegungen der Linse zuständig ist, beginnt in der 8. Woche.

Die äußere Schicht des Augenbechers entwickelt sich ab der 10. Woche zum Pigmentepithel. Aus den Neuroepithelzellen der inneren Schicht des Augenbechers entwickelt sich die Retina mit den Sinneszellen (Zapfen und Stäbchen), den Stützzellen, den bipolaren Nervenzellen (Neurone) und den Ganglienzellen. Die bipolaren Neurone leiten später die Impulse der Sinneszellen an die Ganglienzellen weiter. Deren Axone bilden zusammen den Sehnerv, der in der 13. Woche durch den Augenbecherstiel zum Gehirn (Thalamus, Vierhügelplatte) wächst (Hinrichsen, S. 494). Die Myelinisierung der Sehnerven beginnt im 7. Monat. Bis zum 6. - 8. Lebensjahr nimmt der Sehnerv an Dicke zu.

Bereits bei Frühgeborenen mit sehr geringem Geburtsgewicht lässt sich durch Ableitung visuell evozierter Potentiale über den primären Rindenfeldern Sehaktivität nachweisen (a.a.O., S. 443).

Anatomie

Das **Sehorgan** besteht aus dem Augapfel mit dem Nervus opticus, sechs Augenmuskeln, die für die Bewegung zuständig sind (vier für die Auf-, Ab-, Rechts- und Linksbewegungen, zwei für die Augenabdeckungen), den Augenlidern mit der Bindehaut (Conjunctiva) und dem Tränenapparat (Tränendrüse und Reinigungswegen), der das Auge schützt.

Die **Bindehaut** (Schleimhaut) überzieht die Innenfläche der Lider und den vorderen Teil des Auges bis zur Cornea.

Die **äußere Augenhaut** des Augapfels wird aus der weißen **Lederhaut** (Sclera) gebildet, die vorne in die stärker gekrümmte durchsichtige **Hornhaut** (Cornea) übergeht und hinten siebartig unterbrochen (Lamina cribrosa) die Austrittsöffnung für den Sehnerv (**Nervus opticus**) darstellt.

Die **mittlere Augenhaut**, die Gefäßhaut (**Uvea**), wird gebildet aus der **Iris** (Regenbogenhaut), der **Aderhaut** (Choroidea) und dem **Strahlenkörper** (Corpus ciliare).

Vorne auf der Linse liegt die Iris (Regenbogenhaut), die die Augenfarbe bestimmt. Sie ist nahe am Übergang der Lederhaut in die Hornhaut innen am Ziliarkörper befestigt und umschließt mit den Fasern der Linse sowie dem Ziliarkörper und der Linse selbst die hintere Augenkammer. Die Iris wird von den in ihr liegenden Muskeln bewegt: Der Musculus dilatator pupillae ist sympathisch innerviert (er erweitert die Pupille) und der Musculus sphincter pupillae ist parasympathisch innerviert (dieser verengt die Pupille).

Der Raum zwischen Iris, vorderem Teil der Linse und Cornea wird vordere Augenkammer genannt.

Die Iris versorgt den nach außen gerichteten Teil des Auges (z.B. die Linse), die Aderhaut versorgt die inneren Strukturen. Der Strahlenkörper kontrolliert die Muskelspannung der sympathisch und parasympathisch innervierten Ziliarmuskeln, die den Krümmungsgrad der Linse regulieren. Linse und Ziliarmuskel dienen der Scharfstellung der Umweltabbildung auf dem hinteren Teil der Retina.

Aderhaut und Strahlenkörper sind auch an der Produktion des Kammerwassers beteiligt, das in den Fortsätzen des Strahlenkörpers aus dem Blutplasma gebildet wird. Es fließt zwischen Linse und Iris in die vordere Augenkammer und wird über den im Rand der vorderen Augenkammer befindlichen Schlemmschen Kanal in das Venensystem abgegeben. Es dient der Spülung, Ernährung und Lichtleitung.

Die **innere Augenhaut** enthält die **Netzhaut** (Retina) mit den lichtempfindlichen Sinneszellen (Rezeptoren) und dem Pigmentepithel sowie einen sog. „blinden" Teil (Pars caeca). Das Pigmentepithel dient der Absorption von Streulicht, der Ernährung der Fotorezeptoren und der Aufnahme abgestoßener Rezeptoren.

Der lichtempfindliche Teil der Retina enthält von außen nach innen drei Schichten:

Das **Stratum neuroepitheliale** (Schicht der Zapfen und Stäbchen, Fotorezeptoren), 1. Neuron:

Zapfen (für scharfes Sehen und das Sehen von Farben)

Stäbchen (für die Wahrnehmung von Bewegungen innerhalb der Gesichtsfeldperipherie und das Sehen in der Dämmerung)

Im Bereich des gelben Flecks (Macula lutea) und der darin enthaltenden Zentralgrube (Fovea centralis) befinden sich ausschließlich Zapfen. Dies ist der Ort des schärfsten Sehens.

Das **Stratum ganglionare retinae**, 2. Neuron: Bipolare Ganglienzellen, die die Impulse der Fotorezeptoren an das 3. Neuron weiterleiten und eine erste Strukturierung (z. B. Kontrastverstärkung) der Informationen vornehmen.

Das **Stratum ganglionare nervi optici**, 3. Neuron: Multipolare Ganglienzellen, deren Axone zusammen den Nervus opticus (Sehnerv) bilden und am **blinden Fleck** (Bereich ohne Rezeptoren, in dem der Sehnerv mit der Netzhaut verbunden ist) über die Lamina cribrosa den Augapfel verlassen. Der Nervus opticus ist Bestandteil des Zwischenhirns und wird von den Ausläufern der Hirnhäute umscheidet.

Die **Retina** mit dem Pigmentepithel bedeckt die Innenseite des Augapfels bis zur Linse, wobei der Sehzellen enthaltende Teil an der Ora serrata (gesägter Rand) etwa am Übergang zum vorderen Drittel des Augapfels in den Pars caeca übergeht. Der Raum hinter der Linse, den die Retina umgibt, wird vom Glaskörper ausgefüllt.

Essenzielle Hormone
MP: Melatonin (2.2.1.)
Die **Melatoninsynthese** erfolgt durch die 5-Hydroxy-Indol-O-Methyl-Transferase. Sie erfolgt in der Epiphyse, wo ihre Aktivität durch den Serotoninserumspiegel reguliert wird und in der Retina, wo ihre Aktivität durch den Sympathikus gesteuert wird. Melatonin kann aus den Retinazellen in die Umgebung ausgeschüttet werden (parakrin). Es wirkt Stress abbauend, indem es den Abbau von Noradrenalin (2.1.2.2.) unterstützt und beruhigend auf das Gonadotropin LH (3.1.04.) wirkt, also wesentlich auf die männlichen Sexualhormone, die bei Stress vermehrt ausgeschüttet werden. Dadurch können mehr Östrogene gebildet werden, die die Produktion von Prolaktin (3.1.43.) hemmen, das in Stresssituationen ebenfalls vermehrt ausgeschüttet wird. Noogene Einflüsse sind in der Lage die Produktion des Melatonin zu erhöhen (durch freudige Erregung), können jedoch auch zu einer parasympathischen Gegensteuerung führen, die den sympathisch angeregten Mut durch Ablehnung erstarren oder zur Notbremse Angst entwickeln lassen.

Beim Mann kann der **patriarchale Blick** auf die Frau zu einem aggressiven Übergriff (und sei es bloß in der Fantasie) und damit zur Verwechslung von „lieben" mit „haben wollen" oder zu einer übersteigerten Sorge um seine Richtigkeit führen, die ihn bis zur Impotenz „lahm legen" kann. Die männliche Sorge um seine Männlichkeit begrenzt eben diese auf unmännliche Weise. Bei der Frau kann durch Sorge die **töchterliche Addition** gestartet werden, die die adversive Anwendung des WP auf A^0 begrenzt. Nehmen die Augen an, was wirklich in der Situation ist, können Mann und Frau mit ihren geschlechtsspezifischen Unterschieden an ihr Teil haben.

Melatonin unterstützt in den Zellen die Arbeit der Retina bei Lichteinfluss. Bei Dunkelheit wird mehr Melatonin zur Unterstützung der Erhöhung der Wahrnehmungsfähigkeit produziert. Wird die erhöhte Wachsamkeit bis zur Sorge überdehnt, begrenzt das vermehrt ausgeschüttete MSH (Melanozyten-stimulierendes Hormon, 3.1.12.) die Produktion des Melatonin: Im Dunkeln vermögen wir Gespenster oder Engel zu sehen, wenn wir die Wahrnehmungslücken mit Frontalhirn-Assoziationen füllen. Am Tag können wir der **Übersehsucht** frönen, da die Informationen wegen der Begrenzung nicht mehr vollständig weitergegeben werden. Die Verminderung des Melatonin verringert die nervale Verrechnungsleistung.

Nach D. N. Krause und M. L. Dubocovich "Regulatory sites in the melatonin system of mammals" in "Trends in Neurosciences", No. 13 (11), Nov. 1990, p. 464-470, bildete sich die Epiphyse evolutionsmäßig nach der Retina (siehe Epiphyse).

MP: Substanz P (3.1.48.) fördert die Wahrnehmung im Auge auf zweierlei Weise: Zum einen schützt sie das Auge über den Irisreflexbogen vor zu viel Lichteinfall, und zum anderen fördert sie die Weitergabe der aufgenommenen Informationen ans Gehirn.

„Sie erregt Ganglienzellen in der Retina und fördert damit die Weitergabe der Information" (Rauber, Kopsch, Band III, S. 556). „Im Auge stehen Substanz-P-Fasern in direktem Kontakt mit dem M. sphincter pupillae" (a.a.O., S. 488). „Da auch in den prävertebralen vegetativen Ganglien (Ganglia coeliacum, mesentericum superius und inferius) Substanz-P-haltige Fasern nachweisbar sind, handelt es sich dabei wahrscheinlich um eine generelle Form der Reflexvermittlung sensorischer Substanz-P-Neurone" (ebd.).

Unterschiede im Sehen bei Frau und Mann

In der Iris befinden sich der Musculus sphincter pupillae (parasympathisch innerviert) und der Musculus dilatator pupillae (sympathisch innerviert). Sie stellen die Pupille eng oder weit. Der Musculus ciliaris im Ciliarkörper wölbt oder streckt die Linse, so dass sich auf der Retina ein klares Bild des Gesehenen abbildet. Er ist parasympathisch und sympathisch innerviert. Die glatte Muskulatur im Ductus deferens („Samen"leiter des Mannes) ist in ihren Abschnitten nahe dem Nebenhoden sympathisch innerviert, in den Anteilen vor der Mündung in die Harnröhre (zusammen mit Bläschendrüse und Ampulle) sympathisch und parasympathisch.

Über die vegetative Abfolge beim Geschlechtsakt (bei der Frau erst sympathisch, dann parasympathisch, beim Mann umgekehrt) schließen wir auf die Abläufe beim Sehen: Beim Mann erfolgt immer erst (parasympathisch) die Annahme, die Pupille ist etwas enger gestellt. Danach entscheidet sich der Mann für freudige Erregung (sympathisch) oder ggf. Sorge etc. Bei der Frau besteht Sympathikotonus (mit eher weiten Pupillen) bei allem, was sie zunächst erblickt. Der Sympathikotonus kann so bleiben. Hat die Frau keinen Raum, kann der Sympathikotonus überdehnt und dann parasympathisch gebremst werden: In Sorge weiten sich die Pupillen noch mehr, die Nahsicht wird unklar, der Blick geht in die Weite. Reizflut im Auge setzt ein, die Frau sieht etwas, bekommt anderes nicht mehr mit, kann nicht mehr differenzieren (Melatonin ist jetzt erniedrigt), das Bild ist verwischt. Parasympathisch setzt nun eine Gegenbewegung ein mit Engerstellung der Pupillen, Konzentration auf die Person (gegen-über) visuell und akustisch, dabei Selbstablehnung und Übersehen der eigenen Person.

Zu den Rezeptoren und der noologisch-zytologischen Betrachtung aversiver Verarbeitung von Sinneseindrücken

Der zytologisch orientierte Blick hilft bei der Betrachtung aversiver Phänomene weiter: Die **Rezeptoren** der Zellen haben **Aktivitätszentren** und „Greifarme" drumherum. An die Greifarme können sich Informationen lagern. Die Zelle bildet die Rezeptoren nach Bedarf. Die Zelle kann Rezeptoren von innen auch verschließen, damit nichts durchkommt, und sich damit vor Reizflut schützen. Eine Zelle kann auch einen Rezeptor wieder „zurückbeordern". Die „Greifarme" werden aufgelöst und das Aktivitätszentrum des Rezeptors kann dann für etwas anderes wiederverwendet werden, oder es bleibt für erneute Verwendung im Zellplasma. Die Informationen für die Rezeptoren sind entweder hormonell oder nerval. Für beide kann die Zelle Rezeptoren bilden. Sie kann unterscheiden und entscheiden, was sie braucht. Die Rezeptoren sind Physik-Spezialisten und können nur eines. Sie erkennen nur formal. Wir sehen oder hören etwas und sagen: „Aha - kennste doch." Wir erkennen über ein **Abbildungsverfahren** von draußen nach drinnen (A^{Dog}). Das beginnt mit einem physikalisch formalen Vorgang, der von den Sinnesorganen geleistet wird. Allerdings kommt nur ein Abbild der Informationen draußen in die Sinnesorganisation: Wir müssen nicht alles, was wir z. B. sehen, in uns aufnehmen (den ganzen anderen Menschen z. B.). Diese **Abbildung** in uns ist auch eine Form (zu „Abbildung" siehe auch Noosomatik Band I-2).

Im Dru(mherum um uns) gibt es viele Impulse (bescheiden ausgedrückt). Einige werden zu Reizen, die aber von uns aus noch dra(ußen) sind. Durch die Sinnesorganisationen nehmen wir sie von dra nach dri(innen). Und dabei werden diese Reize wieder zu Impulsen (dri-dri, die unbewussten und bewussten Regionen sind alle beteiligt). Einige dieser Impulse werden dann wieder zu Reizen: sie reizen zur Weiterbearbeitung und gelangen dann womöglich wieder nach dra und nehmen als Impulse am Dru teil. Doch von dort gelangen sie wieder zu uns, da wir hören, was wir sagen und sehen, was und wie wir sehen. Im allgemeinen Sprachgebrauch werden Impuls und Reiz synonym gebraucht, oft auch in der Bedeutung von Information. Wir bekommen Impulse (Reize, Informationen) über die Sinnesorgane. Ihre Sinneszellen stellen die Rezeptoren dar. Sie entstehen wie Rezeptoren, sehen aus wie Rezeptoren, arbeiten wie Rezeptoren, also sind es auch Rezeptoren. Und: sie haben Rezeptoren, die Superspezialisten im Sinne des „Koala-Bär-Spezialisierungsmodells" sind: nur Eukalyptus, nur dieser Impuls. Also nehmen sie „nur" je eine physikalische Art von Impulsen auf. Dann wird sortiert, im Sinne der **tendenziösen Apperzeption** unter Beteiligung des unterbewussten Systems, „geordnet" in unterschiedlichen Schichten der Großhirnrinde eben auch auf unterschiedliche Art. (siehe dazu Noosomatik Band V-2, 5.3.1.)

> „Die meisten aus dem Auge kommenden Nervenfasern ziehen zu den zentralen Hirnstrukturen, die unsere Sehfähigkeit gewährleisten. Zusätzlich zu diesen Hauptverbindungen ziehen jedoch auch kleinere Nervenfaserbündel aus dem Auge zu einer lebenswichtigen Struktur an der Basis des Gehirns, dem Hypothalamus. Diese Hirnregion ist für die Steuerung vieler lebenswichtiger Funktionen des Körpers verantwortlich." (Klivington, „Gehirn und Geist", 1992, S. 66)

Wir sehen alle von den Lichtimpulsen her gleich. **Licht** fällt in unsere Augen und wir sehen z. B. einen anderen Menschen. Das Licht wird in nervale Impulse umgewandelt. Das Licht kommt in den Rezeptor, versetzt ihn in einen Aktivitätszustand (**Rezeptorpotential**). Der bewirkt, dass ein Überträgerstoff den Impuls an die hinter der Sinneszelle sich befindende Nervenzelle weitergibt, die den Impuls weiterleitet. Die Nervenbahnen sind Einbahnstraßen, deshalb wissen die Impulse, wohin sie müssen, z. B. in ein optisches Zentrum im Gehirn. Das bekommt mit, dass ein Bild angekommen ist und informiert das Bewusstsein und das Frontalhirn darüber. Trotzdem: Wir sehen den Menschen - ob es uns passt oder nicht. D. h. wir bekommen die Wirklichkeit mit.

> Richard Held kommt „zu dem Schluss, dass die Reafferenz (nämlich die Korrelation zwischen den Signalen des motorischen Nervensystems, die aktive Bewegungen begleiten, und den sensorischen Rückmeldungen) eine wesentliche Rolle bei der Wahrnehmungsadaption spielt. Sie hilft dem Neugeborenen, eine sensorisch-motorische Koordination zu entwickeln; sie trägt dazu bei, dass die Beziehungen zwischen afferenten und efferenten Signalen beim Wachstum an die veränderten Bedingungen angepasst wird; sie gehören zu den Faktoren, durch die eine normale Koordination aufrecht erhalten wird; und schließlich führt die Reafferenz - und das ist ihre größte Bedeutung - bei veränderten visuellen und auditiven Eingängen zu einer Kompensation. Wie wichtig die motorisch-sensorische Korrelation für all diese Funktionen ist, haben gerade diejenigen Experimente gezeigt, in denen sie speziell verhindert wurden" (Richard Held in „Plastizität sensorisch-motorischer Systeme", in „Wahrnehmung und visuelles System", Spektrum der Wissenschaft, 1986, S.208).

Da nicht nur das **Bewusstsein** informiert wird, sondern auch das **Frontalhirn** (siehe dort), kann das Frontalhirn „sagen": „Aha, das ist einer von denen!" Die Reihenfolge dabei ist: erst unwillkürliche Motorik (Sehen) und dann willkürliche Motorik (Wegsehen oder Hinsehen). Das Frontalhirn kennt Informationsketten über Details von Aktionsweisen und hat sie nach Erfahrungsstimmung mit Wertungen versehen: angenehm/unangenehm; günstig/ungünstig; gut/böse o. ä.

Eine Reduzierung in der Wahrnehmung (Abbildverluste!) setzt ein Mehr frei, damit wir uns „ein Bild machen können", eine „Vor-Stellung gewinnen" u. Ä. (wir haben ja nicht den gesamten anderen Menschen im Kopf). In dieses Mehr wird, ausgehend vom Frontalhirn, etliches in die Wahrnehmung dazugeschaltet (dri-dri). Die formale Verminderung setzt ein Mehr an Informationen frei, als im Augenblick tatsächlich vorhanden ist. Dieses jedoch nicht ohne unsere unterbewusste Zustimmung, die durch **Erkenntnisgewinne** korrigiert werden kann! Wir können in jeder konkreten Situation immer mehr sehen, als tatsächlich sichtbar ist.

Wir können auch das unterbewusste System eines anderen Menschen aufnehmen. Wie geht das? Im Auge werden nach der Geburt Rezeptoren in der Retina (am Augapfel hinten bis zur Mitte des Auges) ausgebildet. Sie können für immer wiederkehrende Erscheinungen **Spezial-Rezeptoren** („**Aha-Rezeptoren**") ausbilden. Sie sind dadurch auch für die „räumliche" Einteilung von Umgangserfahrung zuständig.

Die Personen in unserer Nähe (z. B. Mutter, Vater und Geschwister) erkennen wir sehr viel schneller. Bei der Begegnung mit der Mutter bildet das Kind in der Regel viele Rezeptoren aus, da diese sich überwiegend mit dem Kind beschäftigt. Dabei spielt auch die anatomische räumliche Relation eine Rolle: Die Anordnung der Rezeptoren braucht Raum. Das hat auch mit der Quantität von Zeit mütterlicher Aktivität zu tun. Daher kommt es, dass Mütter wesentlich mehr Raum in unseren Vorstellungen einnehmen - inklusive der aversiven Ankoppelungen an unangenehme Empfindungen. Christa Rohde-Dachser spricht deshalb zu Recht vom „Mythos von der Schuld der Mütter", dadurch, dass sie rein quantitativ mehr präsent sind. Da diese Ausbildung (!) von Rezeptoren bei anderen Personen analog verläuft, entscheiden sich über die Korrelation von Raum (z. B. Nähe plus räumliche Anordnung der Rezeptoren) und Zeit (z. B. Erwartungshaltung) eben auch die Assoziationen gegenüber Fremden, also wie wir wen kennenlernen. Die Fixierung spezieller Rezeptoren für Mutter, Vater u. a. enthalten als Informationen und Nachrichten für uns selbst ganz bestimmte Erinnerungen an Erfahrungen mit diesen Menschen. Das ist die **Dimension der Rezeptoren**, die assoziative (rein formale!) Gedächtnisleistungen vollbringen kann. „Aha" - das ist eine rein formale Assoziation, dabei werden gewisse Personen mit anderen, im Verrechnungszentrum der Retina (Rinde!) als nahestehend registrierte Personen identifiziert. Das beginnt bereits im Auge. Die Aktivität der Augen nach der Geburt ist nicht nur eine andere als vorher im Mutterleib, die Augen sind das **erste rationale Denkzentrum**. Bei Neugeborenen ist zu beobachten: Sie schauen mit großen Augen lange und offen in die Umgebung. Sie sind ausgesprochen aktiv - und ihr Gehirn ebenfalls! Doch was wird mit all diesen Eindrücken? Was wird davon angewendet und umgesetzt? Untersuchungen von Rakic und Mitarbeitern (an Affen) haben ergeben, dass die Synapsendichte in unterschiedlichen Hirnrealen (überall gleich!) bei der Geburt das Ausmaß der Erwachsenen haben, dann zunimmt - und dann wieder auf den Betrag herabsinkt, der zuvor vorhanden gewesen ist und nun dem Erwachsenenbestand entspricht. D. h.: Es findet unmittelbar nach der Geburt eine ungeheure Produktion von Synapsen statt, die jedoch (wegen Nichtverwendung) in den ersten zwei bis vier Jahren nicht zur Wirkung kommt (P. Rakic, J.-P. Bourgeois, M. F. Eckenhoff, N. Zecevic, P. S. Goldman-Rakic ”Concurrent overproduction of synapses in diverse regions of the primate cerebral cortex", Science, 1986, p. 232-235). In der Augenorganisation selbst haben wir nachgeburtlich die erste erstaunliche „Oh"-Situation. Wenn die Rezeptoren erkennen, was formal ähnlich sein könnte, schaltet sich dieses Erkennen plus die Folgen des Umgangs mit dem „Oh" dann als „Aha" („verrechnet") stets dazu. Das „Oh" bleibt uns, auch wenn es hinter dem „Aha" kaum erkennbar ist. Zu diesem Phänomen des „Verrechnens" gehören auch die optischen Täuschungen und die Schon-erlebt-Erlebnisse (schon gesehen, schon gehört usw.). Wenn wir einem Menschen begegnen, der überhaupt mit niemandem unserer Ver wandt- und Bekanntschaft zu tun hat, haben wir keine Erkennung, wir möchten mit diesem Menschen nichts zu tun haben oder gehen ihm gegenüber auf Sicherheitsabstand, bis wir doch etwas Einordenbares zu erkennen meinen, um uns im Sinne unseres unterbewussten Systems verhalten zu können. So kann es geschehen, dass im Laufe andersartiger Erfahrungen (z. B. nach Erkenntnisgewinnen) Menschen, die uns vorher nichts bedeuteten, Bedeutung gewinnen nach dem Motto: „Oh - schau 'mal an!" Erfahrungen mit einer neuen Erfahrung wirken ein „Stutzen", die Verlängerung jenes Zögerns, das sich bei der Begegnung mit Neuem ohnehin einstellt, und was uns Raum gibt, Wissen dazuzuschalten, statt die nur am Bisjetzigen interessierte Absicht (**willkürliches Wegsehen**) anzuwenden und dieses zu sichten (**willkürliches Hinsehen**). Das wirkt wie eine Befreiung - es deaktiviert Lebensstil-Methoden. Glücklicherweise kann die Zelle eben auch andere, neue Rezeptoren ausbilden - und alte zurückbeordern. Wenn wir anders, bewusst sehen, können wir damit auch unsere Lebensstile ändern: schauen, wie wir schauen; hören, wie wir hören usw.

Sinnesorgane sind aktive Organe. Ein Reiz von außen gelangt mit Hilfe unterschiedlicher Prozesse zu den Sinneszellen. Diese schütten Transmitter aus, die Nervenzellen aktivieren. Licht begrenzt Informationsverluste (vgl. den Entropiebegriff). Es qualifiziert den Abbau von Informationen und fördert deren Wahrnehmung und Verarbeitung. Gehen wir davon aus, dass die **Sonne** Quelle des Lichtes sein soll, ergibt sich der Gedanke, dass die Sonne zu einem System gehört, in dem alles ganz anders ist als in unserem System: Wasserstoff-Ionen - Kerne mit gleicher Ladung – „ziehen sich an", verschmelzen und bilden Helium. Bei diesem Prozess wird Energie in Form von Strahlung (die wir als Helligkeit erleben) freigesetzt, die auf uns Menschen trifft und unterschiedliche Wirkungen hat. Der Mensch kann nur einen Teil dieser Strahlungen verarbeiten. Treffen mehr Strahlungen als verarbeitbar auf den Menschen, kommt es zu einer Schädigung mit nachfolgender Abwehrreaktion (Entzündung und Symptombildungen). Mit Hilfe eines Analogieschlusses formulieren wir: Der Mensch ist selbst ein Sinn-Organ. Die Einheit dieses Sinn-Organs setzt sich zusammen aus Teileinheiten. Diese Teileinheiten können nicht in Gruppen eingeordnet werden, die - in sich geschlossen - von den übrigen Gruppen trennbar sind!

Der Farbstoff „Rhodopsin" in den Stäbchen (eine Sorte der Sinneszellen in der Netzhaut) wird durch ein Lichtteilchen (Photon) angeregt. Das Rhodopsin erlangt einen Zustand höherer Energie. Dadurch gerät das Molekül in stärkere Schwingungen und seine räumliche Struktur ändert sich. Anschließend zerfällt das Molekül in mehreren Schritten in Opsin (Eiweiß) und Retinal (ein Aldehyd aus Vitamin A <einem Lipid = Fett> plus Alkohol minus Wasserstoff). Später wird es mit Hilfe von Enzymen unter Energieaufwand von innen (aus den Mitochondrien) wieder aufgebaut.

Genauer: Wahrnehmbare Lichtenergie wirkt auf die Zellmembran (mit Rhodopsineinlagerung). Rhodopsin ändert seine räumliche Struktur, Calcium-Ionen strömen in die Zelle. Rhodopsin zerfällt in mehreren Schritten in Opsin und Retinal. Danach wird es wieder mit Hilfe einer Energiezufuhr von innen aufgebaut zu seinem ursprünglichen Zustand (!). Regeneration geschieht durch Energiezufuhr von innen *und* Rhodopsin braucht Außenreize! Gegen Reizüberflutung oder bei einer Bedrohung der Regenerationsfähigkeit schützen die Lidbewegungen.

Noologisch ist zu formulieren: Die Sonne ist autoaggressiv (sie „opfert" sich), das Auge ist regenerativ.

Das Membranpotential (der elektrische Zustand) ändert sich. Es folgt die Weitergabe dieser Information an die nachgeschalteten Zellen zum Sehnerv. Die Reize werden über Nervenbahnen in den Thalamus geleitet. Es besteht eine Verbindung über energetische Bahnen zum TRO (Hypothalamus und Hypophyse): im Bereich der Sehnervenkreuzung zweigen Nervenfasern ab und vermitteln dem TRO Lichtreize, die über das autonome Nervensystem messbare Wirkungen auf Stoffwechsel, Hormonhaushalt, Blutbildung usw. entfalten können. Wir sprechen vom **„Retino-TRO-System"**.

Licht ist ein notwendiger Außenreiz, der seine Verarbeitung selbst betreibt („garantiert"). Zur Verarbeitung des Außenreizes brauchen wir eigene Energie, die wir wieder direkt oder indirekt vom Licht zugeführt bekommen. Eine Öffnung nach außen ist lebensnotwendig, da sonst die regenerativen Kräfte autoaggressiv wirken.

Auch das Ohr (siehe dort) kann durch weibliche Hormone in der Aktivität des Hörens unterstützt werden. Der Effekt dieser bewusst und willkürlich (!) angeregten Aktivität ist, dass darüber mehr Hormone produziert werden, weil ein höherer Bedarf da ist. Der Effekt solcher Entscheidungen fördert die Regeneration. Zur Erinnerung: Die Ausbildung der Sinnesorgane beginnt in der Zeit, in der wir alle noch das gleiche Geschlecht haben. Die Sinnesorgane sind also weiblicher Genese.

Die Aktivität der Augen braucht das feine, schnell fließende Östriol (kaum messbar im Labor). Die Augen müssen die Korpuskel (unterschiedlicher Intensität) für das Innere aufbereiten - und das sehr schnell. Östriol macht die Membranen schnell durchlässig, Wasser hilft zum schnellen Auflösen (Tränendrüsen sind auch Reinigungsdrüsen!). Im Auge gibt es Muskeln, die ebenfalls Rezeptoren bilden können, die formal die Muskeltätigkeit koordinieren. Sie können die Arbeit der Rezeptoren der Sinneszelle unterstützen. Wir können unsere Augen im Hinblick auf die Wahrnehmung trainieren. Ein Beispiel für **frühkindliches Muskeltraining** ist „hinter der Mutter hergucken". Das Kind braucht nur bestimmte Ausdrucksweisen, die Bewegung darstellen, zu fixieren, um mütterliches Verhalten wiederzuerkennen. Später geschieht es dann, dass die Reihenfolge der Details diese gespeicherten Informationen wecken. Gelernt wird dies bei der Konkretion der Mutter, gespeichert wird über die Form. Die Inhalte, kommen assoziativ beim Verarbeiten erst von drinnen dazu, sei es vom Fron talhirn gesteuert, sei es durch bewusst entschiedene intelligente Denkweisen. Egal wer uns begegnet, wir sehen die Form: dann geht es um die Gestalt(ung) und nicht um die Person. Über die Form können wir sagen „aha". Je mehr Rezeptoren ansprechen, um so schneller erkennen wir. Auf diese Art assoziieren wir.

Das LSB Kö verfolgt auf A^2 das unterbewusste System der Mutter, um an den Vater heranzukommen (Aw-typisch A^2 und Gü-mäßig A^0).
Das Auge gehört zu den Organen, die geschützt werden können (es kann geschlossen werden). Das Auge verfolgt unser Konzept. Wir entscheiden, wie wir schauen möchten. Wir können unser Sehen sehen und sehen, was wir sehen.
   Beispiel: A sagt zu B: „Du guckst aber trübe", und B verneint sofort. Das ist ein typisches Kennzeichen dafür, dass B gar nicht gucken will, wie er guckt.

Die Augen helfen uns, wenn wir eine Position im Raum finden wollen. **VA-Einflüsse** können unsere Sicht trüben. Wie ist das im Hinblick auf den Vater (bei der Vater-VA) zu betrachten? In der VA-Situation gegenüber dem Kind findet von Seiten des Vaters anfangs keine Bewegung statt. Er steht und pervertiert sein männliches Prinzip, er macht dicht. Die Mutter ist dagegen immer irgendwie in Bewegung, das weiß das Kind. Der Sohn bekommt in dieser Situation Angst. Er pariert in der Situation, indem er sein eigenes männliches Prinzip pervertiert. Dann tut der Vater etwas, z. B. sich hoch aufrichten zum Zeichen seiner physischen Überlegenheit. Daraufhin sorgt sich der Sohn und schaut suchend nach der Mutter, auf ihre Bewegungen, also auf die Form der mütterlichen Versorgung, die natürlich nicht ausbleibt inklusive der Erklärungen für väterliches Verhalten, während der Vater längst nach der Verwerfung der Annahme der Individualität des Sohnes in der Sicherheit des Bisjetzigen vor den neuen Impulsen seines Sohnes ist. Das nenne ich die **patriarchale Addition**: Überlegenheit plus Verwerfung = Sicherheit. Söhne mit Vater-VA bleiben bei der Physik, formal und situativ. Sie haben gelernt, die Person zu übersehen und nur die formale Situation in den Blick zu bekommen. Der Blick auf die Situation gibt dem Sohn mehr Raum, gerade im Hinblick auf die Handlungsmöglichkeit anderer, also für seine Erwartungen. Das nenne ich die **söhnliche Addition**: Angst plus Sorge = Selbstvorstellung (die mit den erlernten Erwartungshaltungen korrespondiert).
Die Tochter agiert anders, sie hat weniger männliches Prinzip, um dem Vater in der VA-Situation parieren zu können. Unwillkürlich, aus Überlebensgründen, schaltet sich sofort die vitale Funktion vegetativer Aktivität (Sympathikus) in das Geschehen ein: Die Tochter startet gleich mit der Chemie, mit der hormonell gesteuerten und die Sicht begrenzenden Sorge und bekommt nur noch die Person des Vaters in den (auf den Vater fixierten) Blick. Die Tochter sieht mehr (anderes!) in die Situation hinein, als wirklich in ihr ist (Sorge). Sie schaut ihre

negierte Position und internalisiert diesen Blick als Blick auf sich selbst, als Selbstvorstellung. Sie muss nun über das weibliche Prinzip hochaktiv sein, sie wird dadurch besonders wach. Die Tochter muss in dem Moment alle Sinnesorgane aktivieren. Flüchten kann sie nicht. Die Fluchtenergien müssen im Organismus selbst verwendet werden. Wie wirkt sich das aus? Sie muss besonders hinschauen, und da entsteht plötzlich das Bild von der Konturlosigkeit des Vaters. Die Tochter gibt ihr angenehmes Selbstbild (als **Transjektion** des eigenen Ursprünglichen auf den Vater) in die Situation hinein, zur eigenen Rettung und Dämpfung der VA-Empfindung. Für sie bleibt nur noch das Empfinden, ein mit Makeln behafteter Mensch und deshalb vom Vater verschmäht worden zu sein. Das nenne ich die **töchterliche Addition**: Sorge plus Selbstablehnung = Schmach. Diese VA-Erfahrung färbt die VA-Assoziation später permanent an. Eine Frau schaltet sozusagen bei einer VA-Begegnung das freundliche Gesicht ein. Je mehr Assoziationen offenkundig werden, je mehr wird in die Situation hineingesehen. Eine Vision wird dazugeschaltet, die alles für die Frau als Tochter erklärt, so dass sie auch begrenzt negative Kritik an ihrem Vater zulassen kann. Raum und Zeit für den mit der Vater-VA assoziierten Mann, Bewegung auf ihn zu samt Angebote für die harmonische Gestaltung der Situation (!), Assoziationen, die zusätzlich in die eigene Sicht auf die Situation gegeben werden, um die Gefahr zu verringern und die Todesidee nicht überwertig werden zu lassen - das ereignet sich, wenn eine Frau in einem bestimmten Mann unbewusste Erwartungen erfüllt sieht. Falls der Vater jedoch als unübertreffbarer „Gott" inthronisiert bleiben soll, kehrt sich dieses Muster in sein Gegenteil um, damit der andere Mann nicht den Vater übertreffen möge. Die Sinnesorgane sind bei allen drei Additionen in ganz besonderem Maße beteiligt! Der Wert der Naseninformation ist jedoch im Frontalhirn nicht so hoch veranschlagt, da die Augen weiter schauen als die Nasen riechen können. Wir neigen dazu, dem, was wir meinen zu sehen oder zu hören, eher zu trauen, als dem, was wir riechen. Da das Frontalhirn insbesondere das Überleben sichern möchte, ist es auf Zukunft ausgerichtet und übersieht das reale Jetzt. Unser Organismus ist für die Überlebensstrategie ausreichend ausgestattet (z. B. durch Rezeptoren) und hat damit die Möglichkeit der Erkennung des unterbewussten Systems von Vater und Mutter - und die Möglichkeit, mit VA-Erfahrungen umzugehen.

Sehtest
Die einfachste Art eines Sehtests wird mit einer Sehtafel durchgeführt, auf der zeilenweise Buchstaben, Zahlen oder andere Abbildungen in abnehmender Größe dargestellt sind. Im Abstand von 5-6 Metern liest die zu untersuchende Person die Zeilen laut vor, wobei sie sich jeweils ein Auge zuhält. So kann die Sehkraft ermittelt werden. Tagesschwankungen sind hier besonders häufig, je nach Befindlichkeit und Erwartung der untersuchten Person, nach Atmosphäre am Untersuchungsort, Empfindlichkeit für die Helligkeit, Geräuschpegel und Verhalten der untersuchenden Person.

Mit optischen Geräten kann ohne Beeinträchtigung der untersuchten Person die Abklärung etwaiger Sehbeeinträchtigung erfolgen, wie z.B. die Sehkraft für die Nähe und Ferne, die Sehachsen, der Augendruck, der Augenhintergrund (Retina mit den Blutgefäßen). Die Stärke von Sehhilfen sollte stets im unteren erforderlichen Bereich liegen, um den Augen die Möglichkeit zur Selbsthilfe zu erhalten, die bei Kindern und Jugendlichen sehr ausgeprägt ist. Häufigere Messungen ergeben aussagekräftigere Werte. Dem scheint die Kostenfrage entgegen zu stehen. Mit Sehtafeln, auf denen farbige Flecken zu bestimmten Symbolen angeordnet sind, lässt sich das Farbensehen überprüfen.

Gleichgewicht

A^1 MP plus medsyst MWPb plus Sympathikus = MP plus MP plus WPb plus Sympathikus

Essenzielle Hormone
MP: **Melanoliberin (3.1.08.); A^1**; (sorgt für die Entsorgung, indem es die Ausschüttung von MSH stimuliert)
MP: **Hyaluronsäure (4.2.); A^1**; (ist beteiligt an der Aufrechterhaltung von Volumen und Druck der Endolymphe, wirkt an der Umorientierung mit)
WPb: **Arginin-Vasotocin (3.1.62.); A^1**; (erhöht den Blutdruck, senkt die Filtrationsrate der Nieren und die Urinproduktion bei erhöhter Konzentration an osmotisch aktiven Substanzen, wirkt an der Bewältigung von Stressreaktionen mit)

Melanoliberin qual Hyaluronsäure qual Arginin-Vasotocin

LSB: Ku

Embryologie
Das Gleichgewichtsorgan entwickelt sich über die **Ohrplakode**, die sich zur Ohrgrube und dann zum Ohrbläschen (syn. Otozyste oder Labyrinthbläschen) ab Anfang der 4. Woche differenziert. Das Ohrbläschen hat sich vom Ektoderm ins Mesenchym abgeschnürt und wird zur Anlage des häutigen Labyrinths. Von da wächst der Ductus und Saccus endolymphaticus. Das **Labyrinthbläschen** differenziert in einen utrikulären und einen sakkulären Teil. Aus dem utrikulären Teil bilden sich die Bogengänge, mit den Rezeptoren (Crista ampullaris), dem Ductus semicircularis und dem Ductus endolymphaticus. Sowohl im Utriculus als auch im Sacculus entstehen die „Sinnesendstellen für statische Funktionen" die Macula utriculi und die Macula sacculi. (Moore, 4., Aufl., S. 512 f.)

Anatomie
Das Gleichgewichtsorgan hängt eng mit den Ohren zusammen, ist jedoch ein selbständiges Organ. Es ist das **Sinnesorgan** für die Bewegung und Orientierung in Raum (Lagesinnesorgan mit Drehsinn).
Im Felsenbein befinden sich in Knochen eingebettet, dicht neben dem Innenohr (siehe Ohr) die drei **Bogengänge** und die beiden **Vorhof**

säckchen (Utriculus und Sacculus) mit den **Sinnesfeldern** (Maculae). Die Bogengänge registrieren die Drehbeschleunigungen des Kopfes: Sie sind 3-dimensional senkrecht zueinander ausgerichtete, kreisförmige Schläuche, die mit **Endolymphe** gefüllt sind. Sie enthalten in einem erweiterten Bereich (Ampulle) Sinneszellen, deren Härchen in dem Maße ausgelenkt werden, in dem bei einer Kopfdrehung die Endolymphe wegen ihrer Massenträgheit im jeweiligen Bogengang zu fließen beginnt. Im Sacculus und im Utriculus befinden sich Sinneszellen, deren Härchen nach oben in eine gallertartige Masse eintauchen, die mit kleinen schweren Kalzitkristallen (Statolithen) belegt ist. Diese Sinneszellen registrieren die Lageänderungen des Kopfes in Bezug zur vertikalen Ausrichtung.

Die afferenten Nervenfasern des Ganglion vestibulare leiten die Impulse der Sinneszellen über den Nervus vestibularis (Teil des VIII. Hirnnerves: Nervus vestibulocochlearis) zu den vier Vestibularkernen im Hirnstamm, wo sie mit der Retikularisformation, dem Rückenmark und einem phylogenetisch alten, zahlenmäßig geringem Faserbündel verbunden sind, welches direkt zum Vestibulocerebellum führt. Über die Verbindungen werden Motorik und Gleichgewicht reguliert. (Rohen, Funktionelle Anatomie des Nervensystems, 5., Aufl., S. 120 ff.)

Die **Endolymphe** befindet sich in den Bogengängen, im Sacculus und im Utriculus. Sie enthält viele Eiweiße und viel Kalium. In der Endolymphe bilden sich auch Mucopolysaccharide (lange Zuckerketten mit Stickstoff und Schwefelgruppen).

Das Wässrige (sauer oder basisch) und die Eiweißstrukturen helfen, die Lageempfindungen zu strukturieren (wenn wir z. B. den Kopf wenden). Die Lymphe ist eine empfindsame flüssige Masse mit festen Stoffen. Das Zusammenwirken von Konsistenz und Flüssigkeit ist das Geheimnis des Gleichgewichts.

Das Gleichgewichtsorgan ist zuständig für den aufrechten Gang A^0, die Gemütslage A^1, das Durchstehvermögen A^2, die Erkenntnisfähigkeit A^3 und über die Fiktion „Verschonung" für die Reduktionen und Blockierungen.

Das Gleichgewicht ist in der Lage, den Menschen in sich und an sich zu orientieren, unabhängig vom draußen.

Das Gleichgewichtsorgan unterstützt beim aufrechten Gang. Auch wenn uns z. B. jemand „finster" anguckt, ist innere Ruhe und Gelassenheit möglich. D. h., auch in der Situation des aufrechten Ganges haben wir eine Gemütslage, unterschiedliche Gemütslagen wirken auf den Lagesinn.

Die Informationen über die Gemütslage werden hormonell mitgeteilt. Eine Änderung des hormonellen Mischungsverhältnisses wirkt sich unmittelbar aus.

Die Hormone geben den Nerven die Informationen.
Unsere Selbstvorstellung wird nicht durch Nerven gestützt, sondern durch Hormone. Die Hormone beeinflussen die Gefühlslage und die beeinflusst das Gleichgewicht. Ein geregelter Hormonhaushalt be

grenzt den Einflussbereich des FH. Wir sind geistig in der Lage das hormonelle MV zu beeinflussen. (Von A^{Dog} bis A^1 sind wir alleine zuständig; die Hormone befinden sich auf A^0.)

Auch wenn wir von draußen oder uns selbst unangenehm beeinflusst werden, haben wir die Möglichkeit, uns für uns aufzurichten. Entscheidend ist die **innere Orientierung**, die uns zur Verfügung steht, damit wir uns an der Stimme unserer inneren Expertin orientieren können. Jede Tendenz, die eigene Richtigkeit draußen fest zu machen, ist die Hergabe des gesunden Menschenverstandes.

Das Gleichgewicht hat mit der Individualität des Menschen und den Widerfahrnissen zu tun. Es ist bei allen Menschen gleich. Jeder Mensch ist rein physiologisch in der Lage, sich über seine Menschlichkeit zu orientieren. Die einzige Orientierungshilfe sind wir uns selbst durch die innere Expertin. Die Physiologie, einschließlich ihrer Mitteilungen in und an uns, wird von uns als „innere Expertin" bezeichnet (siehe „Schmach usw." 1. Kap.). Der angemessene Umgang mit der Information des Gleichgewichts reguliert das hormonelle MV (das macht die Physiologie allein, wenn wir ihr den Raum lassen).

Essenzielle Hormone

WPb: Arginin-Vasotocin (Aminosäure: Arginin; Vaso: Gefäß) (3.1.62.) ist ein Stoff, der auf die Gefäßspannung wirkt. Er hat 9 Aminosäuren, 8 Sequenzen davon sind identisch mit **Vasopressin**, das wichtig für den Raumerhalt ist. Arginin-Vasotocin schützt und informiert, falls weiterer Schutz nötig ist. Es kann Prolactin fördern oder hemmen.

Entsteht durch eine Desorientierung physikalischer Stress, der lebensbedrohlich ist, gerät der Organismus in Aufruhr und stellt Stresshormone zur Verfügung. Bei physikalischem Stress wird immer Prolactin (ein vom MP getragenes Hormon) freigesetzt. Prolactin ist ein spezielles Stresshormon und wird immer ausgeschüttet, wenn es eine physikalische Komponente (z. B. Druck) gibt. Ein Übermaß an Prolactin kann auch die gegenteilige Wirkung, eine Verkrampfung, haben (Tic, Augenzucken).

MP: Melanoliberin (3.1.08.) ist ein Eiweißhormon, das die Eiweißproduktion unterstützt und die Freisetzung von MSH bewirkt und kontrolliert.

MSH (syn. Melanotropin) ist für die Entsorgung wichtig ist. Wenn wir uns gedanklich Sorgen machen, möchte uns der Körper die Sorge nehmen. MSH sorgt auch dafür, dass genügend Wasser in der Endolymphe ist. Es ist ein Eiweißhormon, das für die Energieversorgung notwendig ist und in einer Krise weitergehende Aktivitäten entfalten kann. Bei Sorge wird MSH ausgeschüttet, das auf das NNM wirkt.

MP: Hyaluronsäure (4.2.) (ein Glykosaminoglykan) ist ein Mucopolysaccharid. Die Mucopolysaccharide können mit Hilfe ihres Glukoseanteils und des Uridintriphosphat (UDP) Hyaluronsäure bilden. Sie besteht abwechselnd aus einem Zucker- und einem Aminoanteil und ist

substanzerhaltend. Sie bildet gallertartige Substanzen, mit Klebe-
und Kittfunktion und wirkt für den Säure-Basen-Haushalt als Säure.
Die Hyaluronsäure hat viele Funktionen. Sie moduliert während der
embryonalen Entwicklung die Zellwanderung und Differenzierung, organisiert die extrazelluläre Matrix und ist bei Wundheilung und Entzündungen beteiligt. (Löffler, Petrides, 8., Aufl., S. 550)
Das Gleichgewichtsorgan ist am Überleben interessiert. Die Hyaluronsäure ist unter anderem in der Lage, das **Gleichgewicht umzuorientieren**, ohne die Gleichgewichtsorgane zu kränken.
Der **Sympathikus** innerviert die Arterien am Gleichgewichtsorgan.
Sympathikusüberaktivität bringt aus dem Gleichgewicht.

Was passiert physiologisch bei einer gefährlichen Karussellfahrt o-
der wenn sich ein Mensch z. B. an einem Seil in die Tiefe stürzt?
Ein Mensch steigt z. B. auf einen Turm, um an einem Seil in die
Tiefe zu springen. Er stellt sich auf „alles Mögliche" ein, mit jedem
Schritt: Vorwegnahme der Stresssituation (Vorstellung). Es ist eine
starke nervale Konzentration, eine geistige Entscheidung.
Seilspringer berichteten, dass der erste Sprung mit Todesangst
verbunden war, ab dem zweiten Sprung machte es Spaß. Ab da
werden die Menschen high, weil Endomorphine freigesetzt werden.
Beim Springen werden Noradrenalin und Prolactin ausgeschüttet.
Der Sprung desensibilisiert.

Ästhetik und Gleichgewicht
Es ist natürlich, dass jeder Mann für die weibliche Ästhetik empfindsam ist. Jede Frau ist anders. Weibliche Wirkung kann irritieren, wenn
sie nicht zu einer Erfahrung passt. Dabei ist das „Wie" entscheidend.
Gleichgewicht und erlerntes Empfinden von Ästhetik haben miteinander zu tun.
Über eine Art Identifizierung, üblicherweise „wie Mutter oder Vater"
wird eine Ähnlichkeit gesucht. Weist das Gegenüber weder Ähnlichkeiten mit Mutter noch mit Vater auf, kann das Gleichgewicht durcheinander geraten. Da nur die Eltern sich selbst repräsentieren, müssten wir eigentlich immer irritiert sein. Die **Gleichgewichtsstörung**
ist ein deutlicher Hinweis, dass das Gegenüber in keiner Weise eine
Ähnlichkeit, auch keine konstruierbare, mit Mutter oder Vater oder
Tante oder sonstwem hat.

Wie werden wir aus dem Gleichgewicht „gebracht"? Am Anfang ist
Schwindel (wir schwindeln). Schwindel wirkt eine Drehung der adversiven Orientierung. Das heißt, wir setzen etwas gegen die Orientierung des Gleichgewichtsorgans im adversiven Sinne. Dadurch gerät
das MV physikalisch durcheinander. Eine chemische Reaktion setzt
ein, die Hyaluronsäure wird benötigt. Hält der Schwindel an, wird der
Sympathikus alarmiert, der den Schwindel bewusst werden lässt. Es
kommt zur **Schwindelerfahrung**.

Bei Desorientierung haben wir die Möglichkeit uns mit Hilfe des Gleichgewichts umzuorientieren (eine Umorientierung, die uns gut tut).

Das ist ein wesentlicher Faktor bei A^1 (Gleichgewicht) + A^3 (Annahme) = A^5 (Entfurchtung).

Schwindel entsteht erst bei der Identifizierung des Gegenüber mit Mutter oder Vater, wenn wir unbedingt wollen, dass das Gegenüber Mutter und/oder Vater repräsentiert.

Hat sich ein Mann z. B. auf die Identifizierung seiner Partnerin mit seiner Mutter eingestellt und seine Partnerin ändert ihre Bewegung und denkt selbst, kann der Mann ein Feindbild suchen, nach dem Motto: „Wer hat meine Partnerin durcheinander gebracht?" Irgendjemanden wird er finden und sich geradezu „verpflichtet" empfinden, seine Partnerin vor dieser Person zu warnen. Ihm gerät das Gleichgewicht durcheinander, das er sich in der Werbungsphase erworben hat. Er merkt, dass seine Partnerin sein „Durcheinandersein" nicht bemerkt. Aus seiner Sicht ist sie bedroht, und er erzählt ihr das, mit den entsprechenden nachfolgenden Konflikten.

Akzeptierte er stattdessen die Änderungen seiner Partnerin, gäbe es kein Problem mehr. Orientiert er sein Gleichgewicht um und weicht er von der Routine ab, steht ihm Neues bevor (leider???).

Eine Orientierung am Gleichgewicht ist sinnvoll, weil das Gleichgewichtsorgan den Einflussbereich des Frontalhirns begrenzen kann!

Thymus

A^1 MP plus metansyst WPa

Essenzielle Hormone
MP: **Thymosin (3.1.20.); A^1**; (stimuliert die immunbildende Arbeit des Thymus)

WPa: **Thymopoietin (3.1.21.); A^1**; (steuert die Auffüllung der Lymphozytenspeicher in den lymphatischen Organen)

Sympathikus qual Thymosin qual Thymopoietin

LSB: Ek

Embryologie
Der Thymus (**Bries**) entsteht aus entodermalen, ektodermalen und mesenchymalen Zellen. Er ist „während des fetalen Lebens das aktivste Organ der Lymphozytopoese" (Geneser, S. 350).

In der 4. Woche entstehen aus dem entodermalen Epithel der 3. Schlundtaschen nach Einwanderung von Zellen aus der Neuralleiste beidseits Ausstülpungen. Im oberen Bereich entwickeln sich die Nebenschilddrüsen, der untere Bereich bildet den Thymus. Die beiden Knospen wandern zur Mitte, wo sie die Thymusanlage bilden. Als Effekt des Längenwachstums des Kindes wandern die beiden Thymusanlagen kaudalwärts, weiter hinter der Schilddrüsenanlage oder ne ben ihr vorbei bis hinter das Brustbein oberhalb des Herzens, wo sie Kontakt zum Aortenbogen haben und sich aneinander legen ohne miteinander zu verwachsen.

Die Thymusanteile wachsen unterschiedlich. Nachgeburtlich kann der Thymus einen Großteil des vorderen Herzbeutels überdecken, oder auch klein bleiben und eine höhere oder tiefere Lage im Brustraum einnehmen.

Etwa in der 8. Woche erhält die Thymusanlage Blutkapillaren. Zwischen der 9. und 12. Woche wachsen Mesenchymzellen mesektodermaler Herkunft aus der Neuralleiste in den Thymus ein. Sie bilden Septen (Scheidewände), die die Oberfläche der Thymusanlage einbuchten und Läppchen bilden. Die Thymusrinde, das Mark und die Lymphozytenstammzellen mesenchymaler Herkunft, die aus den Blutinseln des Dottersack kommen, differenzieren. (Hinrichsen, S. 341)

Die Differenzierung der unterschiedlicher **Epithelzelltypen** und der **T-Zellen** verläuft gleichzeitig.

Die Oberflächenepithelzellen bilden eine geschlossene, einzellige Zellschicht, eine Basallamina, die als **Blut-Thymus-Schranke** fungiert und selektiv Antikörper bindet. Sie haben wie die Markepithelzellen kontraktile Filamente und Aktin (wie glatte Muskelzellen), das gleiche Cytokeratin und die gleichen Oberflächenantigene. Sie haben Thymulin, Thymosin und Thymopoetin.

Die corticalen Epithelzellen befinden sich zum größten Teil unterhalb des Oberflächenepithels, von dem sie durch die Basallamina getrennt sind. Sie bilden vor allem die äußere Thymusrinde. Einige umschließen die Thymuszellen vollständig („Ammenzellen", thymic nurse cells, TNC) und haben Einfluss auf die Reifung der Lymphozyten. Sie tragen Antigene des Haupthistokompatibilitätskomplexes (MHC).

Die Mark-Epithelzellen sind sternförmig und bilden mit ihren Ausläufern ein Netzwerk, das andere Zellen umgibt. Einige Mark-Epithelzellen befinden sich in der inneren Rinde. Sie haben wie die Oberflächenepithelzellen kontraktile Filamente, das gleiche Cytokeratin und gleiche Oberflächenantigene. (a.a.O., S. 348)

Die hellen Epithelzellen wandern in der 9.-10. Woche in die Thymusanlage ein und „werden als Vorstufen der Hassallschen Körperchen angesehen". (a.a.O., S. 347 ff.)

Die interdigitierenden Retikulumzellen wandern vom Knochenmark in die Thymusanlage ein. Sie umschließen die Marklymphozyten und sind für die **Lymphozytenausbildung** zuständig.

Makrophagen kommen in Rinde und Mark vor. Sie phagozytieren Rindenthymozyten und vermitteln „den Thymozyten das zur Aktivierung als erstes Signal notwendige Interleukin 1" (a.a.O., S. 350).

Die Myoidzellen befinden sich im Thymusmark. Sie ähneln quer gestreiften Muskelzellen.

Epithelzellen, Makrophagen und vom Knochenmark abstammende interdigitierende Zellen, die „viele MHC-Klasse-II-Antigene tragen", sind „für die Differenzierung der T-Lymphozyten von Bedeutung".

(Roitt, Brostoff, Male, Kurzes Lehrbuch der Immunologie, 3., Aufl., S. 147)

In der Rinde differenzieren die einwandernden Stammzellen zu Lymphoblasten, die sich schnell teilen. Der größte Teil der Lymphoblasten wird von den Makrophagen phagozytiert, ein kleiner Teil wandert in das Thymusmark (Geneser, S. 352). Mit der Differenzierung in Rinde und Mark verändern die kleinen Thymozyten ihr Aussehen und ihr Antigenmuster. Rinden- und Markthymozyten bilden sich, bei denen der Komplementrezeptor gegen neue Oberflächenantigene ausgetauscht wird (a.a.O., S. 351).

Die Thymozyten erhalten von den Epithelzellen Thymushormone und von den Makrophagen und reifen T-Zellen Interleukin 1 und Interleukin 2. Die T-Zell-Reifung beginnt, bei der „sich das Muster der Differenzierungs-Antigene auf der Oberfläche der Thymocyten verändert. ... Die jungen corticalen Thymocyten verlieren die Oberflächenantigene, die hämopoetische Stammzellen charakterisieren. Das Enzym TdT bleibt in den Zellkernen aller corticalen Thymocyten hingegen noch aktiv." (a.a.O., S. 352) TdT ist für die Mutationen der T-Zell-Rezeptor-Gene wichtig. Die Rindenthymocyten weisen Oberflächenantigene der T-Helferzellen (z. B. CD4; CD=clusters of differentation) und der Suppressor-T-Zellen (z. B. CD8) auf. Erst außerhalb des Thymus findet die „Diversifizierung in die T-Zell-Population" statt. (ebd.)

Die Stammzelle bringt TdT mit, entwickelt CD7 und bildet ab dem Eintritt in die Rinde CD8 und CD4. Dann lernt die Zelle unterschiedliche CD zu bauen und spezialisiert sich schließlich auch noch außerhalb des Thymus auf bestimmte CD (Roitt, Brostoff, Male, 3., Aufl., S.150, Abb. 11.11).

Anatomie

Der Thymus ist Teil der so genannten lymphatischen Organe. In ihm reifen die T-Lymphozyten. Bereits während der Fetalzeit und bis zur Pubertät wandern Vorläuferzellen der Lymphozyten aus dem Knochenmark in den Thymus. Der Thymus ist beim Neugeborenen 15 g schwer und wächst bis zur Pubertät (40 g). Danach bildet er sich bei den Erwachsenen zurück (Involution).

Der Thymus liegt dem Brustbein, im Bereich des vorderen, oberen Mediastinum auf. Seine schmaler werdenden oberen Enden in der Halsregion reichen bis zur Schilddrüse.

Der Thymus wird von einer Organkapsel aus kollagenem Bindegewebe umgeben, das als Bindegewebssepten in **Rinde** und **Mark** zieht. Dadurch entstehen Läppchen. Der Thymus besteht aus einer lymphozytenreichen Rinde und einem lymphozytenarmen Mark. In der Thymusrinde befindet sich weitmaschiges Bindegewebe (Retikulumzellen), das dicht gefüllt mit kleinen Lymphozyten ist. In der Rinde bilden die T-Lymphozyten die Rezeptoren aus, die TCR (T-cell-receptors) und CD-Marker. Sie lernen „Selbst" und „Nicht-Selbst" zu unterscheiden.

Eine dichte Schicht von Epithelzellen um die Blutgefäße im Rindenbereich bildet die Blut-Thymus-Schranke, die dem Schutz der proliferierenden T-Lymphozyten dient. Das Mark enthält Blutkapillaren, Arteriolen und Venolen, die Rinde enthält nur Kapillaren. Der Thymus hat nur wegführende Lymphgefäße, die vom Mark über die Bindegewebssepten zu mediastinalen Lymphknoten führen. Innerviert wird der Thymus durch vegetative Nervenfasern des Sympathikus und Vagus. Die Nervenendigungen innervieren die Blutgefäße und stehen „in engem Kontakt zu lymphatischen Zellen, Makrophagen und Epithelzellen. Das lässt auf neuroimmunologische Wechselwirkung schließen." (Drenckhahn, Benninghoff, Anatomie, Bd. 2, 16., Aufl., S. 155)
In der Thymusrinde unmittelbar an der Kapsel vermehren sich die eingewanderten Lymphozyten. Nach der Ausbildung in der Rinde wandern die Lymphozyten in das Mark. Im Mark können sie lange Zeit bleiben und gelten als **T-Gedächtniszellen**.

„Die aus dem Dottersack bzw. dem Knochenmark eingewanderten Prothymozyten werden im Thymus durch positive und negative Selektion zu immunologisch kompetenten Zellen geprägt, ohne dass sie selbst bis zu diesem Vorgang an immunologischen Vorgängen teilnehmen. Die T-Lymphozyten sind zur zellgebundenen Immunität befähigt (S. 344). Immunologisch geprägte T-Lymphozyten gelangen im Thymus durch die Kapillarwände in die Strombahn und besiedeln in peripheren Lymphorganen die thymusabhängigen Zonen ..." (Junqueira, 4., Aufl., S. 364)
„Täglich werden im Thymus Milliarden neugebildeter junger T-Lymphozyten mit dem körpereigenen MHC-Protein konfrontiert und nur jene, die das körpereigne Protein ‚erkennen' ... werden in das Blut entlassen, die übrigen ‚bleiben hängen' und werden im Thymus vernichtet." (Leonhardt , 8., Aufl., S. 174) T-Lymphozyten werden ständig, mit zunehmendem Alter in geringerer Menge, ins Blut abgegeben (a.a.O., S. 185).

Im Mark ist das Grundgewebe (Retikulumzellen) vor allem am Übergang zur Rinde dichter. Die Anzahl der Lymphozyten ist im Mark im Vergleich zur Rinde stark reduziert. Das Mark enthält „Hassallsche Körperchen", ein kugeliges Gebilde, das zwiebelschalenartig umeinander gelegt ist und aus wenigen oder vielen Epithelzellen besteht. Sie können rasch auftreten und verschwinden oder zu Zysten werden, die Zelltrümmer (=Detritus) enthalten.
Das Thymusgrundgewebe ist gegenüber der Oberfläche und den Blutgefäßen (d.h. gegenüber Nicht-Selbstigem) durch eine Basalmembran abgegrenzt. Nicht alle Stoffe (z. B. Eiweiße) gelangen in den Thymus.

Der Thymus bildet sich nach der vorlogischen Phase zurück. Wir müssen mit den bis dahin gebildeten T-Lymphozyten unser Leben lang auskommen. Bei der Rückbildung des Thymus bleibt das Mark erhalten. Der Thymus ist für Kinder und Jugendliche wichtig zum Überleben.

Der Thymus hat eine **Quantifizierungsaufgabe**, er ist ein zweidimensionales Organ. Eine Quantität von Lymphozyten wird in die Lymphbahn und die Blutbahn ausgeschüttet. Die Schilddrüse bekommt die Menge des Quantifizierungsvorganges mitgeteilt. Der Thymus wirkt im Sinne der Unterdrückung der Schilddrüsenaktivität. Bei hoher Thymus-Aktivität arbeitet die Schilddrüse normal, bei normaler oder verminderter Thymus-Aktivität ist die Aktivität der Schilddrüse erhöht. Für eine angemessene **Immunantwort** müssen T-Zellen und B-Zellen zusammenarbeiten.

Dem Knochenmark gegenüber besteht ein direkter Steuerungsmechanismus. STH - T_3 - T_4 wirken qualifizierend auf Mitosen. Das TRO steuert die Qualifizierung des Mischungsverhältnisses dieser drei Hormone. Das mediale STH gelangt direkt vom TRO in das Knochenmark. Die T-Lymphozyten erhalten im Thymus eine „Grundausbildung", die „Spezialausbildung" erfolgt an unterschiedlichen Orten bei der Begegnung mit Antigenen. Cortisol qualifiziert die Produktion der T-Zellen, geprägte T-Zellen sind cortisolresistent.

Essenzielle Hormone

MP Thymosin (3.1.20.) ist ein Protein, das im Thymus, unabhängig von der Versorgung von außen, gebildet wird und aus 108 Aminosäuren besteht. Es stimuliert die immunbildende Arbeit des Thymus und fördert die Differenzierung der T-Lymphozyten.

Thymosin fraction 5 (Mischung aus Peptiden des Thymus) gehört zu den Polypeptid- bzw. Glykopeptidhormonen des Thymus, die die Geschwindigkeit und Reifung selektiver Lymphzellenpopulationen und ihre Aufgabe bei der spezifischen Immunabwehr kontrollieren (Hunnius, Pharmazeutisches Wörterbuch, 1993, S. 507).

Thymosin fraction 5 kann den Cortisolspiegel heben helfen (bei Entzündungsprozessen von Vorteil) und bei Jungendlichen auch ACTH und beta-Endorphin erhöhen. Es wirkt auf die Stabilisierung der Nierentätigkeit. Thymonsin fraction 5 ist beteiligt an der Reifung der Lymphozytenansammlung. Es kann LRF (Luliberin), ein essenzielles Hormon für die Nase, freisetzen, (Rauber, Kopsch, Bd. III, S.490) (die wir nicht in alles reinstecken sollen) und ist ein Releasingfaktor für Sexualhormone.

Wenn Thymosin LRF freisetzen kann und gleichzeitig die Nase hilfsbereit zur Seite steht, haben wir einen wichtigen **Außenkontakt** des Thymus (die Nase als Außenstation). Ist die Selbständigkeit in Gefahr, kann der Thymus die LRF-Tätigkeit freisetzen, die die Nasentätigkeit unterstützt.

WPa Thymopoietin (3.1.21.) steuert die Auffüllung der Lymphozytenspeicher in den lymphatischen Organen. Es wirkt das Auffüllen der Lymphozytenspeicher der Lymphorgane (Rauber, Kopsch, Bd. II, S. 108). Thymopoietin delegiert eigene Fähigkeiten des Thymus auf andere Organe. Dadurch wird per effectum das Reaktionsvermögen des Organismus gestärkt. Thymopoietin schützt den Thymus vor Überarbeitung.

„Thymopoietin hemmt die Erregungsübertragung von der motorischen Endplatte auf den Muskel" (Czihak, Biologie, 1992, S. 680).

Der Thymus sichert die Lernfähigkeit. Er hat ein physiologisches Gedächtnis und wird in der vorlogischen Phase oft strapaziert: er lernt das Überleben (er muss die Fiktionen der ersten Jahre verarbeiten). Im Erwachsenenalter dient er zum „leben", er ist ein verfettetes Organ, aus ihm können sich Bindegewebszellen entwickeln. Er besteht aus retikulärem Bindegewebe, aus dem auch die Nabelschnur besteht. Er bildet sich nach der vorlogischen Phase zurück, gibt seine Aktivität jedoch nicht ganz auf. Er sichtet den Bedarf und sorgt für die Weite, dafür, dass wir uns bewegen dürfen.

Der Thymus darf seine Aktivität auf ein Minimum reduzieren, er arbeitet als überregionale **Überwachungs- und Kontrollinstanz**. In der Membran der Blut-Thymus-Schranke wird unterschieden zwischen Eigenem und Fremden. Der Thymus ist das Organ, das Nichtselbstiges als Selbstiges deutet; 1. Umdrehung seitenverkehrt: „Es liegt erst mal an dir, dich zu legitimieren und wenn ja, nehme ich dich auf."

Die Antigene (Gäste) werden nicht hereingelassen. Die Gäste, die kommen, werden woanders bewirtet, der Thymus liefert ggf. die Gastgeschenke.

Der Thymus wird mit Nerven aus dem **Herzgeflechtnerv** und dem **Zwerchfellnerv** versorgt (zwei Welten und eine Herzensangelegenheit). Arbeiten sie gleichmäßig, tut er etwas (antwortet) bringt sie „durcheinander" (wenn sie unregelmäßig arbeiten, tut der Thymus nichts). So ist immer Bewegung drin! Ein gleichmäßiges Arbeiten der beiden wäre pathologisch. Der Thymus sorgt für die Asymmetrie. Er hält die beiden Welten so zusammen, dass sie nicht verklumpen und trotzdem zusammenbleiben.

Das Herz ist ein Muskel und das Zwerchfell ein Atemmuskel. Das Zwerchfell ist willkürlich steuerbar (über die Skelettmuskulatur), das Herz unwillkürlich. Das Zwerchfell ist zuständig für Atmung, Luft, Raum, Richtigkeit und für das motorische Gedächtnis. Wir können es willkürlich steuern durch Durchatmen und Innehalten. Es ist physiologisch anwendbar und logisch. Auf den Thymus können wir indirekt einwirken mit Durchatmen und durch Humor!

Skene-Drüsen

A^1 MP plus sotsyst MWPb plus Sympathikus = MP plus MP plus WPb plus Sympathikus

Essenzielle Hormone
MP: **Skenomucin (Schleim) (9.3); A^1**;(wird von den Drüsen gebildet)
MP: **Skenoglobin (3.1.56); A^1**; (schützt die Drüsen)
WPb: **Pregnantriol (1.1.2.1.5.); A^1**; (wirkt antibakteriell)

Skenomucin qual Skenoglobin qual Pregnantriol

Embryologie

Die Skene-Drüsen (urethral mit paraurethralen Ausführungsgängen) bilden sich am Ende des 3. Monats durch Epithelzellvermehrung des kranialen Abschnittes der Harnröhre, deren Aussprossungen in das umliegende **Mesenchymgewebe** eindringen. Sie produzieren Schleim zur Ernährung des **Harnröhrenepithels** und ermöglichen gleichzeitig, die Harnröhre zusätzlich abzudichten und zu schützen.

Anatomie

Die mukösen Skene Drüsen (Glandulae urethrales) liegen beidseits an der Mündung der weiblichen Harnröhre. Es sind verzweigte tubulöse Schleimdrüsen, die häufig in die Schleimhautbuchten (Lacunae urethrales) der Harnröhre münden. (Junqueira, 4., Aufl., S. 578) Sie gehören zu den seltenen mehrzelligen endoepithelialen Drüsen, die z. B. in der Nasenschleimhaut und in der Harnröhre vorkommen. Die Drüsen haben keinen Ausführungsgang, aber eine eingestülpte Oberfläche des Zellkomplexes. (a.a.O., S. 125)

Essenzielle Hormone

MP: Skenomucin (Schleim) (9.3)
MP: Skenoglobin (3.1.56)
Wir fordern einen Stoff, der schützt: zur Unterstützung der Drüsentätigkeit, Schleimbildung.

Anm: Globuline sind weiblich, Globine sind männlich.

WPb: Pregnantriol (1.1.2.1.5.)
Wegen seiner drei Alkohol-Gruppen ist Pregnantriol ein sehr guter Schutz gegen Bakterien.

Prostata

A^1 MP plus sotsyst MWPb plus Sympathikus = MP plus MP plus WPb plus Sympathikus

Essenzielle Hormone

MP: **Prostatomucin (Schleim) (9.4.); A^1**; (wird von der Drüse gebildet)
MP: **Prostata Binding Protein (PBP) (3.1.53); A^1**; (schützt und unterstützt die Drüsentätigkeit)
WPb: Pregnantriol (1.1.2.1.5.); A^1; (wirkt antibakteriell)

Prostatamucin qual PBP qual Pregnantriol

Embryologie

Ende des 3. Monats vermehrt sich das Epithel am kranialen Abschnitt der Urethra. „Aus der Pars prostatica der Urethra wachsen zahlreiche (entodermale) Epithelknospen aus und dringen in das umgebende Mesenchym ein. Aus ihnen differenziert sich das Drüsenepithel der Prostata, während das Mesenchym das relativ dichte Stroma und die glatte Muskulatur der Prostata bildet." (Moore, 4., Aufl., S. 338)

Anatomie

Die Prostata (**Vorsteherdrüse**) ist etwa kastaniengroß. Sie liegt zwischen dem Beckenboden und dem Harnblasengrund. An ihrer Basis ist sie mit der Harnröhre und den Samenbläschen verbunden. Sie umschließt den Blasenhals und die Pars prostatica der Harnröhre. Bauchwärts (ventral) wird sie durch die Ligamenta puboprostatica fixiert und vom Enddarm (Rektum) durch das Septum rectovesicale und Serosarudimente getrennt.

Die Prostata besteht aus ca. 30-50 **Einzeldrüsen**, die von einer derben fasrigen (fibro-)elastischen Kapsel umgeben sind. Die innere Schicht dieser Kapsel enthält viele glatte Muskelzellen. Das Bindegewebe der Prostata enthält zahlreiche Gefäße und Nerven. Die Prostata ist sehr schmerzempfindlich. (Junqueira, 4., Aufl., S. 640 ff.)

Das **Sekret** der Prostata ist schwach alkalisch, milchig-schleimig. Es ist Voraussetzung für die Beweglichkeit der **Spermien**. Im **Nebenhoden**, wo die Spermien in saurem Milieu „lagern", sind sie starr, erst die basische Dreingabe der Prostata macht sie beweglich.

Essenzielle Hormone

MP: Prostatomucin (Schleim) (9.4.) ist ein alkalisches Sekret, das reich an Zink, Citrat und Phospholipiden ist.

MP: Prostata Binding Protein (=PBP) (3.1.53.) schützt und unterstützt die Drüsentätigkeit. (G.R. Cunha et al.: "The Endocrinology and Developmental Biology of the Prostate", in "Endocrine Reviews", Vol. 8, No. 3, 1987, p. 338-362)

WPb: Pregnantriol (1.1.2.1.5.) wird aus Progesteron gebildet. Es wirkt antibakteriell.

Reinigungsdrüsen

A^1 MP plus advsyst WPb

Essenzielle Hormone

MP: **Carboanhydrase (3.1.66.); A^1**; (fördert die Bildung von Bicarbonat und Protonen aus Wasser und CO_2)

WPb: Prostaglandin G$_2$ (PGG$_2$) (1.2.2.1.1.); A^1; (wirksam gegen Entzündungen)

Sympathikus qual Carboanhydrase qual Prostaglandin G$_2$

LSB: EH

Reinigungsdrüsen heißen Reinigungsdrüsen, weil nicht jede Träne nur zum Schauspiel geeignet ist, sondern auch zur Reinigung. Die sogenannten **Tränendrüsen** sind Reinigungsdrüsen.

Embryologie

Die Entwicklung der Tränendrüsen beginnt gegen Ende des 2. Monats der Embryonalperiode. Vom Epithel der Fornix conjunctivae (Umschlagfalte des Bindegewebes) bilden sich mehrere Anlagen. Diese sind zunächst wenig verzweigt und wachsen in die Orbita. Erst ab dem 6. bis zum 7. Monat verzweigen sich die Seitenknospen. Im 8. Monat ist die Bildung der Tränendrüse beendet. (Hinrichsen, S. 495)

Anatomie

Die Tränendrüse (Glandula lacrimalis) mit ca. 6-12 kleineren Ausführungsgängen befindet sich an der oberen Umschlagfalte des Augenlids. Die Drüse wird durch die Sehne des Oberlidhebers (Musculus levator palpebrae superioris) in zwei Anteile gegliedert, die **Pars orbitalis** und die **Pars palpebralis**. Die Tränendrüse ist ekkrin sezernierend und verzweigt tubulös. Die Tränenflüssigkeit wird durch den Lidschlag über das Auge verteilt.

Die Tränendrüse produziert Elektrolyte, Wasser sowie eine große Anzahl an Eiweißverbindungen und hält die Hornhaut feucht. Sie bildet einen Teil des Immunsystems des Auges.

Die Tränenflüssigkeit hat einen hohen Salzgehalt. Der Salzgehalt ist für den osmotischen Druck der darunter liegenden Zellen wichtig. Die Tränenflüssigkeit ist die Flüssigkeit für die Tränen und sorgt gleichzeitig für den Druckausgleich und die Durchlässigkeit der Zellmembran.

Reinigungsdrüsen sind für die Entsorgung zuständig. Der Wässerungsvorgang der Tränendrüse hat Filterwirkung. Er kann Stoffe mit H_2O lösen und wegspülen.

Reinigungsdrüsen gibt es auch auf der **Zunge** (Ebner-Drüsen), im **Schlund** (die Glandulae pharyngeales), im **Kehlkopf** (die Glandulae laryngeales), in der **Luftröhre** (die Glandulae tracheales) und in der **Lunge** (die Glandulae bronchiales = Bewässerungsmöglichkeit der Lunge).

Essenzielle Hormone

MP: Carboanhydrase (syn.: Carbonatdehydratase) (3.1.66.) ist ein zinkhaltiges, großes Protein. Sie kann CO_2 (Kohlendioxyd) und Wasser so in Kontakt bringen, dass diese miteinander reagieren und CO_2 sich im Wasser löst. Per effectum wird H^+ frei, der mit Sauerstoff verbunden wird und darüber mehr Wasser freisetzt. Dabei entsteht ein Sog für das Na^+, so dass es aus der Zelle austritt und Ca^{2+} in die Zelle wandert.

In diesem Zusammenhang ist der Tränenstopp zu verstehen: weinen und von einer Sekunde auf die andere lachen können (wobei einige Schließmuskeln dann nicht mehr kontrollierbar sind).

WPb: Prostaglandin G$_2$ (PGG$_2$) (1.2.2.1.1.)

Das WPb-Hormon muss in unterschiedliche Richtungen arbeiten (wegen der unterschiedlichen Orte der Drüsen). PGG$_2$ ist wirksam gegen Entzündungen und fördert „Schwemmen, Elan und Dramatik".

Das **Endoperoxid** PGG$_2$ wird aus der Arachidonsäure in Thrombozyten und Endothelzellen gebildet. PGG$_2$ wirkt (wie alle Prostaglandine) über membranständige Rezeptoren. Diese Rezeptoren befinden sich im Inneren der Membran der Drüsenzellen. Deswegen sind die Drüsen immer informiert über drinnen (dri) und draußen (dra). Über die se schnellen Informationen kann es Stoffe situationsgemäß bereitstellen, die wiederum andere Stoffe effizieren können. Das Endoperoxid ist aggressiv. Die Aggressivität fördert die Freisetzung von ADP, Tränenflüssigkeit und Serotonin, d.h. beim Schmerz kommt erst der Tränenschuss und dann das Serotonin. (Buddecke, Biochemie, 8., Aufl., S.387)

Nebennierenmark

A^1 MP plus avsyst WPa

Essenzielle Hormone
MP: **Noradrenalin (2.1.2.2.), A^3**; (stellt Fluchtenergien bereit; aus ihm wird Adrenalin gebildet)
WPa: Adrenalin (2.1.2.3.), A^{Dog}

Noradrenalin qual Sympathikus qual Adrenalin

LSB: He

Embryologie
Nebennierenrinde (NNR) und Nebennierenmark (NNM) sind morphologisch und funktionell unterschiedliche Organe, die sich während der Entwicklung der Menschheit verbunden haben. Die **Nebennierenrinde** ist mesodermaler Herkunft, das **Nebennierenmark** (Medulla glandulae suprarenalis) leitet sich von der Neuralleiste ab und ist ektodermaler Herkunft (Junqueira, 4., Aufl., S. 401).
Ab dem 37. Tag sind in der Nebennierenrindenanlage Zellen nachweisbar, die von sympathischen praevertebralen und praeaortalen visceralen Ganglien eingewandert sind. Diese Einwanderung hält bis zum Ende des 3. Schwangerschaftsmonats an. Im Gefolge der Einwanderung wachsen sympathische Nervenfasern in das so entstehende Nebennierenmark ein.
Drei einwandernde Zelltypen können unterschieden werden:
1. In die Rinde eingewanderte „primitive sympathische" katecholaminspeichernde Zellen (catecholamin-storage-line), die bereits paraaortal (um die Aorta liegend) nachweisbar sind, in der Rinde als Zellgruppen liegen und die Stammzellen für die spätere Markbildung sind,
2. schalenartig darum herum liegende bereits Noradrenalin enthaltende Zellen
3. andere eingewanderte Zellen, die sich zu multipolaren Nervenzellen differenzieren.

Diese Zellen bilden in der NNR zuerst Gruppen, dann bindegewebig abgegrenzte Nester. Erst mit der Involution der NNR bilden diese Nester den zusammenhängenden Komplex des NNM. Die Tätigkeit der Adrenalinsynthese nehmen die Zellen in der 15. Schwangerschaftswoche auf (Hinrichsen, S. 633 ff.).

Anatomie
Das Nebennierenmark ist der innere Bestandteil der Nebennieren, die an den oberen Nierenpolen liegen. Die Nebennieren sind von der Fettkapsel der Nieren eingeschlossen und weisen eine starke Blutgefäß- und Nervenversorgung aus.

Die Blutkapillaren verlaufen durch die Nebennierenrinde zum Nebennierenmark und bilden dort ein Geflecht aus Sinusoiden. An den Grenzen zwischen Nebennierenrinde und Nebennierenmark gehen die Sinusoide der Rinde in venöse **Sinusoide** über. Einige Arterienäste ziehen durch die Rinde direkt ins Mark. Das Nebennierenmark wird also doppelt mit Gefäßen versorgt, durch Venen, die aus Rindenarterien hervorgegangen sind und durch Arterien. Durch den venösen Anteil wird das Nebennierenmark über die freigesetzten Hormone der Nebennierenrinde informiert.

Das Nebennierenmark kann als „modifiziertes sympathisches Ganglion aufgefasst werden, dessen postganglionäre Neurone während der Entwicklung ihre Äste verloren haben und zu sezernierenden (Nebennierenmark-) Zellen geworden sind" (Junqueira, 4., Aufl., S. 401). „Das Nebennierenmark ist das einzige Organ, in das präganglionäre vegetative" sympathische Nervenfasern eintreten. Entwicklungsgeschichtlich stammt es vom sympathischen Nervensystem ab, wobei sich die Nervenzellen zu Drüsenzellen entwickelt haben. (a.a.O., S.720)

Die chromaffinen Zellen des NNM sind nicht einheitlich. In zwei unterschiedlichen Arten werden entweder Adrenalin oder Noradrenalin gebildet. Die Sekretgranula der Nebennierenzellen enthalten die Hormone (Noradrenalin 20 % und Adrenalin 80 %) sowie ATP und Enzyme für die Adrenalinsynthese. In den Nebennierenmarkzellen befinden sich Peptide, z. B. ß-Endorphin, Enkephaline, Melanotropin, Somatotropin und Substanz P. Die Hormone werden durch Exozytose aus den Zellen freigesetzt. Unter normalen Bedingungen werden nur kleine Mengen sezerniert. Große Mengen werden aufgrund einsetzenden Schrecks, Stress oder Belastungen durch Erregung der präganglionären Neurone freigesetzt (Notfallreaktion).

Essenzielle Hormone
Adrenalin und Noradrenalin sind essenzielle Hormone für das NNM. Diese beiden Hormone sind nicht primär hormonell orientiert, sondern arbeiten transmittermäßig. Damit stellt das NNM eine Umschaltstelle zwischen nervaler Tätigkeit und dem Stoffwechsel dar. Das NNM ist das einzige Organ, das seine essenziellen Hormone nicht selbst produziert.

WPa: Adrenalin (2.1.2.3.)
Das vom WPa getragene Adrenalin sichert die Aktivierung des physiologischen Gedächtnisses und orientiert die Produktion weiblicher Hormone, vorrangig des Östradiols.

MP: Noradrenalin (2.1.2.2.)

Das vom MP getragene Noradrenalin ist für die Sicherung der vitalen Funktionen, vor allem auch im Gehirn, zuständig - falls dort frontalogen Schwierigkeiten auftauchen. (Beispiel: Die vermehrte Noradrenalinausschüttung bei einer Frau, die die töchterliche Addition agiert, verhindert den parasympathischen Verschluss). Noradrenalin stellt Fluchtenergien bereit. Es ist Ausgangsstoff bei der Synthese von Adrenalin. Noradrenalin wirkt auf das zentrale Nervensystem per effectum auf das Cortisol und auf die Membran in der Zelle, gleichzeitig unterstützt es den Zitronensäurehaushalt.

Transmitter und Hormone

Hormone verstoffwechseln, Transmitter bringen Informationen in nervale Gegenden (Nervenzelle).

Bei den essenziellen Hormonen, die auch Transmittertätigkeit ausüben, findet sich das Hormon als Transmitter auf einer anderen Senkrechte im physiologischen Diagramm als das essenzielle Hormon. Z.B. **Adrenalin** steht als essenzielles Hormon des NNM auf A^{Dog}, als Transmitter steht es auf A^4 und **Noradrenalin** als essenzielles Hormon auf A^3 und als Transmitter auf A^{Dog}. Adrenalin und Noradrenalin sind wichtige Transmitter. Transmitter müssen wissen, wohin sie etwas bringen sollen. Wenn wir sagen, Transmitter müssen irgendwoher kommen, dann erkennen wir die Hauptaufgabe des NNMs, Transmitter zu produzieren.

> Als Hormone erreichen Adrenalin und Noradrenalin sehr schnell auf einmal alle „adrenergen" Rezeptoren (Rezeptoren, die Noradrenalin und Adrenalin als Überträgerstoff benutzen können) und können damit den gesamten sympathischen Teil des autonomen Nervensystems in Erregung versetzen. (Lippert, Anatomie, 6., Aufl., 1995, S. 516)

Das NNM ist Schaltstelle zwischen Stoffwechselaktivität und nervaler Aktivität. Es ist das **Zentrum des Zentralen**, schützt Stoffwechseltätigkeiten und „ersetzt" im Notfall das Denken. In einer VA-Atmosphäre werden gegenläufige Stoffwechsel über nervale Stopps notwendig. Wenn der Kopf nichts mehr „kapiert", entwickeln sich leibwärts die zündenden Ideen, **Selbstentzündungsprozesse** („Wenn es oben spukt, zündet es unten."). Ohne NNM hätte uns die Sorge schon längst umgebracht.

Zu den hormonellen und nervalen Zusammenhängen

In einer sorgenfreien Befindlichkeit fühlt der Mensch - und auch noch sich und sich wohl. Hippocampus und Mandelkerne geben ihre nervale Aktivität ungehindert weiter, der Mensch antwortet und sichtet dies, durchaus auch freudig erregt. Damit einher geht eine angemessene, durch die kaudalen Nervenkerngebiete des hypothalamischen Anteils des TRO (= Hypothalamus und Hypophyse als physiologische Einheit) initiierte sympathische Innervation des NNM, verbunden mit einer MSH-vermittelten (Melanozyten stimulierendes Hormon) Noradrenalinsynthese, beide in physiologisch angemessenen Mengen, sowie ins gesamt eine angemessene direkte nervale Versorgung durch den Sympathikus, mediiert ebenfalls im hypothalamischen Anteil des TRO. Bei **Sorgeaktivität** entsteht ein im Frontalhirn (Areae 47 und 11) initiierter Verschluss des Corpus mamillare, der eine erhöhte Sympathikusaktivität im TRO effiziert, die ein zu einer Handlung befähigendes Aktionspotential bietet. Die nervale Energie aus Hippocampus (Gefühl) und Mandelkernen (Wahrheitszentrum) wird auch über diese Bahnen abgeleitet und führt zur Aktivierung der dopaminergen Neuronen im Nucleus infundibularis und darüber zur vermehrten MSH-Produktion, die zur Unterbrechung der Adrenalinsynthese im NNM und per effectum zu vermehrter Noradrenalinproduktion führt. Diese als **Panik-Stress-Reaktion** zu bezeichnende körperliche Befindlichkeit wirkt dieses Körperempfinden, das beschrieben worden ist mit „Überdruck", „aus dem Gleichgewicht gebracht", „heiß und rot werden", „enormer innerer Druck", „Schwere im Körper" und „Verkrampfung". Im Körper wird also eine Unterversorgung simuliert, so dass es de facto zu einer **Überversorgung** kommt, die motorisch nicht abgearbeitet wird. Das vom NNM bereitgestellte zusätzliche Leistungs- und Fluchtpotential wird nicht zur Flucht benötigt. Stattdessen wird noogen die nervale Aktivität verstärkt, so dass eine Gegenbewegung des Parasympathikus zur Bremsung der Überdynamik notwendig wird. Diese Bremsung drückt physiologisch **Selbstablehnung** aus und wirkt auf die Umgebung wie eine Erkaltung.

MSH-Synthese

Die MSH-Synthese erfolgt im intermediären Anteil des hypophysären TRO-Anteils. MSH wirkt auf chromaffine Zellen und unterbricht im NNM die Synthese von Noradrenalin zu Adrenalin. Dies erfolgt in unterschiedlichem Ausmaß, um ein der Befindlichkeit entsprechendes Mischungsverhältnis von Adrenalin und Noradrenalin zur Verfügung zu stellen. Das Zusammenwirken von MSH und Sympathikusaktivität aus dem TRO auf das Nebennierenmark wirkt die Ausschüttung von Noradrenalin zur Überversorgung des Organismus.

Im Mittellappen der Hypophyse befinden sich ß-Rezeptoren, die insbesondere durch Adrenalin stimuliert werden. Bei Adrenalinstimulus wird eine vermehrte Aktivität von alpha-MSH und beta-Endorphinen beobachtet. (van Wimersma Greidanus and Lamberts (Editors). Frontiers of Hormone Research (Vol.14). Regulation of Pituitary Function. Basel, New York 1985, S. 180 ff.)

Die ß-Rezeptoren im Mittellappen der Hypophyse sorgen dafür, dass bei einem bestimmten nerval vermittelten Adrenalinspiegel über die Wirkung des Adrenalin an den ß-Rezeptoren des Mittellappens ein angemessener Noradrenalinspiegel zur Verfügung gestellt wird.

Der Mittellappen der Hypophyse erhält dopaminerge zuführende Nervenbahnen aus dem Nucleus arcuatus, auch Nucleus infundibularis genannt. Zum Nucleus arcuatus führen Nervenbahnen aus Hippocampus, Mandelkernen, Nucleus praeopticus (sichten!), über die Stria terminalis und den Nucleus interstitialis striae terminalis (Rauber, Kopsch, Bd. III, 1987, S. 337).

Noradrenalinsucht und Übersehsucht

Die **Noradrenalin-Sucht** (A^1) ist über die Sorge orientiert. Die betroffenen Menschen fühlen sich erst in Sorge wohl, wenn das Nebennierenmark für sie „ausreichend" Noradrenalin produziert. Dieses Hormon stellt auch Energien zur sofortigen Aktivität (z. B. Flucht) zur Verfügung. Das damit verbundene Empfinden kann als **Vitalisierungsschub** missverstanden werden. Stellen sich Entzugserscheinungen ein durch Ruhepotentiale (z. B. „kein Grund zur Sorge"), werden diese per Sorge wieder ausgeglichen. In Gang gesetzt wird der Vorgang durch bloße Gedankenblitze, wenn sich z. B. Wohlgefühl einschleichen sollte: ein den Augenblick negierender Gedanke und schon sind die angenehmen Empfindungen von Ruhe und Gelassenheit wieder verschwunden. Die Noradrenalinsucht ist weniger zielorientiert als die **Problemsucht** - hier werden keine wirklich konkreten Probleme anvisiert - nur die Sorge ist von Bedeutung („Ich habe mir doch so Sorgen gemacht ..."). Es handelt sich um eine **compulsive Aversion**.

Die **Übersehsucht** (A^1) geht einher mit der Noradrenalinsucht. Die Frage, wie übersehen wird, ist nicht maßgeblich, sondern die Tatsache, dass übersehen wird, ist wichtig. Sie kann dann per Wertung in das psychologische Recycling („verwerten des Verwertens" indem z.B. eine Person A gegenüber einer Person B, die moralisiert, selbst moralisiert: „Das finde ich aber gar nicht gut, dass Sie so moralistisch sind.") überführt werden. Die Übersehsucht führt zu einer kompensatorischen Maßnahme der **Bedeutungs-Suche**.

Plus-Symptomatik:

1. Sorge um die eigene Tüchtigkeit - die Idee der eigenen Bedeutungslosigkeit ist ständig präsent, die eigenen Möglichkeiten werden übersehen. Die Sorge um die eigene Opferbereitschaft ist bei Frauen universal, so dass sie sich an der Quantität der eigenen Tüchtigkeit messen müssen. So ist die töchterliche Addition startbar (Sorge plus negative Selbstsucht ergibt Schmach).

2. Quantifizierungsphänomene (eine Art „Quotenregelung": Die Menge von Zeit wird korreliert mit der (vorübergehenden) Bestätigung des Rechts auf Existenz. Zeit der Anwesenheit, Redemenge, höfliche Rücksicht spielen dabei eine intrasubjektive Rolle. Die formale Bestandssicherung gehört zur Übersehsucht. Wird zur Übersehsucht (A^1) die Sicherheit (A^{Dog}) addiert, erwächst die Schuldfrage (A^2), die den alten Lebensstil zum Gefängnis werden lässt, da jede Erkenntnis autonomer Möglichkeiten blockiert wird.

3. Der Mythos von der Verfügbarkeit (auch bei Männern): Sich selbst für verfügbar halten macht das Gegenüber berechenbar. Sonst müsste das Gegenüber sein Verhalten ändern ($A^1 + A^{Dog} = A^2$ Mythos vom berechenbaren Faktor des alles lenkenden Schicksals). Dies ist auch ritualisierbar wegen der Sorge, dass bei Änderung (auf A^2) das Chaos drohe. (Noosomatik Bd. V-2, 9.7.4)

A^2: sekundäre Adjunkta

Plazenta

A^2 WPb plus pathsyst MWPa plus Parasympathikus = WPb plus MP plus WPa plus Parasympathikus

Essenzielle Hormone
WPb: **Humanes plazentares Lactogen (HPL, 190) (3.1.55.); A^2;**
(hat somatotropinartige Wirkung)

MP: **11-Desoxycortisol (1.1.2.2.1.); A^2;** (wirkt entzündungshemmend)

WPa: **Schwangerschaftsspezifisches beta1-Glykoprotein (SP1) (3.2.6.); A^2;** (wirkt als Transportprotein)

Hierzu gibt es keine logisch erkennbare Qual-Formel, die Ausnahme bei den Organen.

LSB: Ka

Embryologie
Die Anlage für die Entwicklung der Plazenta („Kinderkuchen"), fälschlicherweise Mutterkuchen genannt, bildet der Trophoblast. Am 7. Tag sind im Trophoblasten zwei Schichten erkennbar: der **Zytotrophoblast** (Innenschicht) und der **Synzytiotrophoblast** (Außenschicht). Aus dem Synzytiotrophoblasten führen zungenförmig aus mehreren Zellen bestehende Ausläufer (Trabekel) in das Endometrium (Gebärmutterschleimhaut) hinein.

Der anfängliche unmittelbare Zellkontakt des Embryoblasten zur Plazenta löst sich und konzentriert sich auf den Haftstiel, der dann mit Blutgefäßen versehen zur Nabelschnur wird. Die kindlichen und mütterlichen Anteile der Plazenta umgeben das Kind zunächst kugelförmig. Mit Anwachsen der Amnionhöhle in der Gebärmutter nimmt das Plazentagewebe dann die Form einer runden Scheibe an, rund um den Bereich, in den die Nabelschnur einmündet.

Kurz nach der Geburt gehen die kindlichen und mütterlichen Anteile der Plazenta samt Eihäuten und Nabelschnur ab (Nachgeburt).

Die Zellen des Embryoblasten (synonym für das Kind) formieren sich zu zwei Keimblättern: in Ekto- und Entoderm. Die Ektodermzellen bleiben mit dem Trophoblasten in lockerer Verbindung, während die Entodermzellen weiter nach innen gelangen und sich von daher aktiver um ihre Selbstversorgung bemühen müssen (logische Folge!). Ektoderm, Entoderm und Plazenta bilden die ersten Organanlagen. Sie entstehen aus Synzytiotrophoblastzellen. Die Zellen des Zytotrophoblasten nehmen an der Organbildung nicht teil. Daher muss es sich um APUD-Zellen handeln.

APUD-Zellen ermöglichen die Bildung von Organanlagen, so dass die organbildenden Zellen das Ihrige tun können, während sie die Autonomie des Organismus (hier: der Blastozyste) insgesamt gewährleisten, indem sie Regeneration ermöglichen.

Anatomie

Die Plazenta ist mit dem Embryo über die Nabelschnur verbunden und ist für den **Stoff- und Gasaustausch** des mütterlichen und embryonalen Blutes zuständig. Das Kind versorgt sich von Anfang an selbst.

Die Form und Größe der Plazenta ändert sich während der Embryonalentwicklung. Die reife Plazenta sieht aus wie eine gewölbte Diskusscheibe, ist 20 cm groß, ca. 3 cm dick und nach der Geburt 500g schwer.

Im Inneren der Plazenta bilden sich baumartig verzweigte **Zotten** (ca. 100 Zotten auf 1 cm^2 Fläche). Die Oberfläche der Zotten wird so auf ca. 7 m^2 ausgeweitet. Der zottenreiche Raum zwischen Plazenta und Endometrium ist mit Drüsensekret gefüllt.

Im Synzytiotrophoblasten entstehen Zellhohlräume (Lakunen) und dazwischen lagert Bindegewebe. Die untereinander in Verbindung stehenden Lakunen im Synzytiotrophoblasten bekommen am 11. Tag Anschluss an die mütterlichen **Sinusoide**, sowie venöse Gefäße im Endometrium und werden von mütterlichem Blut durchblutet.

Ein weiterer Hohlraum, die Amnionhöhle, liegt dem Kind hingewandt und wird auf der Seite des Zytotrophoblasten mit flachen, großen Zellen ausgekleidet. In der Mitte befindet sich die Nabelschnur mit Gefäßen.

An der Seite des Embryos ist die **Chorionplatte** und auf der abgewandten rundlichen Seite die **Basalplatte**. Im Innern befindet sich Langhanssches Fibrinoid.

> Fibrinoid - bei Gewebszerfall frei werdende extrazellulär liegende homogene Substanz, die sich mit dem sauren Farbstoff Eosin färbt und Färbeeigenschaften des Fibrins besitzt. In der zellfreien Substanz finden sich Bestandteile von zerfallenen Zellen. (Pschyrembel, 255., Aufl.)

> Langhanszellen - unterhalb der Synzytiumschicht des Trophoblasten gelegene innere Schicht isoprismatischer, deutlich voneinander abgrenzbarer, heller Epithelzellen verschiedener Differenzierungsgrade (Psychrembel, 255., Aufl.).

In der Plazentamitte sind die Zellen locker angeordnet. Zwischen den Hohlräumen der Ästchen ist viel Fibrinoid eingelagert, das stark lichtbrechend und säureliebend ist. Es besteht aus Fibrin, Sekreten, Zellresten etc. sowie Immunglobulinen (Schutz).

An der Oberfläche aller Zotten bildet der Synzytiotrophoblast einen zellreichen Zytoplasmaschlauch.

Die Synzytiotrophoblastzellen stammen aus dem Zytotrophoblasten (je einem Zellkern) und haben mehrere Kerne, d.h. sie haben sich zu Synzytien (aus mehreren Zellen) zusammengefunden und bei dieser Verschmelzung ihre Teilungs- und Regenerationsfähigkeit verloren.

Im Trophoblasten werden Zellen gebildet, die die Verarbeitung der Nährstoffe ermöglichen und zwar so, dass die Freiheit der Selbstversorgung des Kindes gewährleistet bleibt. Das Kind entscheidet, was und wie viel und wann es annimmt, indem die Annahme der Nähr

stoffe durch das Kind die Annahme und Verarbeitung der Trophoblastzellen qualifiziert.

„Es ist für alle Spezies gesichert, dass der Syncytiothrophoblast bei
der Placenta-Bildung durch Fusion von Throphoblastzellen (Cytotrophoblast) entsteht ... Es ist bekannt, dass im Syncytio-
trophoblast keine DNS-Reduplikation mehr stattfindet. Er ist deswegen allein auf Nachschub aus dem Cytotrophoblasten angewiesen.

... Die Hauptzahl der Trophoblastzellen (Langhanszellen) besteht
aus undifferenziertem Cytotrophoblast ...“ (Hinrichsen, S. 183)

Die unter ihnen lagernden Zytotrophoblastzellen vervollständigen
ständig die Gesamtmasse des Synzytiothrophoblasten, indem sie in
diesen einwandern, wachsen und sich teilen und viele Organellen ausbilden. In dem Maße, in dem sich das Synzytium verbraucht (**Kern-
Ver-Schmelzung** heißt Ver-Brauch-Tum ohne regenerative Distanz!), bewirkt der Zytothrophoblast Regeneration (von innen!): Die
neuen Zytothrophoblastzellen öffnen sich und geben ihren Inhalt
(Zellplasma, -organellen, -kern) in das Synzytium, das nun wieder
zur Annahme, Verarbeitung und Weitergabe fähig ist. Die wiederholte
Kern-Ver-Schmelzung führt immer wieder zur Entwicklung von rauem
ER (endoplasmatisches Retikulum) mit **Ribosomen** (Proteinsynthese), das sich allmählich wieder zu glattem ER rückumwandelt, indem
es seine Ribosomen verliert (Umstellung auf Lipidstoffwechsel). Die
Mitochondrien sind dann vermindert und die Polyribosomen verschwunden, d.h. glattes ER und Lipidstoffwechsel gibt es eher. Würde
es sich um einzelne Zellen handeln, so gingen sie zu Grunde. Im Synzytiothrophoblasten werden die Zellelemente ersetzt (bei Unterbrechung stirbt der Synzytiothrophoblast).

Auch „Enzyme des Kohlenhydratstoffwechsels, Hydrolasen, Protea-
sen und wahrscheinlich noch viele andere werden in den Langhanszellen synthetisiert und dann in das Syncytium eingebracht
...“ (Hinrichsen, S. 185). „Das Synzytium, das zu diesem Zeitpunkt
kaum noch Mitochondrien und Ribosomen enthielt, wird durch die
‚transplantierten‘ Organellen regeneriert ... Während der Alterung
dieser transplantierten Organellen reifen bereits wieder neue Langhanszellen heran usw. Auf diese Weise steigt die Kernzahl im Syncytiothrophoblast laufend an. Die älteren Kerne findet man angehäuft, von etwas Cytoplasma umgeben, in so genannten Syncytial-
knoten. Bei zunehmender Anhäufung alter Kerne werden sie
schließlich als so genannte ‚Proliferationsknoten‘ (die jedoch mit
der Proliferation des Trophoblasten nichts zu tun haben) in den in-
tervillösen Raum vorgebuchtet ... und schließlich in das mütterliche Blut abgeschnürt.“ (a.a.O., S. 185) Die Mutter erhält Kern-In-
formationen des Kindes.

„Durch die Einbeziehung von Langhanszellen laufen zyklische Vorgänge im Syncytiotrophoblasten ab, in deren Rahmen die altern-
den Abschnitte regeneriert werden, um wieder volle Funktionstüchtigkeit zu erlangen ... Es gibt viele Hinweise dafür, dass diese

zyklischen Erneuerungen nicht nur quantitative Leistungsschwankungen bedeuten, sondern dass das Syncytium dabei auch einen gewissen **Funktionswandel** durchmacht. Die Areale mit einem reich entwickelten rauhen endoplasmatischen Retikulum sind Zonen einer hochaktiven Proteinsynthese (Proteohormone, fetale Serumproteine usw.). Nach Verlust der Ribosomen (Degranulation des rauhen zu glattem endoplasmatischen Retikulum) werden mehrere Steroid-Dehydrogenasen hochaktiv, ein Vorgang, der auf eine Beteiligung am Stoffwechsel der Steroidhormone schließen lässt. Die durch Kernverschiebung entstandenen Syncytial- und Proliferationsknoten weisen für kurze Zeit eine hohe Energiestoffwechselaktivität auf, bevor sie degenerieren und ausgestoßen werden. Bei der Kernverschiebung und Kernausstoßung entstehen dünne, kernfreie Synziallamellen. ... Sie werden für den Gasaustausch sowie den Transport anderer niedermolekularer Substanzen und von Glucose verantwortlich gemacht. Enzymbesatz und Feinstruktur von vergleichbar dünnen Syncytiumlamellen über Langhanszellen scheinen ihrem Gehalt an Steroid-Dehydrogenasen entsprechend auch an endokrinen Funktionen beteiligt zu sein. Nach Fusion dieser organellenarmen Abschnitte mit den darunter herangereiften Langhanszellen entsteht erneut ein für Proteinsynthese aktives Syncytium ..." (a.a.O., S. 185). „Das Fehlen von Zellgrenzen erlaubt eine viel weitreichendere Spezialisierung aller Stoffwechselvorgänge als sie in einem zellulär gegliederten Epithel möglich wäre. ... / ... In einem Syncytium dagegen können die aufgezählten Zellleistungen an spezialisierte Zonen delegiert werden, da Zellgrenzen und somit individuelle Stoffwechseleinheiten nicht existieren. Damit wird es möglich, den Intermediär-Stoffwechsel auf bestimmte Areale zu konzentrieren, den Nucleinsäurestoffwechsel vollständig an eine Art Ammenzellen zu delegieren, während weite andere Syncytiumabschnitte ausschließlich für spezifische Placentafunktionen zur Verfügung stehen." (a.a.O., S. 185 f.) Im Synzytium spielt „die Verhinderung der Degeneration durch rechtzeitige und gleichmäßige Regeneration die alles entscheidende Rolle" (ebd.).

Im Synzytiotrophoblasten kommt die Wirkung der Heilungstendenz (HT) (siehe Noosomatik Bd. V-2, S. 47 ff.) in aller Vielfalt zur Sprache. Sie kommt vom Zytothrophoblasten und befähigt das Synzytium zu seiner Tätigkeit (Selektion, Umbau und Weitergabe). Die Zell-VerSchmelzungen im Synzytium ermöglichen einen ökonomischen Stoffaustausch. Nicht Eins-Werdung mit Draußigem, sondern mit Eigenem macht angemessene Verarbeitung möglich.

Die Zellen des Synzytiotrophoblasten lösen, was sie lösen können und geben nach innen weiter. Die Zytotrophoblastzellen können mit der Nachricht etwas anfangen.

Essenzielle Hormone
WPb: Human Placental Lactogon (HPL, syn.: human chorionic somatomammotropin, HCS; 190 AS) (3.1.55.) wird im Synzytiotropho

blast gebildet und besteht aus 190 Aminosäuren. Es hat somatotro-pinartige Wirkung und ist in der Aminosäurenzusammensetzung zu 96% identisch mit dem Wachstumshormon. Es stimuliert die Synthe-se und Sekretion von Insulin und bremst die intrazelluläre Vereste-rung von Fettsäuren. „Die von HPL bereitgestellten freien Fettsäuren tragen zur Energiedeckung der Mutter bei, so dass Aminosäuren und Glukose für den Feten zur Verfügung stehen." (Runnebaum, Rabe, Bd. 1, S. 44)

Die Plazenta erhält sich dadurch, dass sie sich gibt.

MP: 11-Desoxycortisol (1.1.2.2.1.) wirkt entzündungshemmend. Es unterstützt die Annahme, hat Alkohol fürs Überleben und bietet Im-munschutz. Es ist eine Vorstufe in der Cortisolsynthese.

WPa: Schwangerschaftsspezifisches ß-1-Glukoprotein (SP-1) (3.2.6.) wird sehr früh in der Plazenta gebildet. Von da wird es in die Blutbahn abgegeben und zu SP-1b umgebaut. SP-1 ist ein Glykopro-tein und steigt während der Schwangerschaft kontinuierlich an. Es hat einen Kohlenhydratanteil von 28% und ist 7-10 Tage nach Konzeption nachweisbar. Es wirkt als Transportprotein, bindet Eisen und hat im-munsuppressive Wirkung. (a.a.O., S. 45)

Ohr

A² WPb plus autonsyst MP

Essenzielle Hormone

WPb: Calcitonin (32 AS) (3.1.16.); A²; (fördert den Einbau von Calcium in die Knochen, stabilisiert die Grundaktivität durch Begrenzung der Aktivität von Calciumkanälen an den Sinnes-zellen am Ohr.)

MP: **Tetrahydroaldosteron (1.1.2.3.3.); A²;** (erhält die Ionen-konzentration im Innenohr und somit die Voraussetzung für den Hörvorgang aufrecht.)

Sympathikus qual Tetrahydroaldosteron qual Calcitonin

LSB: EH

Embryologie

Am 22. Tag (parallel zum Stadium der „Vorniere A") beginnt die Ent-wicklung der Ohren. In der Haut (Ektoderm) entsteht gegenüber dem noch nicht verschlossenen unteren Rautenhirn eine Epithelverdickung (**Ohrplakode**), die sich weiter verdickt, einsenkt, vertieft und sich am 28. Tag als **Ohrbläschen** nach innen vom Ektoderm löst. Am o-beren Pol des Ohrbläschens bildet sich Mitte der 5. Woche eine Aus-sackung, aus der der Endolymphschlauch (der spätere Ductus endo-lymphaticus) wächst. Eine nach unten gerichtete Aussackung (Beginn gegen Ende der 5. Woche) wächst sich später zum **Gehörorgan** (cochlea) aus.

Am Ende der 3. Woche nehmen Zellen der Ohrplakode Kontakt mit dem Rautenhirn auf und beginnen mit der Bildung des cochleo-vesti bulären Anteils des späteren facio-vestibulären Ganglion. (Hinrichsen, S. 501 ff.)

Die Entwicklung der **Ohrmuschelanlage** mit äußerem Gehörgang beginnt am 37. Tag (a.a.O., S. 677).

Gegen Ende der 7. Woche ist die primitive Ausformung des **Innenohrs** beendet. Im 6. Monat ist die Differenzierung des Gehörorgans abgeschlossen, im 7. Monat sind die Synapsen für das Hören voll ausgebildet. Mittels evozierter Potentiale (im EEG) lassen sich über den primären Rindenfeldern bei Frühgeborenen (auch mit geringem Geburtsgewicht) Höraktivitäten nachweisen (a.a.O., S. 443).

Die Entstehung der **Gehörknöchelchen** beginnt Ende der 7. Woche, sie bleiben bis zum 8. Monat im Mesenchym eingebettet, das sich dann auflöst. Das Kind hört bereits intrauterin über die direkte Wasser-/Knochenleitung.

Hören im Mutterleib

„Die auditive Wahrnehmung besteht schon im intrauterinen Leben; bereits ab der 26. Schwangerschaftswoche reagiert der Fötus auf Laute, die durch die Bauchwand der Mutter gelangen. Nach der Geburt hört das Neugeborene fast schon so gut wie der Erwachsene. Das Neugeborene ist fähig, Geräusche zu lokalisieren. Es scheint mit der Fähigkeit ausgestattet zu sein, subtile Variationen in der Stimme aufzuspüren und sie in körperliche Ausdrucksformen umzusetzen. Es bevorzugt diejenige menschliche Stimme (besonders die der Mutter), die alle Qualitäten besitzt, um stimulierend und beruhigend zugleich auf das kleine Menschenkind einzuwirken. Beruhigend wirken vor allem auch die in allen Kulturkreisen bekannten Wiegenlieder." (G. Last u. J. Kneutgen, 1970 „Schlafmusik", in: L. Montada, Hrsg., „Brennpunkte der Entwicklungspsychologie", 1979)

Anatomie

Das Ohr (Auris) ist ein Sinnesorgan. Es wird unterteilt in **äußeres Ohr**, Mittelohr und Innenohr. Bestandteile des äußeren Ohrs sind die Ohrmuschel (Auricula), der ca. 3 cm lange äußere Gehörgang (Meatus acusticus externus) und als Grenze zum Mittelohr das Trommelfell (Tympanon). Im Gehörgang befinden sich zahlreiche Härchen, Talgdrüsen und im knorpeligen Innenteil des Gehörgangs zusätzlich zahlreiche Duft-, Schweiß- und Talgdrüsen (Glandulae ceruminosae), die das Ohrenschmalz (Cerumen) absondern. Die Ohrmuscheln sind kaum beweglich, die an den Ohrmuscheln ansetzenden, mimischen Muskeln sind rudimentär.

Das **Mittelohr** (Auris media) mit der Paukenhöhle (Cavum tympani) und den Gehörknöchelchen (Hammer, Amboss, Steigbügel) ist mit einer Schleimhaut ausgekleidet und setzt sich durch die Ohrtrompete (Tuba auditiva, Eustachi-Röhre) in Richtung Rachenraum fort.

Damit das Schallleitungssystem schwingen kann, muss der Mittelohrraum sowohl luftgefüllt sein als auch nach draußen angepasste Druckverhältnisse aufweisen. Die Luft in den Innenräumen wird durch die Schleimhäute resorbiert, weshalb das Mittelohr durch die Ohr trompete ständig belüftet werden muss. „Die Wände der Tuba auditiva sind i. allg. kollabiert, öffnen sich aber während des Schluckens; dadurch kommt es zum Luftdruckausgleich zwischen Mittelohr und Atmosphäre." (Junqueira, 4., Aufl., S. 683)

Die Gehörknöchelchen sind durch Gelenke miteinander verbunden und übertragen und verstärken den auf das Trommelfell treffenden Schalldruck. Die Schwingungsfähigkeit der drei Gehörknöchelchen wird durch zwei quergestreifte Muskeln beeinflusst, wodurch diese direkt auf die Empfindlichkeit der Schallübertragung Einfluss nehmen. Der Hammer wird zusätzlich durch den Musculus tensor tympani (Trommelfellspanner) fixiert, der vom Nervus trigeminus innerviert wird und der Steigbügel durch den Musculus stapedius, der vom Nervus fascialis innerviert ist.

Das **Trommelfell**, die Grenze zwischen Paukenhöhle und äußerem Ohr, ist aus drei Schichten aufgebaut. In einem kleinen oberen Bereich (Pars flaccida) ist das sonst straffe Trommelfell (Pars tensa) schwächer ausgebildet und innen von Schleimhaut und außen von Haut bedeckt. Der Stiel des Hammers ist direkt mit dem Trommelfell verbunden. Trommelfell und Gehörknöchelchen werden als **Schallleitungsapparat** bezeichnet. Die Gehörknöchelchen verbinden das Trommelfell (über Hammer, Amboss, Steigbügel) mit dem **ovalen Fenster** (Fenestra vestibuli), in das die Fußplatte des Steigbügels eingelassen ist. Das ovale Fenster bildet die Grenze zum Innenohr.

Das **Innenohr** (Labyrinth) liegt klein und versteckt in einer harten Knochenkapsel, dem Felsenbein (Teil des Schläfenbeins, Os temporale). Es enthält die **Gehörschnecke** (Cochlea) und das **Gleichgewichtsorgan** (siehe dort). Während das äußere Ohr und das Mittelohr Luft enthalten, enthält das Innenohr klare Flüssigkeiten, die Perilymphe und die Endolymphe. Die **Gehörschnecke** besteht aus drei Kanälen, die durch Membrane voneinander getrennt sind: die Scala vestibuli und die Scala tympani, die Perilymphe enthalten und dem dazwischen liegenden Ductus cochlearis, der mit Endolymphe gefüllt ist.

Die Perilymphe, eine dem Liquor cerebrospinalis ähnliche Flüssigkeit, enthält eine hohe Natriumionenkonzentration und eine niedrige Kaliumionenkonzentration, bei der Endolymphe ist es umgekehrt.

Die Perilymphe ist gegenüber der Umgebung elektrisch neutral. Die Endolymphe hat aufgrund der hohen Kaliumionenkonzentration ein Potential von +80 mV. Zusammen mit dem Potential der Sinneszellen (-70 mV wie in den Nervenzellen) ergibt das eine Differenz von 150 mV, die sonst nirgendwo im Organismus vorkommt. Dieses Potential ist Voraussetzung für den Hörvorgang.

Im Ductus cochlearis befinden sich das **Corti-Organ** mit den mehrreihig angeordneten Hörsinneszellen, den inneren und äußeren Haarzellen mit den Sinneshaaren (Stereozilien) und der Stria vascularis. Die Stria vascularis ist ein mehrschichtiges prismatisches Epithel bestehend aus drei Zelltypen, von denen die oberflächliche mitochond rienreich ist und viele Einfaltungen der basalen Zellmembran aufweist. Dieses ist charakteristisch für ionen- und wassertransportierende Zellen. Die Stria vascularis stellt eine Besonderheit bei den Epithelien dar. Sie ist ein Epithel, das Blutgefäße enthält.

„Offenbar ist dieses Epithel an der Sekretion und Erhaltung der besonderen Ionenzusammensetzung der Endolymphe (viel Kalium-, wenig Natriumionen) beteiligt." (Junqueira, 4., Aufl., S. 689) „Die Stria vascularis ist außerordentlich stoffwechselaktiv und hat einen höheren O_2-Verbrauch als Niere oder Gehirn." (Rohen, Funktionelle Anatomie des Nervensystems, 1994, S. 205 f.)

Die **Hörsinneszellen** haben in ihrem oberen Anteil mit ihren Härchen Kontakt zum Endolymphraum. An der Basis der Haarzellen ist die Verbindung zu Axonen mit afferenten (zum ZNS führende) als auch efferenten (vom ZNS kommende) Neuronen. Die Fortsätze der afferenten Neuronen bilden den **Hörnerv**, der aus ca. 90% der Neuronen der inneren Haarzellen gebildet wird. Die inneren Haarzellen werden als D-Rezeptoren bezeichnet (Differentialrezeptoren). Sie nehmen die Geschwindigkeit von Reizänderungen wahr (ähnlich den Meissnerschen Körperchen in der Haut). Die äußeren Haarzellen werden als P-Rezeptoren bezeichnet. Sie nehmen Intensitätsunterschiede wahr (ähnlich den Pacinischen Körperchen in der Haut).

Kurzkommentar zum Ohr

Schallwellen gelangen über unterschiedliche Stationen ins Innenohr. Dort wirken sie auf Sinneszellen ein, von denen Impulse über Nervenbahnen ins Gehirn gehen. An den verschiedenen Stationen findet Selektion statt:

- bei Überschreiten der Empfindlichkeitsschwelle des äußeren Trommelfells;
- bei Überwindung der Trägheit der Gehörknöchelchen;
- beim „inneren Trommelfell" (Vorhoffenster);
- bei der Überwindung der Trägheitsschwelle der Gehörflüssigkeit;
- bei Überschreiten der Reizschwelle in der Sinneszelle;
- bei der Umwandlung des aufgenommenen mechanischen Reizes in eine chemische Form;
- bei der Initiierung eines Impulses in der nachgeschalteten Nervenzelle durch die chemischen Transmitter; eine Qualifizierung geschieht durch die Zahl der frei zur Verfügung stehenden Transmitter. (Noosomatik, Bd. V-2, S. 137)

Alle Informationen über die Sinnesorgane Augen, Ohren und Haut gelangen erst in den Thalamus und werden dann, bevor sie – wenn überhaupt – ins Bewusstsein gelangen, vom Frontalhirn zensiert, angefärbt oder verfälscht. (Noosomatik, Bd. I-2, S. 33)

Essenzielle Hormone

WPb: Calcitonin (3.1.16.) ist ein essenzielles Hormon für das Ohr. Es ist in der Lage, die angemessene Tätigkeit der Calciumregulierung des Ohres zu unterstützen, die Kanälchen vor Verstopfung und das

Ohr vor Verkalkung zu schützen und damit die Wachsamkeit zu erhalten. Die allgemeine Wirkung des Calcitonins besteht darin, überschüssiges Calcium aus dem Blut in die Knochen zu schicken, um zu verhindern, dass dieses an anderen Stellen zu Verkalkungen führt.

Auch im Ruhezustand sind an der Sinneszellmembran am Übergang zur Nervenzelle Calciumkanäle offen, so dass die Nervenzellen immer „eine gewisse niedrige Impulsfrequenz" bekommen. Sie schließen sich erst bei der vollen Erregung der Nervenzelle. (Rauber, Kopsch, Bd. 3, 1987, S. 638)

Verkalkungen werden über das Ohr initiiert. Verkalkungen finden epidemiologisch häufiger bei Männern statt. Durch die patriarchale Grundausbildung wird bei Männern die Wachsamkeit gegenüber Wörtern gesenkt und dadurch weniger Calcitonin produziert. Deshalb ist die Gefahr der Verkalkung bei Männern größer als bei Frauen. Im Umkehrschluss bedeutet das, dass Verkalkungen bei den Frauen auftreten, deren patriarchale Grundausbildung den Zwang zur Angleichung an das Verhalten des Vaters oder den Zwang zur Rolle als besserer Mann enthält.

MP: Tetrahydroaldosteron (1.1.2.3.3.) ist ein Hauptabbauprodukt von Aldosteron (Buddecke, 8., Aufl., S. 363). Es ist ein essenzielles Hormon für das Ohr, das nicht mit Glukoronsäure verestert, schwer wasserlöslich ist und damit länger in der Zellmembran bleibt. Tetrahydroaldosteron erhält die Ionenkonzentration im Innenohr und somit die Voraussetzung für den Hörvorgang aufrecht.

Geschlechtsspezifischer Unterschied beim Hören

Durch den direkten Kontakt zur Blutbahn wirkt sich der geschlechtsspezifische Unterschied des hormonellen Mischungsverhältnisses direkt auf das Ohr aus. Der höhere Östrogengehalt bei Frauen fördert die Durchlässigkeit der Rezeptormembran an den Sinneszellen. Östrogene impulsieren Stoffwechselvorgänge, fördern die schnelle Verarbeitung der Sinneszellen und steigern deren Empfindsamkeit. Östradiol ändert die Kaliumdurchlässigkeit einer postsynaptischen Membran. (Michael Schumacher, "Rapid membrane effects of steroid hormones: an emerging concept in neuroendocrinology", Trends in Neuroscience, Vol. 13, No 9, 1990, S. 359).

Die Intensität des Hörens ist bei Frauen anders (weshalb sie von Natur aus eher als Späherinnen geeignet sind). Aufgrund der unterschiedlichen Vater-VA-Folgen bei den Geschlechtern (siehe Umgang 5., Aufl., 2007, S. 36 f.) kommt dem Ohr auch eine geschlechtsspezifische Bedeutung zu (unabhängig davon, dass die Aktivität des Ohres durch weibliche Hormone sensibilisiert wird).

Söhne lernen sehr schnell über das Auge den vaterorientierten Umgang mit dem eigenen Geschlecht. Das gesprochene Wort hallt zwar auch in ihnen nach, hat jedoch nur formale Bedeutung. Das äußert sich später, wenn sich im Ton oder in der Wortwahl vergriffen wird, in dem entlastenden Satz: „Das war doch nur Spaß." Die formale Bedeutung von Wörtern orientiert sich an der Erarbeitung einer eigenen männlichen Position. Sie gestaltet wesentlich den Aufbau der herr schenden Sprache, was sich nicht nur in der Wortbildung, sondern auch in der Phonetik äußert. (siehe Noosomatik Bd. I-2, S. 98 f.)

Epiphyse

A^2 WPb plus medsyst MWPb = WPb plus MP plus WPb plus Parasympathikus

Essenzielle Hormone
WPb: Serotonin (2.2.2.); A^4; (setzt die Schmerzempfindung herab)
MP: Dopamin (2.1.2.1.); A^4; (ist ein hemmender Transmitter)
WPb: Histamin (2.3.1.); A^4; (erhöht die lokale Durchblutung und den Anteil an extrazellulärer Flüssigkeit)

Histamin qual Dopamin qual Serotonin

LSB: A^4

Embryologie
Zu Beginn des zweiten Monats beginnt die Entwicklung der Epiphyse (**Zirbeldrüse**). Sie „entwickelt sich aus einer divertikelartigen Ausstülpung im hinteren Abschnitt des Zwischenhirndachs" aus dem Epithalamus (Moore, 1996, S. 475). In der Fetalperiode differenzieren sich aus dem Neuralepithel *Pinealozyten* und Gliazellen ... Die Pinealozyten besitzen Zellausläufer, mit denen sie das Melatonin in die aus dem pialen Plexus einsprossenden Gefäße oder direkt in den Ventrikel ausscheiden. ... Die Lichtrezeptoren werden nicht mehr ausgebildet, so dass die Epiphyse nur noch aus melatoninhaltigen neuroendokrinen Zellen besteht." (Drews, Taschenatlas der Embryologie, 1993, S. 252)

Anatomie
Die Epiphyse (**Corpus pineale**) befindet sich im Gehirn unter der Area 7. Embryologisch ist sie verwandt mit der Retina. Sie ist ein kleines, flaches, kegelförmiges Organ am Dach des dritten Hirnventrikels (Gehirnkammer) im Zwischenhirn gelegen und „hängt" am Epithalamus. Beim Erwachsenen ist sie etwa 5-9 mm lang, 3-5 mm dick und wiegt etwa 150 mg. Sie wird von der weichen Hirnhaut kapselartig umschlossen. Die Bindegewebsscheidewänden gliedern die Epiphyse in begrenzte Läppchen. (Geneser, S. 538)

> „Die Nervenfasern der Epiphyse verlieren ihre Markscheiden beim Eintritt in das Organ. Sie kommen in großer Zahl vor und bilden mit Pinealozyten Synapsen. ... Sie enthalten außer Noradrenalin noch Serotonin, das auch in Pinealozyen vorkommt. ... Nach heutiger Auffassung nimmt die Epiphyse auf alle endokrinen Organe Einfluss." (Junqueira, 1996, S. 390)

Neben Pinealozyten und interstitiellen Zellen (5%) kommen Glia- und Mastzellen in der Epiphyse vor.

> „Mastzellen sind wahrscheinlich für den hohen Histamingehalt verantwortlich" (a.a.O., S. 390).

Die Epiphyse ist für die Erleuchtung zuständig, für Klarheit, Sinner-fahrung, geistige Orientierung, sie hat **soterische Anteile**. Sie ist mitverantworlich für die freudige Erregung, für Gemeinschaft und Umgang mit der Gemeinschaft. Nach der Geburt hat die Epiphyse die Aufgabe, VA-Erfahrungen zu verarbeiten und Klarheit im Hinblick auf die familiäre Orientierung und das familiäre Glaubensbekenntnis zu geben. Sie muss auf A^2 vermitteln können und Raum bieten. Wenn der familiäre Umgang wenig angenehm bzw. unerträglich ist, orientiert die Epipyhse das Aushalten und Ausharren in der Familie (oder anderenorts).

Essenzielle Hormone
WPb: Serotonin (2.2.2.): Die Biosynthese von Serotonin (5-Hydroxytryptamin) erfolgt in den Neuronen aus L-Tryptophan, das durch die Blut-Hirn-Schranke transportiert wurde sowie in den enterochromaffinen Zellen des Magen-Darm-Traktes. Serotonin hat vielfältige Wirkungen und ebenso vielfältige Rezeptoren. (Horn et al., Biochemie des Menschen, 2005, S. 430 f.)
Serotonin wird auch über die Schleimhäute zur Verfügung gestellt, z. B. in der Darmschleimhaut und den enterochromaffinen Zellen (Zellen des **APUD-Systems**). Serotonin ist mit der Heilungstendenz verbunden, es findet sich auch bei der Wundheilung und in den basophilen Granulozyten, die bei Bedarf zu Mastzellen werden. Serotonin hilft bei der Überwindung der VA-Situation.
Die Epiphyse ist bei unserem Umgang mit uns selbst und nach draußen beteiligt. Wird eine bestimmte Schwelle an Serotonin überschritten, macht es unempfindlich, desensibilisiert. Serotonin setzt eine stoffwechselaktive Energie frei. Wird das Serotonin nicht benötigt, macht es „high" wo kein Schmerz ist. Werden bestimmte Mengen an Serotonin produziert, wird bis zu dieser Grenze kein Schmerz empfunden. Serotonin liefert Stoffwechselenergie für die Granulozyten. Zu viel Serotonin führt zum Krampf. Bei zu vielen Informationen entsteht auch Krampf. Ein Krampf tut weh.
Serotonin ist einerseits für das Schmerzsignal zuständig, andererseits dynamisiert und desensibilisiert es.
Serotonin ist für die Epiphyse existentiell. Wenn es vermehrt auftritt, befindet sich der Mensch entweder in einer Analogie, oder es ist Folge einer autoaggressiven Tendenz. Der Serotoninspiegel ist von uns geistig intendierbar. Das erklärt das „Geheimnis" der Fakire, wenn sie sich „unverwundbar" z. B. auf Nägel legen. Dahinter steckt die Erfahrung, dass wir auf den Serotoninspiegel Einfluss nehmen können. Außen geschieht etwas Erkennbares, zu dem wir Stellung beziehen (Entscheidung: verwerten oder nicht) und bestimmen, ob es schmerzen soll oder nicht, bevor es uns erreicht.

Widerfährt einem Menschen Gewalt, befindet er sich stets in einer Analogie zur VA mit den entsprechenden physiologischen Folgen, zu denen auch eine vermehrte Ausschüttung von Serotonin gehört. Serotonin fördert u.a. auch die Ausschüttung von Prolactin. Ein Mann kann dies unmittelbar zur Anwendung von muskulöser Ge walt verwenden, muss dies aber nicht, da durch bewusste Einwirkung auf seine Handlungsfähigkeit mit Hilfe der Epiphyse Dopamin produziert werden kann, um das Prolactin zu dämpfen. Bei einer Frau jedoch wirkt die vermehrte Prolactinausschüttung nicht nur z. B. eine Verlängerung der Blutungszeit durch Effizierung von Angst und damit parasympathischer Tätigkeit wegen ihrer in der Regel körperlichen Unterlegenheit gegenüber einem Manne, sondern auch im Zusammenhang mit der Trophealphase einen verstärkten Aufbau der Feminaschleimhaut und damit ihrer Empfängnisfähigkeit.

WP: Histamin (2.3.1.)

Histamin wird in Mastzellen und im Magen-Darm-Trakt gebildet. Es ist in den Mastzellen reichlich enthalten und kommt somit in allen Geweben vor. Es führt zu einer Erweiterung und Durchlässigkeitserhöhung der Gefäße.

Histamin ist auch für die Magensäure-Sekretion zuständig. Unter seiner Wirkung wird vermehrt Magensäure freigesetzt. (Horn et al., 2005, S. 421)

Die Epiphyse ist durch das Histamin immer intensiv durchblutet. Der Parasympathikus steuert die Ausschüttung. Gibt es mehr Histamin, gibt es genug Raum, gibt es zu wenig Histamin, haben wir mit einer VA-Assoziation zu rechnen. Histamin hat auch mit Erleuchtung und Raum zu tun. Es sorgt für rote Flecken durch vermehrte Durchblutung. Es erweitert die Gefäße und bewirkt die Erweiterung der Zwischenzellräume durch Flüssigkeit.

Serotonin und Histamin: Die beiden sich gegenseitig ausgrenzenden WPb-Hormone benötigen zur Kooperation eine vom MP orientierte nervale Tätigkeit, den Parasympathikus.

Das MP-Hormon Dopamin als Vermittler hier einsetzen zu wollen, wäre unphysiologisch, da es sich um ein Hormon handelt, das eigenständige Aufgaben zu erledigen hat.

Mit Hilfe der Sorge können wir uns die Serotoninmenge, die wir meinen für das erwartete und gefürchtete Ereignis zu brauchen, erarbeiten. Wenn wir die parasympathische Notbremse ziehen, wird im Magen Histamin ausgeschüttet, das fördert die Säurebildung. Der Fluchtweg geht von der entzündenden Idee hin zur Magenschleimhautentzündung. Weitergehendes schafft Raum: Durchfall (während Sorge zu Verstopfungen führt).

MP: Dopamin (2.1.2.1.)

Das MP Hormon, das dem Verharren dienlich ist, das für „bleiben" da ist, ist Dopamin. Es ermöglicht Gemeinschaft auf A^2 ohne Symbiose. Dopamin ist auch ein hemmender Neurotransmitter. Es vermittelt zwischen den synaptischen Spalten der Nerven. Wir brauchen es auch für die Eleganz der Bewegung (A^{Dog}). Es kann **Prolactin** (3.1.43.) hemmen.

Dopamin sortiert, kann hemmen oder fördern, je nach Milieu. Dopamin als strukturierendes Element wirkt gemeinschaftsfördernd.

Die Monoaminooxydase (**MAO**) kann Dopamin und Noradrenalin (2.1.2.2.) abbauen. Werden MAO-Hemmer als Antidepressiva eingesetzt, sind die Betroffenen von der Depression befreit: von A^0 nach A^1 (Erhöhung des Noradrenalins im Nebennierenmark, siehe dort) und die Sorge kann sich „frei" entfalten. Die Folge ist, die Menschen bekommen eine Panikattacke.

Kurzform der essenziellen Hormone der Epiphyse
erstes WPb: **Serotonin**: Überwindung der VA
zweites WPb: **Histamin**: Raum
MP: **Dopamin**: „bleiben"
Wer **Melatonin** (2.2.1.) vermissen sollte, möge genau hinschauen: es gehört essenziell ins Auge (siehe: Diana N. Krause und Margarita L. Dubocovich "Regulatory sites in the melatonin system of mammals" in "Trends in Neurosciences", No.11 (49), Nov. 1990, S.464-470): Evolutionsmäßig war die Retina vor der Epiphyse.
Durch Melatonin aus der Epiphyse wird Inositol-tri-Phosphat (IP 3, ähnlich energiereich wie das ATP) aus dem Membranlipid Phosphatidyl-Inositol-Diphosphat freigesetzt, das intrazellulär aus dem endoplasmatischen Retikulum Calcium entlässt. Zusätzlich wird IP 3 durch einen weiteren Phosphorsäurerest zu IP 4, das an der Cytoplasmamembran die interzellulären Calcium-Speicher öffnet. Über die Epiphyse (Einflussnahme auf die Melatoninsynthese) ist dies bewusst auslösbar: Jede sexuelle Aktivität bedarf des geistigen Entschlusses und geschieht nicht instinktiv oder gar triebhaft. Das Adversive in diesem Zusammenhang lässt sich umgangssprachlich auch so ausdrücken: „Wenn's in der Epiphyse blubbert, der Geist sich freut und's Herz'l bubbert."

Darm

A^2 WPb plus metansyst WPa plus Parasympathikus

Essenzielle Hormone
WPb: Villikinin (3.1.61.); A^2; (regt den Weitertransport des Darminhaltes mittels Mikrovilli an)
WPa: Atrialer natriuretischer Faktor (ANF) (3.1.31); A^2; (sorgt im Darm für die Aufnahme des Wassers in das Gewebe)

Parasympathikus qual ANF qual Villikinin

LSB: EH

Embryologie
Nach der vierten Woche entwickelt sich vom Dottersackstiel als einfaches epitheliales Rohr mit Bindegewebe die Darmanlage, die nach oben zum Vorderdarm und nach unten zum Hinterdarm zieht. Dazwischen befindet sich der Mitteldarm. Die Drüsenepithelien und die inneren Oberflächen entwickeln sich aus dem endodermalen Epithel, die Muskulatur, das Bindegewebe und die Wandschichten entwickeln sich aus der Mesenchymschicht.

Die Differenzierung im Dünndarm und Colon erfolgt nacheinander von oben nach unten. Ab der 14. Woche hat der Colon den endgültigen Schichtaufbau. (Moore, 5., Aufl., S. 281)

Anatomie

Der Darm setzt sich aus Dünndarm und Dickdarm zusammen. Insgesamt hat er eine Länge von ca. 6-7 m und befindet sich in der Bauchhöhle. Seine Aufgabe ist der Transport und die Aufnahme der Nährstoffe aus der Nahrung, die vom Magen kommen sowie die Ausscheidung von Unverdaulichem.

Der **Dünndarm** schließt an den Magen an. Er besteht aus den drei Abschnitten: Duodenum (Zwölffingerdarm), Jejunum (Leerdarm) und Ileum (Krummdarm). In den kurzen Duodenum (20-30 cm) mündet der (meist) gemeinsame Gang von Bauchspeicheldrüse und Galle, der Ductus choledochus. Im Duodenum ab der Magenpförtnerregion (Pylorus) bis ins Jejunum finden sich die sog. **Brunner-Drüsen**. Sie reichen bis in die Muskelschicht der Darmschleimhaut und sind als eigenständige Drüseneinheit zu betrachten (siehe Schleimdrüsen).

Den anschließenden Teil bildet der etwa 2 m lange Leerdarm (Jejunum) und der ca. 3 m lange Krummdarm (Ileum). Das Besondere am Dünndarm ist seine Fähigkeit, die Resorptionsoberfläche (durch Kerckring-Falten, Krypten, Zotten und Mikrovilli) auf ca. 100 m² zu vergrößern.

Im Anschlussbereich zwischen Dünndarm und Dickdarm stülpt sich der Dünndarm einige Zentimeter in den Dickdarm. Diese **Dickdarmklappe** (Valva ileocaecalis oder Bauhinsche Klappe) wirkt wie ein Ventil und steuert durch ihre Schließmuskulatur den Weitertransport des Speisebreis bedarfsgerecht.

Der **Dickdarm** ist etwa 1,5 m lang und besteht aus dem Blinddarm (Caecum) mit dem Wurmfortsatz (Appendix vermiformis), dem Grimmdarm (Colon) mit seinem aufsteigenden (Colon ascendens), quer verlaufenden (Colon transversum) und absteigenden Teil (Colon descendens und Colon sigmoideum) und aus dem Mastdarm (Rectum), der in den Anus übergeht. (Der Blinddarm hat wie der Wurmfortsatz einen hohen Lymphozytenanteil.)

Teile des Darms verlaufen im Gewebe der hinteren Bauchwand hinter dem äußeren Bauchfell (Peritoneum), so der Zwölffingerdarm, Blinddarm, das Colon ascendens und descendens. Die anderen Darmteile hängen frei beweglich in der Bauchhöhle. Sie sind über einen Stiel (Mesenterium), der Blut-, Lymphgefäße und Nerven mit sich führt, mit der Hinterwand der Bauchhöhle verbunden.

Der Wände des Magen-Darm-Kanals sind ähnlich aufgebaut. Von innen nach außen:

- die Schleimhautschicht (**Tunica mucosa)** mit den Epithelzellen,
- die lockere retikuläre Bindegewebsschicht (**Lamina propria)** mit blind endenden Lymphgefäßen, kleinsten Blutgefäßen und Nervenfasern, zahlreichen Lymphozyten und unter dem Epithel gelegenen Lymphknötchen (Solitärfollikel),

- die **Tela submucosa** mit sehr lockerem Bindegewebe, das eine Verschiebung der Schichten zueinander ermöglicht mit größeren Blut- und Lymphgefäßen, Lymphozyten z. T. in Follikeln organisiert (im Ileum die Peyerschen Plaques), auch vegetative Nervenzell-schaltstationen (Ganglienzellen des Plexus submucosus oder Meiß-ner-Plexus). Im Dickdarm sind in dieser Schicht kaum Lymphzel-len, stattdessen Fettzellen zu finden.
- die **Tunica muscularis** mit innerer Ring- und äußerer Längsmus-kulatur. Sie sind durch eine Bindegewebsschicht getrennt, die wie-derum Nervenzellen beinhaltet, so den Plexus myentericus (Auer-bach). Im Dickdarm ist die Längsmuskelschicht in drei Längsbän-dern konzentriert (Tänien).

Die im Bauchraum gelegenen Darmabschnitte sind mit der **Tunica subserosa** vom Bauchfell (Peritoneum) überzogen.

Das **Darmepithel** besteht aus:
- resorbierenden Enterozyten,
- schleimbildenden Becherzellen,
- Paneth-Zellen,
- enteroendokrinen Zellen,
- M-Zellen.

Enterozyten (Saumzellen) sind die häufigste Zellart im Oberflächen-epithel des Dünndarms. Auf ihrer Oberseite befinden sich Mikrovilli, die mit einer Glykokalix bedeckt sind. Sie sind u. a. für die Resorption von Zucker, Aminosäuren, Fetten, Wasser und Elektrolyten zuständig. Die Stoffe werden durch die Zellmembran transportiert und durch En-dozytose aufgenommen, weiterverarbeiten und ins Blut oder die Lym-phe (v. a. Fette) abgegeben. Wasser und Elektrolyte können auch zwischen den Enterozyten (interzellulär über die Zonulae occludentes) aufgenommen werden.

Becherzellen liegen verstreut zwischen den Enterozyten, besonders im mündungsnahen Teil der Krypten. Sie treten analwärts häufiger auf. Sie produzieren einen glykoproteinreichen schützenden Schleim, der die Gleitfähigkeit erhöht und das Bindemittel des Kots darstellt.

Paneth-Zellen kommen besonders häufig im Jejunum und Ileum vor. Sie liegen im unteren Bereich der Krypten. Sie sind zinkreich und sondern ein glykoproteinreiches Produkt ab, das auch Lysozym ent-hält, einen mukolytisch wirksamen Stoff, der Bakterien im Wachstum hemmen und auflösen kann. Die Aktivität der Paneth-Zellen hängt von der Zusammensetzung der Darmflora ab und dient ihrem Schutz.

Enteroendokrine Zellen liegen hauptsächlich tief in den Krypten (Raum zwischen den Falten) besonders zahlreich im Duodenum, aber auch im Jejunum und Ileum. Sie produzieren, speichern und sezer-nieren Peptidhormone und biogene Amine, wie Gastrin, Somatostatin, Cholecystokinin (CCK), Enteroglukagon, Serotonin, Substanz P, Moti-lin, GIP (Gastric inhibitory polypeptide), VIP (Vasoactive intestinal po-lypeptide), Neurotensin, Bombesin. Sie gehören zum APUD-System.

M-Zellen sind Teil des darmassoziierten lymphatischen Systems. Sie befinden sich über Lymphozytenansammlungen (Peyer-Plaques) in der Tela submucosa.

Die Darmtätigkeit wird von der Darmfüllung und von außerhalb kommenden vegetativen Impulsen über den Plexus coeliacus („Sonnengeflecht", sympathisch) und über parasympathische zuführende Nerven beeinflusst.

Nahrungsverarbeitung

Der Dünndarm setzt die Verdauung, die in der Mundhöhle und Magen begonnen hat, fort. Mit den Verdauungssekreten aus Pankreas und Galle werden die Nährstoffe sortiert und in kleinste Teil aufgespalten. Danach werden die Teilchen aufgenommen und der unverdauliche Rest hinter die Klappe dem Dickdarm zugeschoben. Dort kommt Wasser dazu, um die Mineralien (Elektrolyte) zu lösen und aufzunehmen. Unverdauliche Reste werden durch Bakterien zersetzt und weiter transportiert. Im Colon sigmoideum wird Schleim zugesetzt, damit der Verdauungsrest „um die Kurve" kann. Die „S"-Form des Colon sigmoideum kann eine größere Menge fassen. Die Reste gelangen nun ins Rectum zur Aufbewahrung und werden dann ausgeschieden.

Ein Kind wird mit einem „sterilen" Darm (ohne Darmflora) geboren, die Bakterien siedeln sich erst später an. Ohne Flora arbeitet der Darm nicht.

> Der Darm muss lernen, das, was er nicht selbst produziert, zu erkennen und aufzunehmen. Er muss rausfinden, dass das gut für ihn ist.

> Ein Mensch darf Nichtselbstiges als angenehm empfinden.

Bakterien sind einzellige Lebewesen. Sie haben eine feste Zellwand aus Zuckerbestandteilen. Die besondere Art der Zellwand braucht viel Zucker.

Als „Informationsspeicher" haben Bakterien Desoxyribonucleinsäure (DNS) und Ribosomen (Organellen, an denen die Proteinsynthese stattfindet). Diese sind kleiner als die der menschlichen Zellen. Bakterien haben keinen Kern, der von einer Membran umgeben ist, sondern ein großes Chromosom, das die Erbanlagen trägt.

Nimmt ein Kind nach der Geburt zum ersten Mal Nahrung zu sich, passiert viel: Die Besiedelung mit Bakterien ist abhängig von der Nahrungsaufnahme. Wird ein Kind nur gestillt, hat es andere Bakterien, als bei anderer Nahrung. Die Immunabwehr ist von der positiven Seite aktiv. Alles ist auf Annahme ausgerichtet. Die Bakterien sind körpereigen und werden deshalb nicht verdrängt. Sie zeigen den Ort, wohin sie gehören (kommt eine Bakterie an einen anderen Ort, werden wir krank).

In bestimmten Darmabschnitten werden bestimmte Bakterien vermehrt. Die Zellen haben die Information, die hilft, Bakterien zu bilden. Das Milieu ist ein Effekt von Zersetzung und Einteilung.

Essenzielle Hormone

WPb: Villikinin (3.1.61) wirkt anregend auf die Bewegung der Darmzotten, die für den Weitertransport des Speisebreis sorgen. Es wird in der Dünndarmschleimhaut (in APUD-Zellen) gebildet. Die höchste Konzentration findet sich in der Duodenalmukosa; es wurde auch im Plasma und in der Lymphe gefunden; das Hormon ist nicht speziesspezifisch. (Ezter Kokas, John J. Pisano, and Benny Crepps: Villikinin: Characterization and Function. In: George B. Jerzy Glass: Gastrointestinal Hormones. New York 1980. Comprehensive Endocrinology by Luciano Martini (Series Editor). S. 899 ff.)

WPa: Atrial Natriuretic Factor (ANF) (syn. atriales natriuretische Peptid) (3.1.31) ist ein Peptidhormon. Es wird zum größten Teil von den Muskelzellen (Myocyten) des Herzvorhofes (Atrium) aufgrund von Dehnungsreizen durch Zunahme des venösen Blutes ausgeschüttet sowie durch Substanz P (3.1.48.), Neuropeptid Y (3.1.47.), Thyreoidhormone und Corticoide. (König, S. 119)

ANF befindet sich außer im Herzen im Hypothalamus, Hypophysenhinterlappen, Liquor, Thymus, im peripheren autonomen Nervensystem, Intestinum, Gastrointestinaltrakt, Ovarien, Lunge und NNM.

AFN effiziert die Unterdrückung der Aldosteronbiosynthese, steigert die renale Natriumausscheidung und wirkt auf Nieren, NNR und die Dilatation peripherer Gefäße. (Thews, Mutschler, Vaupel, 4., Aufl., S. 159)

ANF bietet Schutz für die Schleimhaut und deren Bewässerung. Es hält mit den Elektrolyten das Milieuniveau (nicht zu sauer und nicht zu basisch).

> Elektrolyte arbeiten parallel, sie fördern die Gehirntätigkeit, und sie unterstützen die Tätigkeit der weiblichen Hormone. Natrium ist für das Gehirn wesentlich, es hat eine dynamisierende Wirkung, Kalium wirkt behäbiger.

ANF hat Einfluss auf den Ionentransport im Darm (untersucht bei einer Flunderart). (Jolanta Gutkowska, Mona Nemer, "Structure, Expression and Function of Atrial Natriuretic Factor in Extraatrial Tissues", p. 530, in "Endocrine Reviews", Vol. 10, No. 4, Nov. 1989)

Es gibt mehrere Peptide, die aus einem Vorläuferpeptid (prepro-ANF) entstehen, die Hauptform ist das alpha-ANF.

AFN hemmt die Freisetzung von Aldosteron, POMC, Renin, Nor- und Adrenalin, Thyreoidhormone, Vasopressin, Pregnenolon, Desoxycorticosteron, Progesteron, Cortisol, Corticosteron, Testosteron; des weiteren hemmt es den Osteopontinaufbau (Osteopontin ist ein Knochenbestandteil). ANF ist ein wichtiges Antistresshormon. (König, S. 52)

Der **Parasympathikus** innerviert den Darm so, dass die Muskel- und Drüsentätigkeiten des Darms angeregt werden.

Exkurs: Rezeptoren

Zellen haben **Rezeptoren**, die etwas aufnehmen. Sie sind Empfangsstationen. Es gibt unterschiedliche Rezeptoren, die Unterschiedliches annehmen. Alle Rezeptoren sind spezifisch und werden von der Zelle gebildet. Rezeptoren sind „selbstbewusst" und haben ein eigenes Selbstverständnis. Das äußert sich darin, dass sie nur das als Wahrheit anerkennen, was für sie als Wahrheit gilt (Wa/Ex). Das Wesen der Rezeptoren entspricht der Wirklichkeit eines Rezeptors.

Es geht um eine Struktur, eine Konfiguration eines Moleküls, seine bestimmte Gestaltung. Die Form gibt die Informationen: der Inhalt ist egal. Die Richtigkeit hängt an der Form. Ein Rezeptor identifiziert sich mit der Sache, wenn das Falsche kommt, ist er „beleidigt".

Manchmal hängt sich etwas an ihn dran (z. B. Betablocker oder Calciumblocker). Dies verändert den Rezeptor, so dass dieser keinen Austausch mehr mit der Zelle hat. Er wird von ihr nicht mehr angenommen und erkannt. Der Rezeptor ist blockiert. Die Zellen blocken ebenso und per effectum kommt es z. B. zur Kontraktion.

Wie verwechselt ein Rezeptor Eff/Int? Er intendiert immer das eine, worauf er spezialisiert ist. Er wird dafür gebildet, das zu tun. Die Bedarfsmeldung hilft, den Rezeptor zu „bauen".

Er mediiert ganz spezielle Informationen und muss seine Nützlichkeit nicht nachweisen. Er „istet" einfach. Er kann Spezifisches annehmen und speziell zellspezifische Antworten hervorrufen. Von daher können wir uns vorstellen, dass der Rezeptor auch einen Nachteil hat (ein Rezeptor ist ein molekularartiges Gebilde): wenn ein Stoff kommt, der dem Rezeptor ziemlich ähnlich ist, nimmt der Rezeptor auch diesen, er „guckt" nicht zu Ende.

Manche Stoffe können Irrtümer hervorrufen. Der Rezeptor erkennt nur das Wesentliche der Form (Ähnlichkeiten der Struktur müssen also bei Medikamenten vorliegen).

Die Zellen sind nicht nur in der Lage, Rezeptoren zu bilden, sondern müssen auch die Verantwortung für sie übernehmen. Die Zelle kann einen Rezeptor auch zurückbeordern (Rückruf), wenn sie ihn nicht mehr braucht. Er geht in die Zelle zurück und kann sich entweder umwandeln in ein Stöffchenteil, das von der Zelle aufbewahrt werden kann, oder er wird als leckeres Stöffchen „geschlabbert". Den Aufbewahrungsort der aufzubewahrenden Stöffchen nennen wir „Aktivitätszentrum".

Rezeptoren sind nicht frei verfügbar, sie müssen abgeordnet werden. Sie sitzen in der Zell- und in der Kernmembran. Das, was gespeichert wird, ist im Aktivitätszentrum. Die Zelle entscheidet, was sie braucht.

Wenn eine Zelle nun „sagt": „ich habe genug", klemmt sie etwas an den Rezeptor (z. B. Phosphatreste) an und schon ist dieser ausgeschaltet.

Das Aktivitätszentrum hat um sich herum Greifarme, die eine Verbindung eingehen können, also selbst Rezeptoren sein können. Die Greifarme braucht die Zelle in sich selbst nicht.

Die Zellen wissen bei bestimmten Krankheiten, welchen Rezeptor sie bauen müssen. Wenn eine bestimmte Unterversorgung da ist, weiß die Zelle, was ihr gut tut, wie auch der Zellverband und das Organ selbst. Wir sind also in der Lage, bestimmte Rezeptoren zu bilden, die wir brauchen.

Im Duodenum (Zwölffingerdarm) wird alles zerkleinert, was der Mensch zu sich nimmt. Pillen haben einen Mantel, der als fremd erkannt wird und wegtransportiert wird. Das Gleiche erfolgt im Jejunum (Leerdarm), und dann kommt es in das Ileum (Krummdarm), wo es um die Aufnahme der Mineralien (Elektrolyte!) geht. Dem Ileum geht es nicht um den Stoff selbst, sondern um die Spannungsverhältnisse. Im Ileum sind die Greifarme spezialisiert auf Ladungen. Die Spannung macht den Geschmack, die Attraktivität und Anziehung.

Bartholinsche Drüsen

A^2 WPb plus sotsyst MWPb plus Parasympathikus = WPb plus MP plus WPb plus Parasympathikus

Essenzielle Hormone
WPb: Östriol (E3) (1.1.2.6.3.), A^2; (Östriol regt angemessen an)
MP: Bartholinomucin (9.1.), A^2; (Bartholinomucin ist der Schleim, den die Drüse bildet und der sie schützt)
WPb: Progesterol (1.1.2.1.3.), A^2; (Progesterol wirkt antibakteriell)

Bartholinomucin qual Progesterol qual Östriol

Embryologie
Die Bartholinischen Drüsen sind paarige Drüsen, die sich ausgehend vom Entoderm im Laufe der 12. Woche bilden.

Anatomie
Die Bartholinschen Drüsen (**Glandulae vestibulares majores**) sind kugelförmige erbsengroße, exokrine Drüsen. Sie liegen im Musculus transversus perinei profundus, hinten innen an den Enden der Bulbi vestibuli (venenreiche Schwellkörper in den kleinen Schamlippen zu beiden Seiten des Scheidenvorhofs), seitlich im unteren Bereich der Scheidenöffnung. Ihren mäßig viskösen, alkalischen Schleim geben die beiden Drüsenkörper über etwa 2 cm lange Ausführungsgänge in den Scheidenvorhof ab, wo die Öffnungen der Ausführungsgänge zwischen den kleinen Schamlippen münden.

Die **Bartholinschen** und **Cowperschen Drüsen** werden noch vor den Mamillen bei freudiger Erregung aktiviert.

Essenzielle Hormone
MP: Schleim (Bartholinomucin) (9.1.)
Bartholinomucin ist ein mäßig visköses, alkalisches Sekret, das feuchtet, schützt und einlädt.
WPb: Östriol (E3) (1.1.2.6.3.)
Östriol (3 OH-Gruppen) wirkt situativ, zur sofortigen Verwendung. Es ist schnell aufgebaut und schnell abgebaut. Es unterstützt die Aktivität der Schleimdrüse, deren Umgebung und sorgt für die Erneuerung, auch in der Umgebung. Östriol gelangt auch beim „ssssd" (ATP-P,

Phosphor, „Glänzen") in die Augen.

Exkurs zu diesem ssssd (GuG, 1988, S. 203-206): Eine Frau hat durch ihre beiden X-Chromosomen rein quantitativ etwas mehr als ein Mann (XY-Chromosomen). Sie hat mehr DNA (Trägerin der Erbinformationen) und mehr Proteine in den Zellen. Dieses „mehr" wirkt aufbauend, lösend, dynamisierend. Es wirkt auf das Adenosin-Tri-Phosphat (ATP), die pure Energie, und auf freie Phosphorsäurereste. Daraus wird ein Energiebündel, ein Blitz, eine Initiatorin der Gefühligkeit: daraus entsteht Adenosin-Tetra-Phosphat (ATP-P). Das nenne ich das „ssssd", das aus den Augen leuchtet und helfen möchte, das Gegenüber zum Fühlen zu öffnen. Dieses ATP-P als Energiespeicher zerfällt sehr schnell aufgrund seiner chemischen Struktur. Bei diesem „Zerfall" wird jedoch Energie freigesetzt, die der Frau als Impulsgeberin zur Verfügung steht: eine Frau kann sich selbst Impulse geben und diese auch noch nach draußen abgeben! Und die Frau entscheidet ganz allein selbst darüber. Die ATP-P-Wirkung ist besonders deutlich in den Augen einer Frau zu beobachten. Mit Hilfe des weiblichen Hormons Östriol gelangt Phosphor zur Erleuchtung in die Augen. Dabei wird per effectum Wasser frei, das in der Lage ist, Impulse von außen über das Auge - Materieteilchen - in höherer Menge aufzunehmen und umzuwandeln in nervale Energien. ATP-P wirkt impulsgebend auf die Umgebung, besonders auf das männliche Prinzip (z. B. auf das genuine Gefühl Annahme). Das ATP-P gehört zum Ursprünglichen, da die Chromosomen zum Ursprünglichen gehören. Daraus ergibt sich, dass eine Frau als Mutter ihre natürliche Fähigkeit, zu verwunden, begrenzen kann durch das „ssssd". D.h.: die natürliche und notwendige Fähigkeit der Frau, als Mutter zu verwunden, wird begrenzt durch die Zusatzausstattung des ATP-P, wenn sie es zulässt, was sich jedes Kind wünscht. So erfährt jede Vater-VA auch hierdurch ihre Begrenzung (oder eben nicht)! Eine Frau kann ihren Mann in seinen VA-Tendenzen einem Kind gegenüber begrenzen, indem sie das ATP-P dem Kind gegenüber zulässt. Eine Vater-VA ist also nur möglich, wenn dieses „ssssd" blockiert wird, wodurch auch immer (in der Regel reicht dazu bereits eine, ggf. auch eine von der Mutter intendierten, Vater-VA der Frau). Doch wirken die Aktivitäten des Gyrus fasciolaris (gehirnphysiologisches Korrelat für die Anwendbarkeit von Freiheit) und des Gyrus dentatus (gehirnphysiologisches Korrelat für das genuine Gefühl Geborgenheit) zusammen, ist dieses „ssssd" selbstverständlich - bei jeder Frau, unabhängig von jeder Verwundung! Und da sei nun die Furcht vor, Folge jeder Schmach-Erfahrung einer Frau, die sich kulturell eben auch als Ehrfurcht äußert und darauf zielt, dass sich die Frau dem Manne unterordnen soll.

WPb: Progesterol (1.1.2.1.3.)
WPb muss schützen, auch gegen bakterielle Infektionen. Progesterol

hat etwas „Schnaps" (-OH), hilft gegen bakterielle Überschwemmung, fördert die Konsistenz des Schleims und schützt die Drüse. Es hat mediale Wirkung: schützen und gleichzeitig einladen.

Progesterol entsteht aus Progesteron durch Reduktion einer Oxogruppe (=O) zu einer Hydroxygruppe (-OH). Es ist schwächer wirksam als Progesteron. (Tausk, S. 123)

Die Bartholinschen Drüsen sind zuständig für die Aktivierung der vaginalen Sekretbildung. Trockenheit der Vagina bedeutet das selbst entschiedene Nichtwollen einer Frau. Wenn z. B. ein Volk wie die Baruyas meinen, dass diese Sekrete giftig sind, ziehen sie es vor, ihre Frauen zu vergewaltigen und das als Sexualität auszugeben, da der trockene Zustand dann der normale und religiös erlaubte ist. (siehe „Das Patriarchat und seine Methodik" in „Schmach usw.")

Cowpersche Drüsen

A^2 WPb plus sotsyst MWPb plus Parasympathikus = WPb plus MP plus WPb plus Parasympathikus

Essenzielle Hormone
MP: **Cowperomucin (9.2.); A^2**; (ist ein schützender Schleim, den die Drüse produziert)

WPb: **Progesterol (1.1.2.1.3.); A^2**; (hat antibakterielle Fähigkeiten)

WPb: **Östron (1.1.2.6.1.); A^2**; (wirkt wie Östradiol, nur weniger intensiv)

Cowperomucin qual Progesterol qual Östron

Embryologie
In der 12. Woche bilden sich parallel zur Entwicklung der Prostata die Cowperschen Drüsen (**Glandulae bulbourethrales**) und Littréschen Drüsen. Sie bilden sich aus den paarigen entodermalen Ausstülpungen der Pars spongiosa der Urethra.

Anatomie
Die erbsengroßen Cowperschen Drüsen liegen paarig angeordnet beiderseits der männlichen Harnröhre im Musculus transversus perinei profundus am hinteren oberen Ende des Bulbus penis (Harnröhrenschwellkörper). Über jeweils einen 3-4 cm langen Gang geben sie ihr alkalisches, fadenziehendes, klares Sekret in die im Ende des Bulbus verlaufende Harnröhre ab, dies besonders vor der Ejakulation.

Essenzielle Hormone
MP Cowperomucin (Schleim) (9.2.) ist ein schwach alkalisches Sekret, reich an Glycoproteinen (Proteine mit Zucker-Gruppen). Im Aufbau ähnelt es dem der Speicheldrüsen. Es ist visköser als das Sekret der Bartholinschen Drüsen und hat die Aufgabe zu schützen.

WPb Östron (1.1.2.6.1.) ist schwächer wirksam als Östradiol (1.1.2.6.2.) und pflegt die Schleimhäute.
WPb Progesterol (1.1.2.1.3.) (siehe auch Bartholinsche Drüsen) entsteht aus Progesteron durch Reduktion einer Oxogruppe (=O) zu einer Hydroxygruppe (-OH). Progesterol ist schwächer wirksam als Progesteron (1.1.2.1.1.). (Tausk, S. 123)

Das Sekret der Cowperschen Drüsen bietet Schutz vor Bakterien. Bei erhöhtem **Sympathikotonus** geht die Schleimproduktion zurück, das Progesterol steigt an und die Östron-Aktivität nimmt ab - die allgemeine Aktivität der Cowperschen Drüsen wird begrenzt, in allgemeinen (geringerer Schutz der Urethra) wie in speziellen („nach 18 Uhr") Situationen.

Schleimdrüsen (Brunnersche Drüsen u. Lieberkühnsche Krypten)

A^2 WPb plus advsyst WPb plus Parasympathikus

Essenzielle Hormone
WPb: 2-Methoxyöstriol (1.1.2.6.4.3.); A^2; (unterstützt die endokrine Funktion der Drüsen)
WPb: Transcortin (3.2.7.); A^2; (wirkt antientzündlich und fördert die Schleimproduktion)

Transcortin qual Parasympathikus qual 2-Methoxyöstriol

LSB: A^4

Embryologie
Die Brunnerschen Drüsen entstehen im 4. Monat und beginnen im 5. Monat ihre Arbeit. (Hinrichsen, S. 557)
Die Lieberkühnschen Krypten sind vom 5. Monat an nachweisbar, vom 7. Monat an werden sie in jeder Darmkrypte gefunden, zu dieser Zeit häufiger als beim Erwachsenen. (a.a.O., S. 557)

Anatomie
Die **Brunnerschen Drüsen** (**Glandulae duodenales**) befinden sich hauptsächlich im Bereich des Zwölffingerdarms und auch im Bereich des Magenausgangs. Sie sind verzweigte und gewundene exokrine Drüsen mit einem geringen Anteil an enteroendokrinen Zellen (Somatostatin-bildende D-Zellen, Sekretin-bildende S-Zellen, Cholezystokinin-bildende I-Zellen, wenige Serotonin-bildende EC-Zellen und Neurotensin-bildende N-Zellen). (Junqueira, 1996, S. 505)
Die exokrinen Drüsenanteile bilden einen alkalischen hochviskösen Schleim aus Glykoproteinen, um den sauren Magensaft zu neutralisieren und die Schleimhaut zu schützen.
Die enteroendokrinen Zellen produzieren einen Wachstumsfaktor für die Epithelien, das **Urogastron** (Epidermal Growth Factor), den sie endokrin (in die Blutbahn) abgeben. Dieses Hormon sorgt für neue E

pithelien im Darm, d. h. die Schleimdrüsen organisieren in Richtung Schleimhäute.

Wo verdaut wird, wird Epithel verbraucht und Abfallprodukte entstehen. Je mehr Schleim gebraucht wird, desto mehr muss regeneriert werden, um die nachfolgenden Darmabschnitte zu schützen. Die Drüsen helfen nach draußen zu neutralisieren und schütten gleichzeitig nach drinnen einen Wachstumsfaktor aus. Dies fördert die Regeneration.

Die **Lieberkühn'schen Krypten** (**Glandulae intestinales**) befinden sich in der Schleimhaut des Dünndarms. Krypten sind Einstülpungen, die der Oberflächenvergrößerung dienen. In den Krypten befinden sich Enterozyten. Das Epithel ist in allen Bereichen der Krypten identisch, während bei Drüsen die sezernierenden Anteile unterschiedliches Epithel im Vergleich zu den Ausführungsgängen zeigen.

> „Die endokrinen Zellen des Zwölffingerdarmes (häufig auch als APUD-Zellen bezeichnet) wie die des restlichen Dünndarms befinden sich am Fuß der Darmzotten in den Lieberkühn'schen Krypten. In diesen Krypten werden
> 1. durch Teilung von Stammzellen Ersatzzellen der Darmzotten gebildet.
> 2. von Paneth-Zellen Enzyme und Antikörper als Hilfsmittel der Immunabwehr in das Darmlumen freigesetzt und
> 3. von den APUD-Zellen Hormone auf der basalen Zellseite endokrin ausgeschüttet." (Kleine, Rossmanith, Hormone und Hormonsystem, 2007, S. 138)

Die Lieberkühn-Krypten enthalten auch Schleim produzierende Becherzellen und Zink enthaltende Paneth-Zellen. Sie können sowohl exokrin nach draußen produzieren, als auch endokrin aktiv sein.

Essenzielle Hormone
WPb: 2-Methoxyöstriol (1.1.2.6.4.3.)
Dieses Hormon ist ein Alkohol mit drei OH-Gruppen (–triol, verstärkte Energie) und einer Methoxy-Gruppe. Methoxy ist eine Methylgruppe ($-CH_3$), die an Sauerstoff gebunden ist. Das Hormon wirkt in endokriner Richtung der Drüsen und gibt damit Informationen nach drinnen, zur Bildung von Hormonen.

WPb: Transcortin (3.2.7.) unterstützt die Tätigkeit und Eigenart der Schleimdrüsen und schützt sie. Es ist ein Glykoprotein (Zucker und Eiweiß). Es schützt, indem es nach draußen (exokrin) wirkt.

Transcortin wird auch über die Durchlässigkeit der Membran informiert (dri/dra, dra/dri) und gibt bei Bedarf Schleim ab.

Er kann etwas transportieren, nämlich sowohl Progesteron als auch Cortisol. Er wirkt in diesen empfindsamen Regionen entzündungshemmend und schützt damit das Milieu. Beim Darm ist das Lymphsystem dünner, so dass dort durch Transcortin ein Schutz vorhanden ist.

Der **Parasympathikus** hilft im Darm die Nahrungsmittel weiter zu transportieren und unterstützt die Schleimdrüsen.

Nebenschilddrüse

A^2 WPb plus avsyst WPa plus Parasympathikus

Essenzielle Hormone
WPb: Parathormon (PTH, 84 AS) (3.1.17.); A^4; (fördert die Cal-
ciummobilisation aus den Knochen; fördert die Calciumresorp-
tion in Darm und Niere)
WPa: ACTH (39 AS) (3.1.10.); A^0; (fördert die Corticoidauss-
chüttung in der Nebennierenrinde)

Parasympathikus qual Parathormon qual ACTH

LSB: Ka

Embryologie
In der 5. Woche vermehrt sich das entodermale Epithel an der Dor-
salseite der 3. und 4. Schlundtasche und bildet die Zellknospen der
vier Nebenschilddrüsenanlagen. Diese wachsen in das anliegende Mesenchym. In der 6. Woche wandern die beiden Nebenschilddrüsenanlagen der höher gelegenen 3. Schlundtasche mit dem Thymus nach
unten und lagern sich unten im Hinterwandbereich der Schilddrüse
an. Die beiden Nebenschilddrüsenanlagen der 4. Schlundtasche wandern in den oberen hinteren Bereich der Schilddrüse. Etwa ab dem
36. Tag differenzieren sich die Epithelkörperchen zu Hauptzellen. Der
Funktionsbeginn, die Parathormonproduktion, setzt ab Mitte der
Schwangerschaft ein. Die Plazentaschranke ist für das Parathormon
nicht durchlässig. (Hinrichsen, S. 625)

Anatomie
Die Nebenschilddrüse (**Glandula parathyroidea**, syn. **Epithelkörperchen**) liegt an der Rückseite der Schilddrüse und besteht meist
aus vier linsengroßen Organen, die zusammen etwa 3-5 g wiegen. Sie
wird von lockerem Bindegewebe umgeben. Unter der Bindewebskap-
sel besteht das Epithelkörpchern aus Parenchym und aus gefäßfüh-
rendem Binde- und Fettgewebe.
Die Epithelzellen im Parenchym können in helle und dunkle Hauptzellen (Mehrheit der Zellen), Interzyten und oxyphile Zellen (nur gering
vorkommend) unterschieden werden.
Die dunklen kleinen **Hauptzellen** produzieren Hormone. Sie sind
vielgestaltig, das Cytoplasma ist organellenreich und es finden sich
zahlreiche, unregelmäßig geformte Granula (mit Parathormon), die
gleichmäßig im Cytoplasma verteilt sind und gelegentlich an der den
Gefäßen zugewandten Seite angehäuft sind.
Die hellen großen Hauptzellen sorgen für die Regeneration des Organs. Sie haben weniger Zellorganellen, enthalten Lipofuszin (Zellab-
bauprodukte) und viel Glykogen (für die Energiezufuhr).
Fettzellen (Lipozyten) sind Mesenchymabkömmlinge mit der Fähigkeit, Fett zu speichern. Die Bildung der Lipozyten beginnt bereits in
der 30. Woche.

Das Fettgewebe hat viele Aufgaben: Energiereservoir, Gestaltung der Körperoberfläche, Polster, Lückenfüller, Wärmeisolierung. Es ist immer reich mit Blut und vielen autonomen Nerven versorgt.

Braune Fettzellen (multivakuoläres Fettgewebe) enthalten Vakuolen mit Fett und zahlreiche Mitochondrien. Bevor die Mesenchymzellen, die das braune Fettgewebe bilden, Fett ansammeln, sind sie epithelartig (wie in einer Drüse) angeordnet. Das weist auf ihre endokrine Funktion. Braunes Fettgewebe wird ausschließlich vor der Geburt gebildet. Nervale Impulse setzen Noradrenalin ins Gewebe frei, so dass Triglyceride gespalten werden. Dabei wird Wärme frei. Die entstandenen freien Fettsäuren stehen dem Stoffwechsel zur Verfügung. Braunes Fettgewebe produziert Hormone.

Weiße Fettzellen enthalten eine große, membranlose Vakuole mit Fett (univakuolär). Die Verteilung des univakuolärem Fettgewebe wird vor allem durch die Geschlechtshormone beeinflusst. Sie ändert sich im Laufe des Lebens. Weiße Fettzellen teilen sich nicht; neue Fettzellen entstehen aus undifferenzierten Mesenchymzellen, die meist in der Umgebung von kleinen Blutgefäßen zu finden sind. Die Informationen werden nerval und humoral vermittelt (Insulin, Glucagon, Wachstumshormon, Prolactin, Corticotropin, Glucocorticoide, ß-Endorphin, Schilddrüsenhormon). Weiße Fettzellen dienen der Regeneration, der Fettspeicherung und dem Zusammenhalt.

Interzyten werden Zellen genannt, die in ihrem Feinbau zwischen Hauptzellen und Oxyphilen stehen.

In der vorlogischen Phase besteht eine große Aufnahmebereitschaft zur Bildung eines LS. Am Ende der vorlogischen Phase wird diese begrenzt, die Gonadenentwicklung kann fortgesetzt werden. Wir postulieren, dass es sich bei den Interzyten um das **physiologische Gedächtnis** dieser Aufnahmebereitschaft handelt, der LS wird hier hormonell abgebildet. Es gibt also eine Erinnerung im Bereich der Physiologie an die frühkindliche Empfangsbereitschaft. Wir ordnen die Interzyten dem **medialen System** zu.

Oxyphile Zellen „lieben" Sauerstoff und enthalten viele Mitochondrien. Sie regenerieren ADP (Adenosindiphosphat). Sie treten vom 7. Lebensjahr an auf und nehmen an Zahl zu. Sie sind eckig und kantig. Wir postulieren, dass es sich um Zellen handelt, die aktiv die Aufnahmefähigkeit nach Ende der vorlogischen Phase bremsen. Sie stellen die für den Bremsvorgang zusätzlich erforderliche Energie zur Verfügung.

Die Nebenschilddrüse (NeSchiDrü) ist aktiv am Start der Pubertät (Ende der vorlogischen Phase) beteiligt und steht im Zusammenhang mit den sog. Wechseljahren. Die Keimdrüsen-Entwicklung wird unterstützt durch die Verminderung der Produktion von Interzyten und durch die vermehrte Bereitstellung von oxyphilen Zellen. Diese sind sehr reich an Mitochondrien (Atmungsorganellen und Energielieferantinnen der Zelle) und Glykogen (langkettige Speicherform von Glukose). Ihre Produktion wird in den Wechseljahren verringert. Sie werden durch Fettzellen (Energiespeicher, in denen auch weibliche Hormone gebildet werden können) ersetzt, um den Energiebedarf auch in der Postmenopause decken zu können.

Männer brauchen die oxyphilen Zellen für die Energie mit Kindern umzugehen (siehe Nomaden).

Pubertät: Am Ende der vorlogischen Phase treten körperliche Änderungen auf. Das Somatostatin aus dem FH signalisiert, dass eine Wachstumsgrenze erreicht ist. Die Frontalhirnzellen sind mit Gedächtnismolekülen gefüllt. Das Somatostatin wirkt auf die Medulla oblongata und hemmt STH (Somatotropin). Per effectum werden weniger Zucker und Fette zur Verfügung gestellt. Darüber wird (als Informationsweitergabe) das ACTH (vom weiblichen Prinzip getragenes Hormon) freigesetzt und die Pubertät beginnt (Adrenarche).

Die Vorstufe, die für weitergehende Hormone erarbeitet wird, ist z.B. **DHEA** (Dehydroepiandrosteron) (1.1.2.4.1.). Daraus können Steroidhormone gebildet werden.

Essenzielle Hormone

WPa: ACTH (adrenocorticotropes Hormon, syn.: Corticotropin) (3.1.10.)

ACTH wird, stimuliert durch CRF (Corticotroper Releasing Faktor), aus dem Hypophysenvorderlappen sezerniert. Es entsteht aus POMC und hat Strukturähnlichkeit zum Parathormon. ACTH ist Vorläufer für alpha-MSH, die Peptide corticotropin like intermediate lobe peptide (CLIP) und beta-Zell-Tropin, die beide die Insulinsekretion anregen. (König, S. 59)

ACTH wirkt direkt auf die Fettmobilisierung über die Vermittlung von cAMP (Tausk, S. 63). Es fördert in den Fettzellen die Lipolyse und die Insulin-Ausschüttung.

Es wirkt fiebersenkend (antipyretisch) (wie alpha-MSH) (Bateman, et al., The Immune-Hypothalamic-Pituitary-Adrenal-Axis, in Endocrine Reviews, Vol 10, 1989, S. 96) und wirkt die Ausschüttung der NNR- und NNM-Hormone. Es hat eine direkte immunsuppressive Wirkung.

ACTH ermöglicht, dass bei der Panikregulation die Schutzwirkung auch in die Richtung der Sinnesorgane geht, im wesentlichen in Richtung Haut. Es hilft, Stress auszuhalten und wirkt auf das MSH (Schutzwirkung durch MSH).

WPb: Parathormon (3.1.17.) ist ein Peptidhormon, das aus einer langen unverzweigten Kette aus 84 Aminosäuren (AS) besteht.

> Die Zahl der AS bildet den Gehalt an Informationen ab, der sich, über das Mischungsverhältnis betrachtet, als unvorstellbare Fülle erweist. Diese Informationen werden nach Ende der vorlogischen Phase durch die oxyphilen Zellen gebremst.

Parathormon ist für das Körpergerüst zuständig, Calcium ist sein Gegenüber, das Vitamin-D (D-Hormon) sein Antagonist. Parathormon fördert den Ausbau von Calcium aus den Knochen und fördert damit seinen Abbau. So wehrt es der Calcifizierung und per effectum der Verdrängung des Knochenmarks und wirkt damit den Erhalt des Knochenmarks.

Das D-Hormon fördert den Aufbau des Knochens, per effectum hemmt es den Abbau und fördert den Erhalt des Knochens. Dabei wird es von den Östrogenen unterstützt. Parathormon und D-Hormon sind Antagonisten, jedes bedarf des anderen. Das Parathormon qualifiziert das D-Hormon, der Knochen kann das Knochenmark begrenzen.

Im Blut gibt es ein physiologisches konstantes Löslichkeitsprodukt aus Phosphat-Ionen und Calcium-Ionen. Parathormon reagiert auf die Änderung dieses Löslichkeitsprodukts.

In der Niere, dem Bild für Substanz, werden Calcium und Phosphat filtriert und gegenläufig rückresorbiert.

Das Parathormon intendiert das Zurückhalten von Calcium im Körper, per effectum fördert es die Phosphatausscheidung.

Phosphat ist ein negativ geladenes Ion, dem bei der Ausscheidung in der Niere etwas Positives dazu gegeben wird (H^+, Na^+, K^+, NH^{4+} oder eine Aminosäure, die ebenfalls positiv geladen sein kann). Das Parathormon selbst opfert sich, d. h. es gibt einem auszuscheidenden Phosphat-Ion eine Aminosäure von sich. Das Parathormon (Inhalt) unterstützt die Entstehung des D-Hormons (Form). Das „Relais" (die Kreuzung), durch das hindurch das Parathormon auf seinem Weg durch den Körper gelangt und an dem es die Synthese des D-Hormons unterstützt, bildet die Niere.

Syntheseweg des **D-Hormons**: D-Vitamine (syn. Calciferole) sind Steroide. In der Leber wird Cholesterin aufgebaut. Die Leber kann an dem Cholesterin ein H-Atom abbauen. So entsteht eine C=C-Doppelbindung in dem Molekül, das nunmehr eine eigene Identität hat und 7-Dehydrocholesterin genannt wird. Dieses wandert über die Blutbahn in die Haut. Dort wird mit Hilfe des Lichts der B-Ring, ein 6er-Ring, aufgespalten, es entsteht Cholecalciferol (Vitamin D_3).

Die Haut „profitiert" von den Bewegungen der Lichtteilchen, sie wird angeregt, nerval aktiv zu sein und hormonelle Effekte zu bewirken (z. B. Vitamin D). Ohne Licht gäbe es keine Nervenprozesse. 7-Dehydrocholesterin ist Gegenüber der Licht-Bewegung, deren Energie umgewandelt wird, indem mit der Energie die B-Ring-Spaltung erreicht wird. Das Cholecalciferol gelangt über die Blutbahn in die Leber, wo ihm eine OH-Gruppe angefügt wird (25-Hydroxycholecalciferol). Danach gelangt es in die Niere, wo es mit Hilfe der Hydroxylase zu 1,25-Dihydroxycholecalciferol aufgebaut wird, dem wirksamsten dieser Stoffe. Das 1,25-Hydroxycholecalciferol hat den größten Anteil an der Gesamtmenge der D-Hormon-Substanzen. Die Aktivität der Hydroxylase wird von Parathormon qualifiziert.

Bei einem hohen Serum-Calcium-Spiegel ist die Knochensubstanz bedroht, die Hydroxylase wird aktiviert, es entsteht D-Hormon. Bei einem niedrigen Serum-Calcium-Spiegel ist genügend Knochensubstanz vorhanden und das Knochenmark eventuell sogar durch zu starkes Wachstum der Knochensubstanz bedroht. Die Hydroxylase wird dann nicht aktiviert, es entsteht weniger D-Hormon.

Phosphat und OH-Gruppe haben eine negative Ladung. Sie werden gemeinsam mit Aminosäuren ausgeschieden: das Parathormon opfert sich und reguliert sich dabei selber. Über die Niere wird es ausgeschieden. Wir sehen das Parathormon als sich selbst regulierendes Zentrum und ordnen es dem **Medialen** zu. Es mediiert Knochenmark und Sexualhormone (D-Hormon als Steroidabkömmling gehört zu den Sexualhormonen).

Die Epithelkörperchen sind gut durchblutet, die Versorgung ausreichend gewährleistet. In der vorlogischen Phase mit der erhöhten **Aufnahmefähigkeit** (s.o.) wird die eigentliche Arbeit von Haupt- und Fettzellen geleistet. Beide Zellarten haben Spezialisten für die Funktionalität und die Regeneration. Alle vier Zellarten kooperieren, wodurch eine Vielzahl der Mischungsverhältnisse abgebildet werden kann (entsprechend der großen Aufnahmefähigkeit). Die Lipozyten qualifizieren die Parenchymtätigkeit (medial). Der Impuls, der die E-pithelkörperchen aktiviert, erreicht sie nerval über autonome Nervenfasern, eine schnelle Reaktion ist möglich (eine humorale Aktivierung durch ein Hormon oder ein Enzym wäre zu langsam).

Das Eigentliche der Parathormonwirkung, der Erhalt der Ordnung, wird durch den Parasympathikus aktiviert. Der Nervus laryngeus recurrens verläuft links der Aorta und rechts um die Aorta subclavia und steigt an ihrer Rückseite in den Bereich des Kehlkopfs. Er gibt dort u. a. Äste an die Nebenschilddrüse ab. Vom parasympathischen Zentrum im Hirnstamm gelangen ebenfalls Impulse über den Vorderseitenstrang des Rückenmarks in das Sakralmark, von wo aus - über die Wurzeln S2-S4 - parasympathische Fasern innerhalb des Nervus pelvicus (auch Nervus pudendus) die Niere und die Geschlechtsorgane innervieren, die die erhaltende Funktion annehmen. Die Rückmeldung in den Hirnstamm erfolgt über die Dehnungsrezeptoren der Aorta und der Aorta subclavia, die bei einer Blutdrucksteigerung Impulse in den Hirnstamm weiterleiten. Aus dem Beckenbereich gelangen Informationen über die dortige Befindlichkeit ebenfalls in die Medulla oblongata und die Formatio reticularis.

Eine übermäßige **Parasympathikusaktivität** wirkt eine Verminderung der Parathormon-Ausschüttung (Sensatio Angst). Bei einer Erhöhung der Sympathikusaktivität auf Kosten des Parasympathikus laufen die Prozesse schneller ab. Eine vermehrte Parathormonausschüttung wirkt eine vermehrte Regulationsfähigkeit ohne weitere Folgen. Bei einer erhöhten Parasympathikusaktivität, auf Kosten des Sympathikus, ist alles verlangsamt, die Ausschüttung des Parathormons ist vermindert. Der Gegenspieler des D-Hormons, das Parathormon, ist nicht ausreichend vorhanden und bewirkt, dass es zur Verknöcherung und damit zur Verdrängung des Knochenmarks kommt.

Der parasympathische Verschluss bei der „Angst vor" mit dem Stehenbleiben vor einer gedachten, vermeintlichen oder auch vor einer real existenten Gefahr führt zur Starre, zum Bild einer „Couchose" (siehe Noosomatik Bd. V-2, 8.7.1.5.). Die Standhaftigkeit wird dabei durch Vermehrung des Testosterons auf Kosten des Östradiols ge-stärkt. Angst ist die Idee, abhängig zu sein von der äußeren Versor-gung. Der sich Ängstigende „schielt" von der A^2-Ebene auf die A^3-Ebene, auf das externe Paradies. Das Mutzentrum wird blockiert.

Nota bene: Angst als gedachtes Empfinden gibt es nur bei Männern. Bei Frauen kann das gedachte Empfinden der Sorge über einen Schock zu einer physiologischen Angstreaktion führen (parasympathi-scher Stopp; ein klassisches Symptom ist der Durchfall): A^1 Sorge + A^{Dog} Schock = A^2 Angst

Der Urimpuls zum parasympathischen Verschluss liegt in der Fehl-deutung eines äußeren Reizes auf Grund einer Anfärbung der Wahr-nehmung mit Inhalten aus den Areae 47 und 11 (FH), so dass die Aktivität des Antriebs (Area 9) minimalisiert wird. In der Formatio re-ticularis kommt es zu einer Blutdrucksenkung (Mutblockade) und zu Störungen des Gleichgewichts. Der Mensch „fährt Achterbahn", bild-lich gesprochen. Es kommt zu gesteigerten Fallreaktionen.

Die Reihenfolge erst das autonoetische und dann das metanoetische Systems, also erst unterscheiden, dann fügen, wird umgedreht. Wird zuerst gefügt, kann anschließend nicht mehr unterschieden werden. Eine internalisierte sinngebende Instanz initiiert, dass sich der Mensch diesem dann fatalistisch fügt. Der Sinn, der von außen mit Macht im Menschen Raum zu greifen sucht, wird auf diese Weise nicht mehr wahrgenommen.

Animation **Frucht**: Unter Frucht verstehen wir das bisher Gereifte. Frucht ist ein Bild für die (begrenzte) Anzahl der gereiften **T-Lym-phozyten**. Bei einem parasympathischen Verschluss werden ver-mehrt T-Lymphozyten verbraucht. Bei der Betrachtung des Gesamt-zusammenhangs wird die „Verschwisterung" von Knochenmark und Geschlechtsorganen deutlich: über die Verbindungen des Parasympa-thikus wirken Nebenschilddrüse und Gonaden ge-stimmt zusammen. Frucht als Animation bildet sich in diesem Zusammenspiel, dieser Gefügtheit, ab.

Angst und Stress
Die Nebenschilddrüse findet sich im Noosomatischen Organdiagramm in der Waagerechten der gedachten Gefühle auf A^2. Durch die Folgen der Vaterschädigung kann sich beim Mann Panik als Angst äußern. Die noogenen Einwirkungen sind bei ihm deutlich zu erkennen. Frau-en können Angst nur körperlich agieren (Magenschleimhautprobleme, Durchfall u. ä.).

Beim Mann kann die Panikreaktion entweder zu Sorgestress ausarten und in die söhnliche Addition mit allen Sorgereaktionen (inkl. MSH-Ausschüttung) führen, oder sie wird in die patriarchale Addition um-gewandelt, bei der die Nebennierenrinde durch das ACTH betroffen ist: Stresshormone werden ausgeschüttet. Der Cortisolspiegel erhöht sich, es werden vermehrt männliche Hormone ausgeschüttet.

Durch Absicht kann ein motorischer Begleiteffekt stattfinden. Vermittelt durch die Medulla oblongata werden Prolactin und Somatotropin ausgeschüttet: Hormone, die „über sich hinaus wachsen" lassen. Stärke-Empfinden über die Medulla oblongata und über Cortisol ein Abdichten nach drinnen (sich selbst gegenüber) finden statt. Daraus resultiert die - das patriarchale System unterstützende - männliche Einstellung, mit sich alleine nichts anfangen zu können, da innen keine Entsprechung geschieht, also nichts inhaltlich Tragbares dazu kommt. Männer können jedoch aktive Maßnahmen ergreifen, eine angemessene Anwendung des männlich-weiblichen Prinzips könnte stattfinden (Geborgenheit usw.). Findet diesbezüglich nichts statt, kommt es zu motorischen Auswirkungen.

Somatotropin stellt freie Fettsäuren und Zucker (Energie) zum Durchhalten (des Stärke-Empfindens) zur Verfügung. ACTH wirkt über cAMP direkt auf die Fettmobilisierung. Zur Unterstützung dieses Stärke-Empfindens steht Energie durch die Fettfreisetzung zur Verfügung. Das „Gehabe" verbraucht eine Menge Energie, das einen Mann vorerst nicht gefährdet. Er erlebt es wie einen Energie-Schub und kann z. B. „siegessicher" von dannen schreiten. Agieren Frauen dieses patriarchale Gehabe in gleicher Weise, gefährdet es ihre Gesundheit.

Eine Stress-Hormon-Situation kann einem Mann ein Stärke-Empfinden vermitteln, das nach innen abdichtet und gleichzeitig Energien freisetzt. Das kann ein Mann nur, wenn ein anderer Mensch in seiner Nähe ist. Dieses „mit sich alleine nichts anfangen können" liegt nicht nur an der Vater-VA eines Mannes. Der Start wird beim Mann geistig über Angst und Selbstzweifel ausgelöst. Angst und Zweifel kennen Frauen geistig nicht. Sie kennen Sorge, ein „Entlangsegeln" an der Resignation oder ein starrsinniges „ja, aber". Beim Mann sind in dieser Situation noch Gedanken möglich, ein schleichender Gang von Gedanken. Trübe-Tasse-mäßig ist noch zu nett ausgedrückt, eine breiige Masse von Gedanken, im Sumpf sein, und trotzdem ist irgendwo noch fester Boden, und der Mann geht noch ganz langsam umher. Alles wirkt krampfartig. In der Angst geht alles langsam und Schweigen macht sich breit. Überpurzeln sich dann bei Männern die Gedanken, sind sie bereits wieder aus der Angst heraus und in der (für sie regenerativen) Sorge.

Ausgehend von der patriarchalen Addition, die auf A^{Dog} endet, können wir weitere betroffene Organe nennen. Auf A^{Dog} wird die Leber aktiv, das Frontalhirn wird „begeistert zuschauen" und die Talgdrüsen talgen aktiv mit (das riecht dann). Über die Korrespondenz von A^{Dog} mit A^4 können wir erkennen, das auch die Nase beteiligt ist. Die Schleimhäute schwellen an, und ihre Arbeit lässt nach. Der Parasympathikus ist stark in Anspruch genommen.

A³: tertiäre Adjunkta

Corpus luteum

A³ MP plus pathsyst MWPa plus Sympathikus = MP plus MP plus WPa plus Sympathikus

Essenzielle Hormone

MP: **Prostaglandin E_1 (1.2.2.2.); A³**; (hemmt die Thrombozyte-naggregation und deren Lebenszeit, erweitert die Blutgefäße und wirkt temperaturerhöhend)

MP: **Tetrahydrocortison (1.1.2.2.7); A³**; (wirkt antientzündlich)

WPa: **17-alpha-Hydroxyprogesteron (1.1.2.1.2.); A³**; (entsteht aus 17-alpha-Hydroxypregnenolon oder aus Progesteron; Vorstufe für Androstendion und Cortisol; wirkt antiöstrogen)

Prostaglandin E_1 qual Tetrahydrocortison qual Hydroxyprogesteron

LSB: He

Anatomie

Das Corpus luteum (**Gelbkörper**) entsteht nach dem Eisprung in der entstandenen Höhlung im Rindenbereich des Ovars. Verbliebene Follikelepithelzellen und steroidhormonbildende Zellen der Schicht, die zuvor den Follikel umgeben haben (Theca interna), bilden zusammen mit einwandernden Blutgefäßen und -zellen, Bindegewebszellen und fibrinhaltiger Flüssigkeit, unter Einfluss des LH (luteinisierenden Hormons), des FSH (Follikelstimulierenden Hormons) und des Prolaktin eine gelbfarbene etwa 1-2 cm große temporäre endokrine Drüse.

Seine Zellen (Granulosaluteinzellen und Thecaluteinzellen) „bekommen den Feinbau von Zellen, die Steroidhormone bilden" (Junqueira, S. 525 f.).

Die Follikelepithelzellen wandeln sich dabei in große Steroidhormone produzierende Granulosaluteinzellen. Die Zellen aus der Theca interna werden größer und produzieren ebenfalls Steroide, überwiegend Progesteron, aber auch Östrogen. In beiden Zellarten findet sich im Zellplasma ein gelbes Pigment, ein Karotin (3,3-dihydroxy-alpha-Karotin), Lutein genannt (Lexikon der Biochemie und Molekularbiologie, 1991, S.318). Es ist ein Vorläufer des Vitamin A.

Kommt es zu keiner Schwangerschaft, erreicht der Gelbkörper 8-9 Tage nach dem Eisprung das Maximum seiner Hormonproduktion. Am 6. Tag sind es bereits etwa 2/3 des Hormonproduktionsmaximums kurz vor dem Eisprung (Geneser, S. 572). Danach bildet sich die Produktion bei einem 28-Tage-Zyklus bis zum 14. Tag nach der Ovulation ganz zurück und der Gelbkörper wandelt sich bindegewebig narbig um in das **Corpus albicans**, das u. U. noch viele Jahre bestehen kann. (Thews, S. 591)

Ist nach einer Befruchtung eine Zygote entstanden, kann sie sich in die Uterusschleimhaut einnisten. Das Corpus luteum bleibt dann bis zum Ende der Schwangerschaft bestehen und produziert vermehrt Hormone bis zur 20. Schwangerschaftswoche (Moore, 1996, S. 27).

Das Corpus luteum ermöglicht Frauen zusätzliche Regeneration: Nach dem Eisprung entsteht aus dem Follikel durch Einwanderung von Zellen das Corpus luteum. Die Hormonproduktion des Corpus luteum ermöglicht auch den Aufbau der Uterusschleimhaut mit der Folge zusätzlicher Regeneration (siehe Schmach usw., 4., Aufl., 183 ff.). Das Corpus luteum bleibt etwa 14 Tage lang erhalten und baut sich ab als Effekt dessen, dass die (zusätzliche) Regeneration der Frau geglückt ist. Männer haben kein Corpus luteum, ihnen steht die Regeneration des Geistes und die „zu zweit" offen.

Essenzielle Hormone

WPa 17-alpha-Hydroxy-Progesteron (1.1.2.1.2.) entsteht aus 17-alpha-Hydroxypregnenolon oder aus Progesteron. Es ist Vorstufe für Cortisol (1.1.2.2.2.) und Androstendion (1.1.2.4.2.) (Greiling, Gressner, Lehrbuch der klinischen Chemie und Pathobiochemie, 1995, S.1016) und wirkt antiöstrogen.

MP Tetrahydrocortison (1.1.2.2.7.) hat antientzündliche Wirkung und schützt die Tuben (Eileiter) und Oozyten.

MP Prostaglandin E_1 (PGE$_1$) (1.2.2.2.) wird freigesetzt bei Reizung oder Schädigung der Zellmembran und verlängert die Lebenszeit der Blutplättchen. Es hemmt die Blutplättchenaggregation, wirkt blutgefäßerweiternd und fiebererregend (Forth et.al., Pharmakologie und Toxikologie, S. 194 ff.) - für die Temperaturerhöhung nach dem Eisprung. PGE$_1$ gehört zu den **Arachidonsäure-Derivaten** (1.2.). Das sind mehrfach ungesättigte Fettsäuren mit 20 C-Atomen, darin ein Cyclopentanring und mehrere funktionelle (Hydroxyl-, Keto-) Gruppen. Es sind Wirkstoffe mit kurzer Halbwertszeit, die in allen Geweben und Körperflüssigkeiten in sehr geringen Mengen vorkommen.

Sympathische Nervenfasern erreichen in Begleitung der Arteria ovarica das Corpus luteum (Rauber, Kopsch, Band II, S. 503).

Zunge

A^3 MP plus autonsyst MP plus Sympathikus

Essenzielle Hormone

MP: **Thyreotropin (alpha: 96 AS; beta: 113 AS; TSH) (3.2.1.);** **A^3**; (wirkt die Regeneration der Geschmacksknospen)

MP: **Thyreoliberin (TRH, 3 AS) (3.1.01.); A^3**; (fördert die Bildung des TSH-Rezeptors)

Sympathikus qual TRH qual TSH

LSB: Ku

Embryologie

Die Zungenentwicklung beginnt gegen Ende der 4. Woche am Boden der entodermalen Mundbucht. Die vorderen zwei Drittel der Zunge entstehen aus drei Wülsten von gewachsenen Mesenchymzellen des ventromedialen Anteils des ersten Schlundbogenpaares, das hintere Drittel aus zwei Wülsten aus dem Mesoderm des 2. bis 4. Schlundbogens.

Der größte Teil der in Längs-, Quer- und Vertikalrichtung angeordneten Muskulatur (hohe Beweglichkeit!), stammt aus den Muskelanlagen des Hinterlappens (den okzipitalen Myotomen). Etwa am 54. Tag entwickeln sich, induziert durch die zuständigen sensorischen Nerven, auf der Zungenoberfläche Erhebungen (Papillen), in denen sich Geschmacksknospen bilden, die süß, sauer, salzig und bitter unterscheiden können. Mimische Reaktion des Kindes auf Geschmack ist in der 26. Woche nachgewiesen. (Moore, 4., Aufl., S. 234 ff.)

Anatomie

Die Zunge befindet sich in der Mundhöhle, die sie bei geschlossenem Mund fast ausfüllt. Am Zungengrund ist sie mit dem Mundboden und dem Unterkiefer verbunden. Sie besteht aus vier Muskeln, die vertikal, quer und längs in der Zunge angeordnet sind und eine 3-dimensionale Bewegung der Zunge ermöglichen.

Auf der Zungenoberfläche befinden sich **Geschmackssinneszellen**. Die Geschmackszellen sind mit Mikrovilli (Kleinzotten) ausgestattete Sinneszellen, die zu je über 40 in sogenannten Geschmacksknospen versammelt sind. Diese Geschmacksknospen sitzen in kreisförmigen Gräben der Geschmackspapillen, die die Papillen ständig bespülen.

Papillen sind Schleimhauterhebungen und lassen sich im wesentlichen in vier unterschiedliche Papillen unterscheiden: Die **Papillae vallatae** liegen V-förmig am hinteren Rande der Zunge. Sie enthalten die Geschmacksknospen in ihren Gräben und sind von zahlreichen Spüldrüsen umgeben. Die pilzförmigen **Papillae fungiformes**, die als rote Punkte auf der Zungenoberfläche erkennbar sind, enthalten ebenfalls Geschmacksknospen. Die **Papillae filiformes** (fadenförmig) haben keine Geschmacksknospen. Sie sind die wichtigsten Mechanopapillen und verstärken die Tastempfindungen. Sie tragen verhorntes Plattenepithel und machen die Zunge rau für den Speisentransport. Die **Papillae foliatae**, seitlich am hinteren Rand, bilden Falten mit Ausführungsgängen von mukösen Drüsen. (Junqueira, 4., Aufl., 467 ff.)

Neben der Geschmacks- und Tastempfindung ist die Zunge wichtig für die Sprachbildung.

Essenzielle Hormone

Die Zunge unterscheidet das Nicht-Riechbare hinsichtlich schmackhaft oder giftig, angenehm oder unangenehm. Dazu benötigt sie ein MP-Hormon, das unterstützt und ein MP-Hormon, das schützt.

Die schleimartige Substanz, die von den Sinneszellen der Geschmacksknospen sezerniert wird, ist ein Glykoproteinsekret.

MP: Thyreotropin (TSH) (3.2.1.) ist ein Glykoproteinhormon, das durch die Nahrungsaufnahme den Nahrungsverbrauch stimulieren kann. Das wirkt z. B. auf die Schilddrüse. TSH wirkt auch auf die Regeneration der Geschmacksknospen. Den vier Geschmacksqualitäten der Geschmacksknospen entsprechen die Fähigkeiten des TSH salzig, bitter, sauer und süß zu unterscheiden, weil das Molekül eine Affinität zu allen vier Stoffgruppen hat. TSH bildet das Grundgerüst für die Rezeptoren in der Membran. Die Geschmacksqualitäten werden durch Bindung an das TSH erkannt, dabei wird das TSH verändert und als Glykoproteinsekret ausgespült, nachdem es seine Information über die Qualität des Geschmacks an die Zelle weitergegeben hat.

Für eine neue Geschmackswahrnehmung an gleicher Stelle wird neues TSH gebraucht. Dem entspricht die Beobachtung, dass sich die Geschmacksknospen schnell erneuern (a.a.O., S. 653 f.).

MP: Thyreoliberin (TRH) (3.1.01), bewirkt innerhalb weniger Minuten, dass Thyreotropin aus der Hypophyse freigesetzt wird. Es fördert die Bildung des TSH-Rezeptors.

Der Geschmack

(aus Noosomatik Bd. V-2, S. 139 f.)

Materiepartikelchen setzen sich an spezifischen Rezeptoren auf der Zunge fest. Es kann unterschieden werden: süß (vorne), salzig (vorne und an den Seiten), sauer (in der Mitte und hinten) und bitter (ganz hinten). Die Rezeptoren setzen Transmitter frei. Diese stimulieren Aktionspotenziale der nachgeschalteten Nervenzelle. Dieses erste Neuron gibt die Information weiter in ein Kerngebiet (Nucleus tractus solitarii) der **Medulla oblongata** (verlängertes Mark im Hirnstamm). Im verlängerten Mark befinden sich lebenswichtige Zentren, u. a. auch das „**Mutzentrum**", wie die Formatio reticularis genannt werden kann, die jeden Morgen „wach" (aktiviert) wird, wenn der Mensch wach wird, um sich dem neuen Tag zu stellen. Erst anschließend kommen noogene Deutungen, die diese Aktivierung wieder blockieren können. Zur Verbindung mit der Zunge ist aus dem Volksmund der Satz bekannt „Das schmeckt mir nicht", wenn eine ablehnende Haltung eingenommen worden ist.

In der Medulla oblongata gehen Impulse zum Kerngebiet des Nucleus salivatorius, von dem aus Hirnnervenfasern die Ohrspeichel-, Unterzungen-, Nasen- und Tränendrüsen innervieren. Vom Nucleus salivatorius geht eine Bahn zum Nucleus dorsalis nervi vagi (der auch für den Parasympathikus „zuständig" ist: jenen Anteil am Neurovegetativum, der die Effekte erzielen kann, die im Volksmund beschrieben werden mit dem Satz „Mir ist das auf den Magen geschlagen"), von wo aus die Magensaftsekretion angeregt wird. Nach gängiger Meinung werden die Geschmacksfasern folgenden drei Hirnnerven zugeordnet: dem **Nervus facialis** (für die vorderen zwei Drittel der Zunge), dem **Nervus glossopharyngeus** (für das hintere Drittel der Zunge), dem **Nervus vagus** (für den Übergang von der Zunge zum Rachenraum). Von diesem Hirnnervenkerngebiet zieht ein zweites Neuron in Richtung Thalamus und wird dort auf ein drittes Neuron in Richtung Groß hirnrinde (zum Fuß des Gyrus postcentralis und zur „Insel" im Paläocortex) umgeschaltet. Ein Abzweiger (eine Kollaterale) des zweiten Neurons zieht zum TRO. Im Mittelhirn schert er aus der Bahn zum Thalamus aus und informiert über das Corpus mamillare - über den Pedunculus mamillaris - das TRO. Das Corpus mamillare qualifiziert auch die Aktivitäten des Hippocampus, in dem unsere genuinen Gefühle ihr physiologisches Korrelat haben. Andere Anteile des zweiten Neurons werden im ventralen Haubenkern umgeschaltet und gelangen zum TRO über den Fasciculus longitudinalis dorsalis.

Die Geschmacksrezeptoren sind formal gleich. Ihre *Lage* bestimmt die Wahrnehmung: an unterschiedlichen Orten werden unterschiedliche Qualitäten wahrgenommen. Dieses Phänomen ist allgemein betrachtet für den Menschen sehr wichtig: wir sagen z. B. im Wissenschaftsjargon „Es kommt auf die Perspektive an" oder „Es kommt auf die Situation an". In der Embryologie beobachten wir: undifferenzierte Zellen (Mesenchyme) helfen an unterschiedlichen Orten beim Werden unterschiedlicher Organe - obwohl es sich um die gleichen Zellen handelt!

Neben den nervalen bezieht die Zunge auch hormonelle Informationen: eine erhöhte Glukokortikoidausschüttung (Cortisol!) vergrößert die Geschmacksempfindlichkeit. Diese Verbindung zum TRO ist in der Lage, das **Lustempfinden** zu beeinflussen (über Verbindungen des zweiten Neurons gibt es Informationsflüsse zum Hippocampus und damit zu den genuinen Gefühlen!).

Nebennierenrinde

A^3 MP plus medsyst MWPb = MP plus MP plus WPb plus Sympathikus

Essenzielle Hormone
MP: Cortisol (1.1.2.2.2.); A^3; (wirkt entzündungshemmend)
MP: Aldosteron (1.1.2.3.2.); A^3; (senkt die Wasser- und Natriumausscheidung an der Niere)
WPb: Dehydroepiandrosteron (DHEA) (1.1.2.4.1.); A^3; (gehört zu den Stresshormonen)

Aldosteron qual Cortisol qual DHEA

LSB: Aw

Embryologie
Die Nebennieren werden aus wandernden Zellen aufgebaut. Die Nebennierenrinde (NNR) entwickelt sich nahe der Keimdrüsenanlage aus der embryonalen Bauchhöhle (Zölomepithel), das Nebennierenmark (NNM, siehe dort) ist neuroektodermaler Herkunft.

Ab dem 31. Tag beginnt die Wanderung von Zellen im Zölomepithel und Mesoderm im Bereich des Bauchfells (der Visceropleura) medial der Urnierenfalten und lateral des Abgangs des Mesenteriums (der Verbindung von Entoderm zur Bauchhinterwand) unmittelbar kranial der Gonadenanlagen und am oberen Pol der sich ausbildenden Niere zur Bildung der Nebennierenrinde. (Hinrichsen, S. 632)

Ab dem 36. Tag bis zur Geburt findet eine enorme Größenzunahme der NNR statt, so dass sie zusammen mit dem NNM in Relation zum Körpergewicht das 20-fache zu dem der Erwachsenen hat. (Geneser, 1990, S. 555) Dabei bewegen sich Nachniere (Vorstufe der Niere) und Nebenniere aufeinander zu. Nach Beendigung der 7. Woche sitzen die Nebennieren den Nachnieren wie Hüte auf.

Zölomepithelzellen wandern in das darunter liegende mesodermale Gewebe und bilden ein Netzwerk von Zellsträngen, die weite sinusoide Kapillaren zwischen sich einschließen. Die sogenannte fetale Rinde entsteht. Die Zellen zeigen alle Zeichen hoher sekretorischer Aktivität: reichlich Zytoplasma, große helle Zellkerne, viele Mitochondrien, viel glattes und auch raues ER (Endoplasmatisches Reticulum).

„Die physiologische Bedeutung des fetalen Kortex liegt in der Synthese von Östrogenvorstufen, die in der Plazenta zu Östrogenen umgebaut werden (der Plazenta fehlen die für die Hydroxylierung der Steroide mit 21 C-Atomen notwendigen Enzyme).“ (a.a.O.) „In der fetalen Nebennierenrinde werden sulfatierte Vorläufer von Androgenen gebildet, die in der Plazenta zu aktiven Androgenen und Östrogenen umgewandelt und in die mütterliche Zirkulation abgegeben werden.“ (Junqueira, 4., Aufl., S. 406 f.)

Eine zweite einwandernde Zellgruppe bildet unter der entstandenen dünnen Organbindegewebskapsel einen Rindenstreifen aus kleinen Zellen, die angedeutet nach innen radiäre Stränge und unter der Kapsel Arkaden bilden. Diese Zellen zeigen keine Zeichen sekretorischer Aktivität (freie Ribosomen, wenige Profile von ER, spärliche Zellorganellen, wenige Mitochondrien). (a.a.O., S. 635) Diese Zellgruppe entstammt der Niere.

Ab dem 7. Monat bis ins 3. Lebensjahr findet eine physiologische Involution (Rückbildung) unter gleichzeitigem Aufbau der definitiven NNR statt.

Nach und nach bildet sich die definitive NNR aus den Zellen der 2. Einwanderungswelle: Zuerst die Zona fasciculata (für die Glucocorticosteroide) ab dem 7. Schwangerschaftsmonat, dann ca. 5-6 Monate nach der Geburt darüber die Zona glomerulosa für die Mineralocorticosteroide, insbesondere Aldosteron – Nierenvergangenheit!- und nach Beendigung des 2. Lebensjahres, mit dem Verschwinden der restlichen fetalen NNR, die Zona reticularis für die Geschlechtshormone. (a.a.O., S. 404 f.)

Anatomie

Die Nebennieren sind paarig angelegte Hormon-Drüsen. Sie befinden sich am oberen Pol der Nieren, die sie kappenartig umgeben. Sie bestehen aus zwei unterschiedlichen endokrinen Teilen, der **Nebennierenrinde** (NNR) und dem **Nebennierenmark** (NNM). Die Nebennieren werden von einer Fett- und Bindegewebskapsel umhüllt, deren gefäß- und nervenführende Bindegewebssepten in das Organ ziehen und dort ein Geflecht sinusoidaler Kapillaren bildet. Am Übergang zum Nebennierenmark gehen die Sinusoide in venöse Sinusoide des Marks über. Dadurch können die Markzellen von den Rindenhormonen, vor allem der Glukokortikoidkonzentration, beeinflusst werden. Die **Glukokortikoide** werden im NNM für die N-Methyliserung von Noradrenalin und seine Umwandlung zu Adrenalin gebraucht:

> „Die Glukokortikoidkonzentration im Blut der Marksinusoide übertrifft die des übrigen arteriellen Blutes um das Hundertfache." (Linß, Fanghänel , Histologie, 1998, S. 261)

Der Blutabfluss erfolgt durch Markvenen mit längsgerichteter glatter Muskulatur, die in der Vena suprarenalis die Nebennierenrinde verlässt.

Die NNR-Zellen sind reich an glattem endoplasmatischen Retikulum und an Mitochondrien vom Tubulustyp. Mitochondrien vom Tubulustyp sind typisch für Zellen, die Steroidhormone produzieren, viel endoplasmatisches Retikulum ist ein Zeichen hoher Synthesetätigkeit einer Zelle. In der NNR werden drei ineinander übergehende Gewebsschichten unterschieden, deren Zuordnung zur Hormonproduktion überlappend ist:

Die äußere **Zona glomerulosa** (ca. 15% der Rinde), mit knäuelförmigen Zellen, deren Zellen kleiner sind als in den anderen Zonen. Sie produzieren **Mineralkortikoide** (vor allem Aldosteron).

Die **Zona fasciculata** (ca. 78% der Rinde), mit größeren Zellen, die sich zu Epithelsträngen zusammensetzen und reich an Lipoidgranula sind. Zwischen den Zellsträngen liegen Kapillaren. Die Zellen produzieren vor allem **Glukokortikoide** (Cortisol).

Zona reticularis (ca. 7% der Rinde), die aus einem Netzwerk kleiner Zellen besteht. Sie bilden vorrangig Androgene (DHEA=Dehydroepiandrosteron).

> Androgene sind Stresshormone. Bei zu geringer Produktion kommt es zu leichter Anämie, der „vornehmen Blässe". Eisenmangel gehört zum asüKl-Syndrom (Noosomatik Bd. V-2, 8.7.5.2.). Menschen, die dieses Syndrom praktizieren, halten sich selbst für Bleichgesichter. Dieses deutet auf eine miese Selbstvorstellung.

Die Breite der Zonen variiert alters- und situationsbedingt: Die Zona reticularis ist von Größenschwankungen am meisten betroffen, „die unter dem Einfluss von ACTH größer wird. Dies ist beispielsweise in Stresssituationen der Fall." (Michels, Neumann, Kurzlehrbuch Anatomie, 2007, S. 252)

Die drei Gewebsschichten der NNR erlauben die Zuordnung zu A^3 und zum pathischen System. Die NNR ist medial orientiert. Die innerste Schicht vermittelt zwischen Rinde und Nebennierenmark, die äußere zwischen Rinde und draußen und die mittlere das Mediale im Medialen. Als pathisches Organ hat die NNR eine Aufgabe im medialen System, eingebettet in die Vermittlung von soterischen Inhalten.

Die Aktivität der NNR steht im Zusammenhang mit der Trias Stress, Selbstvorstellung (der miesen, im Sinne der 1. Umdrehung) und Ge fühlsumwandlung, mit Eingriff in die Immunabwehr.

Diese Dreidimensionalität steht im folgenden Sinnzusammenhang: Als Antwort auf eine VA sind Informationen im FH festgeschrieben. Wenn VA-Assoziationen auftreten, kann es geschehen, dass entsprechende Frontalhirninformationen das „Mitbestimmungsrecht" der Niere mit Hilfe einer Natrium-Retention lahm legen. Jetzt benötigt die Niere Aldosteron, das aber, wegen der fehlenden Mitwirkung des juxtaglomerulären Apparates der Niere (fehlende Reninfreisetzung), in der NNR nicht gebildet werden kann.

Es handelt sich hierbei um eine **Notstandsregelung**, bei der nicht nur die Niere, sondern auch die Lunge und die Leber wegen der NNR-Regelkreise (siehe weiter unten) mitbestimmen. Diese Notstandsregelung ist dreifach abgesichert.

Diesem Notstand kann allerdings als **2. Notstandsregelung** das **Serotonin** (2.2.2.) abhelfen. Es leistet allein, was Niere, Leber und Lunge zusammen leisten müssten. D.h. bei Frontalhirninformationen wird zu wenig ACTH ausgeschüttet und gleichzeitig eine Na^+-Retention intendiert.

Als **3. Notstandsregelung** bleibt nur noch die Erhöhung des Kalium-Serumspiegels. Dieser muss im Hinblick auf das adversive Mischungsverhältnis relativ höher sein als der Natrium-Serumspiegel.

Als **4. Notstandsregelung** zielt die Ausbildung eines pathologischen Phänomens auf die Wiederherstellung des adversiven Mischungsverhältnisses. Jede Krankheit ist eine Notstandsregelung zur Wiederherstellung eines adversiven Zustandes (zwecks Vermeidung des Exitus). D.h., nur die Präventivmedizin kann helfen, Krankheiten zu vermeiden.

Im Zustand dieser Trias sind Gespräche und Fragen besonders wichtig, da das eigene Denken „verrannt" ist. Krankheiten haben einen Sinn und nicht nur eine Bedeutung, sie sind sinnhaft (nicht sinnvoll), der Sinn ist erkennbar.

Exkurs: Phasen der Nervenzelle
1. Na^+ dra/ K^+ dri
2. Na^+ rein
3. K^+ raus
4. Na^+ raus per effectum K^+ rein

Essenzielle Hormone
MP: Hydrocortison (Cortisol) (1.1.2.2.2.)

Cortisol (syn. Hydrocortison) gehört zu den Steroidhormonen mit geschlechtsspezifischen Wirkungen (Geschlechtshormon). Eine wichtige Aufgabe des Cortisols ist die „Löschung" z. B. von Entzündungsprozessen und Sorgephänomenen.

Cortisol wird aus Cholesterin in mehreren Schritten synthetisiert. Aus 11-Desoxycortisol wird in den Mitochondrien Cortisol gebildet.

Cortisol bindet an intrazelluläre Rezeptoren, mit denen es einen Komplex bildet. Dieser Komplex bindet an die DNA und verursacht so über Enzyminduktion die Wirkungen des Hormons. Die Bindung an die DNA findet unter Vermittlung von Zinkionen statt. Cortisol-Rezeptoren des Thymus reagieren besonders empfindlich (Tausk, S. 41 ff.)

Sowohl Freisetzung als auch Hemmung von Cortisol erfolgt durch ACTH (negative Rückkoppelung). Cortisol hemmt die Bildung von CRH und dadurch per effectum die Freisetzung von ACTH.

ACTH aus dem Hypophysenvorderlappen wird freigesetzt,

- wenn Renin verstärkt die Umwandlung des Angiotensinogens in Angiotensin I initiiert,
- ACE (Angiotensin-converting-enzyme) aus der Lunge die Umwandlung in das Angiotensin II vermittelt und
- Angiotensin II nicht durch Angiotensinasen blockiert wird.

Cortisol erhöht den Blutglucosespiegel und ist Antagonist des Insulins. Es hemmt die zelluläre Glucoseaufnahme und stimuliert die Gluconeogenese und Glycogensynthese in der Leber.

Cortisol hemmt die Immigration und Phagozytose der Monozyten. Diese fördern den Abbau zirkulierender eosinophiler Granulozyten in der Milz. Sie reduzieren die Zahl der zirkulierenden Lymphozyten (Hemmung der RNA-Synthese und mitotischen Aktivität) und wirken dadurch entzündungshemmend, verzögern zugleich aber auch die Wundheilung (Fibroblastenwachstum und Vascularisation). Des weiteren hemmt Cortisol entzündliche und immunologische Vorgänge. Es hemmt die Leukozytenbeweglichkeit und -funktion, sowie die Bildung von Prostaglandinen.

> Cortisolmangel führt zu Eosinophilie und Vermehrung von Lymphozyten - eine Suggestion, es gäbe extrem viel zu tun für die Immunabwehr.
>
> Stress hat mit Selbstvorstellung zu tun und mit der Gefühlsumwandlung in Richtung Entzündung (Eingriff in die Immunaktivität), d.h. der Produktion einer Selbstentzündung aus der Umwandlung genuiner Energie.
>
> Die NNR sorgt für die Orientierung des Drinnen im Hinblick auf das Draußen. Eine miese Selbstvorstellung unterschätzt das Drinnen und überschätzt das Draußen. Das Draußen soll dabei einem externen Paradies entsprechen, das Drinnen der Heilungstendenz wird dann nach draußen projiziert.

MP: Aldosteron (1.1.2.3.2.) ist das Mineralkortikoid mit der stärksten Wirkung auf den Mineralstoffwechsel.

> Mineralkortikoide wirken eine vermehrte Ausscheidung von K^+ und die Retention von Wasser und Na^+. Dies entspricht einer Wirkung auf die Niere für deren angemessene Arbeit bei Schwierigkeiten (als Notstandshilfe). Hier wirkt die Lunge mit: Bei Minderbelüftung kommt es zur Zunahme von Säure im Körper, mit Auswirkungen auf die Niere. Bei übermäßiger Säure schützen die Mineralkortikoide die Niere. Übersäuerung kann zum Beispiel bei äußerer Reizflut durch Flachatmung entstehen, hier schützen die Mineralkortikoide vor Nierenversagen. Im inneren Notstand werden genuine Gefühle so umgewandelt, dass eine Immunaktivität effiziert wird.

Die Zona granulosa produziert **Aldosteron** als Antwort auf einen erhöhten Kalium- oder erniedrigten Natriumspiegel oder einen verminderten Blutstrom in den Nieren. Aldosteron ist Teil des **Renin-Angiotensin-Aldosteron-Systems** und reguliert die Konzentration von Kalium und Natrium.

Aldosteron wird aus Cholesterin in der NNR über mehrere Zwischenstufen gebildet. Aldosteron setzt die Na^+-, Cl^-- und Wasserausscheidung in der Niere sowie die Na^+-Sekretion in Darm, Schweiß- und Speicheldrüsen herab. Es fördert die K^+-, Wasserstoff- und Ammoniumionensekretion der Niere.

Aldosteron wirkt über die Induktion eines Na^+-Ionencarriers (aldosterone induced protein, AIP) und einer Na^+-K^+-ATPase. Die Synthese und Ausschüttung von Aldosteron wird am stärksten durch **Angiotensin II** (3.1.34.) stimuliert und im geringen Maß durch ACTH. Dopamin (2.1.2.1), ANF und Somatostatin (3.1.03) hemmen die Sekretion von Aldosteron. (Tausk, S. 245 ff.)

WPb: Dehydroepiandrosteron (DHEA) (1.1.2.4.1) gehört zu den Stresshormonen. DHEA ist ein WPb Hormon, aus dem sowohl weibliche als auch männliche Sexualhormone gebildet werden können.

Der **Sympathikus** hält bei der NNR die Stoffe Aldosteron und Cortisol auseinander.

Auf die **Zona glomerulosa** wirkt auch **ADH** (Vasopressin, 3.1.15.). Es verhindert das Austrocknen, wirkt gefäßverengend und blutdrucksteigernd.

Magen

A^3 MP plus metansyst WPa

Essenzielle Hormone
MP: **Gastric Inhibitory Polypeptide (GIP, 43 AS) (3.1.25); A^3**;
        (senkt die Säure- und Pepsinproduktion des Magens und seine
        Motilität)
WPa: **Gastrin (17 AS) (3.1.23); A^3**; (stützt, fördert die Säurebildung, Pepsinbildung und Bewegung im Magen)

Parasympathikus qual GIP qual Gastrin

LSB: Ku

Embryologie
Aus einer Vorstülpung des Vorderdarms entwickelt sich ab der 5. Entwicklungswoche der Magen, der sich von dorsal nach links lateral dreht. Aus dem Entoderm entsteht der Magen-Darm-Kanal.

„Aus dem viszeralen Mesoderm entstehen die Bindegewebs- und die glatte Muskulatur für die Muskelschichten des Magen-Darm-Kanals."
(Sadler, Langmann, Medizinische Embryologie, 2003, S. 82)

Anatomie

Der Magen (lat. ventriculus - kleiner Bauch) befindet sich im linken Oberbauch. Er liegt schlauchförmig zwischen Speiseröhre und Zwölffingerdarm und wird zum Teil vom linken Leberlappen bedeckt und überkreuzt. Von der Einmündung der Speiseröhre ausgehend, in Höhe des 12. Brustwirbels, wölbt sich nach links der **Magengrund** (Fundus). Er liegt oberhalb des Speisenröhreneinritts und sammelt verschluckte Luft. An den Fundus schließt sich der **Magenkörper** (Corpus) an und führt zum Sinus (tiefstgelegene Stelle). Der Sinus bildet den Anfang des **Magenausgangs** (Antrum pyloricum), der beim **Pförtner** (Pylorus) endet und den Übergang zum Zwölffinderdarm bildet. Der Magen hat eine kleine, nach innen gewölbte (konkave) Krümmung, die Curvatura minor und eine große, nach außen gewölbte (konvexe), die Curvatura major. An der Curvatura minor bildet ein Knick (Angulus ventriculi) die Grenze zwischen Corpus und Antrum pyloricum.

Der Magen besteht aus unterschiedlichen Gewebetypen mit unterschiedlichen Áufgaben. Die innerste Schicht des Epithelgewebes (**Tunica mucosa**) ist für die Sekretion von Verdauungsenzymen und anderen Substanzen zuständig. Nach einer stabilisierenden Bindegewebsschicht (**Tela submucosa**) folgen mehrere Muskelgewebsschichten (**Tunica muscularis**), die den Nahrungsbrei transportieren. Zwischen den Gewebeschichten befinden sich Nervengewebe (Plexus submucosus, Plexus myentericus) für die Koordination der Muskelkontraktionen. Nach außen folgt eine weitere Bindegewebsschicht (**Tunica serosa** nur an einer Stelle; ansonsten **Tunica adventitia**).

Die Magenwände sind stark durchblutet, haben ein dichtes Gefäßnetz aus Blut- und Lymphgefäßen und werden von vielen Nerven innerviert.

Ein Netz flacher Falten und Furchen unterteilt die **Magenschleimhautoberfläche** in gewölbte Felder, die Areae gastricae. Darin liegen die Öffnungen der kleinen trichterförmigen Vertiefungen der Magengrübchen (Foveolae gastricae). An ihrem Grund führen die Magengrübchen in die Magendrüsen (Glandulae gastricae). In den unterschiedlichen Regionen des Magens finden sich unterschiedliche Drüsen.

Im Abschnitt nach Einmündung der Speiseröhre befinden sich die **Cardiadrüsen**, die einen sehr viskösen Schleim bilden für die in diesem Bereich stark beanspruchte Schleimhaut. Am Magenausgang vor dem Pylorus im Bereich des Antrum pyloricum arbeiten die **Pylorusdrüsen**, die Schleim und Gastrin für den Übergang in den Zwölffingerdarm produzieren. Im Magenkörper liegen die **Corpus- oder Hauptdrüsen**. Sie bilden hauptsächlich den verdauenden Magensaft.

Schleim und Verdauungssäfte werden von unterschiedlichen Zelltypen produziert:

Die **Hauptzellen** liegen im unteren Teil der Schleimhautfalten und produzieren Pepsinogene (eiweißspaltende Enzyme) und Lipasen (fettspaltende Enzyme). Sie werden durch den Parasympathikus und Gastrin stimuliert.

Die **Belegzellen** befinden sich vor allem im mittleren und unteren Teil der drüsenhaltigen Magenschleimhaut. Sie heißen Belegzellen, weil sie aussehen als wären sie von außen auf die Schleimhaut aufgelegt. Sie produzieren Salzsäure (durch den Parasympathikus stimuliert), Histamin, Gastrin und den Intrinsic factor, der die Aufnahme von Vitamin B12 (wichtig für die Erythropoese=Bildung und Entwicklung von roten Blutkörperchen) fördert.

Die **Nebenzellen** liegen am Drüseneingang. Sie produzieren Magenschleim und Bicarbonat, das die Magenwand vor der aggressiven Salzsäure schützt.

Die **G-Zellen** befinden sich in der Schleimhaut des Antrums und des Pförtners. Sie produzieren das Hormon Gastrin.

In der Magenschleimhaut kommen endokrine Zellen vor, die auch in der Dünndarmschleimhaut auftreten. Sie bilden Serotonin, Somatostatin, Substanz P, Vasoaktives intestinales Polypeptid (VIP).

„Die Magensaftsekretion (bis zu 2 l/Tag) wird reflektorisch-nerval und hormonal gesteuert." (Junqueira, 4., Aufl., S. 493)

Essenzielle Hormone

MP: GIP (gastric inhibitory polypeptide, 43 AS) (3.1.25) wird in den K-Zellen des Zwölffingerdarms, des Dünndarms und des Magenantrums gebildet. Seine Sekretion wird durch Fett, Glukose und Aminosäuren stimuliert. (Hofmann, Medizinische Biochemie, 1996) GIP wirkt antagonistisch zum Gastrin, indem es die Säure- und Pepsinproduktion des Magens und damit die gastrische Phase der Verdauung sowie seine Motilität hemmt. Es wirkt sekretionsfördernd auf Insulin, indem es die Glukosewirkung potenziert.

WPa: Gastrin (3.1.8.2.) stützt den Magen. Es wird aus den G-Zellen (**APUD-Zellen**) des Magens durch Dehnung der Magenwand (Nahrungszufuhr) freigesetzt. Es fördert in den Belegzellen des Magens die Bildung und Freisetzung von Salzsäure für die Aufspaltung der aufgenommenen Nahrung. Gastrin regt auch die Wasser-, Elektrolyt- und Enzymsekretion in Magen, Zwölffinger-Darm (Duodenum) und Bauchspeicheldrüse (Pankreas) an. Die aufgespaltene Nahrung wird gelöst und kann weiter mit Hilfe der Enzyme verdaut werden. Gastrin fördert die Freisetzung von Bikarbonat aus dem Pankreas: An diesem Ort ist es angemessen, den sauren Speisebrei zu neutralisieren, um die Schleimhäute der weiteren Darmabschnitte zu schützen. Die Wirkung des Gastrins ist mehrdimensional zu betrachten:

Es bietet
- die für den Beginn der Verdauung erforderliche Aktivität (Säure fürs Aufspalten),
- den Raum für die Aufspaltung der Nährstoffe in für den Körper zu gebrauchende Moleküle (mit Hilfe der Enzyme, die gezielt spalten) und

- schützt die Organe, die für diese Aktivität da sind (Neutralisierung überschüssiger Säure, wo sie nicht mehr benötigt wird, durch Bikarbonat aus dem Pankreas, das ins Duodenum abgegeben wird). (Rauber, Kopsch, Band II, 1987, S. 233).

Der Magen wird von Sympathikus und Parasympathikus innerviert. Der Sympathikus hemmt die peristaltischen Bewegungen des Magen und verengt die Gefäße. Der Parasympathikus stimuliert die peristaltischen Bewegungen des Magens, erhöht die Salzsäure- und Magensaftproduktion, stimuliert die G-Zellen zur Gastrinabgabe und erweitert die Gefäße. Wird der Parasympathikus überbetont, entsteht z. B. Angst, kann es dazu kommen, dass einem/einer etwas auf den Magen „geschlagen" ist.

Uterus

A³ MP plus sotsyst MWPb = MP plus MP plus WPb plus Sympathikus

Essenzielle Hormone
MP: **Uteroglobin (3.1.51.); A³**; (wirkt antientzündlich, kann Progesteron binden, fördert die Menstruation)
MP: **IGF II (3.1.36.); A³**; (ein Wachstumsfaktor, fördert die Kontraktion)
WPb: **Progesteron (1.1.2.1.1.); A³**; (schwangerschaftserhaltendes Hormon)

Uteroglobin qual IGF II qual Progesteron

Embryologie
In der 9. Woche bildet sich aus den Enden der **Müller-Gänge** der Müller-Hügel, der sich mit den Enden der **Wolff-Gänge** zur Vaginalplatte weiterentwickelt. Gleichzeitig wachsen die Zellen im Außenbereich der Müller-Gänge und bauen den Uterus, der sich im Nachnierenstadium kaudal zur Vagina hin öffnet. Das **Myometrium**, die dicke Muskelschicht des Uterus, bildet sich aus Mesenchymzellen außen, das **Endometrium**, die Schleimhaut des Uterus, bildet sich aus den Zellen der Müller-Gänge.
Der kaudale Abschnitt des Uterus, der Gebärmutterhals (Cervix uteri), ist der Ort, wo die Gebärmutterhalsdrüsen (Glandulae cervicales uteri; siehe dort) gebildet werden. Im Endometrium werden sich die Glandulae uterinae (siehe dort) bilden, zuständig als Drüsen der Gebärmutterschleimhaut.

Anatomie
Der Uterus (Gebärmutter) ist etwa birnenförmig und -groß. Er liegt in der Mitte des kleinen Beckens hinter der Blase und vor dem Enddarm und besteht im Wesentlichen aus glatter Muskulatur (Myometrium).
Der obere, dickere Teil wird Gebärmutterkörper (**Corpus uteri**), der untere, dünnere Teil Gebärmutterhals (**Cervix uteri**) genannt. Häufig ist der Körper gegen den Halsteil leicht nach vorne abgewinkelt, so

dass er sich über die Blase neigt. Der untere Teil des Gebärmutterhalses ragt in die Vagina (Portio vaginalis), auch äußerer Muttermund genannt. Der Übergang vom Gebärmutterhals zum Gebärmutterkörper ist verengt (**Isthmus uteri**).

Der Uterus wird durch mehrere **Bänder**, die aus Bindegewebe bestehen, beweglich im kleinen Becken gehalten. Er ist an der Vorder-, Ober- und Rückseite vom **Bauchfell** (Peritoneum) überzogen. Die beiden Blätter des Bauchfells vereinigen sich beidseits des Uterus zu den breiten Mutterbändern (Ligamenta lata uteri), die bis an die seitlichen Beckenwände reichen. An seinem oberen Umschlag umfasst das Bauchfell beidseits des Uterus die beiden Eileiter (Tuben), die an oberen Seiten in den Uterus einmünden. Es ist über die Ligamenta infundibulopelvica an der seitlichen Beckenwand fixiert. Über eine dünne Bauchfellfalte (Mesovarien) mit dem breiten Mutterband verbunden, liegen seitlich des Uterus die Ovarien, die über Bänder (Ligamenta ovarii propria) mit dem Uterus Verbindung haben. Von den beiden oberen Ecken des Uterus ziehen Bänder (Ligamenta rotunda) nach vorne durch den Leistenkanal bis zur Gegend der großen Schamlippen. Vom oberen Teil der Zervix ziehen beidseits Bänder (Ligamenta sacrouterina) zur hinteren Beckenwand in die Gegend des Kreuzbeins und Bänder zur seitlichen Beckenwand (Ligamanta cardinalia). Die Ligamenta cardinalia führen auch Blutgefäße, die den Uterus versorgen. (Kaiser, Pfleiderer, 1985, S. 26 ff.)

Die Wand des Uterus besteht aus vier Schichten. Die äußerste Schicht bildet das **Perimetrium** (identisch mit dem Bauchfell, das den Uterus bedeckt), daran schließt sich die Bindegewebsschicht (Tela subserosa, Parametrium, Tunica adventitia) an, in der Gefäße verlaufen und die eine Verschiebung zwischen Perimetrium und Myometrium ermöglicht. Danach kommt das ca. 2 cm dicke Myometrium und dann die innerste Schicht, die Gebärmutterschleimhaut, das Endometrium.

Das **Myometrium** (Muskelschicht) ist zusammengesetzt aus glatten Muskelzellen, Bindegewebe und Gefäßen. Es kann in drei Schichten unterteilt werden, die durch Bindegewebe voneinander getrennt sind. Die mittlere, dickste Schicht enthält überwiegend zirkulär verlaufende Muskelfasern sowie Blut- und Lymphgefäße, die innere und äußere Schicht jeweils Ring- und Längsmuskulatur.

Das **Endometrium** besteht aus dem Epithel, der Stratum functionale endometrii und dem Stratum basale endometrii. Es wird von einem dichten Kapillarnetz durchzogen. Das **Epithel** ist ein einschichtiges, hochprismatisches Flimmerepithel mit sezernierenden Zellen. Das angrenzende **Stratum functionale** besteht aus faserarmen Bindegewebe, enthält die Glandulae uterinae (siehe dort) sowie Gefäße und einige Nervenfasern. Sie wird unter hormoneller Einwirkung im Zyklusverlauf aufgebaut und im Normalfall (wenn keine Schwangerschaft eintritt) umgewandelt und verbraucht, evtl. Reste werden bei der Menstruation abgestoßen. Die dem Myometrium anliegende Schleimhautschicht, das **Stratum basale**, ist bindegewebreich und wird über

Basalarterien versorgt. Sie ändert sich im Verlauf des Zyklus nicht. Von hier aus und den hier liegenden Endstücken der Glandulae uterinae wird nach der Menstruation die Schleimhaut wieder aufgebaut. (Junqueira, 4., Aufl., S. 597 ff.)
Der Uterus wird sympathisch und parasympathisch innerviert. Er ist vom vegetativen Plexus uterovaginalis umgeben. Die parasympathische Innervation erfolgt über die Nervi splanchnici pelvici aus dem Sakralmark, die sympathische startet im thorakalen Grenzstrang und sendet aus dem Ganglion mesenterium inferius Fasern zum Uterus.

Essenzielle Hormone
WPb: Progesteron (1.1.2.1.1.) schützt und erhält die Schwangerschaft oder den sonstigen Zustand. Es mediiert Information über die Situation des WP im Organismus der Frau (zu verstehen analog zum OMI). Progesteron ist ein Steroidhormon mit 21 C-Atomen. Es ist Zwischenprodukt aller Steroidhormone. Seine biologische Halbwertszeit beträgt 20 Minuten. Progesteron wird entweder über Pregnenolon aus Cholesterin gebildet oder direkt aus Acetyl-CoA:

„Möglicherweise ist der letzte Weg der physiologische, während das Cholesterin der Nebennierenrinde lediglich eine „Steroidreserve" darstellt, die bei erhöhtem Bedarf eine rasche Nachlieferung von Steroidhormonen ermöglicht." (Buddecke, 8., Aufl., S. 357 f.)

Bildungsorte sind Corpus luteum, Ovar, Plazenta, NNR und Hoden. Unter Östradioleinwirkung wird die Anzahl der Progesteronrezeptoren vermehrt. Transportiert wird Progesteron mit Transcortin. Die weibliche Progesteronkonzentration ändert sich zyklisch und hat ein Maximum in der späten Schwangerschaft.
Das Mischungsverhältnis von Testosteron (T), Progesteron (P) und Östradiol (E_2) wird über die Formel **T qual P qual E_2** beschrieben: viel bzw. wenig Testosteron begrenzt bzw. ermöglicht mehr Progesteron, viel bzw. wenig Progesteron begrenzt bzw. ermöglicht mehr Östradiol, wobei der Begriff Qualität eine begrenzte, bestimmbare Quantität bezeichnen soll (siehe Noosomatik Bd. VI.2).
Progesteron ist ein schwangerschaftserhaltendes Hormon. Es bereitet den Uterus auf die Einnistung (Nidation) der Zygote vor, indem es z. B. das Wachstum der Uterusmuskulatur fördert und in der Schleimhaut die Gefäßversorgung und den Glykogengehalt ändert. Während der Schwangerschaft wirkt Progesteron eine Verdickung des Schleims, der dadurch für Spermien undurchdringlich wird. Progesteron hat einen so genannten thermogenen Effekt, der die Basaltemperatur erhöht. Der Einfluss von Progesteron auf die Aldosteronwirkung an der Niere führt zu einer vermehrten NaCl-Ausscheidung. (Silbernagl, Despopoulos, Taschenatlas Physiologie, 7., Aufl., S. 305)
Progesteron wird vor allem in der Leber abgebaut. Das Hauptabbauprodukt ist Pregnandiol, das als Glucuronid im Harn ausgeschieden wird. Ein hoher Pregnandiolspiegel im Harn einer Frau liefert einen ersten Hinweis auf eine Schwangerschaft.

Progesteron wirkt im Endometrium eine Zunahme an zahlreichen Enzymen. Es unterstützt die Bildung von Uteroglobin und „wirkt vermutlich auf die Blastocyste" (Tausk, S. 133).

MP: Uteroglobin (3.1.51.)

Uteroglobin wird durch die Wirkung von Progesteron gebildet und bindet Progesteron. Es wirkt antientzündlich. (L. Miele, E. Cordella-Miele, A. B. Mukherjee: "Uteroglobin: Structure, Molecular Biology, and New Perspectives on its Function as a Phospholipase A2 Inhibitor", Endocrine Reviews Vol. 8, No. 4, 1987, S. 474-490)

MP: Insulin Like Growth Factor II (IGF II, Somatomedin A) (3.1.36.)

Somatomedine sind wachstumsfördernde Peptide, die hauptsächlich in der Leber, aber auch in Knochen und anderen Geweben gebildet werden. Wegen ihrer Ähnlichkeit zu Insulin werden sie Insulin-ähnliche Wachstumshormone (insuline like growth factors, IGF) genannt.

IGF II wird konstant bis ins hohe Alter hinein entwickelt. Östradiol erhöht die m-RNA des IGF II und beschleunigt so die Bioproteinsynthese. IGF II wirkt auch im Hinblick auf die Muskelkontraktion.

Ein anderes Somatomedin, das **IGF I (Somatomedin C)** wird auch im Uterus gefunden. Es wirkt aufbauend auf die Dezidua. Östrogen erhöht dessen m-RNA und im Gegensatz zu IFG II wird die Rezeptorenbildung für IGF I nicht erhöht. (L. J. Murphy, A. Ghahary: "Uterine insulin-like growth factor-1: Regulation of expression and its role in estrogen-induced uterine proliferation", Endocrine Reviews Vol. 11, No. 3, 1990, S. 443-453)

Ist der **Sympathikus** überbetont, vermehrt sich IGF II. Ist der Sympathikus vermindert aktiv, wird vermehrt Uteroglubolin ausgeschüttet, das die Menstruation fördert.

Sprachlich: Die Gebärmutter – der Uterus

Unsere Sprache weist auch hier wieder auf männliche Weltanschauungen. Mit dem Begriff Gebärmutter wird dieses weibliche Organ selbst 1. auf seine reine Funktion während einer Schwangerschaft reduziert, und 2. wird mit seiner Hilfe auf den Begriff Mutter verwiesen, der nichtgebärende Frauen ermahnen soll, ihrer „Berufung" nachzukommen. Die Alternative ist der lateinische Begriff „Uterus". Er ist eben maskulin, oder auch der Begriff „Hohlorgan", der ja geradezu zur Füllung aufruft.

Nebenhoden

A³ MP plus sotsyst MWPb plus Sympathikus = MP plus MP plus WPb plus Sympathikus

Essenzielle Hormone

MP: **Dihydrotestosteron (1.1.2.5.2.); A³**; (wirksamere Form des Testosteron)

MP: **IGF II (insulin-like-growth factor II) (3.1.36.); A³;**
(Wachstumsfaktor)
WPb: Progesteron (1.1.2.1.1.); A³; (alkalisiert das Milieu)

Dihydrotestosteron qual IGF II qual Progesteron

Embryologie

Die Nebenhoden entwickeln sich unter dem Einfluss des fetalen Testosteron aus den Wolff-Gängen. Die Ductuli efferentes (Verbindung
zum Hoden) bilden sich aus den Urnierenkanälchen. (Linß, Fanghänel,
Histologie, 1998, S. 225)

Anatomie

Die Nebenhoden (**Epididymis**) liegen den Hoden hinten auf. Sie werden von den ausführenden Kanälchen des Hodens (Ductuli efferentes)
und den Nebenhodengängen (Ducti epididymides) gebildet. Diese
sind 5-6 m lang und auf ca. 7 cm aufgeknäuelt. Die Nebenhodengän-
ge gehen in die Samenleiter (Ducti deferentes) über. Die Nebenhoden
bestehen aus mehreren Abschnitten, die sich durch ihr Gewebe (Epithel) voneinander unterscheiden lassen. Diese bestehen aus unterschiedlichen Zelltypen, in unterschiedlichen Kombinationen und Unterschieden im Feinbau. (Junqueira, 4., Aufl., S. 636 f.)

> „Die Hauptzellen im gewundenen Nebenhodengang ... sind mit ih-
> ren verzweigten Zellausläufern (Stereozilien) für die Ernährung
> und Reifung der Spermien verantwortlich. Die Spermien werden
> durch die Peristaltik der eng mit dem Epithel anliegenden Fibro-
> myozyten weitertransportiert. Sie erwerben erst im Nebenhoden
> die Fähigkeit zur Eigenbeweglichkeit." (Drews, Taschenatlas der
> Embryologie, 1993, S. 16)

Im Epithel kommen Lymphozyten und Makrophagen vor. Die Nebenhoden werden von glatter Muskulatur umgeben, im Bindegewebe befinden sich Gefäße und Nerven. (a.a.O., S. 637)

Essenzielle Hormone

MP: IGF II (insulin-like-growth factor II) (3.1.36.) ist ein Somatomedin, wird unter dem Einfluss von STH (3.1.42.) gebildet und
mediiert dessen Wirkung. (Römpp-Chemie-Lexikon, 9., Aufl., Thieme,
S. 4206). Es wird konstant bis ins hohe Alter auch in der Leber entwickelt (siehe dort).

WPb: Progesteron (1.1.2.1.1.) mediiert die Information über das
WP im Mann. Mehr Progesteron macht alkalisch und mobilisiert die
Spermien.

> „Progesteron ist ein Zwischenprodukt in der Synthesekette aller
> Steroidhormone der Nebennierenrinde, des Ovars, des Hodens und
> der Placenta ..." (Hofmann, Medizinische Biochemie, 1996, S. 588)

MP: Dihydrotestosteron (1.1.2.5.2.) ist das wirksamste Testosteron. Es schützt den Speicherinhalt des Nebenhodens und wird durch
5-alpha-Reduktase aus Testosteron reduziert.
5-alpha-Reduktase kommt in Prostata, Bläschendrüse, Talgdrüsen,
Nieren, Hoden und Gehirn vor. (Löffler, Petrides, 4., Aufl., S. 708)

Bei angemessener, leicht erhöhter **Sympathikusaktivität**, bei freudiger Erregung, ist das IGF II erniedrigt und Progesteron erhöht, Dihydrotestosteron ist gestiegen und effiziert die beiden anderen Hormone.

Eine leichte Sympathikuserhöhung ist gesund für die Nebenhoden und für Männer. Jede freudige Erregung gilt erst dem „leben". Sie konzentriert die persönliche Erregung auf die Personen.

Bei einer Erniedrigung des Sympathikus ist das Dihydrotestosteron erhöht, und es wird gespeichert.

Erhöhte Sympathikusaktivität (z. B. Sorge um die eigene Männlichkeit - je mehr sich ein Mann sorgt, um so mehr baut er ab) erniedrigt das Progesteron, hält dadurch das Milieu sauer und die Spermien starr (Säurestarre).

Speicheldrüsen

A^3 MP plus advsyst WPb

Essenzielle Hormone
MP: **Prolaktoliberin (3.1.07.); A^3**; (stützt die Annahme von Informationen, die von außen an die Drüse gelangen)
WPb: **Östrandiol (1.1.2.6.4.2.); A^3**; (aktiviert und schützt vor Infektionen)

Parasympathikus qual Prolaktoliberin qual Östrandiol

LSB: Er

Embryologie
Die Speicheldrüsen, Ohrspeicheldrüse (Glandula parotis), Unterkieferdrüse (Glandula submandibularis) und Unterzungendrüse (Glandula sublingualis), entstehen ab der 6. Schwangerschaftswoche als Epithelverdickung und anschließende Ausstülpung der ektodermalen (aus dem äußeren der drei embryonalen Keimblätter entwickelten) Mundbucht. (Moore, 1996, S.237)

Anatomie
Die großen Mundspeicheldrüsen sind paarig angelegt. Dazu zählen die **Ohrspeicheldrüsen**, (Glandulae parotideae), die **Unterzungenspeicheldrüsen** (Glandulae sublinguales) und die **Unterkieferdrüsen** (Glandulae submandibularis). Die Speicheldrüsen bestehen aus sezernierenden Zellen. In der sie umgebenden Basalmembran befinden sich Myoepithelzellen.

Die Ohrspeicheldrüsen (kurz: **Parotis**) liegen vor dem Ohr auf dem Hauptkaumuskel und erstrecken sich hinter und unter dem Kieferwinkel. Von da ausgehend führt der Ohrspeicheldrüsengang (Ductus parotideus) zur Wangenschleimhaut, wo er gegenüber den 2. oberen Backenzähnen in die Mundhöhle mündet. Das ist der Ort, wo die Ohrspeicheldrüsenentwicklung begonnen hat. Die Unterkieferdrüsen befinden sich unter und zu einem kleinen Teil auf dem Mundboden. Ihre

Ausführungsgänge münden unter der Zunge hinter den unteren Schneidezähnen gemeinsam mit dem Ausführungsgang der Unterzungendrüsen, welche dem Mundboden aufliegen.

Die Drüsenendstücke und Ausführungsgänge werden von Bindegewebe und zahlreichen Blut- und Lymphgefäßen sowie Nerven umgeben, die dichte Netzwerke aus Kapillaren und Nervenfasern bilden.

Alle Drüsen bilden Sekrete, den Speichel, der die Aufgabe hat, die Schleimhäute der Mundhöhle sowie den Mundhöhleninhalt anzufeuchten und schlüpfrig zu machen. Weiter hat der Speichel verdauungseinleitende und immunologische Funktionen.

Die Speicheldrüsen geben unterschiedlichen Speichel ab. Die Parotis produziert serösen, flüssigen, eiweißreichen Speichel. Der Unterzungenspeichel ist vorwiegend mukös (schleimig), während die Unterkieferdrüse eine seromuköse Drüse ist.

Die Drüsen selbst produzieren den gleichen Schleim, die Ausführungsgänge bewirken, dass der Schleim flüssiger oder zäher wird, abhängig vom Milieu.

> „Je nach Aufbau der Endstücke wird ein mehr dünnflüssiges, protein- und enzymreiches Sekret – durch seröse Endstückzellen – oder ein schleimiges, enzymarmes Sekret – durch muköse Endstückzellen – gebildet. Zusätzlich spielt in den Endstücken die Flüssigkeitsabgabe und die Freisetzung von Elektrolyten eine große Rolle. ...
> Die Regulation der Speichelsekretion erfolgt nerval." (Junqueira, 4., Aufl., S. 518 ff.)

Weitere Speicheldrüsen:

Glandulae mandibulares (Unterkieferspeicheldrüse),
Glandulae lingualis apicalis (beidseits der Zungenspitze),
Glandulae labiales (an den Lippen)
Glandulae palatinae (am Gaumen)
Glandulae molares (gegenüber den Backenzähnen in der Wangenschleimhaut)
Glandulae buccales (in er Mundhöhle)
Glandulae oesophageae (in der Speiseröhre)
Glandulae cardiacae (am Mageneingang)

Essenzielle Hormone

MP: Prolaktoliberin (PRH = prolactin releasing hormon) (3.1.07.) ist ein vom MP getragenes Hormon und somit für die Annahme zuständig. Die Speicheldrüsen sind in der Lage, Informationen ihrer Umgebung aufzunehmen, auch über Milieuänderungen. Wird Prolaktoliberin angeregt, wird gleichzeitig Prolaktin ausgeschüttet.

> Das hat z. B. in der Stillphase einer Mutter Bedeutung. Die Mutter stillt und Prolaktin wird vermehrt ausgeschüttet. Beim Stillen duftet die Mutter normalerweise gut (siehe Duftdrüsen). Stillen ist jedoch auch Stress, es ist harte Arbeit. Die Brustdrüsen schütten Endomorphine aus, dann ist das Stillen nicht mehr schmerzhaft. Es ist eine natürliche Begrenzung zur Vermeidung einer Symbiose. Diese Reaktion verhindert, dass der Stress als Superstress empfunden wird.

WPb: Östrandiol (1.1.2.6.4.2.) hat einen Steroidring und einen doppelten Alkohol. Das WP wirkt den Transport der persönlichen Stellungnahme und ist in der Lage, die Stellungnahme zu modulieren (Beeinflussung von Lösung und Geschwindigkeit). Die Drüsen müssen sich als Opfer anbieten ohne sich aufzuopfern.

Der Speichel, der von den Drüsen abgegeben wird, ist merokrin (ein Teil des Zellinhalts wird abgesondert). Die Drüsen werden sympathisch und parasympathisch innerviert. Das hat Vorteile beim Essen und bei anderen Aktivitäten.

Exkurs zum Thema „Kuss"
aus WuL 1/88, S.28 f. mit neuesten Bestätigungen
Küssen ist zwar einerseits ein mechanischer Vorgang (der die Regeneration des Schleimhautepithels positiv beeinflusst: Küssen ist in diesem Sinne ausgesprochen gesundheitsfördernd!), aber andererseits auch ein nerval und hormonell aktives Geschehen, das durch Deutungen visueller und olfaktorischer (über die Nase wahrgenommener atmosphärischer) Reize ausgelöst werden kann und einen Hinweis auf Stress darstellt.
> „Beim Küssen sind fünf der zwölf Hirnnerven beteiligt, die sowohl motorische als auch sensorische Funktionen übernehmen. ...
> Durch das Küssen wird ein chemischer Cocktail freigesetzt, der Stressempfindungen, Motivation, soziale Bindungen sowie sexuelle Erregung beeinflusst. ...
> Doch immerhin sanken bei beiden Geschlechtern der Kortisolspiegel unabhängig von der Form der Intimität – Küssen scheint also tatsächlich beim Stressabbau zu helfen."
> (C. Walter, Küss mich! in Gehirn und Geist, Nr. 4/2009, S. 67)

Die erhöhte TRO-Aktivität vergrößert die Möglichkeit der Eigenbeteiligung und damit der Wahrnehmung, wobei der Informationsaustausch auch durch Teilchenaustausch (die sich im Speicheldrüsensekret befinden) so stattfindet, dass die Deutung dieser Teilchen zur Fortsetzung oder zum Abbruch der Aktivität führt.
> „Die missratenen Annäherungsversuche fühlten sich einfach nicht ‚richtig' an ... Die Forscher vermuten, dass ein Kuss unbewusst Informationen über die genetische Kompatibilität eines zukünftigen Partners preisgibt." (a.a.O., S. 68)

Die Zunge nimmt die Reize ab einer bestimmten Schwelle wahr und kann natürlich auch - auf Geheiß - die Sekrete vermehrt verdünnen und damit einen Interessenskonflikt entschärfen oder bei gegenteiligem Auftrag auch vergrößern! Durch die TRO-Aktivität wirken auch stärkere Sympathikusimpulse auf die Unterzungendrüse derart, dass diese vermehrt einen an organischen Substanzen reichen Speichel bildet, in dem sich „Gustol" befindet (eine Verbindung von Alkohol und Vitamin K, wobei Letzteres die Durchblutung und die Blutgerinnung fördert), das für den „rauschähnlichen" Zustand verantwortlich ist.

„Ein Kuss löst ein wahres Feuerwerk an neuronalen und chemischen Reaktionen aus, die für ... und sogar Euphorie sorgen. ...
Wie dem auch sei, unsere besondere Art der Lippen- und Zungenfertigkeit kann uns in einen wahren Rausch der Sinne versetzen."
(a.a.O., S. 66)

Die gezielten Aktivitäten der Speicheldrüsen ändern den pH-Wert des Speichels: die Parotis (Ohrspeicheldrüse), in der Hauptsache vom Parasympathikus innerviert, macht saurer; die Glandula submandibularis (Unterkieferdrüse), vom Sympathikus und vom Parasympathikus innerviert, modifiziert (sie ist für das „Detail" zuständig); die Glandua sublingualis (Unterzungendrüse), sympathisch innerviert, bündelt und verdichtet die Informationen (siehe oben). Der pH-Wert des Speichels bedeutet also eine persönlich Stellungnahme, den Ausdruck einer Position.

Im Zungenepithel befinden sich freie Nervenendigungen, die für das Tasten (das „Erfühlen") und für die Innervation der Geschmacksknospen zuständig sind. Die den Geschmackssinneszellen benachbarten Epithelzellen können durch nervale Impuls in jene umgewandelt werden (Regeneration), die beim Küssen vermehrt auftreten. Die Geschmacksknospenzellen bilden ein Sekret, das sich in ihrer Mitte sammelt, und in dem die Geschmackspartikelchen zu einem Informationsinhalt gemischt werden. Die vermehrte nervale Aktivität beim Küssen führt zu stärkerer Sekretbildung, so dass mehr Informationsinhalte wahrgenommen werden können.

Der Sympathikus fördert den Speichel, eine leichte parasympathische Aktivität macht etwas sauer, eine leichte sympathische Aktivität macht etwas basisch (das Wasser läuft einem im Mund zusammen). Wir können mit den beiden Nerven unterschiedliche Spülarten hervorrufen. Speicheldrüsen reagieren auf leichte Effekte, unterschiedliche Speichelarten müssen gleichzeitig produziert werden. Von daher erklären sich die unterschiedlichen Orte der Drüsen. Die Speicheldrüsen sorgen dafür, dass der Mundraum feucht und gleitfähig ist zur Bewegung der Zunge und zur Einspeichelung der Nahrung.

Die **Ohrspeicheldrüsen** geben zusätzliche Informationen. Ihre Lage in der Nähe des Ohres hat damit zu tun, dass bei zu lauter Musik in einem Restaurant der Hunger vergeht. (Beim Küssen ist Lautstärke auch nicht günstig.) Sorge führt zu Mundtrockenheit und klebriger Zunge, Parasympathikusüberaktivität führt zu erhöhtem Speichelfluss (s. Traumaphilie, Noosomatik Bd. V-2, 8.7.2.3).

Wir haben ein Recht auf unseren eigenen Geschmack. Darin drückt sich unsere Persönlichkeit aus. Der Speichel nimmt dem Essen gegenüber eine Position ein, unsere persönliche Stellungnahme. Die Speicheldrüsen sind noogen unmittelbar zugänglich. (Ein Kuss ist eine sehr persönliche Stellungnahme.) Beim Essen werden durch den Speichel Informationen übertragen, von draußen nach drinnen und von drinnen nach draußen.

Die Sekretion der Drüsen ist auch Folge der Wechselwirkung der Drüsen untereinander und mit dem Gefäßsystem. Hierbei unterstützt das Enzym **Kallikrein** durch Freisetzung von Bradykinin, das stark gefäßdilatorisch wirkt und die Durchblutung der Speicheldrüsen steigert. Kallikrein gelangt in den Speichel und dann in den Magen, wo es ebenfalls wirksam wird.

Galle

A³ MP plus avsyst WPa

Essenzielle Hormone
MP: Pankreatisches Polypeptid (PP, 36 AS) (3.1.30.); A⁵;
             (senkt den Tonus der Gallenblase)
WPa: Sekretin (27 AS) (3.1.22.); A⁵; (erhöht den Gallefluss)

Parasympathikus qual PP qual Sekretin

LSB: WO

Embryologie
Ab dem 26. Tag entwickelt sich aus einer Nebenausbuchtung der entodermalen Leberanlage der Ductus cysticus (Gallenblasengang) und die Gallenblase. Ab der 13.-16. Woche wird der **Gallenfarbstoff** gebildet, der ins das Duodenum abgeführt wird und zu einer dunkelgrünen Farbe des embryonalen Darminhalts führt. (Moore, 4., Aufl., S. 282 ff.)

Anatomie
Die Galle besteht aus der Gallenblase (Vesica fellea) mit der Gallenflüssigkeit (häufig „Galle" genannt) und den Gallengängen. Die Gallenblase ist birnenförmig und liegt eingebettet in einer flachen Einbuchtung im rechten Leberlappen. Sie ist dehnbar und in der Lage, bis zu 50 ml Gallenflüssigkeit (Sekret) aufzunehmen. In ihr wird die Gallenflüssigkeit eingedickt und bei Bedarf über den Gallenblasengang (Ductus cysticus) in den großen Gallengang (Ductus choledochus) geleitet.
Die Gallenwege finden sich in und außerhalb der Leber. Die Gallenkapillare in der Leber und die Leberzellen kooperieren miteinander. Die Leberzellen bringen dort ihre Produkte hinein, z. B. **Bilirubin**, eine Vorstufe von **Hämoglobin** (rote Blutbildung) und bilden die Lebergalle (**Gallenflüssigkeit**). Von den Gallenkapillaren sammeln Gallenkanälchen die Gallenflüssigkeit in den linken und rechten Gang der Leberlappen und verlassen dann im gemeinsamen Lebergang (**Ductus hepaticus communis**) die Leber an der „Pforte". Ein kurzes Stück weiter mündet der Gallenblasengang ein. Der Gallengang (**Ductus choledochus**) führt nun zwischen Pankreas und Zwölffingerdarm hindurch zum absteigenden Duodenum, wo er meist gemeinsam mit dem Gang der Bauchspeicheldrüse an der **Vater-Papille** ins Duodenum mündet.

Für die Entleerung der Gallenblase sorgt die glatte Muskulatur der Gallenblasenwand, die z. B. durch **Cholezystokinin** oder den Nervus vagus angeregt wird. Währenddessen erschlafft der Sphinkter oddi, der den Zufluss an der Vater-Papille regelt. (a.a.O., S. 548)

Ist der Sphinkter oddi geschlossen, fließt die Gallenflüssigkeit über den Ductus cysticus in die Gallenblase, wo sie eingedickt wird. Die Gallenblase kann innerhalb von 4 Std. das Volumen der Gallenflüssigkeit auf 10% reduzieren und per effectum die Konzentration auf das 10-fache erhöhen. Während der Verdauung löst Cholecystokinin (CCK) die Kontraktion der Gallenblase und die Relaxierung des Sphinkter oddi aus. Auch der Nervus Vagus bzw. der **Parasympathikus** steigern die Gallenblasenmotiliät. (Schmidt, Thews, 27., Aufl., S.828 f.)

Die in der Leber gebildete **Gallenflüssigkeit** (Lebergalle) besteht aus Gallensäuren, Bilirubin, Cholesterin, Lecithin und Steroidhormonen (Junqueira, 4., Aufl., S. 543). Der hohe Anteil der Gallensäure an der Gallenflüssigkeit ist Voraussetzung für Fettaufnahme und die Cholesterinbiosynthese.

Die **Gallensäuren** bestehen aus hochmolekularen Säuren, die in den Leberzellen vor allem aus Cholesterin zu Cholsäure, Chenodesoxycholsäure, Taurocholsäure und Glycocholsäure synthetisiert werden. Sie werden nach ihrem Wirken im Duodenum zu ca. 90 % über den enterohepatischen Kreislauf zur erneuten Sekretion in die Gallenflüssigkeit zurückgebracht.

Begrenzt der Sympathikus den Nervus Vagus (umgekehrte Panik-Stress-Reaktion), werden zu wenig Gallensäuren produziert.

Die Gallensäuren können auflösen, z. B. **Cholesterin**. Cholesterin ist für den Aufbau vieler Hormone und der Synthese von Steroidhormonen (männliche und weibliche Hormone) Ausgangsstoff. Die präpuberalen Sexualhormone, die „präpuberalen Vorstufen", werden dort gebildet. Gallenseifen werden dort auch gebildet. Wird Cholesterin mit der Gallensäure ausgeschieden, können weniger Hormone daraus gebaut werden. Dies stellt eine Verwerfung vorhandener Substanz dar.

„Die Ausscheidung von Gallensäuren mit den Faeces ist für den Organismus die einzige Möglichkeit zur Eliminierung von Cholesterin und seinen Derivaten ..." (Löffler, Petrides, Heinrich, 8., Aufl., S. 1061)

Die Gallenflüssigkeit emulgiert Fette in feine Tröpfchen. Dadurch vergrößert sich die Oberfläche des Fetttropfens und kann durch die Lipase (Fett spaltendes Enzym) schneller bearbeitet werden.

Triglyceride werden gespalten in Fettsäuren und Glycerol. Triglycerid + 3 Wasser -> Glycerin + 3 Fettsäuren (3-wertiger Alkohol: Frostschutzmittel und Bunsenbrennerersatz, damit Stoffwechselprozesse ablaufen können). Gallenseifen machen flutschig („Waschanlage") und wirken auf den pH-Wert. Glycerin kann zu Zucker umgebaut werden, wenn es nicht abgebaut wird.

Fettsäuren können gespeichert, verbrannt oder für den Bau von Membranen oder Lipidhormonen genutzt werden.

Die Gallenflüssigkeit enthält **Lecithin** (= Phosphatidyl-Cholin; „Cholin" mit Phosphat). Cholin ist eine Kohlenstoffverbindung mit der Fähigkeit, Fettsäuren und Phosphor zu binden. Cholin ist ein Bestandteil von Membranen, es kann Phosphor anlagern (ATP) und ist lebenswichtig für die Membran, damit diese luft- und lustvoll arbeiten kann.

Bilirubin ist der Gallefarbstoff: Hämoglobin ohne Eiweiß und ohne Eisen, ein Porphyrin-Ring (4 Fünfer-Ringe mit Stickstoff). Es stammt aus dem Umbau der Erythrozyten. Die Makrophagen des RES wirken mit bei der Umwandlung von Blutzellen. Bilirubin ist ein Effekt von Abbau. Die Erythrozyten gehen kaputt, die Stoffe werden recycelt oder ausgeschieden.

> Mittels der Gallenflüssigkeit können auch die Gallenfarbstoffe (Biliverin und Bilirubin) und Hormone (Steroidhormone) ausgeschieden werden.

In der Leber wird aus Bilirubin entweder Hämoglobin oder Myoglobin gebaut. **Myoglobin** fördert die Muskeltätigkeit und die Regeneration von Muskeln. Myoglobin ist Bilirubin mit Eiweiß. Kommt in der Leber noch Eisen für den roten Farbstoff dazu, entsteht **Hämoglobin**. Hämoglobin ohne Eiweiß und ohne Farbstoff wird grün. Die grünliche Farbe ist ein Effekt und färbt die Leber.

Bilirubin ist fettlöslich und fördert auch die Fettlöslichkeit in der Galle. Bilirubin kommt aus der Leber, geht in die Galle und in die Leber wieder zurück (siehe Noosomatik VI.2-2, S. 21).

Bilirubin ist
1. Effekt der Regeneration, wirkt
2. lipolytisch (bei Fettlösung hilfreich) und kann
3. aufgebaut werden zu Myoglobin (plus Eiweiß) und Hämoglobin (plus Eiweiß und Eisen).

Erhöhtes Bilirubin im Blut ist ein Zeichen von Hass und auch eine Aussage über die Leber, die es nicht braucht. Erhöhte Bilirubinwerte sind ein Zeichen des Missbrauchs der Blutbahn als Speicher für spätere Verwendung (Verwerfung). Substanz und auch die Fähigkeit damit umzugehen ist da, und die wird nerval umgewandelt in Missbrauch, Missachtung und Verwerfung. Das braucht Energien und dabei kann es geschehen, dass Bilirubin nicht genügend ausgeschieden wird, sondern andere „schöne" Stoffe.

Exkurs: Hass

Beim Hass haben wir es mit einer dynamischen parasympathischen Aktivität zu tun. Dabei wird der Gallengangssphinkter geschlossen und das CCK aktiviert. Die „Galle läuft über", es kommt zu einem Schmerz aufgrund der Druckerhöhung in den Gallenwegen. Bei der anschließenden Öffnung entleert sich ein Schwall von Gallenflüssigkeit in das Duodenum, so dass es zum bekannten „bitteren Nachgeschmack" kommt.

Bei dieser Sensatio werden Krampf, Druck und Schwere als Empfindungen gespürt. Wegen der Verkrampfung verschiebt sich der Schwerpunkt des Körpers nach unten. Die Schwere ist als Leere im

Kopf erlebbar (vgl. Sättigung und Überdruss!). Die geistige Fähigkeit ist vermindert. Der Geist unterbricht unmittelbar vor der Handlung den Denkprozess. Im Affekt kann es zu einer sog. „Affekthandlung" kommen, die dem Beobachter völlig irrational und unverständlich erscheint. (Noosomatik Bd. I-2, 1.7.6.5.)

Essenzielle Hormone

Die Galle braucht zwei essenzielle Hormone. Eines, das die Gallentätigkeit unterstützt (WPa) und eines, das die Galle schützt (MP), denn im Konfliktfall muss der Tonus gesenkt werden, damit die Gallenwände geschützt sind, kein Überdruck entsteht und der Transport gesichert ist.

MP: Pankreatisches Polypeptid (PP, 36 AS) (3.1.30.) wird in der Gallenblasenwand in den endokrinen enterochromaffinen Zellen, die zum APUD-System gehören, gebildet.

Es ist in der Lage, die Sekretion von Pankreasfermenten zu hemmen und vermindert den Tonus der Gallenblase (Tausk, S.267).

PP kommt im Zwölffingerdarm und in der Schleimhaut des Antrum duodeni vor (Rauber, Kopsch, Bd. II, S.234). Im Magen-Darm-Trakt findet es sich in den Fasern des Plexus submucosus (Meissner), ein Nervengeflecht im submukösen Bindegewebe und Puffer gegen vegetative Reizflut, und in den Fasern des Plexus myentericus (Auerbach), ein Nervengeflecht zwischen Längsmuskel- und Ringmuskelschicht der Darmwand (Rauber, Kopsch, Bd. II, S. 358).

WPa: Sekretin (27 AS) (3.1.22.) erhöht das Gallenblasenvolumen, vermehrt die Gallenflüssigkeit, quantifiziert und verhindert Steine. Es stützt.

Sekretin stimuliert die Bicarbonatsekretion des exokrinen Pankreas (zur Pufferung des sauren Magensaftes, es macht leicht alkalisch). Es wird durch einen pH-Wert des Darminhaltes unter 4,5 ausgeschüttet.

Sekretin steigert im Magen die Sekretion von Pepsin (ein eiweißspaltendes Enzym) und hemmt die Produktion der Salzsäure. Pepsin kann nur bei einem bestimmten pH-Wert arbeiten (ist es zu sauer oder zu alkalisch, arbeitet es nicht mehr).

Sekretin hemmt die Motilität von Magen und Darm (Tausk, S. 264 f.). Es wird in S-Zellen, enterochromaffine Zellen, also APUD-Zellen gebildet. Es kommt im Duodenum (mehr) und im Jejunum vor. Sekretin und CCK verstärken einander wechselseitig in ihrer Wirkung.

Cholecystokinin (3.1.24) und Sekretin können sich wechselseitig zur Hilfe kommen: A^0 (CCK) + A^3 (Sekretin) = A^4

CCK besteht aus 33 Aminosäuren (AS), von denen bereits ein Anteil von 8 AS die volle biologische Wirkung entfaltet. Es wird in sogenannten enterochromaffinen Zellen (siehe APUD-System in Noosomatik Bd. V-2) von Duodenum und Jejunum (den oberen Dünndarmabschnitten) gebildet und ausgeschüttet. Ein anderer Teil des CCK ähnelt dem Pentagastrin; nach Entfernung einer SO_3H-Gruppe kann es wie Gastrin wirken (warum sollte dies nicht das Gastrin selbst sein?). CCK stimuliert die Kontraktion (das Zusammenziehen) der Gallenblase, die Gallesekretion der Leber und die Motilität

(Beweglichkeit) des Dünndarms; es hemmt den Tonus des Sphinkter Oddi (Schließmuskel im Mündungsbereich des Gallengangs in den Zwölffingerdarm) und als Antagonist (Gegenspieler) des Gastrins die Magensäure-Sekretion. Es stimuliert das Pankreas zur Sekretion eines enzymreichen Bauchspeichels und beschleunigt seine Abgabe aus den Azinuszellgranula. Außerdem stimuliert CCK in Anwesenheit von Zucker die Sekretion von Insulin.

Sekretin hat eine strukturelle Homologie mit VIP. Die Injektion (im Tierversuch bei Ratten) hat eine Bremsung der Plasmaprolaktinspiegel zur Folge, wirkt jedoch auch eine Ausschüttung von Prolaktin aus dem TRO. (Anna Ottlecz: Action of Gastrointestinal Polypetide Hormones on Pituitary Anterior Lobe Function. In "Frontiers of Hormone Research", Vol. 15, Basel 1987, p. 284)

Sekretin wirkt weniger Stressempfinden und Verkrampfungsphänomene. Es stimuliert die Lipolyse im Fettgewebe bei Ratten (Fettabbau): Membranschutz, Fettstoffwechsel, Cl^- (A^4), Prolaktin (A^3), die Membrandurchlässigkeit wird dadurch geregelt (Kontakt zu außen und innen), regelt den Säure-Base-Haushalt dri und dra, schützt die Nerventätigkeit, wirkt über Cyclo-AMP (sitzt in der Membran und sorgt für Aufnahmefähigkeit, Annahme: Aufnahme und Wahrnehmung).

Sekretin wirkt über cAMP. Es erhöht den Blutglukosespiegel (Margo Panush Cohen, Piero P. Foà (Ed.): The Brain as an Endocrine Organ. New York Berlin Heidelberg, 1989, S. 152, Table 5,1).

Ein erhöhter Blutzuckerspiegel kann ein „Brainstorming" bewirken (Steigerung der Leistungsfähigkeit und Hingabe) oder vergoren werden (auf A^3 „high"). Nichtanwendung fördert weder Intelligenz noch Weisheit noch Sinn, sondern Naivität, Alkoholsucht, Problemsucht, ritualisierte Klugheit und Schwachsinn.

Von den 27 Aminosäuren des Sekretins ist eine Sequenz von 14 Aminosäuren identisch mit **Glukagon** (Peptidhormon aus dem Pankreas, das den Blutzucker-Spiegel erhöht - ein Hinweis auf A^4!)

A⁴: rezeptiver Formenkreis

Mesoderm

A⁴ WPb plus pathsyst MWPa plus Parasympathikus = WPb plus MP plus WPa plus Parasympathikus

Essenzielle Hormone
WPb: Multiplication stimulating factor (MSA) (3.1.38.); A⁴;
   (fördert die Mitoseaktivität)
MP: 11-Dehydrocorticosteron (1.1.2.2.5.); A⁴
WPa: 25-Dihydroxycholecalciferol (Calcidiol) (1.1.3.2.); A⁴;
   (wird zum Calcitriol umgewandelt, das die Calciumaufnahme in den Körper fördert)

11-Dehydrocorticosteron qual MSA qual Calcidiol

LSB: EH

Embryologie (aus Noosomatik Bd. I-2, S. 230 ff.)
Am 15.Tag entsteht das **intraembryonale Mesoderm** (kurz „Mesoderm" genannt). Es erscheint als Zellhaufen zwischen Ektoderm und Entoderm und verbindet sich an seinen Rändern mit dem extraembryonalen Mesoderm. Es sucht Ektoderm und Entoderm auf Distanz zu bringen, damit sich ein Raum öffnet.

Vom sogenannten **Primitivknoten** aus bauen Mesodermzellen am 16. Tag den **Chordafortsatz** (die Anlage für die Chorda dorsalis, die „Vorläuferin" der Wirbelsäule ist) nach kranial (d.h. in Richtung Kopf). Sie wachsen bis zur Prächordalplatte und daran vorbei, treffen sich wieder oberhalb der Prächordalplatte (an dieser Stelle findet sich später die Herzanlage) und stellen auch die Zellen für die Kopfentwicklung zur Verfügung. Primitivknoten und -streifen wandern später weiter kaudal und sind schließlich nicht mehr sichtbar (siehe Noosomatik Bd. I-2, 9. Hauptsatz).

Das Mesoderm hat es am 17. Tag geschafft: Ektoderm und Entoderm sind zum großen Teil getrennt. Davon ausgenommen sind:
a) kranial der Bereich der Prächordalplatte
b) kaudal das Ende des Primitivstreifens.
Durch die Trennung entsteht ein Bereich, indem die beiden jedoch trotz ihrer Trennung in Kontakt bleiben. An dieser Stelle entsteht später eine Membran, die **Kloakenmembran**, die innen durch Entoderm und außen durch Ektoderm gebildet wird. Vorübergehend verschließt sie den Enddarm. „Gleichzeitig" stülpt sich etwas aus - Wachstum durch Ausstülpung. Diese Ausstülpung wird **Allantois** genannt (griech.: Wurst).
Sie entsteht an der Hinterwand des sekundären Dottersackes und reicht bis zum Haftstiel. Sie besteht aus entodermalen und mesodermalen Anteilen und ist zuständig:
1. für die Ausbildung der Nabelschnur (für die Ver- und Entsorgung)

2. durch Einverleibung der bauchwärtigen Anteile der Kloake für die Bildung der Blase (Urogenitalbereich)
3. als Weg bei der **Einwanderung von Zellen**, die in den Genitalleisten zu Urkeimzellen werden.
4. als Grenze zwischen Nieren und Gonaden

Das Mesoderm beiderseits der Chorda proliferiert (wächst und vermehrt sich) am 18. Tag in seinem medialen (chordanahen) Abschnitt und bildet eine dicke Gewebsplatte, das **paraxiale** (neben der Achse gelegen, die später die Wirbelsäule bildet) **Mesoderm**. Zur Seite hin (lateral) bleibt das Mesoderm als Seitenplatte dünn. Es bildet zwei Schichten:
1. die **parietale Mesodermschicht**, die in das ex. Mesoderm übergeht welches das Amnion bedeckt, und
2. die **viscerale Mesodermschicht**, die in das Mesoderm übergeht, das den Dottersack bedeckt.

Beide Schichten bilden damit die **intraembryonale Zölomhöhle** (spätere Bauchhöhle), die noch beiderseits mit dem extraembryonalen Zölom in Verbindung steht. Das Gewebe zwischen dem paraxialen Mesoderm und den Seitenplatten wird als **intermediäres** (dazwischen liegendes) **Mesoderm** erkennbar und bildet später den **Somitenstiel**. Aus dem paraxialen Mesoderm entstehen die Somiten (siehe 20.Tag), segmental und parallel der Chorda angeordnet, aus dem intraembryonalen Mesoderm die Somitenstiele, aus denen sich die Nieren entwickeln.

Der Chordafortsatz wird vorübergehend in das darunterliegende Entoderm inkorporiert und seine Innenlichtung (Lumen) verschwindet. Danach entsteht per effectum in Höhe des Primitivknotens ein Kanal (**Canalis neurentericus**), der vorübergehend den Dottersack mit der Amnionhöhle verbindet (Verbindung von außen nach innen).

Die Zellen des Chordafortsatzes (Ektoderm) sind als längliche Zellplatte in das Entoderm eingebettet. Anschließend löst sich die Zellanlage der Chorda als solider Strang wieder aus dem Entoderm heraus. Gleichzeitig faltet sich die in der Mitte des Ektoderms entstandene **Neuralplatte** (aus ihr wird das Nervengewebe entstehen) seitlich zu den **Neuralwülsten** auf und die **Neuralrinne** bildet sich. Aus der Chorda wird sich die Wirbelsäule entwickeln, die die Neuralrinne dann umschließt.

In der kardiogenen Zone (in der das Herz entstehen wird), vor der Prächordalplatte, in der Übergangszone zum Dottersack, bildet sich zwischen dem 18. und 19. Tag im Mesoderm die **Anlage des Herzens**. Aus den mesenchymalen Angioblasten (Zellen, aus denen Blut und Blutgefäße entstehen) bilden sich im Mesoderm die ersten embryonalen **Blutgefäße**.

Im **paraxialen Mesoderm** bildet sich am 20. Tag das erste Somitenpaar. Aus ihm und den sich im weiteren noch entwickelnden Somiten entstehen später Sklerotom (aus ihm entsteht die Wirbelsäule), Dermatom (Unterhaut und Unterhautgewebe) und Myotom (Muskulatur).

Die embryonalen Blutgefäße schließen sich am 21. Tag zusammen und nehmen Anschluss an das Herz: Der Blutkreislauf ist geschlossen. Das Herz beginnt zu schlagen.

Aus dem Mesoderm entstehen:
Bindegewebe, Knorpelgewebe, Knochengewebe,
Unterhautzellgewebe (samt Fettzellen),
Muskulatur,
Blut, Blutgefäße, Herz,
Lymphzellen, Lymphgefäße,
Nieren, Keimdrüsen (Hoden, Ovarien),
Rindenanteil der Nebenniere,
Milz.

Essenzielle Hormone
WPb Multiplication stimulating factor (MSA) (3.1.38.) zeigt eine mitogene Wirkung.
MP 11-Dehydrocorticosteron (1.1.2.2.5.), wird aus Corticosteron gebildet und kann wieder zurückgewonnen werden (Buddecke, S.357). Die Nebennierenrinde, die aus dem Mesoderm entsteht, produziert das 11-Dehydrocorticosteron. Wird dieses begrenzt, erhöht sich der MSA und das Calcidiol nimmt ab. Die ebenfalls dem Mesoderm entstammende Niere kann weniger Calcidiol in Calcitriol umwandeln, so dass ein Calciumverlust entsteht.
WPa 25-Dihydroxycholecalciferol (Calcidiol) (1.1.3.2.) wird in der Leber gebildet und in der Niere zum Calcitriol umgewandelt, das die Calciumaufnahme in den Körper fördert.
Calcidiol stellt die Hauptform des zirkulierenden Vitamin D_3 dar, es bildet den Vitaminstatus des Organismus ab (Fausto Lore: Remarks on the Hydroxylation of Vitamin D in Man. In: M. Cecchettin, Giorgio Segre: Calciotropic Hormones and Calcium Metabolism. Proceedings of the 5th International Congress on Calciotropic Hormones and Calcium Metabolism, Venice, Italy, 28-30 April 1985. Excerpta Medica, Amsterdam New York Oxford, 1986. International Congress Series; 679. p. 59)

Nase

A[4] WPb plus autonsyst MP

Essenzielle Hormone
WPb: Gonadotropin-RH (Luliberin =LH/FSH-RH) (3.1.04.); A[4];
(fördert die Freisetzung von FSH und LH)
MP: Corticotropin-RH (=CRF) (3.1.05.); A[4]; (fördert die Freisetzung von ACTH)

Sympathikus qual CRF qual Luliberin

LSB: A[5]

Embryologie

Die Entwicklung der Nase ist Teil der Gesichtsentwicklung, die in der vierten Woche beginnt. Kurz vor Entstehung der Linsenplakode verdicken sich im Bereich des Stirnfortsatzes Ektodermzellen zu **Riechplakoden**. Am 33. Tag beginnt die Einwärtswölbung dieser Ektodermzellen, die **Riechgruben** werden sichtbar. In der 6. Woche vertiefen sie sich in das darunter liegende Mesenchym, zunächst durch die Membrana bucconasalis von der primitiven Mundhöhle getrennt. Diese Membran reißt ein, so dass Nasen- und Mundhöhle ab der 7. Woche über Verbindungsgänge, die primitiven **Choanen**, in offener Verbindung stehen, die ab der 9. Woche durch das Zusammenwachsen der Gaumenfortsätze von der Seite her wieder verschlossen wird, wodurch der sekundäre Gaumen entsteht. Dieser Vorgang ist in der 12. Woche abgeschlossen.

Währenddessen bildet sich im obersten Bereich der Riechhöhlen das Riechepithel. Aus den Epithelzellen differenzieren Riechzellen (Rezeptoren) und Stützzellen. Die Axone bilden die Nervi olfactorii und wachsen zur Anlage des Bulbus olfactorius im Telencephalon.

Ab Mitte der 8. Woche verschließen sich die Nasenöffnungen vorübergehend durch einen epithelialen Pfropf, der erste Schluckübungen ermöglichen soll (Hinrichsen, S. 666).

Anatomie

Die Nase besteht aus zwei durch eine Scheidewand (Septum) getrennte Nasenhöhlen, die nach vorne aus dem knorpeligen Nasenskelett aufgebaut sind. Zur Nasenscheidewand gehört oben das knöcherne Siebbein, in der Mitte das Pflugscharbein und der Nasenknorpel vorne. Die innere Haut der Nasenspitze ist mit Haaren ausgekleidet. Alle übrigen Wände der Nasenhöhle bestehen aus Schleimhäuten mit einem Flimmerepithel. Die Riechsinneszellen (Rezeptoren) sitzen in der im oberen Nasenhöhlendach seitlich und in der Mitte befindlichen Schleimhaut. Die Riechzellen sind becherähnliche Zellen, an deren unteren verdickten Enden 10-15 bewegliche Flimmerhärchen (Zilien) in die Schleimhaut ragen. Die Zilien nehmen die im Schleim gelösten Duftstoffe auf. Die ableitenden Nervenfasern (Axone) der Rezeptorzellen gelangen durch eine porenreiche Schicht (Lamina cribrosa) des Siebbeins direkt in den darüber liegenden Bulbus olfactorius. Die Bowmannschen Drüsen (Glandulae olfactoriae) liegen am Grunde der Riechschleimhaut und liefern den Schleim. Das Schleimhautbindegewebe ist von dichten Venengeflechten durchsetzt, die von zahlreichen Anastomosen (Verbindung zwischen Blut- od. Lymphgefäßen od. zwischen Nerven) gefüllt werden können. Im Bindegewebe liegen Reinigungsdrüsen. Von der Seitenwand ragen in jede Nasenhöhle nach innen abwärts drei Nasenmuscheln.

Wir betrachten **Nase** und **Bulbus olfactorius** als organische Einheit, da Nase und die den Inhalt identifizierenden Nervenzellen zusammen gehören. Die Nase wärmt, befeuchtet, reinigt (mit Härchen), ihre Schleimhaut löst die Stoffe aus der Luft. In der Nase befinden sich

Schleimhäute, Haare und Sinneszellen (Riechzellen), die zum Bulbus olfactorius ziehen, von wo eine der Nervenverbindungen direkt zu den Corpora amygdaloidea (Teil des limbischen Systems) führt.

> „Im Riechsystem liegt also der einzigartige Fall vor, dass eine periphere Sinneszelle direkt ohne Zwischenschaltung im Thalamus mit der Hirnrinde verbunden ist." (Rohen, Funktionelle Anatomie des Nervensystems, 5., Aufl., S. 156).

Für die Riechempfindung müssen die Schleimhäute angemessen versorgt werden und feucht sein. Vor der Geruchswahrnehmung müssen die Schleimhäute die Duftstoffe aufnehmen.

> Überhöhter Sympathikus (Sorge) trocknet die Schleimhäute aus und kann einen Viruszugang erleichtern. Wirkt der Parasympathikus auf die Nase, wird sie nass, schwillt an und wird ggf. dicht.

> „Auf manche aggressiven Reize (z. B. Säure- oder Ammoniakdämpfe) reagieren auch freie Nervenendigungen (N. trigeminus) in der Nasenschleimhaut" (Silbernagl, Despopoulos, 7., Aufl., S. 346).

Die Schleimhaut wird durch ein komplexes Gefäßsystem versorgt. In der Mitte der Nase und an der Nasenscheidewand befinden sich Schwellkörper. In der Nase ist das Venengeflecht besonders ausgeprägt und dadurch reizempfindlich. An den Venen liegen glatte Muskeln, so dass diese den Fluss vermindern können und so die Luft angewärmt wird. Das Venengeflecht hat eine große Oberfläche und produziert dadurch mehr Wärme. Für die Wärme brauchen wir Zeit.

> „Es wird aber nicht nur die Luft erwärmt, sondern auch das Blut gekühlt" (Junqueira, 4., Aufl., S. 445).

Über die nervale Information kann die Nase als Symptomträgerin von Bedeutung sein. Eine Angstreaktion verstärkt die Sphinktere (Schließmuskel), die Luft wird angewärmt. Sorge schwächt die Sphinktere, die Luft wird kalt.

Bei Angst entsteht ein Wärmebedürfnis, da sind die Adern in Händen und Füßen geweitet. Angst macht dicht, der Mensch fängt an, sich selbst Wärme zu sein. Angst fördert die überhöhte Produktion von körpereigener Wärme. Bei Sorge möchte der Mensch möglichst die Wärme von draußen, es wird ihm kalt (er möchte von außen gewärmt werden).

> Sich um einen anderen Menschen Gedanken machen, ist nicht Sorge, sondern ein engagiertes Denken. Im Gegensatz dazu sorgt sich die Sorge um die eigene Richtigkeit.

Die Nase sorgt sich nur um die eigene Richtigkeit. Dann ist sie auch gerne bereit, mehr mitzubekommen (z. B. auch Viren). Bei der angemessenen Gesamtwärmeproduktion sind auch parasympathische Anteile beteiligt. Der Sympathikus ist für die freudige Erregung zuständig.

Kurzkommentar zu Nase
(aus Noosomatik Bd. V-2, S. 140 ff.)
Materiepartikelchen kommen von außen in die Nase. Die Riechzellen (das sind Sinneszellen) in der Nasenschleimhaut am Dach der Nasen

höhle (Riechschleimhaut) reagieren. Dabei müssen wir beachten, dass jede Riechzelle anders reagiert, da die Rezeptoren auf unterschiedliche „Riechstoffe" eingestellt sind (auch unterschiedlich eingestellt wurden durch Adaptionslernen). Das Ausmaß der Aktivität der Rezeptoren ist abhängig von der Art des Duftstoffes, von dessen Größenordnung (molekular) und Wasserlöslichkeit (nicht nur die speziellen Drüsen, auch die Stützzellen im Riechepithel produzieren den für die physikalische und chemische Verarbeitung notwendigen Schleim). Eine Rezeptorzelle können wir am ehesten verstehen, wenn wir sehen, dass ihre etwa 40 Akzeptoren in Kollektiven zu etwa 5 so zusammenarbeiten, dass das Mischungsverhältnis die eigentliche Information enthält. Auf diese Weise wird das „Problem der großen Zahl" auf unproblematische Art gelöst. Gedächtniszellen helfen dem Bewusstsein, benannte Duftstoffe - also bereits bekannte - wiederzuerkennen oder signalisieren neue Duftstoffe als noch zu benennende.

Mischungsverhältnisse wirken selbst wieder auf Mischungsverhältnisse. Während die Wirkweise vom Unterbewussten des Geistes beeinflusst werden kann (als hormonelles Beispiel sei der Menstruationszyklus genannt), erfolgt die Steuerung aller Mischungsverhältnisse durch das individuelle Mischungsverhältnis der Person, das ein Effekt ist des Gewordenseins aus einem bestimmten Spermium und einer bestimmten Oozyte. Die Beobachtung der Mischungsverhältnisse führte zu der Beschreibung von unterbewussten Systemen im Hinblick auf ihre Ursachen durch Verwundungserfahrungen.

Die Rezeptorzellen lösen nach Komplexbildung von Akzeptoren und Duftstoffen Aktionspotentiale ihrer Axone aus, die sich in den Fila olfactoria (sie enthalten Hunderte von Fasern!) bündeln und im Riechkolben (Bulbus olfactorius, er ist das primäre Riechzentrum im Gehirn) einmünden; d.h., transmembranöse Ionenströme lösen Generatorpotentiale aus, wenn eine ausreichend hohe Konzentration an Duftstoffen vorhanden ist. Die Generatorpotentiale führen (über eine Transmittersubstanz, Noradrenalin, vom Rezeptoraxon in den Synapsenspalt abgegeben) zu Änderungen der Entladungsfrequenzen der nachgeschalteten Nervenzellen, die die in elektrische Impulse umgewandelte ursprüngliche (materielle) Duftstoffinformation weiterleiten („Divergenzprinzip" der Nervenzelle). Bei zu geringer Konzentration „riechen wir nichts"; bei zu hoher kann es, wenn sie länger anhält, sehr schnell zu einer Adaption kommen, die ohne Rezeptorantwort bleibt (die Zelle stellt ihre Arbeit ein), oder aber auch zu einer Fehlbelegung von Akzeptoren und Rezeptoren: ein chemisch verwandtes Kollektiv übernimmt die Arbeit eines anderen und vermittelt dadurch verzerrte Informationsinhalte, wobei eine Veränderung der Impulsfrequenz in den nachgeordneten Nervenzellen zu Selbstrettungsmaßnahmen der Nervenzellen führen kann. Nervenzellen können ihre Synapsen durch einen anaeroben Prozess, z. B. durch Produktion von Butter- und Milchsäure, verschließen. Sie bleiben erhalten, arbeiten jedoch nicht mehr im ursprünglichen Sinne.

Bei Ruhe befinden sich beim Axon der Nervenzelle Natrium-Ionen außen und Kalium-Ionen innen. Bei Reiz strömt Na^+ ein und Ka^+ aus
(Depolarisation). Unter ATP (Adenosintriphosphat)-Verbrauch wird
nun Na^+ wieder nach außen und Ka^+ nach innen transportiert (Repo-
larisation). Diese Natrium-Kalium-Pumpe ist eine hochaktive Leistung
der Zelle. Zwischen innen und außen besteht eine Potentialdifferenz:
das Innere der Nervenzelle ist in Ruhe gegenüber außen negativ geladen (das „Ruhemembranpotential"). Tritt nach Reizung eines Axons
ein fortgeleiteter Impuls auf, sind charakteristische Potentialänderun-
gen beobachtbar; die elektrische Impulsfolge entspricht einer Poten-
zialdifferenzänderung. Bei zu geringem Impuls wird die Reizschwelle
nicht überschritten, die Zelle entwickelt kein Aktionspotential. Bei zu
starkem äußeren Dauerreiz wird die Nervenzelle auf das höchstmögli-
che Maß beansprucht. Geschieht dies über längere Zeit, ist die Re-Po-
larisationsfähigkeit der Membran erschöpft; ATP steht nicht mehr
ausreichend zur Verfügung: die Zelle stellt die Arbeit ein, Na^+ bleibt
drinnen, K^+ draußen.
Zur Funktionsbeschreibung gehört auch das „Konvergenzprinzip". Es
besagt, dass nicht jedes Aktionspotential eines Neurons ein Aktionspotential des nachfolgenden auslöst (wenn z. B. das Bahnungsniveau
zu niedrig ist). Es wird also nach einem Selektionsvorgang weitergeleitet und ggf. durch räumliche Bahnung (über unterschiedliche Wege) auf ein Neuron so eingewirkt, dass es arbeiten muss. Das Mischungsverhältnis von aktivierenden und hemmenden Impulsen bzw.
Aktivitäten ist auch hier wieder von Bedeutung für die Informationsverarbeitung, v.a. für die Konsequenzen, die sich aus Informationsin-
halten für den gesamten Organismus ergeben.

Der „Gehirnphysiologische Schalter"
(aus Noosomatik Bd. V-2, 8.4.2.8.1.)
Ein Kind kann im 1. Jahr nach der Geburt nur durch die Nase atmen.
Wenn nun aus einer bestimmten Atmosphäre, die von anderen Menschen (z. B. von den Eltern) ausgeht, ein zu starker Dauerreiz
> (siehe dazu: Ina Wanner und Rüdiger Vaas: „Signal-Vorverarbei-
> tung durch Dendriten im Kleinhirn"; in: Spektrum der Wissenschaft
> Juni 1995 S. 26-30: es konnte gezeigt werden, wie eintreffende
> Reize zur Aktivitätsverminderung der betroffenen Nervenzellen
> führen können)
auf mehrere Riechzellen wirkt, fallen die für diese Impulse zuständigen und empfänglichen Bereiche aus. Diese Duftstoffüberangebote
können aus der geographischen Umwelt oder von den Erziehern (Sorgeschweiß, Magen, atmosphärische Spannungen, Alterungssymptome
usw.) abgegeben werden. Nach dem Rettungsprinzip schützen diese
Zellen sich, indem sie ihre Arbeit einstellen. Nachdem Divergenzprinzip sind Weiterleitungen über sie nicht mehr möglich. Nachdem Konvergenzprinzip sind Umleitungswege notwendig. Es besteht eine Blockade der Qualifizierungsmöglichkeit, dadurch eine hochgeschraubte
(nicht ausreichend begrenzte) Quantität, die nach der Umwandlung in
nervale Impulse für das erste zentralwärts gelegene Nervenorgan im

Gehirn, den Bulbus olfactorius (Riechkolben), nicht ausreichend fass-
bar ist und in ihm zu einer Überladung, zu einer neuen Qualität,
führt. Ein Säugling kann sich nicht gegen „Duftstoff"-Überangebote
wehren (Mundatmung ist noch nicht möglich, eine Fluchtreaktion e-
bensowenig), der Riechmechanismus kann nicht unterbrochen werden
(weshalb eben auch Erkältungskrankheiten bei Säuglingen ausgesprochen gefährlich sind), so dass eine Blockade durch ein sich sper-
rendes Nervenzellgebiet mit nachfolgender Konvergenznotwendigkeit
(Gehirnphysiologischer Schalter) entsteht, falls die Impulsmenge die
Schwelle ihrer Verarbeitbarkeit nicht übersteigt. Kurze Beschreibung
dieses „Verschlussvorganges": Bestimmte, für eine Auswahl an Duftstoffen zuständige Rezeptoren, sind wegen Überangebots mit diesen
überfrachtet und stellen ihre Arbeit ein. Andere Rezeptoren, struktu-
rell chemisch verwandte, übernehmen diese Duftstoffe bis zur extremen Auslastung. Es wird dadurch eine erhöhte Impulsfrequenz hervorgerufen, die die zugehörigen Nervenzellen zerstören würde und
wie ein Durchbrennen einer Sicherung zum „plötzlichen" Tod führen
kann (z. B. beim Säugling die mors subita infantum). Die Synapsen
der betroffenen Nerven synthetisieren Gamma-Aminobuttersäure
(GABA) als Abwehrstoff. Wenn nicht mehr ausreichend Sauerstoff
vorhanden ist, kann über einen chemischen „Umleitungsprozess" des
Citratzyklus GABA hergestellt werden. Der ATP-(Energie-)Gewinn ist
dann minimal. Diese GABA blockiert die Aktivität der Nervenzelle. Die
Folgen des Gehirnphysiologischen Schalters drücken sich vor allem
darin aus, dass zwar über die „Empfangsstation" des Thalamus Wirklichkeit ausreichend wahrgenommen wird (Augen, Ohren und Haut),
jedoch Aktivierungen genuiner Gefühle über die olfaktorischen Bahnen so in Mitleidenschaft gezogen werden, dass die betroffenen Menschen sich schon sehr früh als anders erleben und diese Andersartig-
keit durch unterbewusste noogene Prozesse kompensieren müssen.
Nach „Sperrung" des Zellgebietes im Bulbus olfactorius kann das Kind
die eigenen genuinen Gefühle nicht weiterentwickeln (ich spreche
vom „Babyherz"); die bisher erlernten und selbst erfahrenen Gefühle
werden im Gyrus parahippocampalis (dem „Gedächtnis" des Hippocampus, in dem die genuinen Gefühlsbildungen ihr Zentrum haben)
gespeichert, haben aber nicht die Kraft, gegen die Reize, die vom
Thalamus gegen das Corpus mamillare drücken, angehen zu können.
Per effectum bleibt das Corpus mamillare „geschlossen". Daraus entsteht eine Sogwirkung auf das TRO: der Gehirnphysiologische Schalter innerviert die Aktivität des rostralen Nervenkerngebietes (NKG).
Es werden vermehrt Stresshormone ausgeschüttet, die entladen werden wollen. Das kann zu sogenannten cholerischen Anfällen führen,
nach denen erst einmal Ruhe ist (sozusagen „alles vergeben und vergessen") - nur die Umwelt staunt drüber, wie schnell man sich beruhigen und wie wenig nachtragend ein Mensch nach einem solchen
Anfall sein kann! Die durch Assoziation ausgelösten (und eben auch
von außen auslösbaren!!!) neurovegetativen und/oder hormonellen
Prozesse die, einmal ausgelöst, vom Betroffenen nicht mehr kontrol

lierbar sind, erlebt er quasi wie neben sich stehend und im Innersten verzweifelt, ohne dies nach außen zu zeigen um nicht obendrein als hilflos zu erscheinen. Deshalb wird eher das „Big-Mac-Syndrom" („Ich schaffe das *alles*"; 8.7.6.1.) *und vor allem das „Güterzug-Syndrom" agiert („Immer her mit euren Problemen, immer her mit allem Mist"; 8.7.2.2.) - ohne dass dabei eine eigene Aktivität* durch dynamisches Heranschaffen der Probleme, wie z. B. beim „Probanden(Oma)-Syndrom" („Ich sorge schon für euch alle"; 8.7.2.1.), im Vordergrund steht. Der Gehirnphysiologische Schalter wirkt sich v.a. durch effizierte Hemmung des kaudalen NKG im hypothalamischen Bereich des TRO aus (im Unterschied zur Hyperathymie maxima [6.4.2.], bei der das rostrale NKG effiziert gehemmt ist): Beim Gehirnphysiologischen Schalter wird das rostrale NKG überfrachtet, bei der Hyperathymie maxima das kaudale NKG. Durch spezielle nooanalytische Arbeit ist der Gehirnphysiologische Schalter komplett remittierbar. Die nachfolgenden Veränderungen können von den Betroffenen exakt beschrieben werden und sind in ihren physiologischen Auswirkungen deutlich erkennbar.

Die Nase ist zuständig für **Lust und Unlust**. Der Lust/Unlust-Schalter wirkt auf den Bulbus olfactorius. (siehe Noosomatik V-2, S. 244 f.)
    Die Nase ist auch zuständig für soziale Informationen und hat Einflüsse auf das Sexualverhalten und die Affektlage (Lust- und Unlustgefühle) (Silbernagl, Despopoulos, 7., Aufl., S. 346).
Da die Nase mit dem Sexualverhalten zu tun hat, braucht sie ein essenzielles Hormon, das mindestens indirekt mit Sexualität zu tun hat, z.B. ein Releasing-Hormon.

Essenzielle Hormone
WPb Gonadotropin-RH (GnRH, syn. Gonadoliberin, Luliberin, LHRH) (3.1.04.)
Luliberin kommt in den Neuronen des Bulbus olfactorius vor. „Über die Luliberin-Neurone im Bulbus olfactorius sollen die durch Pherome stimulierten endokrinen Antworten ausgelöst werden" (Rauber, Kopsch, Bd. III, S. 490). Es unterstützt die Funktion der Nase als Sinnesorgan von innen her! Die Nase hat Duftdrüsen und kann nach draußen aktiv werden. Von drinnen nach draußen hilft Luliberin aktivieren und kann auch schützen. Es ist ein aktives Hormon.
GnRH wird aus einem Prä-Pro-Gonadoliberin gebildet. Ein Spaltprodukt hieraus, das GnRH associated peptide (GAP) inhibiert die Freisetzung von Prolaktin. Die Spaltung läuft unter Beteiligung von Kupfer ab.
GnRH wird in Hypothalamus, Herz, Leber, Pankreas, Niere, Nebenniere, Intestinum und Gonaden gefunden. Es bewirkt die Freisetzung von FSH und LH, von VIP, Neuropeptid Y, Prostaglandin E2 und Thymosin. Stresshormone (CRF, ACTH, Glucocorticiode, Prolaktin), Testosteron, Oxytocine bremsen die Freisetzung von GnRH. GnRH-Rezeptoren finden sich in HVL, Gonaden, Placenta, Corpus luteum, Oocyte und in Brustkrebsgewebe. (König, S. 12 ff.)

MP: Corticotropin-RH (CRH; syn. Corticoliberin) (3.1.05.) ist ein Polypetid aus 41 Aminosäuren. Es wird in Kerngebieten des Hypothalamus, anderen Gehirnregionen, in Lunge, Nebenniere und im Magen-Darm-Trakt gebildet und verstärkt bei Stress die Ausschüttung von ACTH. Es hat eine „Schlüsselstellung in der Koordination von Vorgängen, die mit Stress verbunden sind" (Karlsons, Biochemie und Biopathochemie, 15., Aufl., S. 541).
Corticoliberin schützt die Nase und stellt Fluchtenergie zur Verfügung. Corticoliberin hilft uns, bestimmte Atmosphären zu überleben, ohne gleich unsere Nase zu opfern. Wenn Furchtatmosphäre oder die „vertraute" Atmosphäre gerochen wird, wirkt das Stress. Corticoliberin wirkt aktivierend, auch auf das motorische System, alarmiert ggf. rechtzeitig das Gefühlszentrum, hebt den arteriellen Blutdruck (und damit die Herzleistung), fördert das Lernverhalten und schützt die Nase. Es hemmt die Lutropin-Sekretion (Rauber, Kopsch, Bd. III, S.491).

Lymphsystem

A⁴ WPb plus medsyst MWPb plus Parasympathikus = WPb plus MP plus WPb plus Parasympathikus

Essenzielle Hormone
WPb: Motilin (3.1.26.); A⁴; (fördert die Beweglichkeit der Lymphgefäßwände)
MP: **Thromboxan A₂ (1.2.2.5.1.); A⁴;** (fördert die Gefäßkontraktion)
WPb: Interleukin 1 (3.1.37.); A⁴; (wird von Monozyten nach Antigenkontakt ausgeschüttet und aktiviert Lymphozyten)

Thromboxan A₂ qual Motilin qual Interleukin 1

LSB: Ka

Embryologie
Ende der 5. Woche (ca. 14 Tage nach der ersten Anlage des Herz-Kreislaufsystems) beginnt die Entwicklung des lymphatischen Systems. Es bildet sich direkt aus dem Mesenchym, ähnlich der Entwicklung der Blutgefäße. Zuerst werden sechs **Lymphsäckchen** gebildet, von denen Gefäßstämme abgehen, die sich entlang der Venen ausbreiten. Die **Lymphkapillare** verbinden sich miteinander und bilden ein Netzwerk aus **Lymphgefäßen**.
Die Lymphsäckchen bilden sich zu Gruppen von **Lymphknoten**, in die Mesenchymzellen einwachsen und den Raum strukturieren, während andere Mesenchymzellen die Kapsel, das Bindegewebe im Lymphknotens sowie die Blutgefäße bilden. (Moore, 4., Aufl., S. 407)

Anatomie
Das Lymphsystem verläuft parallel zu den venösen Blutgefäßen. Es startet blind in den Kapillaren mit den Lymphkapillaren, die die nicht ins Gewebe resorbierte Flüssigkeit aufnehmen. An die Lymphkapilla

ren schließen sich kleine und dann größer werdende Lymphgefäße an. Von der Hinterwand des Oberbauches verläuft zwischen Wirbelsäule und Aorta der **Ductus thoracicus** (Milchbrustgang), in dem die Lymphgefäße der Beine und des Bauchraums gesammelt werden. Er mündet in den **linken Venenwinkel**, dem Zusammenschluss der linken Schlüsselbein- und Halsvene, in den die Lymphgefäße von Brust, Hals, Kopf und Arm der linken Seite fließen. Auf der rechten Seite fließen die entsprechenden Lymphgefäße der rechten Seite in **den rechten Venenwinkel**.

Die Lymphgefäße bestehen aus einem Epithel und einer dünnen Schicht glatter Muskelzellen mit vielen Klappen, die den Rückfluss der Lymphflüssigkeit verhindern. Entlang der Lymphgefäße befinden sich perlschnurartig **Lymphknoten**. Die Lymphknoten sind von einer Bindegewebskapsel umgeben, von der Bindegewebssepten in das Innere ziehen und das Innere aufteilen. In den Lymphknoten befindet sich ein lockeres Netzwerk mit zahlreichen eingelagerten Lymphfollikeln. Mehrere heranführende Lymphgefäße münden in die Bindegewebskapsel, während nur ein bis zwei Lymphgefäße die Kapsel wieder verlassen. In diesem Bereich befinden sich auch die Blutgefäße. Während die Lymphflüssigkeit die Lymphknoten durchfließt, wird sie gereinigt.

Das Lymphsystem nimmt ohne zu unterscheiden (Sogwirkung) Gewebeflüssigkeit und andere Anteile auf, die das Blutsystem nicht aufgenommen hat. Die Flüssigkeit, die aus den Blutkapillaren austritt, wird entweder in die Lymphbahn oder wieder in die Blutkapillaren aufgenommen. Die Lymphflüssigkeit (**Lymphe**) fließt langsam durch die Lymphgefäße. Lymphbahnen sind Einbahnstraßen. Die immer größer werdenden Lymphgefäße mit Muskeln und Klappen lassen nur ein Fließen in eine Richtung zu.

In den Lymphknoten wird die Lymphe z. B. von Makrophagen verarbeitet. Die fettreiche und gerinnungsfähige (Fibrinogen-)Lymphe gelangt nach der Verarbeitung in die Blutbahn. Fette gelangen nur zu einem kleinen Teil aus dem Magen-Darm-Bereich in die Blutbahn.

In der Lymphe befinden sich Flüssigkeit (aus dem Gewebe), Eiweiß, Fibrinogen und Gerinnungsfaktoren, Fette, Lymphocyten und vereinzelt Granulozyten, Enzyme, Hormone und Nährstoffe.

Kooperation von Blutbahn, Lymphsystem und Knochenmark

Die Lymphknoten filtern Lymphe und Blut. Sie werden durch das Mischungsverhältnis stimuliert, das sich ihnen in Form eines Teilchengemisches aus Blutbahn und Lymphbahn präsentiert. Sie sind rezeptiv.

Sie vermitteln zwischen Lymphbahn und Blutbahn, sie sind das eigentlich **Mediale**.

Die Lymphbahn ist das **Autonoetische im Medialen**, in ihr vollzieht sich die Selbsterkennung.

Die Blutbahn ist das **Metanoetische im Medialen**, nach der Selbst-
erkenntnis kommt es mittels der Blutbahn zur Tat im Organ, dem
diese Tat pathisch widerfährt.
Als Abbild des **Soterischen** im Menschen beschreiben wir das Knochenmark.

> Das Knochenmark bezieht Nahrung aus dem arteriellen System,
> unterscheidet jedoch nicht zwischen adversiver oder aversiver Zu-
> fuhr. Zuviel Stoffe werden als viel Nahrung aufgenommen, mit der
> Folge, dass sich die Stammzellen in größerer Quantität teilen. Zu
> wenig Stoffe werden als wenig Nahrung aufgenommen mit der Fol-
> ge, dass sich die Stammzellen in geringerer Quantität teilen. Die
> Organe nehmen Stoffe an oder verweigern sie. Sie können dabei
> auch Stoffe annehmen, die für sie unangemessen sind.

Als Abbild des Medialen im Menschen beschreiben wir die **Verbin-
dungssysteme**, dabei unterscheiden wir die Lymphbahn als das autonoetische und die Blutbahn als das metanoetische. Als pathisches
System im Menschen beschreiben wir die Organe.

> Im Umgang benennen wir das Aversive mit dem Begriff „krank"
> und das Adversive mit dem Begriff „gesund".

Das Lymphsystem arbeitet 4-dimensional: Bewegung, Raum gewinnen, Unterscheidung (in den Lymphknoten), Bearbeitung.

Medial: Lymphbahn, Blutbahn
Wir ordnen die Bahnen dem **medialen System** zu: Zum Gewebe hin
fließt die Blutbahn mit arteriellem Blut. Einzige Ausnahme bildet das
venöse Pfortaderblut, das die Leber versorgt. Im Interzellularraum
befinden sich Flüssigkeit und Teilchen. Aus dem Gewebe heraus führen zwei Bahnen, die Lymphbahn und die Blutbahn.
Die Lymphbahn erhält Informationen aus dem arteriellen Kapillarblut,
von den Organzellen und von anderen, sog. „freien Zellen" im Gewebe (Bindegewebe, Mastzellen). Ihr werden Informationen dadurch
vorenthalten, dass die venösen Kapillaren etwas aufnehmen.
Autonoetisch im Medialen: die Lymphbahn
Die Lymphbahn hat eine offene Mündung, sie beginnt „bei Null". Die
Aufnahme erfolgt per effectum über eine Sogwirkung. So wird das Ursprüngliche aufgenommen. Die Lymphbahn nimmt Asymmetrisches
auf. Die Lymphbahn hat Verbindung zum **soterischen System**.
Metanoetisch im Medialen: die Blutbahn
Das Aufzunehmende muss eine Membran passieren. Ein aktiver
Transport (durch Tunnelproteine) ist erforderlich. Dieser wird mit be-
kanntem Umgewandelten praktiziert. Sie hat Verbindung zum **pathi-
schen System**.

Gefäßwege
Lymphweg: Lymphkapillaren - Lymphgefäße - regionäre Lymphknoten (sie sammeln, was aus einem Gebiet kommt) – Lymphgefäße –

tiefe Lymphknoten - Lymphgefäße, die sich in zwei Endstrecken vereinigen:

a) Truncus lymphaticus dexter: Er vereinigt die Lymphbahnen aus der rechten Kopfhälfte, dem rechten Arm, der rechten Lunge, dem Brustraum rechts und z. T. vom Herzen.

b) Ductus thoracicus: Er vereinigt die übrigen Lymphbahnen.

Der Truncus lymphaticus dexter fließt in die Vena (V) subclavia dexter; der Ductus thoracicus fließt in die V. subclavia sinister.

Die Venae (Vv) subclaviae sind die einzigen Venen, die im Schock offen bleiben. Es ist die Frage zu klären, ob die Lymphbahnen in die Vv. subclaviae fließen, „weil" oder „so dass" sie offen bleiben.

Venöses System und Lymphsystem verlaufen parallel, sie bilden eine Einheit.

CO$_2$-reicher Blutweg: Aus dem Kapillargebiet führen Venolen („Venchen"). Mehrere Venolen bilden kleine Venen, diese bilden größere Venen.

Aus den Armen, dem Kopf, dem Hals, der Schilddrüse, dem Brustraum fließen die Venen in die obere Hohlvene (V. cava superior). Die übrigen Venen fließen in die untere Hohlvene (V. cava inferior).

Beide Hohlvenen münden in den rechten Vorhof des Herzens. Im rechten Vorhof liegt der Sinusknoten, der Impulsgeber des Reizleitungssystems des Herzmuskels. Der Herzmuskel zieht sich zusammen (kontrahiert),

- per intentionem qualifiziert das Volumen den Herzmuskel
- per effectum entsteht Druck
- es kommt zur Kontraktion.

Das venöse Blut fließt in die Arteria pulmonalis. Diese teilt sich auf, das Blut fließt in die rechte und die linke Lunge; die Gefäße verzweigen sich bis hin zu den Kapillaren.

O$_2$-reicher Blutweg: Arterielles Blut führende Kapillaren der Lunge münden in immer größere Gefäße, schließlich in die vier Lungenvenen. Diese münden in den linken Vorhof des Herzens. Von dort fließt das Blut in die linke Herzkammer und in die Aorta. Von der Aorta in die großen Arterien - kleine Arterien - Arteriolen - Kapillare.

> Die Lunge hat Filterfunktion. In den Epithelien der Lungenbläschen sind Makrophagen. Sie ist der Ort der Bewährung zwischen drinnen und draußen. Im Kapillargebiet treten Flüssigkeit, Stoffe und Zellen aus den arteriellen Kapillaren aus, es wird neu sortiert. Das arterielle System führt zu den Organen und bis zum Knochenmark. Es ist ein Bewährungssystem.

Essenzielle Hormone

Das Lymphsystem braucht ein Hormon, das dynamisiert (für die Bewegung im Lymphsystem und die Neubildung von Lymphe) und ein Hormon, das das Verklumpen unterbindet, Fett auflösend (lipolytisch) ist und vor einer Überfrachtung schützen kann.

154

WPb: Motilin (22 AS) fördert die Beweglichkeit und Öffnungsfähigkeit der Lymphgefäßwände zur Hereinnahme und zum Weitertransport von Stoffen.

Die Endothelzellen können einander überlappen oder interzelluläre Öffnungen freigeben, durch die eiweißhaltige Gewebsflüssigkeit und größere Partikel (Fettkügelchen in den Darmzotten) aus dem Interzellularraum in die Lymphkapillare eintreten können. (Rauber, Kopsch, Band II, S.18)

Es stimuliert die Motilität des Magens, kommt aus Duodenum und Jejunum. Neurotensin ist sein Antagonist im Hinblick auf die Magen-Darm-Motilität. (Tausk, S. 267)

MP: Thromboxan A$_2$ (1.2.2.5.1.) wird in den Thrombozyten aus der Arachidonsäure gebildet. Es fördert die Aggregation von Thrombozyten sowie die Konstriktion von Arterien. (Löffler, Petrides, 4., Aufl., S.785)

Es fördert die Entleerung von Thrombozytengranula und die Vasokonstriktion (Erhöhung der Fließgeschwindigkeit) sowie die Kontraktion der Bronchialmuskulatur. (Karlsons, Biochemie und Pathobiochemie, 15., Aufl., S. 568)

Thromboxan A$_2$ (MP) arbeitet auch in schwierigen Situationen „stur" lipolytisch aber auch fibrinolytisch, damit sich die Fließgeschwindigkeit erhöht.

WPb: Interleukin 1 (3.1.37.) wird von Makrophagen gebildet, nachdem diese Antigenkontakt hatten. Es stimuliert die Bildung von Interleukin-2, das von T-Lymphozyten kommt und die T-Zellproliferation stimuliert.

IL-1 moduliert auch die Tumorzellzerstörung, die Hämatopoese, die Pyrogenese (Temperaturanstieg), die Aktivierung der Neutrophilen, die Blutgerinnung und die Knochen- und Knorpelresorption. Es hat Rezeptoren auf Fibroblasten, Lymphomzelllinien, Bindegewebszellen, T-Zellen und EBV-transformierte B-Zellen. IL-1 stimuliert die Prostaglandin E-Synthese. (Bateman, Singh, Kral, and Solomon: The Immune-Hypothalamic-Pituitary-Adrenal Axis. In Endocrine Reviews. Vol 10, 1989, S. 94 f.). Es erhöht die Empfindlichkeit der CRF-Neuronen für Noradrenalin und induziert "slow wave sleep".

> „Es gelangt ins Gehirn, induziert Fieber und trägt zur verstärkten Corticosteroidfreisetzung bei. ... Augenscheinlich haben alle Zellen des Körpers IL-1-Rezeptoren und sind in der Lage, auf IL-1 zu reagieren ... " (Roitt, Brostoff, Male, 3., Aufl., S. 98)

Schilddrüse

A^4 WPb plus metansyst WPa plus Parasympathikus

Essenzielle Hormone
WPb: Trijodthyronin (T$_3$) (2.1.1.1.); A^4; (erhöht die Stoffwechselaktivität)

WPa: Tetrajodthyronin (Thyroxin, T₄) (2.1.1.2.); A⁴; (erhöht die Stoffwechselaktivität; ist Speicherform, die in das aktive T_3 umwandelt)

Parasympathikus qual T₃ qual T₄

LSB: Mä

Embryologie

Etwa um den 24. Tag verdickt sich in der ventralen Wand des Kopf-darmes an der Zungenwurzel das Entoderm und bildet die Schilddrü-senknospe. Von da wächst sie in das benachbarte Mesoderm ein und wandert unter Bildung eines Kanals (ductus thyreoglossus) vor dem Schlunddarm als zweizipfliges Divertikel zusammen mit der Herzanla-ge nach unten, am Zungenbein und Kehlkopfknorpel vorbei bis vor die obere Luftröhre (7. Woche). Der Gang verschließt sich (oblite-riert), seine Abgangsstelle bleibt als Foramen caecum am Zungen-grund sichtbar. Von der 11. Woche an produziert die Schilddrüse Schilddrüsenhormone. Sie ist die erste in Erscheinung tretende endo-krine Drüse. (Moore, 4., Aufl., S. 231 f.)

Die C-Zellen der Schilddrüse sind Zellen der Neuralleiste. Sie stam-men aus der 5. Schlundtasche (ultimobranchialer Körper).

Anatomie

Die Schilddrüse (Glandula thyreoidea) besteht aus zwei **Drüsenlap-pen** mit weichem Drüsengewebe, die durch ein schmales Mittelteil (Isthmus) miteinander verbunden sind. Sie wiegt durchschnittlich 2-3g beim Neugeborenen, 18-60g beim Erwachsenen. Die Lappen lie-gen seitlich am unteren Kehlkopf und der darunter folgenden Luft-röhre, der **Isthmus** verbindet unterhalb des Kehlkopfs beide Drü-senlappen.

Die Schilddrüse wird von einer doppelten **Organkapsel** umgeben. „Durch ihre Organkapsel ist die Schilddrüse fest mit der Luftröhre verbunden und bewegt sich mit dieser bei Schluckbewegungen." (Rauber, Kopsch, 1987, S. 214)

Von der inneren Kapsel ziehen Septen ins Innere der Lappen und unterteilen diese. Das blut- und lymphgefäßreiche Bindegewebe, hauptsächlich bestehend aus retikulären Fasern, umgibt die Schild-drüsenfollikel. Es weist viele Nerven auf. Wie in anderen endokrinen Organen, sind die Endothelzellen der Blutkapillaren gefenstert.

In den **Schilddrüsenfollikeln** werden die Schilddrüsenhormone T_3 und T_4, die langlebigsten Hormone im Blutkreislauf, gebildet. Sie wei-sen (zyklusabhängige) Volumenschwankungen und Formänderungen auf. Die Schilddrüsenfollikel bestehen aus einer einschichtigen Epi-thelschicht, die einen mit Kolloiden gefüllten Raum umgeben. Die Fol-likelepithelzellen haben die Fähigkeit gleichzeitig zu synthetisieren, zu sezernieren, zu resorbieren und Proteine abzubauen. Das Kolloid be-inhaltet das Glykoprotein Thyroglobulin und speichert Hormone in großer Menge.

„Beim Menschen enthalten die Follikel genug Thyroxin und Trijodthyronin, um den Organismus damit für 10 Monate zu versorgen"
(Junqueira, 4., Aufl., S. 394).

In der Follikelwand (ohne Kontakt zum Kolloid) befinden sich in kleinen Gruppen zusammengeschlossene **C-Zellen**. C-Zellen sind eingewanderte **APUD-Zellen**, die Calcitonin, Somatostatin, Serotonin und
Dopamin in ihren Granula enthalten (a.a.O., S. 392 ff.). Das APUD-
System dient der Kommunikation der Organe untereinander. (Noosomatik Bd. V-2, 4.4.2.)

Calcitonin reguliert in Verbindung mit anderen Hormonen die Calciumaufnahme in den Knochen und damit den Calciumspiegel im Blut
(siehe Nebenschilddrüse).

Zur Schilddrüse laufen **Nerven**fasern aus dem Vagusnerv (parasympathisch) und dem Sympathikus. Die Schilddrüse ist für die **Immunabwehr** wichtig, wird Not signalisiert, schüttet sie z. B. T_3 aus. Die
Schilddrüse bekommt humoral und nerval Informationen vom Körper.
Sie steht im engen Kontakt zum Hypothalamus und der Adenohypophyse (TRO) mit denen sie über ein Rückkopplungssystem verbunden ist. Das TRO ist zuständig für den allgemeinen Aktivitätszustand
eines Menschen (siehe TRO). Informationen vom TRO beinhalten immer auch Informationen vom Frontalhirn! Unter anderem machen
sich die Effekte von GPS (Noosomatik Bd. V-2, 8.4.2.8.1.) und SDV
(Noosomatik Bd. V-2, 8.4.2.12.1.) im TRO bemerkbar, die dann an
die Schilddrüse weitergeleitet und dort verarbeitet werden (z. B. zeigt
eine gedämpfte Hormonproduktion der Schilddrüse ein gespieltes
Reptilien-Syndrom; oder: bei Menschen mit GPS sind die Schilddrüsenhormone „erhöht"). Die Schilddrüsenaktivität ist Effekt vom Effekt.

Die Schilddrüse ist sehr gut durchblutet. Aus dem Herzen kommt die
Hauptschlagader und geht direkt und unmittelbar zur Schilddrüse. Sie
bekommt jede Herzensangelegenheit sofort mit.

Essenzielle Hormone

T_3 und T_4 sind essenzielle Hormone für die Schilddrüse (für das Wesen und den Erhalt des Organs selbst von Bedeutung).

WPb T_3 (Trijodthyronin) (2.1.1.1.) und WPa T_4 (Thyroxin) (2.1.1.2.):

T_3 und T_4 bestehen aus der Aminosäure Tyrosin, die an ihrem aroma-
tischen Ring an drei Positionen (Triiodthyronin) und an vier Positionen
(von Thyroxin) jodiert ist.

„Beide Hormone sind Aminosäurederivate. Ihre Synthese erfolgt
aus dem im Thyroglobulin gebundenen Tyrosin z. T. in den Follikelepithelzellen und weiter extrazellulär im Kolloid der Follikelhöhle. Das Außergewöhnliche an diesem Organ ist, dass es Hormone
in großer Menge extrazellulär speichert (Stapel- oder Speicherdrü-
se)." (Junqueira, 4., Aufl., S. 394)

Synthese und Speicherung von Thyroxin und Trijodthronin

1. In den Follikelzellen synthetisieren Thyreozyten unter Einfluss von Thyreotropin Thyroglobulin durch Proteinbiosynthese. Thyroglobulin wird dann durch Exozytose (Verschmelzung von sekretorischen Vesikeln mit der apikalen Plasmamembran der Follikelepithelzellen) in das Kolloid der Schilddrüsenfollikel ausgeschüttet.
2. Das Thyroglobulin ist reich an Tyrosin-Seitenketten. Die Tyrosinseitenketten werden bei der Schilddrüsenhormonsynthese jodiert. Das Jod stammt aus der Nahrung und wird als Jodid-Ion über eine „Jodidpumpe" aus dem Blut aufgenommen und in elementares Jod überführt.
3. Dieses Jod reagiert mit den Tyrosinresten des Thyroglobulins in mehreren Schritten vermehrt zu T_4 und weniger häufig zu T_3.
4. T_3 und T_4 sind bis zur ihrer Freisetzung an Thyreoglobulin gebunden.

Jod ist ein hochaktives Halogen, das der Körper braucht. Es kann Sauerstoff aufnehmen. Ausgelöst durch TSH (aus der Adenohypophyse) wird Jodid aus dem zirkulierenden Blut mittels der „Jodidpumpe" des basalen Plasmalemms aufgenommen. Die Zelle entscheidet dann, ob sie aktives Jod möchte oder nicht.

„Andere Organe, die Jodid in geringer Menge aufnehmen, sind Speicheldrüsen, Magen und Brustdrüse" (Junqueira, 4., Aufl., S.395). TSH fördert die Jodid-Aufnahme (via cAMP) durch Erhöhung der Transportkapazität, während andere Anionen (ClO_4^-, SCN^-, NO_2^-; in der Reihenfolge ihrer Wirksamkeit) die Jodid-Aufnahme hemmen. TSH stimuliert auch die Freisetzung von Schilddrüsenhormonen. (Silbernagl, Despopoulos, Taschenatlas Physiologie, 7., Aufl., S. 288)

Bei Bedarf werden T_3 und T_4 aus den Follikeln freigesetzt. Durch die Zellmembran und den Extrazellularraum gelangen „pro Tag etwa 100 µg Thyroxin und 40 µg Trijodthyronin" in die Kapillaren. Im Blut werden die Hormone sofort an (verschiedene) Transportproteine gebunden." (a.a.O., S. 397)

Thyroxinbindendes Globulin (TBG) bindet 2/3 von T_4, Thyroxinbindendes Präalbumin (TBPA) transportiert zusammen mit Serumalbumin den Rest des T_4.

Freies T_3 und T_4, die wirksamsten Formen, zirkulieren im Blut nur in Spuren, da T_3 und T_4 nicht wasserlöslich sind. T_3 ist 3-8fach wirksamer und schneller wirkend als T_4 (für Notaktivität, die sofort gebraucht wird). T_4 wirkt im Regelfall.

Das im Blut zirkulierende T_3 stammt nur zu 20 % aus der Schilddrüse, 80 % entstehen in den Zielzellen durch Jodabspaltung von T_4. Der Abbau der Schilddrüsenhormone erfolgt in Leber, Milz und Niere.

„Diese Umwandlung von T_4 zu T_3 wird durch eine mikrosomale 5'-Deiodase katalysiert, die das Jod in 5'-Stellung (äußerer Ring) abspaltet. Aus all diesen Gründen wird T_3 als das wirksame Hor mon angesehen, während dem T_4 die Funktion eines *Speichers im Plasma* zukommt.

Wird das Jod (durch eine 5-Deiodinase) dagegen am inneren Ring entfernt, entsteht aus T_4 das inaktive reverse T_3 (rT_3). Normalerweise werden in der Peripherie etwa gleichviel T_3 und rT_3 produziert (ca. 25µg/d). Beim Fasten hingegen ist die Bildung von T_3 verringert (Energieeinsparung s.u.) und die vom rT_3 erhöht, weil die 5'-Deiodase gehemmt wird. Von dieser Hemmung ist die 5'-Deiodase der Hypophyse (s. u.) ausgenommen, so dass eine (in diesem Fall unerwünschte) TSH-Freisetzung durch negative Rückkoppelung unterbleibt." (a.a.O., S. 290)

Die Hormonfreisetzung erfolgt durch Thyreoliberin (TRH, syn. TSH-RH) aus dem Hypothalamus, das die Freisetzung von Thyreotropin (TSH) aus der Adenohypophyse stimuliert, die die Jodaufnahme, Synthese und Freisetzung von T_3 und T_4 fördert. Vasopressin (ADH) und Adrenalin können direkt die Schilddrüsenhormonsekretion beeinflussen.

Eine *Hemmung* der TSH-Sekretion kann durch den Anstieg des freien Thyroxins, durch Somatostatin, Wärme, Traumata oder durch andere Stressformen geschehen. Die *Stimulation* der TSH-Sekretion kann durch den Abfall des freien Thyroxins im Blut und durch Kälte geschehen.

TSH besteht aus zwei Untereinheiten: TSH-alpha, das ähnlich, wenn nicht sogar identisch ist mit der alpha-Untereinheit von LH (luteinisierendes Hormon), und TSH-beta, das offensichtlich die funktionelle Spezifität des TSH enthält.

Die Halbwertszeit von TSH beträgt ungefähr 60 Minuten. Es wird in der Niere und, zu einem geringen Teil, in der Leber abgebaut.

TSH kontrolliert alle Schritte der Schilddrüsenhormonsynthese. Es bindet sich an einen Zellrezeptor und aktiviert cAMP als „second messenger", das die TSH-Information übermittelt.

T_4 und T_3 werden in der Zelle an einen nuklearen Rezeptor gebunden und beeinflussen dadurch die Bildung von messenger-RNA. Diese benötigt die Zelle zur Proteinsynthese. Da die meisten Enzyme aus Proteinen bestehen, werden vermehrt Enzyme gebildet, die dann „arbeiten" wollen, d.h. sie suchen sich ein Substrat, das sie weiterverarbeiten können, und das normalerweise ausreichend vorhanden ist.

Das heißt: Die Enzymproduktion ist der begrenzende Faktor für die Stoffwechselrate.

T_3 und T_4 liefern Energie (Grundumsatz) für die Stoffwechseltätigkeit (calorigene Wirkung). Sie wirken so, dass die Anzahl der Mitochondrien und die Zahl ihrer Cristae sowie die mitochondriale Proteinsynthese und der Cholesterinstoffwechsel (Umwandlung in Sexualhormone) zunehmen. T_3 erhöht den Sauerstoffverbrauch bei verstärktem Energieumsatz. Es kommt u. a. zu erhöhter Wärmebildung, Steigerung der Kohlenhydrataufnahme durch den Darm und Steigerung des Lipidstoffwechsels.

Die Schilddrüsenhormone steigern die Sauerstoff-Aufnahme bei Kindern in allen Geweben. Bei Erwachsenen steigern sie die Sauerstoffaufnahme in allen Organen außer in den Hoden, Uterus, Milz und Hypophysenvorderlappen sowie im Gehirn.

Auch die Natrium-Kalium-ATPase-Aktivität, die die Natrium-Kalium-Pumpe in Gang hält, wird gesteigert. Das geschieht vor allem in den Geweben, die im Normalzustand den größten Sauerstoffbedarf haben (Leber, Niere, Herz und Skelettmuskulatur).

Die Wirkung von T_3 und T_4 auf den Lipid-, Kohlenhydrat- und Proteinstoffwechsel ist konzentrationsabhängig: in niedriger Konzentration fördern sie die Proteinsynthese und die Bildung von energiereichen Phosphaten, erhöhte Konzentrationen haben katabolen Effekt mit einer negativen Stickstoffbilanz und erhöhter Kreatininausscheidung. Der Verbrauch von Triglyzeriden wird erhöht, Harnsäure kann verwendet und abgebaut werden (nicht gespeichert). Die Harnsäure kann verwendet werden für Purinsäure, RNA (Boten) und DNA, die in der Zelle für die Botengänge wichtig sind.

Die Schilddrüsenhormone beeinflussen den Ablauf des Menstruationszyklus und die Fertilität. T_4 ist auch für die Umwandlung von Carotin zu Vitamin A in der Leber von großer Bedeutung.

Die Schilddrüsenhormone wirken auf das **Nervensystem:** Beim Erwachsenen passiert Thyroxin die Blut-Hirn-Schranke nicht oder nur in Spuren. Beim Erwachsenen sind die Thyroxinwirkungen auf das Gehirn z.T. durch die Empfindlichkeitssteigerung für die Katecholamine bedingt, durch die die Wachheit verstärkt aktiviert werden kann.

Die Denkgeschwindigkeit ist abhängig von der Schilddrüsenhormonkonzentration im Blut - was ihre Beziehung zu den weiblichen Hormonen beweist: Je niedriger, desto langsamer, je höher, desto schneller - ein entscheidender Effekt zur Unterstützung angemessener Dynamik (sprich: angemessener Anwendung des weiblichen Prinzips). Werden diese Energien jedoch nicht für Adversives gebraucht, treten Reizbarkeit und Ruhelosigkeit als Folge unverbrauchter Energien auf.

Die Schilddrüsenhormone wirken auf den **Kohlehydratstoffwechsel,** indem sie die Kohlehydrat-Resorptionsrate aus dem Darm steigern. Der Verbrauch von Kohlehydraten steigt durch die erhöhte Stoffwechselrate. Daher sinkt der rasch angestiegene Blutzuckerspiegel auch rasch wieder ab, so dass in der Leber keine Reserve angelegt werden kann. Beim raschen Blutzucker-Anstieg kann die Nierenschwelle überschritten werden, was zu einer pathologisch erhöhten Entwässerung des Körpers führt.

Die Schilddrüsenhormone stimulieren den **Cholesterin-Stoffwechsel**. Sie fördern die Cholesterinsynthese und die Abbaumechanismen in der Leber. Der Cholesterinspiegel sinkt noch vor Anstieg der Stoffwechselrate.

Wechselwirkung zwischen **Schilddrüsenhormonen und Katecholaminen:** Katecholamine und Schilddrüsenhormone wirken ähnlich, Katecholamine jedoch für kürzere Zeit. Die Stärke der calorigenen Wirkung der Schilddrüsenhormone hängt vom Niveau der Catecholamin-Sekretion (Adrenalin und Noradrenalin) und vom Ausgangswert der Stoffwechselrate ab: Bei initial niedriger Stoffwechselrate ist die Wirkung massiv; bei initial hoher Stoffwechselrate ist sie relativ gesehen niedriger.

Im Herzmuskel sind zwei unterschiedliche Adenylat-Cyclasen (ein Enzym, das cyclo-AMP bildet), eine wird durch Noradrenalin, die andere durch Thyroxin aktiviert. Effekte von Catecholaminen werden durch Schilddrüsenhormone potenziert und umgekehrt.

Zur Wechselwirkung der **hormonellen und nervaler Aktivität** der Schilddrüse: Die Schilddrüse ist empfindsam und empfindlich! Jede Erhöhung der parasympathischen Tätigkeit senkt die Hormonproduktion, eine Überbetonung des Sympathikus erhöht die Schilddrüsenhormone.

Die Schilddrüse ist ein situativ agierendes Organ, das die augenblickliche Situation widerspiegelt. Sind im Labor erhöhte oder erniedrigte Schilddrüsenwerte feststellbar, ist erkennbar, dass die dafür „verantwortliche" Situation, in der sich der Mensch befindet, eine länger andauernde ist.

Die Schilddrüse neutralisiert die Auswirkungen von noogenen, aversiven Impulsen auf die Organe. Sie ist daran beteiligt, dass wir einen LS aufbauen können und nicht jede VA-Assoziation gleich zur Krankheit führt. Damit schafft sie Räume zur „Beruhigung der Nerven". Sie kann einerseits Stoffwechselaktivitäten aktivieren und andererseits reduzieren.

Wird die Stoffwechseltätigkeit reduziert, hindert die Schilddrüse uns am Zuweitgehen unserer aversiven Methoden. Sie unterscheidet nicht nach Sinn und Unsinn, sondern nach Quantität. Die Mehrdimensionalität der Schilddrüse ist nach Quantität und nicht nach Zeit zu beurteilen.

Die Schilddrüse ist neben der Stoffwechseltätigkeit wesentlich für die Nerven. Sehen wir das Besondere der Schilddrüse im Zusammenhang der nervalen Situation, erscheinen T_3 und T_4 in einem anderen Licht. T_3 und T_4 sind für andere Organe und Zellen interessant – *und* für die Schilddrüse selbst. Sie gibt Informationen über sich selbst, woraus der Effekt der erhöhten Stoffwechseltätigkeit, als Notsignal der Schilddrüse, entsteht.

Die Schilddrüse nimmt alle Herzensangelegenheiten und nervalen Situationen wahr. Sie hat die Funktion, indem sie sich selbst erhält, auch unsere vitalen Funktionen zu erhalten. Sie ist nur an sich selbst interessiert, entfernt von moralisch einwandfreien, selbstlosen Hingabeaktivitäten. Sie kann nerval irritiert werden und senkt dann die Produktion nach dem Motto: „Mit mir nicht." Sie hat das LSB Mä:

„Recht ist, was mir Recht ist." (Zur Interpretation der **Mischungs-verhältnisse** von T_3 und T_4 siehe Noosomatik VI-2, 13.1.)

Die Schilddrüse kann eine **Antibild-Bereitschaft** (AB) (Noosomatik Bd. V-2, 8.6.) signalisieren, auch eine **Analogie**, (Noosomatik Bd. I-2, S. 115 ff.) die das AB notwendig zu machen scheint. Die Schilddrüse animiert uns zur Lust an der Wahrheit (A^4).

Bei der Umwandlung von Angewiesenheit in Abhängigkeit muss die Schilddrüse mehrere unverdauliche Stoffe verarbeiten. Eine gesteigerte Aktivität der Schilddrüse ist das Bestreben, von der Abhängigkeit wegzukommen. Unser Körper agiert autonom und selbstverständlich im Hinblick auf die Fähigkeit, mit kränkenden Impulsen umzugehen. Schauen wir auf die Schilddrüse, sehen wir die Fähigkeit des Körpers, trotz des Zwangs von außen, unabhängig zu sein.

Bei AB-Aktivität und Wahrnehmung von VA-Atmosphäre „empfindet" sich die Schilddrüse bedroht und produziert mehr Hormone als Notsignal. Das Notsignal signalisiert, dass andere nicht so liebevoll mit uns umgehen, wie wir das möchten. Wir „warten dynamisch", dass sich die anderen ändern, und endlich verstehen, wie sie mit uns umgehen sollen.

Legt eine Sympathikusüberaktivität ungezügelt los, geht es um das Überleben. Es findet nun eine Versorgung des Gegenübers mit den erhöhten Schilddrüsenwerten statt, damit es sich beruhigt oder ein Festhalten des anderen im LS im Sinne des Fütterungssyndroms oder ein gegenseitiges Erhaltenwollen, im Bisjetzigen.

Die niedrige Schilddrüsenaktivität aktiviert die 1. Umdrehung, die erhöhte Schilddrüsenaktivität die 2. Umdrehung.

Es kann passieren, dass uns plötzlich eine LS-Methode fehlt, weil eine Erfahrung über die bisjetzige Erfahrung hinausreicht. Es begegnet uns etwas, dass das AB hervorruft und gleichzeitig signalisiert, dass uns etwas fehlt. Es können zwei Möglichkeiten auftreten: entweder ein Mehr an VA oder gar keine. Eine VA können wir benennen. Doch sollte ein Erkennungsreflex am Werke sein gegenüber dem Ursprünglichen, i-Punkt-Kommunikation, erscheint uns das neu.

Die Schilddrüse stellt Energie zur Verfügung, wenn Neues erkennbar wird, dass es „verkraftet" werden kann. Die Schilddrüse merkt, dass im ganzen Organismus auch noch etwas anderes angesagt ist.

Die Schilddrüse wirkt mit, einen LS aufzubauen und zu erhalten. Droht die Gefahr, dass der LS umgestoßen wird, unterscheidet sie die Impulse nicht. Sie muss noch eine zusätzliche nervale Information bekommen: wenn das Zögern (beim Erkennungsreflex) Raum bekommt für die FH-Inhalte (Angst, Furcht o.ä.), ist Notbremse „angesagt".

Die Schilddrüse hat Verbindungen zu den Assoziationszentren (nervale Informationen). Bestimmte Erinnerungen sind wichtig, damit die Bereitstellung von Energien schneller erfolgt. Die Information läuft über den Hirnstamm (Vaguskerne) und von dort zur Schilddrüse, mit Verbindung zum TRO. Das TRO bekommt die Information, als sei der aktuelle Zustand identisch mit einer damaligen Situation (Gedächtnis). Dann wird auf die Assoziationen zurückgegriffen und unmittelbar werden alle dazugehörigen Reaktionen in Gang gesetzt. Gedächtnismoleküle, die so tun, als sei die damalige Situation jetzt anwesend, können gebildet werden (Retraktion).

Doch genauso hat die Schilddrüse die Fähigkeit auch bei angenehmen Vorstellungen mitzuwirken (Animation).

Mamma

A^4 WPb plus sotsyst MWPb plus Parasympathikus = WPb plus MP plus WPb plus Parasympathikus

Essenzielle Hormone
WPb: glatte Muskelzellen; A^4
MP: Melanozyten; A^4; (reagieren auf Licht)
WPb: Glandulae areolares; A^4; (schützt die Integrität der Mamille)

glatte Muskelzellen qual Melanozyten qual Glandulae areolares

Anatomie

Die Brust liegt dem Musculus pectoralis major und teilweise dem Musculus serratus anterior auf. Sie besteht aus **Fett- und Bindegewebe** und den **Mamillen** („Brustwarzen"). Durch das lockere Bindegewebe ist sie verschiebbar. Die Brustdrüsen (siehe Brustdrüsen) liegen im Bindegewebe (Bindegewebsstränge) mit viel eingelagertem Fettgewebe, das für Größe und Form der Brust bestimmend ist. Die Brustdrüsen sind essenziell für die Mamma.

Die **Brustwarze** (Papilla mammaria) ist vom **Warzenhof** (Areola mammae) umgeben. Beide sind stark pigmentiert. In der Peripherie des Warzenvorhofes liegen die Glandulae aerolares (Vorhofdrüsen). Die Brustwarze und die Areola bestehen aus Bindegewebe mit Talgdrüsen und Duftdrüsen. Die Haut an der Brustwarze und Areola ist sensibel, dicht innerviert und weist Mechanorezeptoren auf, deren Aktivität die Freisetzung von Prolactin und Oxytocin vermittelt. Die Dermis beinhaltet adrenerg innervierte glatte Muskelzellen, deren Kontraktion zur Veränderung der Brustwarze und areolären Haut führt. Die Brust wird durch Arterien versorgt. Die venöse Entsorgung verläuft weitgehend entlang der Arterien. Die wichtigsten Lymphgefäße verlaufen axial.

Die Brust ist bei Frau und Mann prinzipiell gleich aufgebaut. Eine Differenzierung und Wachstum findet in der Pubertät bei der Frau verstärkt statt.

Exkurs: „La Mamma" (aus „Schmach, usw.", 4., Aufl., 207 f.)

Die Brust ist bei Frau und Mann prinzipiell gleich aufgebaut. Die Größe der Brust bei der Frau ist Effekt der Wirkung einer Zink-Lipidmischung, die durch Progesteron aktiviert wird und hängt wiederum von der Aktivität der Bauchspeicheldrüse ab.

Physiologisch: Die Carboxypeptidase A, ein zinkhaltiges sehr flexibles vielgestaltiges Verdauungsenzym aus der Bauchspeicheldrüse, hydrolysiert Peptidketten zu Aminosäuren, die nun zum Aufbau zur Verfügung stehen. Progesteron wandert in die Zellen und induziert dort die Proteinsynthese, für die die Polymerase, ein ebenfalls zinkhaltiges Enzym, zuständig ist. Physiologisch „normal" ist ein kleiner Busen (ohne Hilfe eines BH klein und orientiert), bei Schwangerschaft und Stillzeit eben größer (Prolaktin = vom MP getragen: Versorgung).

Bekommt die Tochter mit, dass ihre Weiblichkeit vom Vater erotistisch verwertet wird, stoppt sie die Entwicklung des Busen. Die „übernormale" Entwicklung kann unterschiedliche Gründe haben (Mutter übertreffen wollen; die Wirkung auf Vater provokativ einsetzen „sollen"; Selbstbeschuldung „Die Vater-VA liegt an meiner weiblichen Wirkung"; u. a.). Wie dem auch sei: Die Tochter hat nur die Chance der Wahl der Form für ihre Unterwerfung.

Und: Das nicht aus ästhetischen Gründen ableitbare Interesse des Mannes am Busen einer Frau repräsentiert den Wunsch, selbst Gastgeber sein zu wollen: Das Streicheln des Busens widerfährt einer Frau, sie ist dabei Gast und passiv. Sie möge sich bitte dann auch entsprechend den Wünschen des Gastgebers ver-ändern! Bietet sich eine Frau über das Angebot des Busens an, bietet sie ihre Bereitschaft an, sich im Sinne der Vater-VA verobjektivieren (= reduzieren) zu lassen.

Die Mamma trägt als Signalgeberin dazu bei, wahrzunehmen, in wieweit Bewegung möglich ist. Die Melanozyten in der Mamille antworten auf Licht. Die Mamma bezieht Stellung zu physikalischen Impulsen von dra und dri. Sie ist ein sensuelles Organ. Diese Stellungnahme ist kein Automatismus.

Essenzielle Hormone
WPb: Glandulae areolares sind apokrine, merokrine Drüsen und Talgdrüsen. Sie produzieren ein fettiges duftendes, alkalisches, proteinhaltiges Sekret: es schützt die Integrität der Mamille.
WPb: glatte Muskulatur
MP: Melanozyten
Dunkle Haut braucht mehr Wärme und garantiert die Mehraufnahme an Wärme. Sie reagieren auf Licht.

Penis

A^4 WPb plus sotsyst MWPb = WPb plus MP plus WPb plus Parasympathikus

Essenzielle Hormone
WPb: glatte Muskelzellen; A^4
MP: Präputium; A^4
WPb: Schwellkörper; A^4

Präputium qual glatte Muskelzellen qual Schwellkörper

Embryologie

Etwa ab der 8. Woche wächst nun der **Genitalhöcker** und entwickelt sich zum **Penis**. Während dieses Vorgangs werden die Urethralfalten nach vorne gezogen und bilden eine tiefe Spalte (Urogenitalspalte), während die Urogenitalmembran aufgelöst wird. Deren entodermale Anteile werden zur epithelialen Auskleidung der Spalte verwendet und entwickeln sich zur **Urethralplatte**, eine Gewebsschicht, aus der die **Urethra masculina** zusammen mit dem äußeren Abschnitt des Sinus urogenitalis im Penis gebildet wird. Am Ende des 3. Monats sind die beiden Urethralfalten um und über der Urethralplatte geschlossen.

Im 4. Monat wandern Ektodermzellen von der Spitze des Penis durch das Gewebe nach innen auf das Ende der bisherigen Urethra zu, deren kurzer Epithelstrang wächst also auf das Lumen der Urethra zu und wird danach kanalisiert (ostium urethrae). Auch beim Mann gibt es zwar den M. ischiocavernosus, der jedoch keine Schließmuskelfunktion erkennen lässt, d. h. er ist nicht willkürlich steuerbar (Leonhardt, Innere Organe, 6., Aufl., 1991, S. 310 ff.). (Noosomatik Bd. I-2, S. 249)

Die Haut des Penis bildet über der Glans eine Hautfalte mit zwei Hautschichten (ebenfalls Praeputium oder Vorhaut genannt). Sie ist mit dem Epithel der Glans verhaftet, so dass die **Vorhaut** bei der Geburt nicht retrahiert werden kann. Diese Verbindung löst sich erst in den ersten Lebensjahren. Aus dem Mesenchym des Phallus entstehen die Corpora cavernosa penis und das Corpus spongiosum urethrae. (Moore, 4., Aufl., S. 341)

Anatomie

Der Penis besteht aus der **Peniswurzel**, dem **Penisschaft** und der **Glans penis** mit der Vorhaut. Er wird von der **Harnröhre** durchzogen, in die in der **Prostata** der Ductus deferens (Samenleiter) mündet. Die Peniswurzel ist mit der Beckenbodenmuskulatur fest verbunden. Im Penisschaft befinden sich drei Schwellkörper, die beiden Corpora cavernosa (paarige Schwellkörper) und das Corpus spongiosum (unpaarer kompressibler Schwellkörper), das die Harnröhre umgibt.

Die Glans penis ist von der Vorhaut bedeckt, die sich im Zustand der Erektion von der Glans zurückzieht. Die Haut der Glans penis enthält zahlreiche freie Nervenendigungen und ist sehr sensibel innerviert.

Durch Dauerreiz, z. B. durch Tragen enger Unterwäsche oder nach einer Beschneidung, wird die Sensibilisierung aufgehoben. Die angeblichen immunologischen bzw. hygienischen Gründe für eine Beschneidung sind interessegeleitete Behauptungen. Durch die (patriarchal erwünschte) Desensibilisierung kann ein Mann die Nuancen der exogenen Informationen übergehen bzw. „übersehen". Sorge um die Männlichkeit begrenzt diese.

Essenzielle Hormone
WPb: glatte Muskelzellen
MP: Das Präputium (als Ersatz-„Hormon") dient dem Schutz der Empfindsamkeit, der Empfangssensibilität. Nach einer Beschneidung wird die Haut der Glans penis unempfindlich, auch gegenüber Gewalt!
WPb: Schwellkörper

Duftdrüsen

A^4 WPb plus advsyst WPb plus Parasympathikus

Essenzielle Hormone
WPb: 11-beta-Hydroxyöstradiol (1.1.2.6.4.1.); A^4
WPb: beta-MSH (22 AS) (3.1.12.); A^4

11-beta-Hydroxyöstradiol qual Parasymp. qual beta-MSH

LSB: WO

Embryologie
Die Duftdrüsen (Glandulae sudoriferae apocrinae) werden auch apokrine Schweißdrüsen genannt. Sie entstehen nach der 12. und vor der 16. Woche aus den Epithelknospen, aus denen auch die Haarfollikel entstehen. (Moore, 4., Aufl., S. 527 f.)

Anatomie
Die Duftdrüsen kommen häufig in Verbindung mit Haaren vor (Achselhöhlen, Kopf- und Schambehaarung). Sie finden sich in der **Analregion** (Glandulae circumanales), in der **Genitalregion**, dem **Warzenhof**, im äußeren **Gehörgang** (Glandulae ceruminosae) und im **Augenlid** (Glandulae ciliares, auch Mollsche Drüsen).
Duftdrüsen liegen in der **Haut** (Dermis) oder im oberen Bereich der Unterhaut. Ihre Ausführungsgänge münden in den oberen Anteil der **Haarfollikel**. Bis in die Unterhaut hinab liegen ihre jeweiligen unverzweigten tubulösen (röhrenförmigen) Drüsenkörper, zu einem kugeligen Knäuel (mit Blindsäcken und Querverbindungen) gewunden und von zahlreichen Myoepithelzellen (glatten Muskelzellen) umgeben, die sich zusammenziehen und so die Abgabe von Sekret fördern können. Dieses visköse alkalische Sekret ist fett-, cholesterin- und eiweißreich. Es erhält seinen Eigengeruch erst durch den bakteriellen Umbau. (Geneser, S. 388)
Das Hautmilieu im Bereich der Duftdrüsen ist alkalisch, im Unterschied zur sonstigen Haut, deren Oberfläche ein saures Milieu hat.
Die Duftdrüsen wirken an unterschiedlichen Stellen einen angenehmen Duft. Sie produzieren ein alkalisches Sekret und haben keinen Säureschutzmantel. Dadurch haben sie unmittelbaren Kontakt von draußen nach drinnen und von drinnen nach drinnen und von drinnen nach draußen.
Das alkalische Sekret ist cholesterinhaltig und lipidreich: Sexualhormone beeinflussen die Duftdrüsen. Duftdrüsen nehmen verstärkt ihre Arbeit in der Pubertät auf, durch Vermehrung der weiblichen Hormo

ne (um das 8. Lebensjahr). Ihre Arbeit korreliert bei der Frau mit dem Ovarialzyklus. Die Duftdrüsen sind bei Frauen stärker entwickelt als bei Männern.

"Apokrine Drüsen sind durch die alveoläre Gestalt ihrer Endstücke zur „Vorratshaltung" von Sekret befähigt" (Leonhardt, 8., Aufl., S.107).

Für das Gleichgewicht in der Produktion der essenziellen Hormone brauchen wir den Parasympathikus. Wird dieser überdehnt (bei einem Schock), ruft das als Gegenwehr den Sympathikus auf den Plan, um die Sekretbildung zu fördern.

"Myoepithelzellen werden *adrenerg* innerviert. Sie verhindern den Sekretrückstau und fördern ... den Sekrettransport." (a.a.O., S.110) (bei den Schweißdrüsen ist es andersherum).

"Myoepithelien sind wie glatte Muskelzellen strukturiert, sie besitzen Aktin- und Myosinfilamente und können deshalb auch zum glatten Muskelgewebe gerechnet werden." (a.a.O., S. 110) (also unwillkürlich!).

Essenzielle Hormone
WPb: 11-beta-Hydroxy-beta-Östradiol (1.1.2.6.4.1.) ist ein schnell wirksames lipidhaltiges Hormon. Es aktiviert und schützt gleichzeitig. (Hydroxy weist auf Wasserstoff und Sauerstoff.)
WPb beta-MSH (Melanozyten-stimulierendes Hormon, syn. Melanotropin) (3.1.12.):
Das beta-Melanozyten stimulierende Hormon besteht aus 22 Aminosäuren. Es wird aus dem Pro-Opiomelanocortin gebildet.

Weibliche Geruchsentwicklung bei einer Stressreaktion
Vor jeder Stressreaktion gibt es eine verstärkte parasympathische Aktivität (parasympathischer Stopp). Über zwei Wege kann eine Stressreaktion in Gang gesetzt werden:
Beginnt der Start mit einem Schuldschock (A^2) (1. Umdrehung, Durchfall oder Magenschmerzen bei der Frau), lehnt sich als Folge der Mensch selbst oder andere ab (A^0). $A^2 + A^0 = A^1$ (Panik-Stress-Reaktion).
Wird mit Starre oder Moralismus (A^0) gestartet und daran die Schuldfrage geknüpft, wird per effectum versucht Heil auszuschalten: $A^0 + A^2 ->$ HS
Die Schmerzsignalwirkung beim parasympathischen Stopp durch die Ausschüttung von **Serotonin** (2.2.2.), ist durch die VA bekannt (siehe „5. Kapitel: Traumatologie" in Noosomatik Bd. I-2). Serotonin kann auch süchtig machen. Bei dieser Aktivität des sympathischen Stresses wird beta-MSH ausgeschüttet. In dieser Panik-Stress-Situation wird die Produktion von Duftstoffen erhöht (wieder umgekehrt wie beim Schweiß!). Eine Frau in der Panik-Stress-Reaktion riecht gut, falls nicht die Schweißdrüsen (A^0) aktiviert werden.
Die Senkrechte der Duftdrüsen (A^4), ist auch die Kollaborationssenkrechte, die mit der A^{Dog}-Senkrechten korrespondiert! Eine Frau aver

siv auf A^4 korrespondiert mit der A^{Dog} -Senkrechten des Mannes, der sich dort in Sicherheit gebracht hat. Sie kollaboriert „demutsvoll", oft durch manisches Rödeln.

Sie riecht gut, damit es nicht noch schlimmer wird, der Mann wird ruhiger. Die Frau schützt sich über die Eigenproduktion. Von Natur aus ist die Frau also in der Lage, bei einer Panik-Stress-Reaktion den Mann zu „beruhigen".

Die Duftstoffe werden weiter transportiert, wenn die Stressreaktion in Gang ist. **Beta-Lipotropin** hat eine biochemische Verwandtschaft zu den Duftstoffen. D.h. es ist auch möglich die Beta-Lipotropinausschüttung zu aktivieren und dadurch angenehm zu duften. Das führt zur Desensibilisierung, da ein biochemischer Zusammenhang zu den **Endorphinen** besteht.

Die Phänomene des Abbruchs der Kommunikation mit sich selbst haben sedierende Wirkung, um wieder in Gang zu kommen. Nach Ausschüttung der Endorphine wird weniger Serotonin gebraucht. Das stützt die Duftdrüsenaktivität, so dass sie zur Neutralisierung der Umgebung beitragen, nach draußen wirken sie beruhigend.

Bei zwischenmenschlichen Kommunikationen findet ein reger Duftstoffaustausch statt. Der Volksmund sagt: Man kann diesen oder jenen riechen oder nicht riechen. Über die Duftdrüsen werden Aromapartikel ausgesandt, das sind Stoffwechselprodukte, insbesondere natürlich auch die fettlöslichen Sexualhormone, die mit Anteilen des Cytoplasmas auch freigesetzt werden (siehe Junqueira, 3., Aufl., 1991, S. 117 f.). Die Mischung dieser Duftstoffe gelangt mit dem Atem in die Nase und in die Lunge. Die produzierten Duftstoffe sind Effekte, nicht intendierbar, Effekte individueller Äußerungen (!), seien es nun Gefühle oder Nichtgefühle. Deren Aufnahme und Verarbeitung ist selbst ein Effekt, nämlich der Effekt der individuellen Stellungnahme.

Im ersten Jahr nach der Geburt, so wissen wir, kann das Kind, kann ein Mensch nur durch die Nase atmen. Parallel zu dieser alleinigen Nasenatmung im ersten Jahr nach der Geburt ist das Kind in der Lage, in besonderem Maße selbst Duftstoffe produzieren zu können. Wir können riechen, dass Kinder im ersten Jahr nach der Geburt ganz anders riechen (im doppelten Sinne!). Und diese von den Kindern dann besonders produzierten Duftstoffe vermischen sich mit den Aromaanteilen, den Duftstoffen der Umgebung, damit die Fremdstoffe, die von Mutter und Vater kommen, besser verarbeitet werden können. Zur Verdünnung anwesender aggressiver Atmosphärepartikel draußen werden also eigene, wohlig duftende Teilchen nach draußen gesetzt mit der Folge, dass dann die eigenen angenehmen Anteile als von draußen kommend wahrgenommen und dem Gegenüber zugedacht werden. Das ist die Ursache der Möglichkeit zu Projektionen, einem anderen Eigenes zuzudenken oder auch zu unterstellen.

Auch hier werden Effekt und Intention verwechselt; und da jeder Mensch eine Verwundung hat, kann jeder Effekt und Intention verwechseln. (aus Noosomatik Bd. I-2, 1.5.5.)

Pankreas

A⁴ WPb plus avsyst WPa plus Parasympathikus

Essenzielle Hormone
WPb: Insulin (A-Kette: 21 AS; B-Kette: 30 AS) (3.1.18.); A⁰;
(senkt den Blutzuckerspiegel)
WPa: Glukagon (29 AS) (3.1.19.); A²; (erhöht den Blutzuckerspiegel)

Parasympathikus qual Glukagon qual Insulin

LSB: A⁵

Embryologie
Am 25. Tag entsteht eine dorsale Ausknospung im unteren Abschnitt des **Vorderdarmes** etwas oberhalb der Leberanlage, die rasch in das dorsale Mesenterium (Gewebsbrücke von der Darmanlage zur rückwärtigen Bauchwand) einwächst. Hier entsteht die größere dorsale Pankreasanlage. Am 28. Tag sprosst das **Entoderm** ventral unterhalb der Leberanlage ebenfalls aus, zunächst eine linke und eine rechte Knospe, die jedoch bald miteinander verschmelzen. Bald wandert der Abgang dieser ventralen Aussprossung in die Leberanlage.

Aus dem entodermalen Gewebe der Pankreasaussprossungen bildet sich ein Netzwerk von Gängen, aus deren Enden sich Drüsengewebe (Acini) bilden. Die **Langerhans-Inseln** (das sog. endokrine Pankreas) entstehen ebenfalls aus entodermalem Gewebe ab der 9. Woche. (Hinrichsen, S. 568).

Aus dem umliegenden Mesenchym entstehen Bindegewebe, Gefäße und Septen des Pankreas. Im Verlauf der Magen- und Zwölffingerdarmdrehung wandert der ventrale Pankreasgang mit der ventralen Pankreasanlage zusammen mit dem Gallengang nach dorsal. Diese Wanderung ist am 37. Tag beendet.

Dort verbinden ventrale Pankreasgang und -anlage sich bis zum 41. Tag (a.a.O., S. 626) mit dem dorsalen Pankreasanteil. Aus der ventralen Pankreasanlage entsteht der Pankreaskopf und der Processus uncinatus, aus der dorsalen der Rest des Pankreas. Der darmseitige Pankreasgang entsteht aus dem ventralen Pankreas, der zum Pankreasschwanz hin weiter weg vom Darm gelegene Gang aus dem dorsalen.

Die Differenzierung des Pankreas im Hinblick auf seine exokrine Tätigkeit setzt im 3. Monat ein (a.a.O., S. 568) und die ersten proteolytischen Enzyme können nachgewiesen werden.

Ab der 10. Woche (a.a.O., S. 626) lassen sich im endokrinen Pankreas bereits vier Grundzelltypen nachweisen: Typ A für die Glukagon produktion, Typ B für die Insulinproduktion, Typ D für Somatostatin und Typ PP für die Produktion des pankreatischen Polypeptids.

> „Entwicklungsgeschichtlich sind die Inseln aus Zellzapfen der embryonalen Drüsenausführungsgänge der exokrinen Anteile der Bauchspeicheldrüse hervorgegangen. Teilweise bleiben sie mit ihrem Ursprungsgewebe in Verbindung, haben selbst aber keine Ausführungsgänge." (Junqueira, 4., Aufl., S. 526)

Die Insulinproduktion beginnt in der 20. Woche: Insulin ist ein anaboles Hormon, das die Aufnahme von Zucker in die Zelle und die Verarbeitung von Zucker in der Zelle fördert. (Zucker ist Energie für das Wachstum.) Es ist für das Wachstum da.

Die A^4-VA kann (zur A^4-VA siehe Noosomatik Bd. V-2, 8.4.2.12.1.) ab diesem Zeitpunkt beim Kind stattfinden. Da die GPS-Auswirkung der Mutter (zum GPS siehe in diesem Band „Nase") auf das Kind einwirken kann, ist Insulin wichtig für die Myelinbildung. Die Myelinscheiden sind für die Nervenzellen wichtig, sie dienen der Pufferung, das Kind kann überleben. Bei der A^4-VA wird mehr Energie gebraucht, mehr geschafft, mehr gewachsen. Die Ausbildung des peripheren Nervengewebes verbraucht vermehrt Zucker, so dass andere Organe nichts mehr bekommen. Sie bilden daraufhin Insulinrezeptoren und holen sich Insulin.

In der 20. Woche, am Übergang zwischen 4. und 5. Monat wird auch die Autonomie der „alten" Gehirnanteile vorbereitet, im Übergang vom 5. zum 6. Monat ist sie fertig.

Anatomie

Das Pankreas (Bauchspeicheldrüse) hat exokrine und endokrine Anteile. Das exokrine Pankreas produziert Verdauungsenzyme, die durch den Pankreasgang in den Zwölffingerdarm (Duodenum) abgegeben werden. Das endokrine Pankreas produziert Hormone. Das Pankreas besteht aus dem Pankreas-Kopf (**Caput pancreatis**), Pankreas-Körper (**Corpus pancreatis**) und Pankreas-Schwanz (**Cauda pancreatis**). Es liegt hinten außerhalb der Bauchhöhle in der C-förmigen Kurvatur des Zwölffingerdarms und überkreuzt quer die große Bauchschlagader und die Bauchvene.

Der **exokrine Anteil** des Pankreas ist für die Verdauung und den gastro-enteropankreatischen Regelkreis zuständig. Er besteht aus den serösen Endstücken (Azini), Schaltstücken und den Ausführungsgängen.

Die Endstücke bilden **Drüsenläppchen**, die die Schaltstücke (Beginn der Ausführungsgänge) umfassen. Die Ausführungsgänge bilden den Hauptausführungsgang. Der Hauptausführungsgang (**Ductus pancreaticus**) verläuft durch die gesamte Drüse und mündet meist gemeinsam mit dem Ductus choledochus aus der Galle auf der Papilla duodeni major (**Vater-Papille**) in das Duodenum.

Die Zellen der Endstücke bestehen aus Zellen mit viel Ergastoplasma, die Proteine synthetisieren und die noch inaktive Vorstufe der Verdauungsenzyme in Granula speichern. Deren „Menge steht in enger Beziehung zur aktuellen Situation im Verdauungskanal: sie ist wäh rend des Fastens hoch, aber niedrig, wenn viel Nahrung im Verdauungskanal ist". (Junqueira, 4., Aufl., S. 542)

Die Schaltstücke bestehen aus einem niedrigen Epithel mit organellenarmen Zellen. Einige dieser Zellen liegen innerhalb der Azini („centroazinäre Zellen"). Mehrere Schaltstücke münden in interlobuläre Ausführungsgänge, die schleimproduzierende Becherzellen und gelegentlich enterochromaffine Zellen (Ektodermabkömmlinge, die Hormone produzieren) enthalten.

Die exokrine Einheit ist ausreichend von Blut umflossen; es gibt ein eigenes Kapillarbett parallel zu den Schaltstücken und, - nachgeschaltet -, ein zweites parallel zu den Azini. Über dieses Gegenstromprinzip geschieht eine Kontrolle als Effekt: den Azini stehen Ionen und Wasser in dem Maß zur Verfügung, wie es der vorangegangene Austausch im Bereich der Schaltstücke zulässt, der wiederum von den Konzentrationen im Blut und im von den Azini produzierten „Primärspeichel" des Pankreas abhängt.

> Das Besondere am Pankreas ist, dass spezielle „Streifenstücke" fehlen, die aus Zellen bestehen, die für die Regulation von Wasser- und Elektrolyttransport zuständig sind. Das bedeutet, dass die Ionenabgabe passiv (Effekt) ohne eine von der Zelle entschiedene Selektion (Intention) erfolgt.

Die starke Durchblutung des Pankreas bedeutet, dass es ausreichend mit Wärme versorgt ist. Es „verkühlt" sich nur sehr schwer.

Der **Pankreassaft** (2 - 3 Liter pro Tag) ist alkalisch (pH 8), er enthält viel Bicarbonat. Seine Enzyme liegen in Vorstufen vor, die über eine Reaktionskette im Darmlumen aktiviert werden. Die Starter-Reaktion, die Umwandlung von Trypsinogen in Trypsin, wird durch das im Duodenum sezernierte Enzym Enterokinase katalysiert.

Pankreasenzyme
- Eiweiß-spaltende Enzyme: Trypsinogen, Chymotrypsinogen
- Procarboxypeptidase A und B, Proelastase, Procarboxypeptidase
- Nucleotidasen: Desoxyribonuclease, Ribonuclease
- Fettspaltende Enzyme: Lipase, Lecithinase A
- Kohlehydratspaltende Enzyme: alpha-Amylase

Außerdem werden Albumin und Globuline sowie Ionen (Natrium, Kalium, Calcium, Magnesium, Chlorid, Hydrogencarbonat, Sulfat, Hydrogenphosphat) in das Darmlumen abgegeben.

Das **endokrine** Pankreas besteht aus Zellgruppen (Zellnestern) unterschiedlicher Zellarten, die wie Gewebsinseln aussehen und Inselorgan oder Langerhans-Inseln genannt werden. Sie liegen im exokrinen Pankreasgewebe. Die Verteilung ist am Cauda pancreatis am dichtesten und nimmt zum Caput pancreatis hin ab.

> „Sie liegen als mäanderförmig verzweigte Zellbänder – v.a. in der ehemalig ventralen Anlage des Pankreaskopfes - und als kompakte ovale bis runde Zellgruppen - vor allem in Corpus und Cauda pankreatis - vor und sind von wenig retikulärem Bindegewebe umge

ben. Außerdem kommen einzeln gelegene endokrine Zellen vor.
Beim Menschen rechnet man mit ungefähr 1-2 Millionen Inseln. ...
Statt Ausführungsgänge besitzen die Inseln ein reich entfaltetes
Netzwerk aus sinusoidalen (gefensterten) Capillaren, denen sich
die endokrinen Zellen anlagern." (Junqueira, 4., Aufl., S. 526)
Bei den Inselzellen handelt es sich um „exilierte Zellen", die von retikulärem Bindegewebe, „Nomaden", schützend umgeben sind.
Retikulumzellen und retikuläre Fasern bilden das sog. retikuläre Bindegewebe.
  Es „ist v.a. in blutbildenden (hämatopoetischen) und lymphatischen Organen anzutreffen. Retikulumzellen (=Fibroblasten) bilden
  einen weitmaschigen, dreidimensionalen Zellverband." (a.a.O., S.
  167)
Fibroblastische Retikulumzellen haben einen großen Nukleolus,
dichtes Zytoplasma und an ihrer Oberfläche alkalische Phosphatase. Histiozytäre Retikulumzellen sind zur Phagozytose befähigt und
entstehen aus Monozyten. Dendritische Reticulumzellen haben weit
verzweigte Ausläufer, die mit Nachbarzellen durch Desmosomen
verknüpft sind. Sie haben große Bedeutung bei der Auslösung einer Immunantwort. Interdigitierende dendritische Reticulumzellen
fallen durch Einfaltungen des Plasmalemm auf. Sie haben an ihrer
Oberfläche ATPase. Sie bilden dort, wo sie vorkommen, die netz-
förmige Matrix des Lymphgewebes. (a.a.O., S. 342)

Zellen des Inselorgans

Alpha(A)-Zellen liegen gewöhnlich in der Peripherie einer Insel. A_1-
Zellen produzieren Gastrin.
  Gastrin (3.1.23.) (17 AS; ein Fragment von 4 bzw. 5 AS kann die
  volle biologische Aktivität entfalten <Tetra- bzw. Pentagastrin>)
  stimuliert die Pepsin- und die Säuresekretion über die Freisetzung
  von Histamin (2.3.1.) im Magen und die peristaltischen Bewegun-
  gen des Magens. Es erhöht die Enzymproduktion des Pankreas und
  die Insulin-Sekretion. Es fördert die Sekretion der Galle. Die AS-
  Sequenz des Gastrins kommt auch im Cholecystokinin (CCK) vor.
  Die Gastrin-Sekretion kann durch Vagus-Aktivität initiiert werden.
  Gastrin schafft durch die Säurestimulation ein Milieu, in dem
  Schwerverdauliches verdaut werden kann.
A_2-Zellen produzieren Glukagon, diese Zellen sind reich an Tryp-
tophan.
B-(oder beta-)Zellen bilden 70-80 % der Inselzellen und befinden
sich vorwiegend im Inneren der Inseln. Sie produzieren Insulin, das
in den Sekretgranula als Zinkkomplex gespeichert wird. B-Zellen sind
polar aufgebaut: an der einen Seite nehmen sie Nährstoffe aus dem
Blut auf, an der anderen geben sie Insulin ab. „Die B-Zellen besitzen
eine hohe Konzentration von GABA" (Rauber, Kopsch, Bd. II, S. 229).
C-Zellen haben ein organellenarmes Cytoplasma; Granula fehlen o-
der treten nur in sehr geringer Zahl auf. Ihre Funktion ist nicht bekannt. Es könnte sich um undifferenzierte Ersatzzellen handeln.

D-(oder delta-)Zellen kommen in kleiner Zahl (5-8%) vor; die Größe ihrer Granula schwankt stark. Sie produzieren **Somatostatin** (3.1.03.). Somatostatin ist ein Peptid aus 14 AS mit einer sehr kurzen Halbwertzeit. Somatostatin wirkt auf das TRO; es hemmt das STH, das u.a. einen Abbau der Fettdepots bewirkt (lipolytisches Hormon) und für die Reifung und das Wachstum zuständig ist. Als Effekt erhält Somatostatin die Lipidhormone. Bei einem bestimmten Östrogen- oder Testosteronspiegel schließen sich die Epiphysenfugen; das Wachstum wird als Effekt begrenzt.

Somatostatin hemmt Insulin, Glukagon, TSH (3.2.1.), ACTH (3.1.10), Sekretin (3.1.22.), CCK (3.1.24.), Pepsin, Gastrin und Renin (3.2.5.). Die Sekretion von Somatostatin wird durch Arginin (3.1.62.) und Glukagon stimuliert. Somatostatin wird auch in Nervenzellen des Nucleus ventromedialis des Hypothalamus gebildet. Die Nervenendigungen führen zu Kapillarkonvoluten der Eminentia mediana und des Hypophysenstiels. Die Sekretion steht unter der Kontrolle adrenerger und cholinerger Neuronen und wird von Bombesin stimuliert (Bombesin: 28 AS, verwandt mit VIP, bewirkt Hypothermie, stimuliert die Sekretion von Magen, Pankreas und Prolaktin). Somatostatin hat einen Einfluss auf die Prolaktin-Sekretion.

In den **Delta (D)$_1$-Zellen** wird **VIP** (3.1.29) produziert. Es besteht aus 28 AS und wirkt im Körper auf die glatte Muskulatur. Es relaxiert die Sphinkteren im Magen-Darm-Trakt, hemmt die Magensäureproduktion und stimuliert die Prolaktin- und die ACTH-Sekretion.

Eine wichtige Wirkung des VIP ist die Gefäßerweiterung. Diese erleichtert die Praxis der Sensualität (Wärme, Austausch). Sie wird durch die Hemmung der Magensäuresekretion unterstützt. Gleichzeitig werden Lipidhormone der NNR aktiviert.

PP-(oder F-)Zellen produzieren pankreatisches Polypeptid (PP). Sie kommen in größerer Zahl nur im entwicklungsgeschichtlich ventralen Anteil des Pankreas vor. PP hemmt die Magen- und Pankreas-Sekretion und relaxiert die Gallenblase. So läuft die Galle nicht über.

Im Pankreas wird ebenfalls **Kallikrein** sezerniert, ein saures Glykoprotein niedrigen Molekulargewichts. Über eine intravasale Kinin-Bildung hat es einen vasodilatatorischen Effekt. Das Kallikrein-Kinin-System soll für die Spermienmotilität und die Spermienbildung mitverantwortlich sein. Es fördert wie Plasmin über eine Aktivierung des Hagemann-Faktors (Faktor XII =Starter des endogenen Wegs der Blutgerinnung) im Rahmen einer positiven Rückkopplung die Kallikreinaktivierung im Serum. Es stimuliert Bradykinin, das am Kreislauf mitwirkt (Steigerung von HMV, Herzfrequenz und Schlagvolumen; Senkung des Blutdrucks und des peripheren Gefäßwiderstands). Bradykinin wirkt über Prostaglandine; es bewirkt u.a. eine etwas verzögerte Kontraktion der glatten Uterusmuskulatur (daher Brady-kinin). Kinine wirken im Allgemeinen auf den Wasser- und Elektrolythaushalt und auf die glatte Muskulatur.

Das Pankreas wird über zahlreiche sympathische und parasympathische Fasern innerviert. Eine Vagusstimulation bewirkt eine vermehrte Ausschüttung von Insulin und Glukagon aus den Inselzellen. Der Sympathikus hemmt die Insulin-Ausschüttung und stimuliert die Glukagonsekretion. Zwischen Leber, Pankreas und ZNS besteht eine Rückmeldung.

> „Diese neuronale Regulation der beiden Organe, besonders des Pankreas, hat auch ein zentralnervöses Korrelat: Die Insulinfreisetzung wird wie bei der Magensekretion ebenfalls schon in der ‚cephalen Phase' zu Beginn des Essens, etwa nach einer Minute, oder beim Essen von nicht nahrhaften Stoffen, jedenfalls schon bevor durch die Nahrungsaufnahme der Blutzucker-Spiegel angestiegen sein kann, gesteigert. Dieser Effekt, der offenbar über den Hypothalamus in Gang gesetzt wird, bleibt nach Vagotonie aus, ist also sicher neurogen vermittelt. Reizung des ventrolateralen Hypothalamus bewirkt Anstieg der Insulinproduktion und somit Hypoglykaemie. ... Elektrische Reizung des ventromedialen Hypothalamus senkt die Insulinproduktion und steigert die Glukagonsekretion."
> (Schiffter, Neurologie des vegetativen Systems, 1985, S. 69)

Der Nachweis der Existenz der cephalen Phase zeigt, dass die Aktivierung des Pankreas einer bewussten, geistigen Entscheidung zugänglich ist. Ein Mensch handelt nicht triebhaft, sondern hat die Freiheit der Entscheidung.

Im sexuellen Bereich besteht ein Unterschied zwischen Frauen und Männern: eine Frau entscheidet sich entsprechend dem weiblichen Prinzip für eine sympathisch innervierte Sendeaktion. Ein Mann empfängt entsprechend dem männlichen Prinzip. Eine Frau kann versuchen, das Senden zu begrenzen (Eff/Int); ein Mann kann die Wirkung des Empfangenen begrenzen. Männer mit einer Hyperdynamie empfangen nicht. Sie denken sich irrtümlicherweise als Sender, der ausstrahlen könne, so dass sie die Annahme verweigern.

Wir betrachten das Pankreas als *das* sensuelle Organ. Es bildet das Zentrum der Sensualität. Es liegt in der Mitte des Körpers, im Bereich des Körperschwerpunktes.

Es findet eine umfassende Kommunikation zwischen drinnen und draußen und zwischen draußen und drinnen mit allen Auswirkungen statt, die zentral ankommen, zentral in der Mitte des gesamten Körpers und zentral im ZNS. Es besteht eine Verbindung zur Speise und damit auch zum Schmecken und zu einer sexuellen Begegnung, autonoetisch im Erhalten, so dass Substanz erhalten wird.

Es geschieht eine Anpassung im positiven Sinne des Gleichklangs der Hingabe (Lust lösen - wagen - erhalten - nehmen).

Die Sensatio Trauer vermindert die Pankreas-Sekretion und –Aktivität. Es kommt zu einem Rückstau von Sekret bei gleichzeitiger Sympathikusaktivität mit der Folge einer Gewebeschädigung.

Wir haben die Animation Lust und die Retraktion Anpassung, das genuine Gefühl Hingabe und das gedachte Gefühl Trauer als Mantel der Entfernung in dieser Dimension (A^4) anzusiedeln.

Angemessene Pankreastätigkeit hat auch damit zu tun, dass ein Mensch erst einmal für sich selbst da ist (im Pankreas wird das abgebildet!). Logische Folge: sich selbst Frucht sein. Über Hingabe und Teilgabe kommt die Regeneration von alleine. D.h. Angewiesenheit auf Außenimpulse, aber keine Abhängigkeit.

Essenzielle Hormone
WPb: Insulin (3.1.18.)

Insulin besteht aus 2 AS-Ketten (A-Kette mit 21 AS und B-Kette mit 30 AS), die über zwei Disulfid-Gruppen miteinander verbunden sind. Innerhalb der A-Kette ist eine dritte Disulfid-Brücke, die die Struktur stabilisiert. Insulin wird als Proinsulin synthetisiert, in Insulin und C (Connective)-Peptid gespalten (unter Verlust von 2 x 2 basischen AS); beide werden in Form von Zink-Komplexen in Vesikeln gelagert. Bei der Freisetzung des Insulins werden in gleichen Anteilen auch **C-Peptid** und **Zink-Ionen** freigesetzt.

> Das C-Peptid wird als Nahrung für den Körper bereitgestellt. Das C-Peptid mutiert viel häufiger als die A- und die B-Ketten (Lehninger, Biochemie, 1987, S. 668).
>
> Zink ist ein Leichtmetall (Leichtigkeit der sensuellen Aktivität). Es ist essenziell für den Proteinaufbau und Nukleinsäurestoffwechsel und in ca. 70 verschiedenen Enzymen enthalten (u.a. in der Carboxypeptidase, der Alkohol-Dehydrogenase, der Phosphoglycerinaldehyd-Dehydrogenase, der Glutamat-DH, der LDH der DNA-Polymerase). 1% des Körper-Zink-Gehalts finden sich im Serum.

Insulin wird außerdem in Gehirn, Leber und Hoden gefunden.

Auslösende Faktoren für die Ausschüttung sind: erhöhter Plasmaglucosespiegel, GIP (gastric inhibitory polypeptide), Neurotensin, Substanz P, Gastrin und Pentagastrin.

Die Glucosewirkung wird unterstützt durch ACTH, CLIP (corticotropin like intermediate lobe peptide), Sekretin, Glukagon, Oxytocin, Östradiol, Calcitriol, Thyreoidea-Hormone.

Die Glucosewirkung wird gehemmt durch Adrenalin, PGE2, PP, Calcitonin, calcitonin gene related peptide und Somatostatin.

Der Insulinrezeptor und der Rezeptor für epidermal growth factor haben eine Sequenzhomologie. Der Rezepor findet sich auch auf Retinaneuronen und in mehr als 6-facher Konzentration als normalerweise in Brustkrebsgewebe.

Insulin senkt den Blutglucosespiegel, indem es in Herz, Muskel und Fettgewebe die Glucose-Aufnahme und den Glycogenaufbau fördert und die Leberglycogenolyse bremst.

Insulin fördert die Somatomedinsekretion, die Zellproliferation und -differenzierung (Wundheilung), die Sekretion von Magensäure, Gallenfluss und die Sekretion von pankreatischem Peptid.

Insulin verringert die Synthese und Ausschüttung von Somatostatin und Enteroglukagon, die Ausscheidung von Phosphat und die Reabsorption von Calcium in der Niere. (König, S. 191 ff.)
Insulin schützt und fördert die B-Zellen, aus denen es entsteht. Es fördert die Proteinsynthese und schützt das Pankreas auch vor den eigenen Verdauungsenzymen (falls sie nicht nur in die Gänge und in den Zwölffingerdarm abgegeben werden).

Im **Muskel** (Skelett, Herz), den Lipozyten und den Fibroblasten wirkt Insulin an den Membranen, an denen ein Insulin-empfindliches Zuckertransportsystem besteht.
Im **Fettgewebe** wirkt Insulin antilipolytisch mit dem Effekt, dass Fett aus dem zur Verfügung gestellten Zucker aufgebaut wird. Insulin schützt so die Lipidhormone.
In der **Leber** wirkt Insulin die Förderung der Glykogensynthese und die Hemmung der Gluconeogenese (Zuckeraufbau aus AS) über einen Einflussnahme auf katalysierende Enzyme.
Beim **Protein-Stoffwechsel** wirkt Insulin die Förderung der Aufnahme von bestimmten AS in die Zellen und den Einbau aller AS in Proteine. Es beeinflusst die Ribosomen (erhöhte Vereinigung zu Polysomen).
Insulin fördert den Erhalt von Substanz als Summe seiner Wirkungen. Es schützt Aminosäuren als Substanz für die Bioproteinsynthese und die Lipidhormone.
Insulin erlaubt speziell den „gefräßigen" Fettzellen, Zucker aufzunehmen, so dass sie daraus Energie gewinnen oder den Zucker speichern.

> „Insulin scheint eine allgemeine Wirkung auf die Plasmamembran seiner Zielzellen zu haben und in diesen Veränderungen hervorzurufen, die zu einem verstärkten Eintritt nicht nur von Glukose, sondern auch von Aminosäuren, Lipiden und K^+ führen, was wiederum eine verstärkte Biosynthese von Protoplasma und Reserveprodukten zur Folge hat." (Lehninger, Biochemie; 1987, S. 670)
> Isst jemand gerne und viel Süßigkeiten, verbraucht er viel Insulin, das die Süßstoffe in die Zellen transportiert. „Süße Leute" sind öfter matt, und schieben dann nochmals „Süßes" nach (Lust/Unlust-Schalter). Die Versorgung des Lust/Unlust-Schalters braucht Energie, da der Lust/Unlust-Schalter genuine Anteile (A^3) verwirft. Die Bauchspeicheldrüse kann durch diese äußere Zuckereinwirkung ihre Dynamisierungsfähigkeit verlieren (Zuckerzufuhr von außen entspricht „haben wollen", A^1).

Zuckersucht

> **Zuckersucht** beinhaltet die Tendenz, den Vater in der Phantasie übertreffen zu wollen. Bei den Männern: sie versuchen über die „Süßigkeiten haben wollen" ein „alles haben wollen". Sie werden übergewichtig, Bauchspeicheldrüse und Darm sind betroffen. Dahinter steht die Abwehr des Konkurrenzdrucks durch das „haben wollen", was sich dann gegen das weibliche Geschlecht richtet.

Bei der Verdauung im Darm werden nur Monosaccharide resorbiert. Polysaccharide wie z. B. Stärke werden zuerst zu Monosacchariden (hauptsächlich Glucose) zerlegt. Diejenigen, die auf Süßes so „scharf" sind, um ihren (Blut-)glucosespiegel zu erhöhen, könnten auch exzessiv Kartoffeln essen. Das würde aber nichts bringen, weil die Zerlegung der Stärke in zwei Schritten erfolgt. Zuerst spaltet die Amylase (im Speichel und v. a. aus dem Pankreas) die Zuckerketten in Zweier- und Dreier-Einheiten (Oligosaccharide). Dann werden diese von Enzymen in der Zellmembran der Darmschleimhautzellen zu Monosacchariden –Glucose - gespalten und resorbiert. Dass das Pankreas die Enzyme liefert, um sich selbst einer schädigenden Zuckerflut auszusetzen, erscheint unlogisch. Das heißt: für die „Zuckersüßen" muss es auch Zucker sein, damit sie ihren Pankreas überlisten können.

Die Zuckersucht (GS): Sie betrifft die Sucht auf Süßigkeiten und trifft rasch das Pankreas. Bei ihr gibt es zwei Möglichkeiten der Zielorientierung:
1. die physiologische Komponente: die Unterdrückung der eigenen Energien, die zum Abbau der zugeführten verwendet werden müssen, so dass das Energieniveau letztlich absackt. Als Nebenprodukt der Zuckerzufuhr entsteht Alkohol durch Vergärung von Zucker.
2. die geistige Dimension: „Sich etwas Gutes gönnen ..."

Bei der Zuckersucht findet sich eine ausgeprägte weltanschauliche Orientierung: Das Wort „süß" (sweet) lässt „niedlich", „brav", „freundlich" assoziieren, signalisiert Ungefährlichkeit. Französisch „doux", „douce"; ital. „dolce" - auch mit „zart" übersetzt. Die Zuckersucht ist insgesamt also weltanschaulich orientiert (im Umgangs-Diagramm: Glaubenssenkrechte). Mit autoaggressiver Komponente - sich das „harte Leben" zu versüßen fördert die Unterwerfung und festigt die glaubensfördernde Einstellung zur patriarchalen Forderung. Besteht ein Unterschied zwischen Glukose und Fruktose? Nein. Also ist auch die übertriebene Obstzufuhr Sucht. Zuckersucht schwächt die Abwehr und fördert die Unterwerfung. Zucker führt wegen der Glykosilisierung zum Angriff gegen Kernsäuren und somit gegen Substanz. Zucker „frisst" die Aminosäuren/Eiweiße auf, startet einen Angriff gegen die Proteinsynthese. Kinder werden patriarchal früh damit behandelt.

Neuere Forschungen in den USA lassen die Hypothese fast als gesichert ansehen, dass Zuckersucht in der Tat gründlich „begrenzend" wirkt: Glucosemoleküle können sich an langlebigen Strukturproteinen anhäufen und dadurch den Alterungsprozeß beschleunigen (siehe Richard Weindruch „Länger leben bei karger Kost?", in: Spektrum der Wissenschaften 3/1996, S. 74-80).
Zucker ist sehr gut dazu geeignet, eine aus der Sucht resultierende zwanghafte Begrenzung der Wirklichkeitswahrnehmung und der individuellen Handlungs- und Entscheidungsfreiheit zu initiieren.

Gerade hier wähnen wir sehr schnell, für einige Augenblicke in einem paradiesischen Zustand zu sein. Dies macht die Nähe zum Wahn aus. (aus Noosomatik Bd. V-2, 9.7.1.)

Die Freisetzung des Insulins aus den B-Zellen ist an die Gegenwart von Ca^{2+} gebunden. Aus den reifen Granula wird sofort Insulin freigesetzt, außerdem wird die Synthese stimuliert und es kommt nach einer Verzögerung nochmals zu einer Insulin-Sekretion. Eine Förderung der Insulin-Sekretion geschieht durch Glukagon, STH, Glukokortikoide. Eine Hemmung erfolgt durch alpha-sympathikotone Stimulation und durch Hunger.

WPa: Glukagon (29 AS) (3.1.19.) erhöht die Blutzuckerkonzentration durch Förderung der Glykogenmobilisierung in der Leber (Glykogenolyse) und durch Aktivierung der Phosphorylase über cAMP (cyclisches Adenosinmonophosphat) als second messenger. Per effectum entlastet es die Leber, die nur begrenzt Zucker speichern kann. Gleichzeitig wird die Insulin-Sekretion erhöht und zwar stärker und schneller als die durch Glukagon verursachte Blutzuckererhöhung erwarten ließ. Es hemmt die motorische Aktivität an Magen und Darm und wirkt lipolytisch. Glukagon fördert die Kontraktionskraft und die Reizleitung am Herzmuskel. (Tausk, S. 222 f.)

A⁵: expressiver Formenkreis

Extraembryonales Mesoderm

A⁵ MP plus pathsyst MWPa plus Sympathikus = MP plus MP plus WPa plus Sympathikus

Essenzielle Hormone
MP: Tetrahydrocortisol (1.1.2.2.6.); A⁵
MP: Somatomedin-Inhibitor (3.1.39.); A⁵; (bremst die Soma-
tomedinwirkung, die das Wachstum fördert)
WPa: Erythropoietin I (3.2.4.); A⁵; (regt die Blutzellbildung an)

Somatomedin-Inhibitor qual Tetrahydrocortisol qual Erythro-poietin I

LSB: Pr

An der inneren Oberfläche des Zytotrophoblasten entstehen **Proto-mesenchymzellen**. Das sind die ersten Mesenchyme, wir nennen sie **Protenchyme**. Mesenchymzellen sind „noch" unspezialisierte Zellen, jedoch mit vielen Fähigkeiten ausgestattet, die erst nach der Speziali-sierung erkennbar werden. Sie stellen ein mediales System dar: Es ist ihnen etwas vermittelt worden, was sie dem Kind noch widerfahren lassen werden. Und genau da entsteht das **extraembryonale Meso-derm**.
Zellen dieses extraembryonalen Mesoderms verteilen sich am 12.Tag und wachsen. Als Effekt bilden sich aus den entstandenen, isolierten Spalträumen größere Hohlräume (!), in die (wie wir es schon kennen) intrazelluläre Flüssigkeit einfließt. Diese Zellen fügen sich zu einer Wand und bilden als Nahtstelle den **Haftstiel**, die spätere **Nabel-schnur** (die Entstehung des Haftstiels ist wieder ein Effekt - vorher gab es ihn nicht -, sozusagen ein Nebenprodukt auf dem Weg) und das **extraembryonale Zölom**, woraus sich die **Chorionhöhle** und später die **Fruchtblase** entwickeln.
Aus dem extraembryonalen Mesoderm ist somit entstanden:
- das **parietale** (einer Körperhöhle zugewandte) **extraembryonale** (ex.) **Mesoderm** (die Wandung des ex. Zöloms),
- das **viscerale** (einem Organ zugewandte) **extraembryonale** (ex.) **Mesoderm** (Wandung vom Kind, Amnionhöhle und primärem Dottersack).
(aus Noosomatik Bd. I-2, S. 226 ff.)
Aus dem **ex. Mesoderm** entsteht die **Nabelschnur**. Für die Entste-hung der Blutzellen, der Chorda und der Nieren (über die Einwande-rung der Urkeimzellen, die in der 6.Woche aus der Wand des Dotter-sacks in die Nieren und Genitalleiste wandern) gibt das ex. Mesoderm den Impuls.

Die Tatsache, dass der **Urantikörper** aus der Primäridentität stammt, zeigt, dass jede Antwort des Menschen individuell ist, und dass das extraembryonale Mesoderm (als „4. Keimblatt" bis zum 12. Tag nach der geglückten Begegnung von Oozyte und Spermium <„Befruchtung"> mit der Freiheit zur Selbstversorgung entstanden) den „Persönlichkeitskern" des Menschen zur Darstellung bringt. Die nun entstehenden Mesenchymzellen bauen die Organe als Helflinge des Antikörpers „Mensch" und als Helflinge der „Heilungstendenz": Organe sind keine Funktionsträger, der Mensch ist keine Maschine! (aus Noosomatik Bd. I-2, S. 223)

Essenzielle Hormone
MP: Tetrahydrocortisol (1.1.1.2.6.)
P: Somatomedin-Inhibitor (3.1.39.) bremst die Somatomedinwirkung, die das Wachstum fördert.
Wpa: Erythropoetin I (3.2.4.) regt die Blutzellbildung an.
Der Sympathikus dynamisiert und ist für das Empfinden „Schmetterlinge im Bauch" zuständig.

Formatio reticularis

A^5 MP plus autonsyst MP plus Sympathikus

Essenzielle Hormone
MP: **Relaxin (A-Kette 22 AS, B-Kette 30 AS) (3.1.06); A^5**; (wärmt)
MP: **Bombesin (28 AS) (3.1.28.); A^5**; (bewirkt zentral eine Temperaturabsenkung und erhöht den Blutglucosespiegel)

Relaxin qual Sympathikus qual Bombesin

LSB: Ka

Embryologie
Die Formatio reticularis entwickelt sich in der Medulla oblongata (siehe dort) während des 2. Monats (Hinrichsen, S. 433). Ihre Zellen reifen offenbar früher als die der umliegenden großen Nervenkerngebiete in der Medulla.

Anatomie
Die Formatio reticularis besteht aus **Kerngebieten** mit langen vernetzten Nervenfortsätzen. Diese liegen in dem rückwärts (dorsal) gelegenem Bereich der **Medulla oblongata** (verlängertes Rückenmark), **Pons** (Brücke) und **Mesencephalon** (Zwischenhirn) auch **Tegmentum** (Haube, Decke) genannt.
„Die Formatio reticularis ist in 3 parallel gelegene Zonen untergliedert ... Jede dieser Zonen weist verschiedene zytoarchitektonisch unterscheidbare Untergebiete auf, die jeweils spezifische Verknüpfungen besitzen." (Junqueira, 4., Aufl., S. 700)

Sie verfügt über afferente Verbindungen aus „praktisch allen Sinnesorganen sowie aus zahlreichen Gehirngebieten" (Birbaumer, Schmidt,
Biologische Psychologie, 1996, S. 312).

Den **Kerngruppen** sind unterschiedliche Funktionen zugeordnet.
Kaudale Kerngruppe: z. B. vegetative Einzelfunktionen für Gefäßwei-
te, Herztätigkeit, Atmung, Blutdruck, Koordination somatischer Refle-
xe beim Nahrungstransport (Schlucken, Erbrechen usw.);
Rostrale Kerngruppe: z. B. übergeordnete vegetative Koordination, a-
kustische Raumorientierung, Gleichgewicht;
Mesenzephale Kerngruppe: z. B. Verarbeitung der Sinnessysteme mit
optischer Raumorientierung, sensorische Raumorientierung, Akustik.
(Rohen, Funktionelle Anatomie des Nervensystems, 1993, S. 252 f.)
„Ein besonderes Charakteristikum der Zellen dieser autonomen Re-
tikulariskerne ist ihre Fähigkeit zur rhythmischen Erregungsbildung
(Spontanaktivität). So senden z. B. die Zellen der Atemzentren
ständig Erregungen aus, ohne durch entsprechende Afferenzen da-
zu veranlasst zu werden. Auch für die Kreislaufzentren wurde eine
Spontanaktivität nachgewiesen." (a.a.O., S. 253)

Die Formatio reticularis ist ein soterisches A^5-Organ. In ihr ist das
Mutzentrum angesiedelt. Sie weckt den Menschen morgens und bestimmt das Aufwachtempo, da eine thalamische Reizflut (z. B. sehr
lautes Weckerrasseln) den Hippocampus überfordert. Gleichzeitig hilft
sie, den Tag fröhlich zu beginnen, denn sie ist auch zuständig für:
„Steuerung und Bewusstseinslage durch Beeinflussung der Erregbarkeit kortikaler Neuronen und damit Teilnahme am Schlaf-Wach-
Rhythmus ... Vermittlung der affektiv-emotionalen Wirkungen sensorischer Reize durch Weiterleitung afferenter Informationen zum
limbischen System." (Birbaumer, Schmidt, 1996, S. 313)
Die Gefühlsumwandlung organisiert ein angemessenes Wachwerden
und die Bereitstellung der Aktivitätspotentiale, um den Tag fröhlich
und heiter zu beginnen nach ausreichendem Schlaf (bei Erwachsenen
zwischen 6 und 8 Stunden): **adversiv** (sich und den Widerfahrnissen
von „leben" zugewandt). Wer sich jedoch am Morgen bereits hellseh-
erisch betätigt und vorhersieht, wie furchtbar der Tag werden wird,
wandelt die von der Gefühlsumwandlung angebotenen Energien autoaggressiv um: **aversiv** (sich und den Widerfahrnissen von „leben"
abgewandt). Zusätzliche Energien werden eingeschaltet, es kommt
zur Blutdrucksenkung und gleichzeitiger Überanstrengung, die müde
macht. Dann folgt die gelegentlich als embryonal bezeichnete Grund-
haltung. Der Mensch schläft wieder ein und wirkt anschließend „wie
zerschlagen". Es bedarf zusätzlicher Energien, um auf diese Weise
dann doch endlich sich zu erheben. Die natürlichen genuinen Energien helfen, sich adversiv auf die Annahme des Kommenden vorzube-
reiten. Aversive Umwandlungen bedürfen zusätzlicher Leistungen.
Der Formatio reticularis und uns tut es gut, wenn die Formatio reticularis nur die 2. Umdrehung praktiziert (LSB Ka). Hätte sie in einer VA

„gesagt": „Es liegt an mir", hätte sie aufgehört zu arbeiten, und wir wären tot. Stattdessen „sagt" sie: „Es liegt an dir es zu ändern" und wartet auf unsere Versorgung. Die 1. Umdrehung hilft uns dabei, dass wir uns auf uns selbst besinnen dürfen, die Waagerechte der Retraktionen (im UD und NOD) beschreibt die Arbeitsweise der 1. Umdrehung. Die Formatio reticularis stellt die Energie zur Bearbeitung von Außenimpulsen. Voraussetzung zur Wahrnehmung von Heil ist die adversive Anwendung des weiblichen Prinzips als Mut und Quelle (A^0), die Formatio reticularis hilft dabei.

Exkurs: Einfluss der Formatio reticularis bei der töchterlichen Addition

Bei der töchterlichen Addition wird das eigene Geschlecht als ablehnungswürdig erlebt, unwiderruflich und unabänderlich. Das WP darf dann nicht das weibliche Geschlecht unterstützen und Energien zur Verfügung stellen. Wohin soll die Formatio reticularis mit ihren Energien? Welche Orientierung findet statt? Meint eine Frau sich unbedingt übersehen zu müssen, wird das „sich verkrümeln" unterstützt, soll der vermeintliche Makel des weiblichen Geschlechts verschleiert werden, wird das Geschlecht patriarchal erwünscht eingesetzt (z.B. ausgeprägte Entwicklung des Busens) oder eben das Gegenteil mit Hilfe anderer Prozesse im Körper.

Taucht eine Erfahrung des Ursprünglichen auf, kann die Formatio reticularis ihre Arbeit „übertreiben", indem sie zusätzliche Energien hinzuschaltet und dagegen steuert. Empfindet eine Frau ihre weiblichen Anteile schön und angenehm und hält einen Moment inne, um das wahrzunehmen, ist die Vater-VA überwunden. Wird stattdessen über die Formatio reticularis etwas dazu geschaltet, entsteht das Phänomen der **Überdynamik** (Schwindel), und es scheint diesen angenehmen Moment nicht gegeben zu haben. Die Frau beschwindelt sich. In dieser Situation geht es nur noch um ihr Überleben. Bleibt sie in der Schmach, kann sie dem Schwindel durch niedrigen Blutdruck entgehen. Das ist unwillkürlich, der Impuls für die zusätzliche Aktivität der Formatio reticularis kommt aus dem **Frontalhirn**.

Die Formatio reticularis („Mutzentrum") ist Quelle von Energien und hilft **Erkenntnisse** mutig anzuwenden. Wird die Formatio reticularis in ihrer Arbeit gebremst, entsteht das Empfinden von „Watte im Kopf" (statt denken), das furchtsam macht. Um die Furcht aufzuheben, wird eine Konkretion gesucht, z. B. die Sorge um die eigene Richtigkeit oder um die eines anderen, oder zum Passionismus (A^5) gegriffen.

Essenzielle Hormone

Die Formatio reticularis ist eine Quelle, die nicht die Energien schafft sondern freisetzt. Das dynamisch wirkende Organ braucht zwei MP.
MP Relaxin (3.1.06) wärmt, **MP Bombesin** (3.1.28) kühlt.
Die Formatio reticularis ist auch für die Entspannung zuständig. Da bietet sich **Relaxin** an, es wärmt.

Während der Schwangerschaft wird beim Menschen im Corpus luteum und in der Plazenta das Protein Relaxin gebildet. „Relaxin bewirkt im kollagenen Bindegewebe der Symphyse und der Ileosakralgelenke eine Auflösung, Quellung und Aufsplitterung der kollagenen Fasern. Die dadurch bedingte Vergrößerung des Beckendurchmessers erleichtert die Geburt." (Buddecke, 1994, S. 359). Relaxin „besteht aus zwei Ketten von 22 bzw. 30 AS, die durch zwei Cystin-S-S-Gruppen miteinander verbunden sind." (Tausk, 1986, S. 270). Es wurde auch „in der menschlichen Samenflüssigkeit nachgewiesen und stammt höchstwahrscheinlich aus der Prostata. Es fördert die Motilität der Spermatozoen." (a.a.O., S. 271). Es wird auch in den Ovarien, in der Gebärmutter gebildet (Kuhlmann, Straub, 1986, S. 86). Es wirkt gegen den Klebeeffekt.

Bei innerem „Heißlaufen" wird viel Relaxin ausgeschüttet. Dies begrenzt die Sympathikusaktivität und fördert die Bombesin-Aktivität, um eine Überhitzung zu verhindern. **Bombesin** kühlt. Führt die Begrenzung des Sympathikus erneut zur Sorge (nach dem Motto „au wei, ich sorge mich nicht genug"), bremst dies die Bombesin-Ausschüttung mit einer **Hyperthermie** (zentral erhöhter Temperatur) als Folge. (Rauber, Kopsch, Bd. III, 1987, S. 493)

Bombesin kommt wie VIP (vasoaktives intestinales Peptid) im Magen-Darm-Trakt vor. Beide stimulieren verschiedene exokrine und endokrine Funktionen. Besonders im Ganglion Coeliacum (Tausk, S. 267). Vorkommen in „Nervensystem, Duodenalschleimhaut, regt u. a. die Sekretion von Magensäure, Cholecystokinin (CCK) und Gastrin an." (Pschyrembel, 256., Aufl., „Bombesin"). Bombesin erhöht den Blutglucosespiegel (Margo Panush Cohen, Piero P. Foà (Ed.): The Brain as an Endocrine Organ. New York Berlin Heidelberg, 1989, p. 152).

Bei internalisierter **Kalthausatmosphäre** steigt das Relaxin zum Schutz an. Wird jedoch, um ein Auftauen zu verhindern, der Parasympathikus überbetont, wird der Sympathikus zusätzlich begrenzt und das Bombesin schnellt in die Höhe, mit der Folge, dass die Körpertemperatur tatsächlich sinkt und der Zucker, der wärmende Energien liefern kann, unverbraucht im Blut bleibt. Dies kann so weit praktiziert werden, bis die Formatio so kühl wird, dass sie die Arbeit einstellt und der Mensch stirbt. Menschen mit Gü-Lebensstil können z. B. so ihren Todeszeitpunkt intendieren.

Blutbahn

A^5 MP plus medsyst MWPb plus Sympathikus = MP plus MP plus WPb plus Sympathikus

Essenzielle Hormone

MP: **Prostaglandin I_2 (Prostazyklin) (1.2.2.3.); A^1;** (moduliert den Gefäßtonus und wirkt gegen Vasokonstriktion)

MP: **Angiotensin II (3.1.34.); A^5;** (ist ein starker Vasokonstriktor)

WPb: Heparin (4.1.), A^5; (hemmt die Blutgerinnung und unterstützt das Gefäßwachstum und die Bindegewebsbildung in den Gefäßwänden)

Prostaglandin I$_2$ qual Angiotensin II qual Heparin

LSB: EH

Embryologie

Das Blutgefäßsystem ist das erste (Ende der 3. Woche) funktionsfähige System des Embryo und für die Ernährungs- und Exkretionsvorgänge sehr wichtig.

Die Entwicklung der Blutgefäße beginnt zwischen dem 13.-15. Tag innerhalb des **extraembryonalen Mesoderms** von Dottersack, Haftstiel und Chorion. Nach zwei Tagen haben sich die ersten embryonalen Blutgefäße gebildet. In der 3. Woche werden Mesenchymzellen zu Angioblasten, die die sogenannten Blutinseln (Zellhaufen und Zellstränge) bilden, in denen Spalträume entstehen. Um diese Spalträume gruppieren sich die Angioblasten und werden zu Endothelzellen. Die so entstandenen Gefäße wachsen weiter und verbinden sich zu einem Netzwerk. Zu Beginn der Entwicklung sind Adern und Venen morphologisch gleich.

Anatomie

Die Blutbahn besteht aus Blutgefäßen (Adern). Nach ihrer Fließrichtung werden sie eingeteilt in **Arterien**, die vom Herz wegführen und **Venen**, die zum Herz führen, wobei Venen nicht nur venöses Blut leiten.

Venöses Blut ist sauerstoffarm, arterielles Blut ist sauerstoffreich. Die beiden Herzkammern schlagen gleichzeitig. Das Blut aus den Organen fließt zur rechten Herzkammer und von dort in die Lunge. Dort nimmt es Sauerstoff auf (kleiner Kreislauf), fließt in die linke Herzkammer und von dort zu den Organen und in die Peripherie. Das Herz ist kein Organ, sondern ein Muskel.

Arterien werden in große, elastische Arterien, muskuläre Arterien, Arteriolen und Kapillare eingeteilt.

Die **großen Arterien** wie die Aorta, die Halsschlagader, die Lungenarterien und die Adern unter den Schlüsselbeinen (Arteriae subclaviae) liegen nahe dem Herz. Sie sind sehr elastisch. Ihre Wände enthalten einen hohen Anteil an elastischem Bindegewebe. Sie können sich bei jedem Herzschlag dehnen und so das gepumpte Blut aufnehmen und in Fluss halten.

Mit zunehmender Entfernung vom Herzen, nehmen die elastischen Fasern in den Gefäßen ab und die glatten Muskelfasern, die sympathisch innerviert werden, zu. Diese Gefäße (**muskuläre Arterien**) transportieren das Blut in Arme und Beine, Kopf, Rumpf und Organe. An sie schließen die **Arteriolen** an, die das Blut in den Organen, Muskeln und sonstigem Gewebe verteilen. Von ihnen gehen sehr dünne **Kapillaren** ab, die dem Gewebe Nährstoffe, Sauerstoff usw. liefern und Material aufnehmen. Sie besitzen an ihren Übergängen von den

Arteriolen Ringmuskeln, die die Durchblutung des jeweiligen Gewebes sehr variabel (Schwankungsbreite bis mehr als das 10-fache) steuern können. Im Bereich der Kapillaren kann Blutplasma ins Gewebe übertreten.

In die **Arteriae subclaviae** münden die beiden großen Lymphgefäße. Über die **Venen** erfolgt der Rücktransport des Blutes zum Herzen. Sie werden unterteilt in Venolen, kleine und mittelgroße Venen und große Venen. In den sehr dünnen **Venolen** sammelt sich das Blut aus den Kapillaren und das ausgetretene Blutplasma. Auch die mittelgroßen und großen Venen haben glatte ringförmige Muskulatur. Die mittelgroßen und kleinen Venen haben Venenklappen, die den Rückfluss des Blutes verhindern.

Eine Besonderheit bei der Blutversorgung bildet die arterio-venöse Durchblutung der Leber. Neben der arteriellen Versorgung durch die Leberarterie wird die Leber durch die **Pfortader** (Vena portae) versorgt. Dieses venöse Blut aus dem Magen-Darm-Trakt, der Milz und der Dünndarmschleimhaut transportiert aufgenommene Nahrungsbestandteile zur Leber.

Blut

Im **Blut** sind wertvolle Stoffe enthalten, z. B. Mineralien, Hormone, Elektrolyte, rote Blutkörperchen (Erythrozyten), weiße Blutkörperchen (Leukozyten) und Blutplättchen (Thrombozyten). Zu den weißen Blutkörperchen zählen die Lymphozyten, die Granulozyten und die Monozyten.

Das **Lymphsystem** sorgt für die Reinigung und Versorgung des Bluts. Wenn das Temperament mit uns durchgeht und das „Blut kocht" muss das nicht nerval verursacht sein. Eine Erhöhung der Fließgeschwindigkeit (Reibungswärme) bringt das Blut auch zum „Kochen".

> Die Erhöhung des Pulses ist entweder geeignet das Blut zu wärmen oder „unsere Macke im Kopf" zu kühlen: TRO rostral bei zentralem Fieber, die Tachykardie ist dann Effekt zum Kühlen.

> Das Blut zum Kochen zu bringen wird hormonell durch Ausschüttung von Noradrenalin (2.1.2.2.) geregelt.

Das Blut ist Informationsträger und transportiert Hormone und Mineralstoffe (Elektrolyte), die elektrische Funktion haben und mit den Nerven kooperieren können (siehe auch Noosomatik Band VI.2). Die Nervenzellen können ohne Beteiligung der Elektrolyte nicht arbeiten - sie wären schlaff und könnten nichts weitergeben. Nervenzellen arbeiten nach dem „Alles-oder-Nichts-Prinzip", sie kennen kein „bisschen" sondern nur „ja" oder „nein". Die inhaltliche Versorgung der Blutbahn geschieht durch Essen und Trinken und die Aktivität anderer Organe (z. B. der Leber).

Essenzielle Hormone

Die Blutbahn braucht ein vom MP getragenes Hormon, das die Spannungsverhältnisse aushalten kann, ein männliches Hormon, das für die Durchlässigkeit sorgt und schützt und ein weibliches Hormon, das

das Fließen unterstützt.

MP: Angiotensin II (3.1.34.), Spannung („anhalten")
Für die Spannungsverhältnisse haben wir **Angiotensin II** mit geheimer Verbindung zur Niere (A^5). Es ist gleichzeitig für die Mineralienarbeit der Niere zuständig und steht über Abbau- und Umbauprozesse auch in Verbindung mit der Lunge.

> „Angiotensin II ist die wirksamste zur Zeit bekannte vasopressorische Substanz" (Greiling, Gressner, 1995, S. 1050). Sie ist etwa zehnmal wirksamer als Adrenalin.

MP: Prostaglandin I$_2$ (Prostazyklin) (1.2.2.3.), ist für Durchlässigkeit zuständig. Es moduliert den Gefäßtonus und wirkt gegen Vasokonstriktion.

> PG I$_2$ (Prostaglandin I$_2$): "... it is thought to be a physiological modulator of vascular tone that functions to oppose the actions of vasoconstrictors." (Goodman and Gilman's, The Pharmacological Basis of Therapeutics, 8th International Edition, McGraw-Hill, 1992, p. 605) PG I$_2$ hemmt in den Gefäßen die Thrombozytenaggregation und schützt so vor Thrombosierung. (Greiling, Gressner, 1995, S. 890)

Prostazyklin verhindert die Verklumpung von Thrombozyten. Es stammt aus der Hormonfamilie der Prostaglandine, die unterschiedliche Aufgaben wahrnehmen. Sie können nicht gespeichert werden. Die Halbwertzeit von Prostazyklin beträgt weniger als eine Minute. (In weniger als einer Minute ist es auf die Hälfte reduziert.) Prostazyklin ist auf die aktuelle Situation bezogen, hat Erfahrung im Umgang mit Verwundung und Schmerz und ist in der Lage schnell andere Organe zu Hilfe zu rufen (z. B. die Schilddrüse, Nebennierenrinde, Nebenschilddrüse, Ovar). Es kann schnell Energie beschaffen, Steroidhormone aktivieren helfen und ist selbst ein äußerst sensibles Hormon.

Prostaglandine können auch die Noradrenalinsynthese anregen. Sie haben eine schützende Funktion bei Entzündungsprozessen und alarmieren bei Entzündungen durch Fieber und schmerzsignalisierende Substanzen.

> Wenn eine Entzündung im Zusammenhang mit einer Verwundungserfahrung (immer mit Schmerz verbunden) besteht, lassen sich Schmerzen unter Fieber leichter aushalten.
> Die Information wird aus der Blutbahn an das TRO signalisiert und Fieber entsteht. Fieber, das über die Blutbahn ausgelöst wird, deutet also auf eine Krankheit im Zusammenhang mit einer frühkindlichen Traumatisierung. Ist das Fieber unklarer Genese, dann ist es „noogenes Fieber" und noogen verursacht.

WPb: Heparin (4.1.)
Das weibliche Hormon Heparin ist für das Fließen in der Blutbahn zuständig. Es hemmt die Blutgerinnung, unterstützt das Gefäßwachstum und die Bindegewebsbildung in der Gefäßwand.

Blutdruck
Damit das Blut im gesamten Körper verteilt wird, muss es auch senkrecht nach oben gepumpt werden. Das leistet der Blutdruck. Bei

niedrigem Blutdruck möchten wir das „alte Blut" nicht haben und das „neue Blut" nicht hergeben, bei hohem Blutdruck gilt: „Immer her mit dem Blut." Die Pumpleistung für den Blutdruck übernimmt das Herz. Der Herzmuskel gehört nicht zur Blutbahn. Wir spüren unser Herz immer dann, wenn wir es traktiert haben. Deshalb ist es ein symbolträchtiger Muskel. Wenn wir von herzlichen Angelegenheiten sprechen, sprechen wir von Beschwernissen, denn wir merken das Herz nur, wenn es uns schlägt. Bei freudiger Erregung wird sich weniger mit dem Herz und weniger mit sich selbst beschäftigt. Eine Erhöhung des Blutdrucks weist auf den Sympathikus. Sorge begrenzt die Wahrnehmung. Wenn die Sorge übersteigert wird ohne Panikattacke, kann sich **Benommenheit** einstellen. Benommenheit ist sehr dynamisch. Sie ist Folge einer übersteigerten Sympathikusaktivität ohne parasympathische aber mit hormoneller Gegensteuerung. Vom MP getragene Hormone werden ausgeschüttet, das macht die Schwere aus. Männliche Hormone blockieren die Sinnesorgane. Dies sind nicht die männlichen Hormone der Blutbahn, sondern männliche Sexualhormone. Männliche Sexualhormone machen benommen, sie verstopfen durch ihren Lipidanteil (Fett). Die Wahrnehmung ist nur noch begrenzt möglich. Sinnesorgane werden vom WP unterstützt, wie z. B. auch die Formatio reticularis, die dann ihre Energie zur Rettung der vitalen Funktionen verwenden muss. Benommenheit dient dem **Schutz der Blutbahn**. Wir können uns Benommenheit wegen des Heparins leisten.

Einfluss von Natrium auf den Blutdruck

Natrium sorgt für den Innen- und Außendruck und den Druckausgleich (osmotischer Druck). Ist der osmotische Druck erhöht, wirkt sich das nach draußen aus, weil er drinnen stattfindet, drinnen per intentionem und draußen per effectum. Das Blut muss fließen, deshalb muss etwas Wässriges dabei sein: Wasser und Alkohol.

Erhöhtes Natrium im Blut wirkt sich auf die Nervenzellen aus, es kann sich im Blut mit Chlorid zu Natriumchlorid verbinden. Wird die Konzentration zu hoch, steigt der Blutdruck, da schneller gepumpt werden muss. Der 2. Wert steigt, er ist noogen intendierbar. Was wird intendiert bei einem erhöhten Natriumwert? Der Druck von außen wird nach innen übernommen und das **Heulbojen-Syndrom** (Noosomatik Bd. V-2, 8.7.5.4.) entsteht. Das Heulbojen-Syndrom ist eine Möglichkeit zur Blutdrucksteigerung (um sich aus Morbus Wanne-Eickel herauszuarbeiten) und zur Bereitstellung von Calcium.

Ein internalisiertes Heulbojensyndrom führt zum erhöhten Blutdruck und zum Eisenabfall.

Humorvoll: Die ideale Mischung wäre: Heilsgewissheit + Heulboje um von dem niedrigen Blutdruck wegzukommen: $A^3 + A^3 = A^3$; A^3 Selbstannahme oder A^3 Heulboje + A^2 erhöhtes Natrium = A^1 Humor. Bei der umweltstabilen Schwermut hilft Heulboje + Salzhering = A^1 Humor.

Bei **erniedrigtem Natrium** gilt das Gegenteil: wir werden schwermütig, das Blut fließt schwer. Dann gibt es die Möglichkeit: Druck machen, sich vor den aufzuräumenden Schreibtisch setzen. Die Störung der Orientierung und die Desorientierung setzt ein mit der Frage: „An welcher Stelle fange ich an, den Schreibtisch aufzuräumen?" Und dann gehen wir wieder und machen etwas anderes.

Natrium niedrig ist kaltblütig (A^2). Es wirkt auch anästhesiemäßig, ist für Gewalt auch gegen sich selbst zugänglich: sich an den eigenen Haaren aus dem Notsumpf per Schuldfrage rausziehen. Der Blutdruck geht nach unten (Ek-mäßig), Wasser sackt in die Beine, das **Pro-Ödem-Programm** startet. Geht das mit einer Unterversorgung der Haut einher, fließt die Lymphe raus, die das Gutdastehen zum Höhepunkt bringt: **offene Beine**. Dann setzt die Gegenaktivität durch Sorgeaktivität zur Blutdrucksteigerung ein. Das Kaltblütige bleibt, wirkt also nur verschärfend auf die Symptomatik oder auf das Denken, um eine Lösung für die offenen Beine zu bekommen: z. B. das **Pro-schlanke-Fesseln-Programm**. Stöckelschuhe mit Pfennigabsatz: jeder Millimeter muss ja dann stehen.

„Blutschranken"

Die **Blut-Hirnschranke** filtert große Moleküle aus, damit sie nicht ins Gehirn gelangen, sonst würden wir bereits bei leichter sorgiger Aktivität sterben. Die **Plazentaschranke** („Blutsieb"), in der nicht das Blut gesiebt wird sondern der Eintritt bestimmter Stoffe ins Gewebe sortiert wird, ist eine Gewebeschranke. Ein Übertritt bestimmter Stoffe und Zellen ist bei den Schranken verboten.

Milz

A^5 MP plus metansyst WPa

Essenzielle Hormone
WPa: Splenin („Thymopoietin III") (3.1.40.); A^5; (hilft, die Tätigkeit der Leukozyten wiederherzustellen)
MP: Melanostatin (MIH) (3.1.09.); A^5; (hemmt MSH)

Parasympathikus qual Melanostatin qual Splenin

LSB: A^5

Embryologie
Die Milzentwicklung ist mesodermalen Ursprungs und beginnt am 32. Tag mit einer Vermehrung der **Mesenchymzellen** zwischen den beiden Blättern des dorsalen Mesogastriums (Gewebsverbindung des Magens zur rückwärtigen inneren Bauchhöhle) in direktem Kontakt zum Magen. Mit der Magendrehung wandert die wachsende Milz nach links seitlich oben in die Zwerchfellnähe und löst sich vom Magen.

Das Milzwachstum verläuft periodisch. Zwischen der 7. und der 13. Woche erfolgen zwei Wachstumsschübe. Die äußere Form der Milz, meist die eines Tetraeders, wird stark von den sie umgebenden Organen geprägt und ändert sich von Monat zu Monat. Etwa bis zum Ende des 5. Monats erfolgt in der Milz die Bildung von roten Blutkörper chen, danach wird diese vom Knochenmark übernommen. Nach der Geburt werden in der Milz nur noch Monozyten und Lymphozyten gebildet, die Fähigkeit zur Blutbildung bleibt der Milz jedoch erhalten.

Anatomie

Die Milz liegt im oberen linken Abschnitt der Bauchhöhle hinter dem Magen und unter dem Zwerchfell. Sie wiegt bei Erwachsenen zwischen 150g und 200g und hat eine Größe von etwa 4x8x12cm. Sie wird von einer Kapsel aus straffem, stützendem (kollagenem) Bindegewebe umgeben. Diese Kapsel umgibt das in Bälkchen gegliederte **Milzparenchym** (Pulpa).

Auf der an den Magen grenzenden Fläche der Milz liegt eine rinnenartige Vertiefung, der **Hilus**. An diesem verdichtet sich die Kapsel. Der Hilus bildet den Ein- und Ausgang für Lymph- und Blutgefäße und Nerven. (Geneser, S.359)

Die Milz filtert rote und weiße **Blutkörperchen** und kontrolliert die roten Blutkörperchen. Sie ist über die Aktivität und den Zustand der roten Blutkörperchen informiert und sortiert anhand der Sauerstoffaktivität. Sie lässt „die Guten" durchgehen, „die Schlechten" behält sie und nimmt den roten Blutfarbstoff. Sie stellt alle Blutzellen zur Verfügung. Die Milz ist für die sensible Wärmeregulierung und für die Selbst- und Fremdwahrnehmung wichtig. Das Immunsystem ist auch für die persönliche Stellungnahme wichtig.

Essenzielle Hormone

WPa Splenin (Splenopentin) (3.1.40.) stützt die Tätigkeit der Milz und ist in der Lage, die T-Zell-Funktion wieder herzustellen. T-Zellen sind Bestandteile des Begrüßungskomitees exogener Gäste. T-Helferzellen sind spezialisierte weiße Zellen, Lymphzellen für die Immunabwehr.

MP Melanostatin (syn. Melanotropin-Release-Inhibiting-Hormon; MIH) (3.1.09.): Melanostatin entsteht zusammen mit Melanoliberin aus Oxytocin. Melanostatin ist ein Hormon, das MSH begrenzt. Es ist bei Sorge aktiv, greift ins NNM ein und unterbricht die Noradrenalin-/Adrenalinstöße. Was uns als Stoß durchfährt ist Noradrenalin. Manche halten das für Verliebtsein.

Melanostatin hilft gegen Stress. Über diese Hilfe können sich Immunzellen bilden, und die Heilungstendenz wird unterstützt. Bei dieser Unterstützung wird die Aktivität der Milz betroffen. Sie arbeitet nicht mehr. „Lieber etwas opfern und zwar die Milz, als die Familie." Die Aktivität der Milz wird hier begrenzt mit den entsprechenden Folgen.

MSH (Melanozytenstimulierendes Hormon) wird durch eine erhöhte **Sympathikusaktivität** freigesetzt. Wird vom Hirnstamm der Sympathikus nicht adversiv begrenzt, muss das Männliche bremsen. In bestimmten Situationen wird das als angenehm empfunden: TUS (Turn und Sportverein). Dabei wird alles Mögliche aktiv, nur keine Gefühle. Die angemessene Tätigkeit der Milz hilft, wenn einem die Nerven „durchzugehen" drohen. Wenn freudige Erregung auftaucht, kann das im Frontalhirn schon mal für Sorge sorgen. Dann kann „freudige" Erregung durch Verwechslung von Eff/Int entstehen: Sorge um die eigene Richtigkeit wird zur Sorge um das eigene Richtigmachen A^1 (Verwechslung von I/F).

Eff/Int (A^{Dog}+ A^4 = A^1): Wo es um den Beweis der eigenen Richtigkeit bzw. um die Erarbeitung persönlicher Bedeutung geht, haben Gefühle keinen Raum und keine Weite. Damit nicht jede freudige Erregung in diese Begrenzung führt, kann sich die Milz um das MSH kümmern.

In der Literatur wird das MSH vernachlässigt. Ihm wird nur die Pigmentierung der Haut zugedacht, stattdessen: **Milz - Sexualität - MSH.**

Die adversive Milztätigkeit hat mit adversiver Sexualität zu tun. Das MSH wird nicht für eine Pigmentierung verwendet, da der Partner oder die Partnerin nicht mit der Sonne zu identifizieren ist. Das „Sonnenmäßige" einer angemessenen Umgangsweise ist die energetische Anregung: Wärme, kräftige Durchblutung, alpha-adrenerg (adrenerg: die sympathische Wirkung des Adrenalins betreffend).

Wenn die Milz Melanostatin ausgeschüttet hat, wird MSH begrenzt. Per effectum kann die sympathische Energie woanders hin. Das MSH kann die eigene Wirkung entfalten für die angemessene Hautanwendung. Das Adrenalin kann verwendet und die sympathische Tätigkeit gefördert werden. Dann wird es und wir sanft. Wichtig ist, dass die Sanftheit nicht in „totales Temperament" umkippt und die Adaption in die Situation durch eine plötzlichen „Beitritt in den Turnverein" gefährdet wird. Das Melanostatin ist ein Stress-Schutzmittel, die Erwärmung des gesamten Körpers kann als angenehm empfunden werden, ohne Überhitzung.

Über die Milztätigkeit kann Klarheit unterstützt werden. Für Klarheit ist nicht nur die Formatio reticularis (A^5), sondern auch eine angemessene Milztätigkeit wichtig. Die Formatio reticularis entlässt Energien.

> D.h.: Angemessene Formatiotätigkeit + angemessene Milztätigkeit hält die Balance = Klarheit

Physiologische Beziehung zwischen Formatio reticularis und Milz

Die essenziellen Hormone der Formatio reticularis sind Bombesin (3.1.28.) und Relaxin (3.1.06.). Bombesin ist in der Lage, den Blutglukosespiegel zu erhöhen, also auch Energie zur Verarbeitung des Mutes zur Verfügung zu stellen. Relaxin wirkt auch gerüstmäßig, nicht nur beim Geburtsvorgang, sondern fördert auch die Beweglichkeit des Gerüsts. Es wird auch gebraucht, um den Klebeeffekt in den Ovarien bzw. bei den Spermien zu vermeiden. Es fördert die Beweglichkeit und ist wichtig für die Selbstwahrnehmung einer Frau. Also wirkt die Formatio reticularis auf die „gelben" Organe.

Die Milz braucht in bestimmten Situationen Glukose und Sauerstoff: Lust und Luft. Zum Erkennen brauchen wir Zucker z. B. für die Erkennungsmöglichkeit zellulärer Liebesangebote in Form von Körperausdünstungen.

Das Melanostatin (MP) kann qualifizieren helfen. Die Beweglichkeit wird qualifiziert, damit das WP nicht überschießt oder zu langsam wird. Melanostatin wirkt auf Phosphor und in der Zelle. Es hat die Effizienz, zusätzlich Phosphor zu transportieren. Die Mitochondrien sind Energiepäckchen. ATP oder ATP-P ist bei spezieller Aktivität erforderlich. Durch ein Mehr an Phosphor kann sich mehr ATP-P in der Zelle bilden.

Exkurs: Das Adenosin-Tetraphosphat (ATP-P)
(aus Noosomatik Bd. I-2., S. 459)
Folgende Synonyme werden in der Literatur gebraucht:
a) 5'Ado P4 b) Ap4
Das ATP-P wird im intermembranösen Raum der Mitochondrien von dem nur an diesem Ort vorkommenden Enzym Adenylat-Kinase (in Muskelzellen auch Myokinase genannt) synthetisiert (gebaut).
Bekannt ist vor allem folgende Reaktion der Adenylat-Kinase (AdKi): Die AdKi ist für den Umgang der Zelle mit dem ATP zuständig, und zwar kann sie bei ausreichendem ATP-Aufbau über die Atmungsaktivität ATP + ADP -> ATPP + AMP bilden; oder bei Bedarf an Energie ATP + AMP in 2 ADP umbauen. (1,2,4,12). Die Rückreaktion der AdKi ist ebenfalls möglich: ATPP + AMP -> ATP + ADP. Die Konzentration von ATP-P in Muskelgewebe wird mit 5 Mikromol angegeben (4,12).

Ovarien

A^5 MP plus sotsyst MWPb = MP plus MP plus WPb plus Sympathikus

Essenzielle Hormone
MP: **Inhibin (= Follistatin) (3.1.49.); A^5**; (hemmt die FSH-Sekretion)
MP: **Follikuläres Aromatase-hemmendes Protein (FAP) (3.1.54.); A^5**; (hemmt die Umwandlung von Androgenen in Östrogene)
WPb: Oocyte Maturation Inhibitor (OMI) (3.1.50.); A^5; (beendet die Reifung einer Oocyte, die dann springt)

Inhibin qual FAP qual OMI

Embryologie
Die **Urniere** erfüllt neben ihrer Aufgabe als Zwischenglied der Entwicklung zur definitiven Niere noch eine weitere: sie bildet die **Keimdrüsen**. Sie hat sich zu einem länglichen Organ entwickelt, ragt in die Zölomhöhle vor und wird durch einen breiten **Stiel** (Mesenterium urogenitale) gehalten, der mit der hinteren Leibeswand verbunden ist. An ihrer ventromedialen Seite (bauchinnenwärts) bildet sich eine Leiste aus mesodermalem Gewebe und grenzt dadurch die entodermalen Anteile des Darms ab.
Dieses mesodermale Gewebe erfüllt ebenfalls eine weitergehende Aufgabe: Dort werden die Keimdrüsen entstehen.

Der Haltstiel (das **Mesenterium urogenitale**) verankert beide Regionen. Während sich die Nachniere nun immer deutlicher ausbildet, entwickeln sich aus dem Urnierengewebe die Keimdrüsen.

Dieser überraschende Zusammenhang zwischen Urnierentätigkeit und Keimdrüsentätigkeit lässt sich dadurch erklären, dass die Keimdrüsen das Wissen darum brauchen, unterscheiden zu können zwischen Selbstigem und Nichtselbstigem, schließlich wird die Oozyte die Fähigkeit entwickeln, unterscheiden zu können, welches Spermium zu ihr passt und welches nicht. (siehe „Spermiendeutendes Organ" abgekürzt: SO)

> Generell gilt, dass Zellen ihr gelerntes Wissen mitnehmen. Dies spart Zeit und Aufwand. Einige der Zellen gehen dann hierhin, andere dorthin ... Sie erhalten so eine Grundausbildung, die bewirkt, dass z. B. ein Organ X Zellen hat, die mit denen von Organ Y (am anderen Körperende z. B.) „bekannt" oder sogar „verwandt" sind.

Die Ovarien („Eierstöcke") erlangen aufgrund dieser physiologischen Vergangenheit die Fähigkeit der Unterscheidung und können diese an die Oozyte weitergeben. Da diese Unterscheidungsfähigkeit für Spermien nicht notwendig ist (die Oozyten entscheiden, welches Spermium angenommen wird), können wir auch aus diesem Grund sagen, dass die Entwicklung geschlechtsspezifisch betrachtet weiblich orientiert ist. Das männliche Geschlecht ist der Effekt des Stopps der Entwicklung des weiblichen Geschlechts durch chromosomale Information in der 6. Entwicklungswoche. (aus Noosomatik Bd. I-2, S. 238)

Zur Entstehung der Oozyte (die Oogenese)

(aus „Schmach usw.", 4., Aufl., S. 167 ff.)

Die Urkeimzellen werden im Dottersack gebildet und wandern in der 6. Woche von der Wand des Dottersacks in die Gonadenanlagen (=Genitalleisten). Nach mitotischen Teilungen differenzieren sie sich zu Oogonien. Aus diesen bilden sich im 3. Monat einerseits Zellbahnen, die von flachen Epithelzellen umgeben sind, andererseits bilden sich aus der Mehrzahl durch eine weitere Differenzierung die primären Oozyten, die dann ins Innere der Gonade vorstoßen. Die primären Oozyten treten ein in die Prophase der 1. Reifeteilung.

Die Oogonien vermehren sich sehr rasch weiter. Bis zum 5. Monat können es 6 Millionen sein. Danach setzt eine Zelldegeneration ein: zahlreiche Oogonien und primäre Oozyten machen dicht (werden atretisch). Die Teilung der Oogonien ist im 6. Monat abgeschlossen und die Mehrzahl im 7. Monat bereits zugrunde gegangen.

Der scheinbare Überschuss an Oogonien und primären Oozyten ist die *wesen*tliche Menge an WP, das im 6. Schwangerschaftsmonat die Autonomie des TRO qualifiziert, damit der weibliche Fet nunmehr als Person in der Lage ist, sich selbst zu qualifizieren.

Die Erfahrung mit der Fähigkeit, die Oogonien tatsächlich begrenzen zu können und die Erfahrung, dass danach das TRO seine Aktivität vermindert, konstruiert den TRO-Regelkreis und macht die Wirksamkeit seiner Autonomie aus.

Die verbliebenen primären Oozyten beginnen nun die 1. Reifeteilung, nachdem die meisten von ihnen von einer flachen Epithelschicht umgeben worden sind (Follikelepithel; Primordialfollikel). Bis zur Geburt sind alle Oogonien untergegangen. Das TRO-Training ist *vor* der Geburt zum Erhalt der Autonomie überlebenswichtig. Nach der Geburt ersetzt die Mutter die Oogonien und wirkt die notwendigen Erfahrungen mit der Autonomie post partum.

Die Primordialfollikel (etwa 700.000 bis zu 2 Millionen) haben die Prophase der 1. Reifeteilung beendet und warten im Diktyotänstadium (zwischen Pro und Metaphasen) auf die Pubertät (sprich auf das Ende der vorlogischen Phase). In dieser Wartezeit wird der Ring, der sich aus den Follikelzellen gebildet hat und weitere Mitosen verhindert und die Meiose im Diktyotänstadium festhält, durch Aktivität der Nukleoli erhalten.

Bis zum Einsetzen der Pubertät atresieren etliche Primordialfollikel, so dass etwa nur noch 40.000 überbleiben.

Anatomie

Die **Ovarien** (Eierstöcke) liegen beidseits des Uterus (Gebärmutter), mit der sie durch **Bänder** (ligamenta ovarii propria) verbunden sind, im kleinen Becken. An den seitlichen Polen liegen die Fimbrienenden der Eileiter den Ovarien an. Die **Fimbrienenden** werden über Bauchfellfalten (Ligamenta suspensoria ovarii) an der seitlichen Beckenwand fixiert. In diesen Bändern verlaufen die **Blutgefäße**, die die Ovarien versorgen.

Fimbrien sind fransenartige Gebilde (Auffangtrichter), die eine Rinne bilden, in der die Oozyten zum Uterus transportiert werden können.

Die Blutgefäße ziehen durch die Ligamenta lata (Bauchfellduplikaturen beidseits des Uterus) und erreichen über Ausläufer der Ligamente, die Mesovarien genannt werden, die Hili (Gefäßpole) der Ovarien.

Die Ovarien haben mandelförmige Gestalt und sind bei der erwachsenen Frau etwa pflaumengroß. Ihre Oberfläche bildet ein einschichtiges Epithel, dessen Zelloberflächen Mikrovilli (kleine Ausstülpungen der Zellmembran) tragen. Darunter bildet die Faserschicht, die Tunica albuginea eine dünne Kapsel um das Ovar. Dann folgt die zellreiche **Rinde**, in der die Follikel in unterschiedlichen Entwicklungsstadien liegen. In der Mitte befindet sich das **Mark**, eine lockere Gewebeschicht, in der Gefäße, Lymphbahnen und **Nervenfasern** (sympathische und parasympathische) verlaufen, die über den Hilus das Ovar erreicht haben. Im Bereich des Hilus liegen Zellen (Hiluszwischenzellen), die zur Androgenbildung befähigt sind, analog den Leydig'schen Zwischenzellen der Hoden. (Geneser, S. 563 f.)

In der Pubertät (Ende der vorlogischen Phase) kommt es zur ersten Ovulation (Eisprung), nachdem sich ein Primordialfollikel über mehrere Entwicklungsschritte zum Primär-, Sekundär- und Tertiärfollikel entwickelt hat. Tertiärfollikel bestehen von außen nach innen aus der Theca externa, der Theca interna, der Basalmembran, der Membrana granulosa, der Zona pellucida und der Oocyte. Aus Granulosazellen besteht auch die spätere Corona radiata. (Junqueira, 4., Aufl., S. 582 ff.)

Die Hormonsynthese im Follikel erfolgt in Kooperation der Theca-interna-Zellen mit den Granulosa-Zellen. In der Theca interna wird aus Cholesterol über Pregnenolon Progesteron gebildet und weiter zu Androstendion umgewandelt. Die Granulosazellen sind zwar ebenfalls zur Progesteronsynthese in der Lage, können aber kein Androstendion bilden, so dass Progesteron durch die Basalmembran in die Theca interna diffundieren muss. Das daraus in der Theca interna gebildete Androstendion diffundiert in die Granulosazellen, die die Enzyme (17 ß-Hydroxysteroiddehydrogenase und 19-Hydroxylase-Aromatase-Komplex) zur Östron-, Testosteron- und Östradiolsynthese besitzen.

Wird im Ovar nicht mehr genug Östron und Östradiol gebildet, produziert die NNR weiterhin Androstendion, das dann in den Zielorganen (z. B. Fettgewebe, Muskel, Leber, Haarfollikel, Gehirn), die die Aromatase besitzen, in Östradiol umgewandelt wird. (Löffler, Petrides, 4., Aufl., S. 711 f.)

Hormonsynthese bei der Frau:
Hormonsyntheseschritte, von der Aromatase katalysiert:
Androstendion -> Östron
Testosteron -> Östradiol
Zuordnung der Hormone zu den Systemen:
Androstendion: pathisches System A^0
Östron und Testosteron: autonoetisches System A^1

Ausgehend von dem Tatbestand, dass sich die Frau auf A^0 zwischen dem Ja-sagen zu ihrer eigenen Menschlichkeit oder der miesen Selbstsicht und der töchterlichen Addition als weitergehenden Effekt entscheiden kann, richten wir den Blick auf die Aromatase: sie ist das „entscheidende" Enzym für die Östron- und Östradiol-Synthese. Von ihr hängt es ab, ob weibliche Hormone gebildet werden. Sie ist das physiologische Korrelat für diese Entscheidung. Auch die räumliche Trennung zwischen diesen Reaktionen belegt das.

Essenzielle Hormone
OMI schützt die Aktivität des Ovars an sich, Inhibin und FAP unterstützen die Arbeit des Ovars und unterstützen den Schutz durch OMI.
MP: Inhibin (syn.: Follistatin, Folliculostatin) (3.1.49.) ist ein Peptidhormon. Es wird von Granulosazellen, dem Corpus luteum, der Plazenta und den Sertolizellen sezerniert. (Runnebaum, Rabe, Gynäkologische Endokrinologie, Bd. 1, 1994, S. 609)
Inhibin (Qualifizierung im Sinne des MP; zu unterscheiden von Inhibitor, das aktiv eingreift) sorgt dafür, dass nicht alle Oozyten gleichzeitig reifen. FSH ist für die Reifung zuständig, Inhibin hebt die Follikelstimulierung auf. Es wirkt damit eine angemessene Dauer der Follikelphase (13 Tage), so dass die gebildeten Östrogene der Frau zur Verfügung stehen.

MP: Follikuläres Aromatase-hemmendes Protein (FAP)
(3.1.54.) hemmt die Umwandlung von Androgenen in Östrogene, so dass eine gewisse Menge an Androgenen erhalten bleibt, die der Follikel zum Wachsen braucht. FAP verhindert, dass beim Testosteron der A-Ring aromatisiert wird. Es hemmt das dafür zuständige Enzym. Der Konzentrationsanstieg geht parallel zu dem des Inhibins. D.h. die Hemmung der FSH-Ausschüttung wird begleitet von einer Begrenzung der Produktion weiblicher Hormone. Gleichzeitig fördert (per Effekt) und schützt FAP das Immunsystem Die angemessene Versorgungslage immunisiert. (a.a.O., S. 140)

WPb: Oocyte Maturation Inhibitor (OMI) (3.1.50.):
Das Oozyten-weiterreifungsbegrenzende Hormon ist ein inhibitorisches Hormon. Es wirkt die Bereitstellung von cyclo-AMP (cAMP) für die Oozyten und signalisiert damit, dass genug WP da ist. (Bei Regenerationsbedarf wird die Versorgung einer Oozyte unterbunden.)
Die Oozyte wendet ihr Vermögen an. Es kommt zur Reifung und zum Eisprung. OMI erkennt, dass die Oozyte gereift ist. Dadurch reguliert es den Eisprung und gibt einen Schubs (loslassen: WPb), womit der Reifungsprozess beendet ist. OMI informiert über die Allgemeinbefindlichkeit einer Frau. Braucht eine Frau Regeneration, kann die Oozyte auch früher springen. Das Ovar merkt schnell und selbst den eigenen Regenerationsbedarf. Indem es für sich arbeitet, arbeitet es für die Frau. Es dynamisiert und qualifiziert.
OMI ist wichtig für den Schutz der Aktivität des Ovars (es schützt sich durch Anmeldung des Regenerationsbedarfs, damit schützt es die Frau).

   Soterische Organe arbeiten, indem sie für sich arbeiten, immer für den ganzen Menschen.

Der **Sympathikus** sorgt je nach Bedarf für die angemessene Relation zwischen Inhibin und FAP. Eine angemessene Sympathikusaktivität setzt Inhibin frei und drosselt FAP. Eine Überaktivität des Sympathikus setzt FAP frei und mindert Inhibin, eine verminderte Sympathikusaktivität unterstützt die Produktion von Inhibin und FAP. Der Sympathikus wird auch zum Springen der Oozyte gebraucht, für die freudige Erregung und für die Gesamtinformation der Befindlichkeit der Frau.

Testis

A^5 MP plus sotsyst MWPb plus Sympathikus = MP plus MP plus WPb plus Sympathikus

Essenzielle Hormone
MP: Inhibin (3.1.49.); A^5; (hemmt die FSH-Sekretion)
MP: Follikuläres aromatasehemmendes Protein (FAP, 3.1.54.); A^5; (hemmt die Umwandlung von Androgenen in Östrogene)
WPb: Oocyte Maturation Inhibitor (OMI, 3.1.50.); A^5

Inhibin qual FAP qual OMI

Embryologie

Die Keimdrüsen werden aus drei Quellen gebildet: dem Zölomepithel, dem angrenzenden Mesenchym und den **Urgeschlechtszellen**. Während der 5. Woche werden sie erstmals an der Urogenitalfalte sichtbar. In die sich bildende Genitalleiste wachsen die primären Keimstränge ein, und bilden die Keimdrüsenanlage aus Rinde und Mark.
Bereits Anfang der 4. Woche bilden sich im Dottersack und im Allantoisstil Urgeschlechtszellen, die bis zu den Keimdrüsenzellen wandern und in der 6. Woche in den primären Keimsträngen ankommen. Durch den XY-Chromosomenkomplex differenziert das **Mark** zu männlichen Keimdrüsen, während die **Rindenzone** degeneriert. Mit zunehmendem Wachstum lösen sich die Hoden von der Urniere und bilden das **Mesorchium** (Aufhängung).
Die **Tubuli seminiferi** haben sich aus den Keimsträngen zusammen mit den Tubuli recti und Rete testis differenziert. Die Testosteron produzierenden **Leydig-Zellen** haben sich aus dem Mesenchym entwickelt, das die Tubuli seminiferi trennte. In der Wand der Tubuli seminiferi befinden sich die Sertoli-Stützzellen (aus dem Keimepithel) und die Spermatogonien (aus der Urgeschlechtszelle). Außer Testosteron werden Faktoren gebildet, die die Differenzierung der Müller-Gänge verhindern. (Moore, 1996, S.329 ff.)

Anatomie

Die beiden **Testes** (**Hoden**, **Keimdrüsen**) liegen außerhalb der Bauchhöhle und sind vom Hodensack umhüllt. Sie sind von einer Bindegewebshülle umgeben, von der Bindegewebssepten nach innen ziehen und mehr als 200 Hodenläppchen bilden. Die Hodenläppchen werden von zwei bis vier stark gewundenen Hodenkanälchen aufgebaut, in deren Epithel die **Spermatogenese** (Samenzellbildung) stattfindet.
Zwischen den Hodenläppchen liegen die **Leydig-Zwischenzellen**, die durch LH (Lutropin, 3.2.3.) gesteuert Testosteron (1.1.2.5.1.) bilden. In der Wand der Hodenkanälchen bilden im Keimepithel die **Sertoli-Zellen** ein Stützgewebe, in das die Keimzellen eingebettet sind, die sich in mehreren Schritten zu Keimzellen differenzieren.

Die männlichen **Keimzellen** entwickeln sich in der Pubertät aus den **Spermatogonien** im Hoden, wo sie sich seit dem 6. Schwangerschaftsmonat befinden. Sie vermehren sich durch Teilung, werden zu **Spermatozyten** und dann zu **Spermatozoen** ausgebildet und wandern in den Nebenhoden, wo sie ihre letzte Ausbildung und zusätzliche Energie erhalten (**Kapazitation**). Die erste Ejakulation geschieht in der Regel unwillkürlich nachts, wenn die Gonadotropine, die Hormone, die auf die Gonaden einwirken, eine erhöhte Ausschüttung erfahren. Der Gedanke, dass die angesammelte Menge nach Ausschüttung rufe, entspricht patriarchal orientiertem Wunschdenken: Ein Mann bleibt auch Mann ohne Ejakulationszwang.

Auch bei der ersten Ejakulation ist von exogener Impulsierung der ggf. unterbewussten Fantasie auszugehen.

Die erste Ejakulation kommt meist nachts, nach einem Traum. Träume stammen aus dem Frontalhirn, das reproduktiv ist und in den non-REM-Phasen die Wirklichkeitsvorstellungen abbildet. In dieser Phase findet keine hormonelle Regeneration statt, die erfolgt in den REM-Phasen. Die Träume sind über die „Aufklärung" angefärbt, deren Inhalte verboten sind, also werden sie in die Träume verlegt. „Einerseits" ist „es" jetzt da, aber „andererseits" müssen wir damit wieder aufhören, „es" für später aufbewahren, die „Doktor-Spiele" werden kriminalisiert, statt Fleisch lieber Käse ...

Essenzielle Hormone

Die Hoden sind für die Versorgung der Spermien zuständig. Die Spermien reifen in ihnen heran - ähnlich wie die Follikel in den Ovarien. Für die Versorgung wird etwas typisch Männliches gebraucht, parallel zum Ovar - wegen der Ähnlichkeit.

MP: Inhibin (=Follistatin) (3.1.49.) ist ein Polypeptid, das in den Sertoli-Zellen gebildet wird. Es hemmt die Freisetzung von FSH (Follitropin) aus dem Hypophysenvorderlappen. FSH stimuliert die Sertoli-Zellen in den Tubuli seminiferi zur Spermiogenese.

Es ist ausreichend Zeit für die Reifung da (siehe auch Ovar).

Die Spermien werden in den Hodenkanälchen ausgebildet. Es gibt keinen Zwang, dass etwas gebildet wird. Physiologisch findet bei Nichtgebrauch der Spermien ein Recycling statt. Der Aspekt der **Zeit** spielt auch hier eine Rolle - ein angemessenes Zögern, denn manches braucht Raum und Zeit. Über die Begrenzung der Produktion bleibt Raum erhalten. Manches braucht in der Tat Zeit. Reizflut und Tempo ist nicht günstig für die Verarbeitung. Testis und Ovar brauchen Zeit, die feinen Töne sind dann besser wahrnehmbar. Wir sind in der Lage, die Feinheiten wahrzunehmen ohne uns zu langweilen.

WPb: Oocyte Maturation Inhibitor (OMI) (3.1.50.) stoppt die Reifung (siehe Ovar).

MP: Follikuläres aromatasehemmendes Protein (FAP) (3.1.54.) hemmt die Aromatisierung von Androgenen zu Östrogene (siehe auch Ovar).

Wegen der bei Männern üblichen vergleichsweise geringen Sympathikusaktivität, werden mehr Inhibin und FAP produziert. Bei freudiger Erregung jedoch wird weniger FAP im Testis hergestellt und mehr weibliche Hormone entstehen! Ein erhöhter Sympathikotonus senkt das Inhibin und erhöht das FAP, sodass die Bildung von Östrogenen abnimmt und überproportional viele Androgene entstehen, die auf den Testis selbst anabol wirken können.

Brustdrüsen

A^5 MP plus advsyst WPb

Essenzielle Hormone

MP: **Proopiomelanocortin (POMC) (3.1.65.); A^5**; („Vorläufer" für Beta-Lipotropin, Beta-Endorphin, ACTH und Alpha-Melanotropin)

WPb: **Pregnenolon (1.1.1.); A^5**; (aus ihm können alle anderen Steroidhormone gebildet werden)

Parasympathikus qual POMC qual Pregnenolon

LSB: A^5

Embryologie

Gegen Ende der vierten Woche treten ventral beidseitig längsverlaufende Epithelverdickungen, die **Milchstreifen**, auf. Diese entwickeln sich im zweiten Monat zu Milchleisten, die sich bis auf ein kleines Areal in der Brustregion wieder zurückbilden. Von da wächst ein Epithelkolben in das **Mesenchym** und teilt sich in 12-20 Epithelzapfen mit knospenartigen Verdickungen, die zu den Ausführungsgängen, Milchgängen und Drüsenläppchen auswachsen. (Rauber, Kopsch, Bd. II, S. 541)

Anatomie

Die Brustdrüsen (**Glandulae mammariae**) liegen bei Frau und Mann eingebettet im Bindegewebe und Fettgewebe der Brüste (**Mammae**). Die Brustdrüse besteht aus ca. 15-20 Drüsen, die Drüsenläppchen mit Milchgang (**Ductus lactiferi**) und einer Erweiterung (Milcksäckchen) vor dem Austritt (**Sinus lactiferi**) in der Brustwarze (**Mamille**) bilden.

In den Drüsenläppchen münden die Milchgänge in **Alveolen**. Alveolen sind kleinste Ausbuchtungen, die einschichtig von apokrin arbeitenden Drüsenzellen umgeben sind. In den Alveolen wird bei Bedarf Sekret (Milch) produziert. Die Alveolen und die anschließenden dünnen Milchgänge sind von glatter Muskulatur umgeben. Die Muskelzellen kontrahieren durch Oxytocinwirkung. Um die Drüsenläppchen und Drüsenlappen befindet sich geflechtartiges Bindegewebe.

Beim Mann sind die Brustdrüsen gering entwickelt. Während der Pubertät kann es zu einer vorübergehenden Größenzunahme kommen. Bei der Frau werden die Brustdrüsen während der Pubertät durch Östrogen- und Progesteronwirkung größer und ausdifferenzierter.

Die Brustdrüsen drüsen (auch ohne Schwangerschaft). Sie sind eine Art **Sexualorgan** und versorgen uns mit Information über dri und dra (siehe auch Mamma). Sie sitzen direkt hinter den Mamillen (Brustwarzen). Sie geben nach dra Informationen über die Befindlichkeit dri, die auch Folge dessen ist, was von dra dri angekommen ist. Die Ausführungsgänge sind auch die „Einführungsgänge". Unbekleidet nehmen die Brustdrüsen wahr, sie sind auch eine Art **Sinnesorgan**. Sie nehmen z. B. fettlösliche Stoffe in der Luft wahr – Steroidhormone.

Milch besteht aus Wasser, zahlreichen Eiweißen und emulgiertem Fett, Milchzucker, Vitaminen, Polyaminen, Lactoferrin, Lysozym, Komplementfaktoren und Immunglobulin (IgA). Lactoferrin ist ein eisenbindendes Protein, das nach Prolaktinwirkung vermehrt produziert wird, da Eisen die Brustdrüse verschließen würde.

Essenzielle Hormone

MP: POMC (Proopiomelanocortin) (3.1.65.) ist ein sogenanntes Prohormon. Es besteht aus 256 Aminosäuren und kann in sechs aktive Hormone und zwei Neurotransmitter gespalten werden: in ACTH, drei Melanotropine, zwei Lipotropine, Beta-Endorphin und Met-Enkephalin. (Hofmann, Medizinische Biochemie, 4., Aufl., S. 625)

Beta-Lipotropin schützt vor Reizflut durch Überfrachtung. Beta-Endorphin besteht aus der Aminosäurensequenz 61-91 des Beta-Lipotropins. „Das Peptid entfaltet als ‚endogenes Morphin' ... eine stark sedative und kataleptische Wirkung, senkt den Blutdruck und führt (bei niedriger Dosierung) zur Hypothermie." Es hat einen stimulierenden Einfluss auf das Abwehrsystem. (Rauber, Kopsch, Band II, S. 209)

Die mRNA von POMC (POMCmRNA) findet sich in infizierten Milzzellen, stimulierten peripheren Monozyten, tonsillären T- und B-Lymphozyten, Testis, Ovar, Plazenta und im Gastrointestinaltrakt. (Bateman, Singh, Kral, and Solomon: The Immune-Hypothalamic-Pituitary-Adrenal Axis. In Endocrine Reviews, Vol 10, 1989, S. 97 ff.)

WPb: Pregnenolon (1.1.1.) wird über mehrere Zwischenstufen durch Entfernen von Kohlenstoffatomen der Seitenkette des Cholesterins gebildet, indem es durch eine intra-mitochondriale Reaktion durch einen Cytochrom P450-haltigen Enzymkomplex katalysiert wird. Aus ihm können über Progesteron, Corticosteroide, Androgene und Östrogene gebildet werden.

Es wird vermehrt in Brustdrüsenzysten gefunden. Es stützt die Antwortfähigkeit der Brustdrüsen, den Selbstausdruck des Menschen.

Niere

A^5 MP plus avsyst plus WPa

Essenzielle Hormone

MP: **Renin (3.2.5.); A^{Dog}**; (erhöht den Blutdruck und so die Nierendurchblutung)

WPa: **Calcitriol (1.1.3.3.); A^3**; (fördert die Calciumausscheidung und senkt die Phosphatausscheidung)

Parasympathikus qual Renin qual Calcitriol

LSB: Gü

Embryologie

Am 18.Tag ist das intermediäre Mesoderm entstanden, das das paraxiale Mesoderm (Somitenbildung, siehe 20. Tag) mit den Seitenplatten (siehe 18. Tag) verbindet. Halswärts (in der Cervikalregion, <von

cervix: Hals, Nacken>) befinden sich gegliederte Abschnitte (Segmente), unten (abwärts der Thorakalregion <Brustraum>) eine ungegliederte Zellanhäufung (Blastem), aus der die Niere entstehen wird.

Da der Aufbau der Niere aus einer Reihe von Feinarbeiten besteht, braucht ihre Entwicklung Zeit, in der jedoch Ausscheidungsvorgänge für das Kind bereits notwendig sind. Um diese Möglichkeit frühzeitig zu gewährleisten (etwa am 22. Tag), entwickeln sich die genannten Segmente sehr schnell zu kleinen Kanälchen, die sich, mit **Flimmertrichtern** ausgestattet, in die Zölomhöhle öffnen.

Die Flimmertrichter sind kelchartige Gebilde, die mit Flimmerepithel (Flimmer-Deckgewebe) ausgekleidet sind, die die Strömung in die Höhle bewirken. Die Anfänge dieser Kanälchen verbinden sich zu einem Ausführungsgang (der das nächste Stadium der Nierenbildung etwa am 25. Tag darstellt). Gleichzeitig werden Glomeruli gebildet.

Ein Glomerulus ist ein Blutgefäßknäuel, das Blutserum in das umliegende Gewebe abgibt, wo es kanalisiert und dessen Bestandteile selektiv rückresorbiert (eine Art „Nachlese") oder ausgeschieden werden.

Da die Segmente der Nierenbildung dienen, werden sie **Nephrotome** genannt, analog wird das Blastem als nephrogener Strang bezeichnet, die Einheit von einem Glomerulus und einem Ausscheidungskanälchen **Nephron** (Ausscheidungseinheit der Niere).

Dieser Entwicklungsschritt wird **Vorniere** genannt. Hier können bereits besagte Glomeruli entstehen, die sich entweder in die Ausscheidungskanälchen vorbuchten und deshalb **innere Glomeruli** genannt werden, oder nach außen entwickeln und deshalb natürlich dann **äußere Glomeruli** heißen.

Während dieses Entwicklungsschritts, bei dem die Abfallprodukte noch in die Zölomhöhle gelangen und von dort über die Flimmertrichter in die Kanälchen eingegeben werden, löst sich die Verbindung des intermediären Mesoderms mit der Zölomhöhle. Dadurch löst sich die Segmentierung auf, es werden keine Flimmertrichter und keine äußeren Glomeruli mehr gebildet. Stattdessen entstehen unmittelbar innerhalb des Blastems (des nephrogenen Stranges) neue Ausscheidungseinheiten (Nephrone). Der Ausführungsgang (auch **Vornierengang** genannt) wird in diesem neuen Stadium zu einem Gang, der nach seinem Entdecker „**Wolff-Gang**" genannt wird. An seiner Seite bildet sich der (nach dem Entdecker so benannte) „**Müller-Gang**" aus einer longitudinalen (längswärtig) Einstülpung des Zölomephitels, der beim weiteren Wachstum den Wolff-Gang ventral (bauchwärts) kreuzt. Während die beiden Wolff-Gänge getrennt auf die Kloake zugewachsen sind, wachsen die beiden Müller-Gänge aufeinander zu und bleiben erst einmal durch ein Septum (eine Scheidewand) voneinander getrennt. Parallel dazu (etwa am 25.Tag) wird die Kloake durch eine mesodermale Leiste (**Septum urorectale**) in zwei Abschnitte geteilt: **Anorectalkanal** (Enddarm- und Afterbereich) und

Sinus urogenitalis (aus ihm entstehen Harnblase und -röhre). Die Wolff-Gänge münden nun getrennt in den Sinus urogenitalis.

Da der Wolff-Gang vorübergehend bei der Entwicklung der Niere als Nierengang (Urnierengang, entwickelt aus dem Vornierengang) fungiert und später zur Entwicklung von Penis und Vagina beiträgt, werden beide Systeme als das Urogenitalsystem bezeichnet.

Bei der **Frau** entwickeln sich beide Gänge weiter: aus dem Müller-Gang werden **Eileiter** und **Uterus** und unter Mitwirkung des Wolff-Gangs die **Vagina**.

Beim **Mann** wird die Entwicklung des Müller-Gangs unterdrückt, wodurch sich der Wolff-Gang spezialisiert zum Hauptausführungsgang der Keimdrüse (**Hoden**, <Testis>) und den **Penis** als Zusatzausstattung und Übermittlungsorgan erhalten wird, doch davon später mehr.

Das männliche Geschlecht entwickelt sich also durch Unterdrückung der Weiterentwicklung des weiblichen. In der Embryonalentwicklung ein wunderbarer Sachverhalt.

Die Abgabe der Abfallprodukte durch die Vorniere in das Zölom ist ein notwendiger Schritt zur Raumerweiterung der Zölomhöhle. Mit Hilfe der Glomeruli entsteht eine hochkonzentrierte Flüssigkeit, die in die Zölomhöhle abgegeben wird und dort über ihr Volumen an sich und durch ihre osmotische Aktivität (Einwanderung von weiterer Flüssigkeit aus dem umgebenden Gewebe und aus den Höhlen) zu einer Weitung der Zölomhöhle führt. Nach ausreichender Weitung der Zölomhöhle gibt die Vorniere ihre Produkte in den Wolff-Gang ab, der sich mittlerweile sozusagen als „Überlaufkanal" gebildet hat.

Sachlich sind beide Stadien zu unterscheiden, weshalb ich von „**Vorniere A**" und „**Vorniere B**" sprechen will.

Das dritte Stadium der Nierenentwicklung wird „**Urniere**" genannt, die sich im mittleren Abschnitt des nephrogenen Stranges ausbildet. An ihrem unteren Ende entsteht im Übergang zum vierten Stadium (Nachniere oder **definitive Niere**) die **Ureterknospe**, die mit einem Blastem, einem nichtdifferenzierten Bindegewebe, ausgestattet wird (kappenförmig).

Aus diesem (metanephrogenen <Nachnieren->) Blastem entwickeln sich die Nephronen der Nachniere, aus der Ureterknospe entstehen harnableitende Kanälchen, die auf die Ausführungsgänge aus den Glomeruli zuwachsen und sich mit ihnen vereinigen. (aus Noosomatik Bd. I-2, 2.11.10.1.)

Anatomie

Die Nieren (Renes) befinden sich beidseits der Wirbelsäule hinter dem rückseitigen Bauchfell (retroperitoneal) an der Bauchhöhlenwand. Sie erstrecken sich zwischen dem 12. Brust- und dem 3. Lendenwirbel. Jede Niere wiegt ca. 150 - 300 g und hat etwa die Maße 3 x 6 x 12 cm.

Die Niere ist von einer straffen **Bindegewebekapsel** (Capsula fibrosa) umgeben. Das Nierengewebe ist unterscheidbar in **Nierenrinde** (Cortex renalis) und **Nierenmark** (Medulla renalis).

Die zur Mitte gelegene Nierenfläche hat eine große Vertiefung, die Nierenpforte (Hilum renale), aus der die Nerven, Gefäße und der Harnleiter ein- und austreten. In der Einbuchtung (Sinus renalis) liegt das **Nierenbecken** (Pelvis renalis). Dieses verzweigt sich in zwei oder drei **Nierenkelche** (Calyces renales), die sich wiederum in kleinere Kelche aufspalten.

Das **Nierenmark** wird aus den 10-12 kegelförmigen spitz zulaufenden Pyramiden (Pyramides renales) gebildet. Die Grundfläche der Pyramiden sind der Nierenrinde zugewandt, die Spitzen (Papillae renales) ragen in die Nierenkelche hinein und enthalten die Öffnungen (Foramina papillaria) der Sammelgänge (Ductus papillares). Diese geben Harn in das Nierenbecken ab.

Von den Basen der Pyramiden ausgehend führen Markstrahlen (Pars radiata) (400-500 pro Pyramide) in die **Nierenrinde**. Die Nierenrinde ist 6-10mm breit und umhüllt die Nierenpyramiden wie eine Kappe, wobei jede Nierenpyramide seitlich von der Nierenrinde umgeben wird. Das **Rindengewebe** zwischen den einzelnen Pyramiden bilden die Bertinischen Säulen (Columnae renales).

> Die funktionelle Einheit aus einer Markpyramide und dem sie umgebenden Nierenrindenbereich (alle Nephrone, die den Harn über diese Pyramide ableiten) wird Lobus renalis (Nierenlappen) genannt.

Die Nierengefäße führen von der Bauchschlagader zuerst ins Nierenbecken, durchqueren das Nierenmark und gelangen dann in die Nierenrinde, wo sie sich in den Glomeruli verknäulen (**Kapillarknäuel**). Umgeben wird das Glomerulus von einer Kapsel, der **Bowmanschen Kapsel**, ein der Form nach doppelwandiger Becher, in den das Glomerulus eingestülpt ist. Glomerulus und Bowmansche Kapsel bilden zusammen das **Nierenkörperchen** (Corpusculum renale), die Filterungseinheit, die den Primärharn bildet.

> Die innere Schicht der Bowmanschen Kapsel (viscerales Blatt) liegt den Kapillaren an und bildet damit die äußerste Schicht der Kapillarwand. Die äußere Schicht der Bowmanschen Kapsel (parietales Blatt) bildet die Grenze des Nierenkörperchens nach draußen (zum restlichen Nierenrindengewebe hin) und umschließt zusammen mit dem viszeralen Blatt den Kapselraum.

Nierenkörperchen (Bowmansche Kapsel und Glomerulus) und der sich anschließende Tubulus wird **Nephron** genannt. Das Nephron ist an das Sammelrohrsystem (ein Röhrensystem, in das über Verbindungsstücke etwa 8-10 Nierentubuli in ein Sammelrohr münden) angeschlossen, das den Harn ins Nierenbecken transportiert.

Jedes Nierenkörperchen weist einen Gefäßpol und einen gegenüberliegenden Harnpol auf. In den **Gefäßpol** tritt eine Arteriole ein, das Vas afferens (= arteriola afferens), die sich erst in 2 bis 5 Äste, und dann in weitere Äste verzweigt, so dass ein Kapillarknäuel (Glomerulus) aus ca. 30 Blutkapillarschlingen entsteht.

Im Glomerulus hat das Blut im Gegensatz zu anderen Kapillarnetzen im Körper einen relativ hohen Druck. Es fließt durch einen engporigen

Ultrafilter (Nierenfilter) in den Kapselraum (Raum zwischen parietalem und viszeralem Blatt) und wird nach Passieren des Filters Ultrafiltrat genannt. Aus dem Ultrafiltrat (Primärharn) werden bis auf einige kleinere Eiweiße die Eiweiße und Blutzellen ausgefiltert. Der „dreischichtige" Ultrafilter besteht aus:

1. Endothelzellen der Kapillaren, (halten die Blutzellen zurück)
2. Basalmembran der Kapillaren (selbst dreischichtig!) und
3. der viszeralen, also der den Kapillaren anliegende Schicht der Bowmanschen Kapsel (insgesamt 5 Schichten: A^5).

Das Kapillarknäuel fügt sich am Ende beim Gefäßpol wieder zu einer Arteriole, der Vas efferens (eine kleinere Arteriole als die Vas afferens, aber auch mit arteriellem Blut) zusammen. Die Vas efferens verlässt das Nierenkörperchen an dem Ort, an dem die Vas afferens hineinkommt und bildet in seinem weiteren Verlauf ein peritubuläres Kapillarnetz. Dieses Kapillarnetz umgibt die Nierenkanälchen (**Tubuli**) und dient der Versorgung der Tubuluszellen und dem Stoffaustausch zwischen Tubuluslumen und Blutbahn.

Am **Harnpol** des Nierenkörperchens tritt der durch Filterung aus dem Glomerulus entstandene Primärharn aus dem Nierenkörperchen aus und durchfließt das Nierenkanälchen, das anfangs gewunden, dann in einem verdünntem Kanälchen nach unten führt, eine Schleife (Henlesche Schleife) bildet, nach oben führt, wieder geknäult ist und am Ende über das Sammelrohre nach unten über die Nierenpapillen in das Nierenbecken führt.

> In der Niere ist ein Druckgebiet (Filteranlage), in dem Chemie und Physik miteinander kooperieren. Das Gleichzeitige von Physik und Chemie gibt es nur in der Niere.

Die Niere ist für die Ausscheidung wasserlöslicher Stoffe und den **Wasserhaushalt** zuständig. Die **Harnbildung** startet mit der Filterung des Blutes in den Glomeruli, bei der der **Primärharn** gebildet wird. Dazu ist ein bestimmter Druck erforderlich. In den anschließenden Abschnitten werden aus dem (proximalen) Tubulus Substanzen (H^+, Harnsäure, Harnstoff, Kreatinin) in den Primärharn sezerniert, und im weiteren Verlauf (im distalen Tubulus) werden Substanzen (z.B. Glukose, Aminosäuren, Sulfat, Harnsäure, Kreatin, Elektrolyte) aus dem Primärharn wieder aufgenommen und dem Blutkreislauf zugeführt. Die Rückresorption von Na^+ mit gleichzeitiger Ausscheidung von Ka^+ kann zusätzlich durch Aldosteron (im distalen Tubulus) gefördert werden.

In Verbindung mit der Lunge nimmt die Niere Einfluss auf den **Säure-Basen-Haushalt**. Eine Aufgabe der Nierenrinde ist auch die Bildung von **Erythropoietin** (EPO). EPO stimuliert die Erythrozytenbildung im Knochenmark. Im proximalen Tubulus wird aus einer Vorstufe, des in der Leber gebildeten Vitamin D_3 das Vitamin D (Cholecalziferol) gebildet.

Essenzielle Hormone
MP: Renin (3.2.5.) Renin ist ein schnell wirksames Peptidhormon. Es

wird in den juxtaglomerulären Nierenzellen gebildet. Die Sekretion erfolgt, wenn der Natriumgehalt in der extrazellulären Flüssigkeit oder die Nierendurchblutung sinkt oder bei verstärkter sympathischer Aktivierung (z. B. bei Stress). Das abgegebene Renin spaltet im Blut vom Angiotensinogen, das hauptsächlich in der Leber gebildet wird, ein Decapeptid, ab. Das entstandene Angiotensin I wird dann durch ACE (angiotension-converting-enzyme) zu Angiotensin II umgewandelt. (Löffler, Petrides, S. 731)

Angiotensin II wirkt vasokonstriktorisch, so dass ausreichend Flüssigkeit im Bereich der Nierendurchblutung zur Spülung zur Verfügung steht. Es stimuliert die Freisetzung von Aldosteron in der NNR. Über das Renin-Angiotensin-Aldosteron-System kann zusätzlich Salz und per effectum Wasser im Körper gehalten werden. **Aldosteron** ist für die Rückresorption von Natrium zuständig, um das Austrocknen zu verhindern. Mit der Rückresorption von Na^+, wird auch Wasser rückresorbiert und K^+ ausgeschieden. Natrium ist auch für die Nerven wichtig.

Natriumarmes Wasser fördert den Durst - und steigert den Umsatz der Mineralwasserproduzenten.

Aldosteron hat über Renin Einfluss auf die Lunge und umgekehrt. Müssen wir z. B. das dringende Bedürfnis zur Toilette zu gehen unterdrücken, beginnen wir flach zu atmen. Die Nierentätigkeit beeinflusst unsere Atmungstechnik und umgekehrt. Die Niere hat nicht nur auf den Kreislauf und das Nervensystem (Vegetativum und ZNS!) Einfluss, sondern auch auf die übrigen Organe. Über die Atmung beeinflusst sie den gesamten Energiestoffwechsel und Stoffwechsel. Hier sorgt das Renin für angemessene, schützende und aktive Nierentätigkeit.

WPa: Calcitriol (1.1.3.3.) (syn.: 1,25–Dihydroxycholecalciferol) fördert die Calciumausscheidung und senkt die Phosphatausscheidung. Calcitriol wird über Zwischenschritte in mehreren Organen aus Cholesterin gebildet. Der letzte Schritt erfolgt durch eine Hydroxilierung in der Niere. Der Plasmacalciumspiegel und Phosphat fördern oder hemmen die Bildung von Calcitriol. (Löffler, Petrides, S. 602) Die wichtigsten Zielorgane des Calcitriols sind Darm, Knochen, Niere, Plazenta, Milchdrüsen, Haarfollikel und Haut. Calcitriol fördert die Calciumausscheidung über den Urin, damit die Niere nicht verkalkt (die Niere muss vor der Starre bewahrt werden).

Calcium ist ein Elektrolyt der Heilssenkrechten (HS), ein Pro-Würde-Elektrolyt. Es arbeitet auf verschlungenen Wegen auch mit Phosphor zusammen und erfasst Relationen. Es ist auch Transmitter.

Synapsen übertragen Impulse von einer Nervenzelle zur anderen. Die Informationsübertragung erfolgt mit chemischen Überträgerstoffen, den Transmittern. An der Stelle, wo die Information übertragen wird, befindet sich das synaptische Endköpfchen (eine Art Divertikel). Die Nervenzellen sind durch einen Spalt getrennt, in dem Elektrolyte und Wasser sind. Die Zelle, die die Information entgegennimmt, hat Rezeptoren. Die eine Zelle muss die Informa

tion aufbereiten, die andere Zelle kann einen Impuls geben. Calcium kommt aus den Zwischenzellräumen in die Bläschen der Zelle (Calciumkanälchen). In den Bläschen sind die Transmitter verpackt.
Calcium schnappt sich ein Bläschen und rückt es an den synaptischen Spalt und die Synapsen öffnen sich. Der Inhalt wird weitergegeben, die Verpackung bleibt. Calcium hilft, dass der Inhalt des Bläschens auf der anderen Seite andocken kann.

Calcium leistet Mehrfaches ohne sich zu opfern. Das bloße Vorhandensein plus Information plus Weitergabe plus loslassen plus sich wieder in Bereitschaft bringen. Neun Tatbestände! (Jedes „plus" stellt einen eigenen Tatbestand dar.) Es ist nicht möglich, dies gleichzeitig zu beschreiben, obwohl es zum Teil gleichzeitig passiert. Wir müssen uns Hilfsmittel suchen, um das zu erfassen:
Wir koppeln „Gewissheit" plus „Niere". „Gewissheit" A^5 gehört präpatriarchal zum Ursprünglichen, A^5 steht in Relation zur HS. Bei der Transmitterübertragung mit Calcium haben wir neun Dimensionen und darüber erfasst, wie bedeutsam Calcium ist. Calcitriol ist nicht nur ein Nierenschutzhormon, sondern bedeutend für den Gesamtorganismus. Schauen wir auf die Gesamtheit A^5 hinsichtlich der Würde und Einheit der Person, können wir embryologisch „merk-würdige" Zusammenhänge z. B. beim Urogenitalsystem erkennen (wobei die Entwicklung bereits nach Geschlecht getrennt werden muss).

Urat, ein Salz der Harnsäure, ermöglicht die Ausscheidung der Harnsäure über die Niere. Harnsäure liegt im Plasma vor allem als Na^+-Urat vor. Die Versalzung der Harnsäure führt zur Ausscheidung.
> Harnsäure ist Endprodukt des Purinstoffwechsels. Purin ist eine Vorstufe für den Aufbau von DNS (Desoxyribonukleinsäure) und RNS (Ribonukleinsäure).

Aus Harnsäure kann einiges gebildet werden: z. B. ATP. Bei zu viel Harnsäure im Blut wird gespeichert, ein Zuwenig weist auf Substanzverlust. Wird zu viel Harnsäure ausgeschieden, gibt es keine aufzubereitenden Stoffe.
Erhöhte Harnsäure bewirkt eine „gewisse" Unruhe, die Lücke zwischen Bedarf und Substanz muss überbrückt werden. Es wird verteilt, aber aus irgendeinem Grund nicht angenommen, ein erhöhter Bedarf entsteht. Der Mensch hat sich auf A^3 entschieden, das Vorhandene nicht anzunehmen. Gegen die Unruhe muss etwas geschehen, die Bremsung ist ein Effekt: Ist Bedarf da, aber die Bedarfsdeckung wird verweigert, bewirkt dies die Unruhe („ich weiß gar nicht, was mit mir los ist, ich bin so nervös heute ..." Das ist Ausdruck der Spannung, die durch Annahme gelöst werden kann.).
Die Harnsäure enthält auch Strukturen. Die Nichtannahme fördert das **„Anti-Struktur-Programm"**. Beim Anti-Struktur-Programm stehen z. B. Rezeptoren nicht mehr zur Verfügung.

Fördert Calcitriol die Rückresorption des Calciums oder ist seine Aufgabe der Weitertransport, also der Nottransport von Calcium zum Schutz von Phosphat (PO_4^{3-})?
Die Calciumausscheidung vermindert die PO_4^{3-}-Ausscheidung (beides Heilssenkrechte!) (siehe Löslichkeitsprodukt). Die Calcium-Rückresorption ist Effekt (wenn nicht genug vorhanden ist), die Notfallregelung zum Schutz der Niere steht im Vordergrund! Wenn zuviel Calcium da ist, muss es ausgeschieden werden, damit nicht Calciumcarbonat und andere Salze entstehen, Klumpen gebildet werden oder die Kanälchen verstopfen. Bei erniedrigtem Calcium fließt alles durch die Niere durch. Erhöhtes Calcium im Urin ist ein präklinischer Hinweis (paratomal).
Calcitriol fördert die Ausscheidung des Calciums. Die Rückresorption des Calciums ist nichts Besonderes, es ist selbstverständlich. (Eine Verkehrung des Sachverhalts verwechselt Freude mit Dankbarkeit, A^5 und erhebt das Selbstverständliche ins Besondere).

Calcium und Phosphat werden zu einem großen Teil als Kristalle in den Knochen gespeichert. Sie dienen dort als reversible Speicher. Sowohl Calcium als auch Phosphat sind an der Regulation der Zellfunktionen beteiligt. Der Calcium- und der Phosphatstoffwechsel sind eng miteinander verknüpft. Das freie Ca^{2+} stabilisiert Zellmembranen und kann durch Ionenkanäle in die Zelle eindringen. Ca^{2+} kann entweder gekoppelt an den Na^+-Einstrom oder durch ATP-abhängigen Transport in den extrazellulären Raum gelangen. Im Nervengewebe ist es bei der Auslösung von Aktionspotentialen beteiligt.
Phosphat kommt in allen Organen intrazellulär in unterschiedlichen Formen vor. Phosphate sind beim Aufbau von Energiespeichern (z.B. ATP) beteiligt.
Zwischen Calcium und Phosphat besteht ein konstantes physiologisches Ionenprodukt im Harn, das unterhalb des Löslichkeitsproduktes liegt. Dadurch wird die Bildung von Calciumphosphat vermieden. (Buddecke, 9., Aufl., S. 282 ff.)
Im Blutplasma kommt Phosphat vor allem als HPO_4^{2-} und $H_2PO_4^-$ vor, das durch Na^+ im proximalen Tubulus resorbiert wird. Bei der Ausscheidung von $H_2PO_4^-$ wird auch H^+ ausgeschieden.
Phosphat ist das Salz der Phosphorsäure. Das „sssd" mit Hilfe des ATP-P zerfällt schnell, dadurch wird aktive Energiegewinnung initiiert. Es ist eine enzymatische Aktivität elektrolytischer Herkunft. Phosphor ist ein spannungsgeladenes Elektrolyt.
Calcitriol fördert die Calciumausscheidung über den Urin. Ist Calcitriol nicht in der Lage, Calcium auszuscheiden, bilden sich Tripelphosphate, die ausgeschieden werden. Die Niere ist gefährdet bei zu wenig Calcitriol. Das kann Folge davon sein, dass die Filterung nicht mehr ausreichend arbeitet und die Membran durchlässig ist.
Die Niere (A^5) ist Furcht-Organ **und** für Gewissheit zuständig. „Nierenfreundlich" äußert sich Freude mit Hilfe des Phosphors:

Mitochondrien sind aktiv. Sie sind für die Energiegewinnung zuständig und setzen Energie zur Bildung von ATP frei. Dazu brauchen sie Phosphor. Phosphor im Urin zeugt von freudlosem Dasein, mindestens von Verweigerung, von einer konkreten Furchtreaktion, wo Furcht „hinübergreift" in die Heilssenkrechte.

Anhang

Noosomatisches Organdiagramm

HEIL	A^5	A^4	A^3	A^2	A^1	A^0	A^{Dog}
pathisch GU	extraembryonales Mesoderm adversiv	Mesoderm aversiv	Corpus luteum autonoe.	Placenta medial	Entoderm metanoe.	Ektoderm pathisch	SO soterisch
autonoetisch Retraktion	Formatio reticularis soterisch	Nase autonoe.	Zunge adversiv	Ohr pathisch	Auge metanoe.	Haut medial	Frontalhirn aversiv
medial Orientierung	Blutbahn metanoe.	Lymphsystem autonoe.	Nebennierenrinde pathisch	Epiphyse soterisch	Gleichgewicht aversiv	Mandeln adversiv	Schleimhäute medial
metanoe. Animation	Milz metanoe.	Schilddrüse pathisch	Magen autonoe.	Darm medial	Thymus aversiv	Lunge soterisch	Leber adversiv
soterisch Situation	Ovar Testis soterisch	Mamma Penis soterisch	Uterus Nebenhoden soterisch	Bartholin-Drüsen Cowper-Drüsen soterisch	Skene-Drüsen Prostata soterisch	Glandulae cervicales uteri Littré-Drüsen soterisch	Gladulae uterinae Bläschendrüse soterisch
adversiv Intention	Brustdrüsen adversiv	Duftdrüsen aversiv	Speicheldrüsen metanoe.	Schleimdrüsen pathisch	Reinigungsdrüsen soterisch	Schweißdrüsen autonoe.	Talgdrüsen medial
aversiv gedachte Gefühle	Niere soterisch	Pankreas aversiv	Galle autonoe.	Nebenschilddrüse pathisch	Nebennierenmark medial	TRO adversiv	Medulla oblongata metanoe.
System	adversiv	aversiv	metanoe.	soterisch	autonoe.	pathisch	medial

© Dareschta Verlag

Noosomatisches Organdiagramm mit essenziellen Hormonen

Fk/Adj.	A⁵ adversiv MP	A⁴ aversiv WPb	A³ metanoe. MP	A² soterisch WPb	A¹ autonoe. MP	A⁰ pathisch WPb	A^Dog medial MP
	expressiv	rezeptiv	tertiär	sekundär	sensitiv	motorisch	primär
pathisch	extraembry. Mesoderm adversiv Pr	Mesoderm aversiv EH	Corpus luteum autonoe. He	Placenta medial Ka	Entoderm metanoe. WO	Ektoderm pathisch A⁵	SO soterisch Ku
GU	MP Tetrahydrocortisol MP Somatomedin-Inhibitor WPa Erythropoietin I	WPb MSA MP 11-Dehydrocortico-steron WPa Calcidiol	MP Prostaglandin E1 MP Tetrahydro-cortison WPa 17-alpha-Hydroxyprogesteron	WPb HPL MP 11-Desoxy-cortisol WPa SP1	MP Corticosteron MP Neuropeptid Y WPa VIP	WPb Enkephalin MP beta-Endorphin WPa CCK	MP Ätiocholanolon MP Androsteron WPa HSH
MWPₐ	Sympathikus	Parasympathikus	Sympathikus	Parasympathikus	Sympathikus	Parasympathkus	Sympathikus
autonoetisch	Formatio reticularis soterisch Ka	Nase autonoe. A⁵	Zunge adversiv Ku	Ohr pathisch EH	Auge metanoe. Kö	Haut medial As	Frontalhirn aversiv Gü
Retraktion	MP Bombesin MP Relaxin	WPb Gonadotropin-RH MP Corticotropin-RH	MP Thyreoliberin MP Thyreotropin	WPb Calcitonin MP Tetrahydroaldosteron	MP Melatonin MP Substanz P	WPb alpha-MSH MP Cortison	MP Somatostatin MP Neurotensin
MP	Sympathikus	Sympathikus	Sympathikus		Sympathikus		Sympathikus
medial	Blutbahn metanoe. EH	Lymphsystem autonoe. Ka	Nebennierenrinde pathisch Aw	Epiphyse soterisch A⁴	Gleichgewicht aversiv Ku	Mandeln adversiv As	Schleimhäute medial A⁵
Orientierung	MP Angiotensin II MP Prostazyklin WPb Heparin	WPb Interleukin 1 MP Thromboxan A2 WPb Motilin	MP Cortisol MP Aldosteron WPb DHEA	WPb Serotonin MP Dopamin WPb Histamin	MP Melanoliberin MP Hyaluronsäure WPb Arginin-Vasotocin	WPb Interferon alpha MP Somatoliberin WPb Pregnandiol	MP Heparansulfat MP Mucoglobin WPb Interferon gamma
MWPᵦ	Sympathikus	Parasympathikus	Sympathikus	Parasympathikus	Sympathikus	Parasympathkus	Sympathikus
metanoe	Milz metanoe. A⁵	Schilddrüse pathisch Mä	Magen autonoe. Ku	Darm medial EH	Thymus aversiv Ek	Lunge soterisch Aw	Leber adversiv Ka

	MP Melanostatin / WPa Splenin	WPb T3 / WPa T4	MP GIP / WPa Gastrin	WPb Villikinin / WPa ANF	MP Thymosin / WPa Thymopoietin	WPb Angiotensin I / WPa Bradykinin	MP Somatomedin C / WPa Androstendion
Animation / **WPa**	Parasympathikus	Parasympathikus	Sympathikus	Parasympathikus	Sympathikus	Parasympathikus	Parasympathikus
<u>soterisch</u>	Ovar soterisch MP Inhibin MP FAP WPb OMI	Mamma soterisch WPb glatte Muskulatur MP Melanozyten WPb Glandulae areolares	Uterus soterisch MP Uteroglobin MP IGF-II WPb Progesteron	Bartholin-Drüsen soterisch WPb Östriol (E3) MP Bartholinomucin WPb Progesterol	Skene-Drüsen soterisch MP Skenoglobin MP Skenomucin WPb Pregnantriol	Glandulae cervicales uteri soterisch WPb CGrP MP Cervicomucin WPb Cervicoglobulin	Glandulae uterinae soterisch MP DOC MP Uterinomucin WPb Uterinoglobulin
Situation	Testis soterisch MP Inhibin MP FAP WPb OMI	Penis soterisch WPb glatte Muskelzellen MP Präputium WPb Schwellkörper	Nebenhoden soterisch MP Dihydrotestosteron MP IGF-II WPb Progesteron	Cowper-Drüsen soterisch WPb Östron MP Cowperomucin WPb Progesterol	Prostata soterisch MP Prost. binding protein MP Prostatomucin WPb Pregnantriol	Littré-Drüsen soterisch WPb CGrP MP Littrémucin WPb Littréglobulin	Bläschendrüsen soterisch MP DOC MP Vesiculomucin WPb Vesiculoglobulin
MWPb	Sympathikus	Parasympathikus	Sympathikus	Parasympathikus	Sympathikus	Parasympathikus	Sympathikus
<u>adversiv</u>	Brustdrüsen adversiv A[5] MP POMC WPb Pregnenolon	Duftdrüsen aversiv WO WPb 11-beta-Hydroxyöstradiol WPb beta-MSH	Speicheldrüsen metanoe. Er MP Prolaktoliberin WPb Östradiol	Schleimdrüsen pathisch A[4] WPb 2-Methoxyöstriol WPb Transcortin	Reinigungsdrüsen	Schweißdrüsen autonoe. Pr	Talgdrüsen medial Ku
Intention					MP Carboanhydrase WPb Prostaglandin G$_2$	WPb Urotensin I WPb Prolinhydroxylase	MP 6-beta-Hydroxycortisol WPb 19-beta-Hydroxylase-Aromatase-Komplex
WPb	Parasympathikus	Parasympathikus	Parasympathikus	Parasympathikus	Parasympathikus	Parasympathikus	Parasympathikus
<u>aversiv</u>	Niere soterisch Gü MP Renin WPa Calcitriol	Pankreas aversiv A[5] WPb Insulin WPa Glukagon	Galle autonoe. WO MP Pankreatisches Polypeptid WPa Sekretin	Nebenschilddrüse pathisch Ka WPb Parathormon WPa ACTH	Nebennierenmark medial He MP Noradrenalin WPa Adrenalin	TRO adversiv EH WPb Oxytocin WPa ADH	Medulla oblongata metanoe. Pr MP Prolaktin WPa Somatotropin
gedachte Gefühle / **WPa**	Parasympathikus	Parasympathikus	Parasympathikus	Parasympathikus	Parasympathikus	Parasympathikus	Parasympathikus

Organsystematisches Diagramm

	soterisch	auto-noetisch	pathisch	meta-noetisch	aversiv	adversiv	medial
soterisch							
auto-noetisch **ektoderm**	Formatio reticularis Ka	Nase A^5	Ohr EH	Auge Kö	Frontal-hirn Gü	Zunge Ku	Haut As
pathisch	SO Ku	Corpus luteum He	Ektoderm A^5	Entoderm WO	Meso-derm EH	extraem-br. Meso-derm Pr	Placenta Ka
meta-noetisch **ento-derm**	Lunge Aw	Magen Ku	Schild-drüse Mä	Milz A^5	Thymus Ek	Leber Ka	Darm EH
aversiv	Niere Gü	Galle WO	Neben-schild-drüse Ka	Medulla oblonga-ta Pr	Pankreas A^5	TRO EH	Neben-nierenmark He
adversiv	Reini-gungs-drüsen EH	Schweiß-drüsen Pr	Schleim-drüsen A^4	Speichel-drüsen Er	Duft-drüsen WO	Brust-drüsen A^5	Talg-drüsen Ku
medial	ektoderm Epiphyse A^4	meso-derm Lymph-system Ka	meso-derm Neben-nieren-rinde Aw	meso-derm Blutbahn EH	ektoderm Gleich-gewicht Ku	entoderm Mandeln As	entoderm Schleim-häute A^5

Personenverzeichnis

A

Alkon, D. L. 8

B

Bateman, A. 154, 198
Bauer, F. E. 50
Berghold, S. 95
Birbaumer, N. 180
Bourgeois, J.-P. 62
Brostoff, J. 35, 73, 154
Buddecke, E. 55, 80, 93, 129, 182, 205

C

Cecchettin, M. 143
Cohen, M. P. 140, 182
Cordella-Miele, E. 130
Crepps, B. 101
Czihak, G. 76

D

Despopoulos, A. 129, 145, 149, 157
Drenckhahn, D. 74
Drews, U. 94, 131
Dubocovich, M. L. 58, 97
Duus, P. 21

E

Eckenhoff, M.F. 62

F

Fanghänel, J. 121, 131
Foà, P. P. 140, 182
Forth, W. 116

G

Geneser, F. 12, 14, 19, 20, 42, 71, 73, 94, 115, 120, 165, 188, 192
Ghahary, A. 130
Gilman, A. G. 185
Glass, G. B. J. 101
Goldman-Rakic, P.S. 62
Goodman, L. S. 185

Greiling, H. — L

Greiling, H. 116, 185
Gressner, A. M. 116, 185
Grillhösl, Ch. 95
Gutkowska, J. 101

H

Heinrich, P. C. 15, 16, 23, 137
Held, R. 61
Henschler, D. 116
Hinrichsen, K. V. 4, 5, 34, 45, 46, 56, 72, 79, 80, 87, 90, 106, 108, 120, 144, 168, 179
Hofmann, E. 25, 36, 126, 131, 198
Horn, F. 95, 96

J

Junqueira, L. C. 14, 15, 17, 20, 27, 34, 44, 74, 77, 78, 80, 81, 91, 92, 94, 106, 115, 117, 120, 126, 129, 131, 133, 137, 145, 156, 157, 167, 169, 170, 171, 179, 193

K

Kaiser, R. 41, 128
Karlsons, P. 150, 154
Kleine, B. 25, 54, 107
Kleist, K. 8
Klivington, K. A. 60
Kneutgen, J. 90
Kokas, E. 101
König, W. 10, 22, 23, 52, 101, 110, 149, 175
Kopsch, F. 13, 24, 25, 26, 55, 59, 75, 84, 93, 116, 127, 139, 149, 150, 154, 155, 171, 182, 197, 198
Kral, T. 110, 154, 198
Krause, D. N. 58, 97
Kuhlmann, D. 182

L

Lamberts, S. W. J. 83

Stichwortverzeichnis

226

Literaturverzeichnis

siehe Band IV

Walter Alfred Siebel

Noosomatik

Band IV

Physiologische Anthropologie

Dareschta Verlag

Zu den Inhalten der Reihe Noosomatik

Da die Reihe Noosomatik eine Sammelreihe ist, kann zwar jedes Buch für sich selbst stehen, jedoch können nicht in jedem Band immer wieder Grundlegungen ausführlich besprochen werden, die anderen Bänden vorbehalten sind.

Deshalb hier eine kurze Übersicht:

Band I
Theoretische Grundlegungen

Band II
Zytologie und Stoffwechsel

Band III/IV
Physiologische Anatomie
Physiologische Anthropologie

Band V
Noologie, Neurologie und Kardiologie

Band V.1
EKG-Modul

Band VI.1
Die somatischen Formenkreise

Band VI.2
Kompendium der hämatologischen und serologischen Laborwerte

> *Anschlussbände:* VI.3 Dokumentationen; VI.4 Pharmakologisches Kompendium, VI.5 Praktische Naturheilkunde

Band VII
Anatomie einiger philosophischer Theorien

IV

Abkürzungen der Fundstellen

GuG:	Geist und Gegenwart Texte zu Grundlagen der Anthropologie Beiheft 1 zu WuL, 1988
GuM:	Gemeinschaft und Menschenrecht Texte zur anthropologischen Soziologie 2., Aufl., 1995
OuW:	W. A. Siebel: Ordnung und Weite Texte zur Anthropologie des Rechts auf sich selbst Beiheft 5 zu WuL, 1991
Schmach usw.	W. A. Siebel: Schmach Die Schuld eine Frau zu sein 4., Aufl., 2007
SuI-2:	W. A. Siebel: Sinn und Irrtum Texte zu den Inhalten der Weiterbildung auf der Basis der noologischen Metatheorie 2., Aufl., 2003
Umgang:	W. A. Siebel: Umgang Einführung in eine psychologische Erkenntnistheorie 5., Aufl., 2007
WuL:	Wissenschaft und Logos Halbjahresschrift für Theologie, Medizin und Psychologie. Seit Mai 1986 1993-1997: Jahresschrift für Anthropologie, Medizin und Religionswissenschaft
WuM:	Würde und Mut Texte zur Anthropologie der Sprache und des Rechts auf Gegenwart 2., Aufl., 1995
ZuA:	W. A. Siebel: Zeit und Augenblick Texte zur interdisziplinären Betrachtung der Heilungstendenz im Menschen Beiheft 4 zu WuL, 1990

Wichtige Abkürzungen

a.a.O.	am angeführten Ort (gleiche Fundstelle wie zuvor)
cf.	siehe (die Zitatstelle wird angegeben)
div.	diverse: mehrere Stellen a.a.O.
dra	draußen
dri	drinnen
dru	drumherum
f. (ff.)	und die folgende(n) Seite(n)
FH	Frontalhirn
GS	Glaubenssenkrechte
HS	Heilssenkrechte
(i)MV	(individuelles) Mischungsverhältnis

LS(B)	Lebensstil(bild)
MP	männliches Prinzip
MWP	männlich-weibliches Prinzip
N. b.	nota bene (wohlgemerkt)
NOD	Noosomatisches Organdiagramm
sE	schädigende Erziehung; schädigender Erzieher/ schädigende Erzieherin; schädigendes Elternteil
ugspr.	umgangssprachlich
UD	Umgangsdiagramm
VA	Verwundung(s-Atmosphäre)
WP	weibliches Prinzip
WPa	weibliches Prinzip, das abgegeben hat und aufnehmen kann
WPb	weibliches Prinzip, das aufgenommen hat und abgeben kann

Abkürzungen der Lebensstilbilder

A^4	ohne Zusatz
A^5	ohne Zusatz
As	Auserwählt sein und bleiben (wollen)
Aw	Immer wieder neu auserwählt werden wollen
EH	Einsame Heldin / Einsamer Held
Ek	Einzelkämpfer/in
Er	Erste/r
Gü	Gütste/r
He	Herzogin
Ka	Kaiser/in
Kö	König/in
Ku	Kuddelmuddel
Mä	Märtyrer/in
Pr	Prinz/essin
WO	Williges Opfer

VI

Inhaltsverzeichnis

1. Kapitel: Zur Embryologie der ersten 5 Wochen

(aktualisierter Nachdruck aus Noosomatik. Bd. I-2, 11. Kapitel, ohne Bebilderung)

Einleitende Bemerkungen

Zellen haben die wunderbare Eigenart, uns zu zeigen, was „leben" heißt: Eine Zelle regeneriert, indem sie sich öffnet! Dann kommt wer oder was und nimmt etwas aus der Zelle, aus dem etwas Neues gebaut wird. **Regeneration ist also Teilhabe am Widerfahrnis von „leben".** Dieser Vorgang in der Zelle geschieht in mehreren Teilschritten (Phasen). Eine dieser Phasen wird „Interphase" genannt. In ihr geschehen alle jene Vorgänge, die aufbauen, zusammenbauen (synthetisieren) und noch nicht zur Teilung (Vermehrung) gehören. Deshalb nennen wir diese Phase auch „Wachstumsphase".

In der Interphase der Zelle drückt sich das **Selbstverständnis** der Zelle bereits aus: Sie entscheidet, ob sie eine Keimzelle werden wird, bereit für regenerative Unterstützung des weiblichen Organismus (siehe „Oozytologie" in „Schmach usw." Kap. 8) oder für ein Zusammenkommen („geglückte Begegnung") von der Oozyte mit einem Spermium, oder ob sie eine Körperzelle werden wird für den eigenen Bedarf.

> Ehe ein Mensch entstehen kann, muss also „irgendwo" im Körper eine Zelle mit Hilfe der ersten Reifeteilung erst zu einer Keimzelle werden.

Am Ende dieser Phase verdoppelt sich die DNA, die Trägerin „geheimnisvoller" Information. Wenn die DNA sich verdoppelt, vermindert sich die Dynamik der Kernmembran der Zelle im Hinblick auf eine größere Durchlässigkeit, so dass Eiweißbausteine (Aminosäuren = AS), in den Kern gelangen. Dadurch entstehen aus DNA und Eiweiß (Proteinen) **Chromosomen**.

Alles Lebendige hat die **Fähigkeit zur Angewiesenheit** auf nichtselbstige Information, die über das männliche Prinzip der Annahme aufgenommen werden kann, um mit Hilfe des weiblichen Prinzips der Relationierung Selbstiges zu quantifizieren und in der dynamisierenden Hingabe Wachstum und Regeneration in einem individuellen Mischungsverhältnis zu strukturieren.

> (Siehe Noosomatik Bd. I-2, 17. Kapitel: „Hauptsätze" und dort den 10. Hauptsatz „Von der Fähigkeit zur Angewiesenheit <Chromosomenbildungssatz>". Noosomatik Bd. II „Zytologie und Stoffwechsel" bringt die weitergehenden Details in systematischem Zusammenhang.)

Zur Weise der Existenz der Zelle (und damit auch des ganzen Individuums) gehört diese Interphase als Teilhabe am Widerfahrnis von

„leben", die die Regeneration selbst effiziert, in der Erfahrungen mit der Erfahrung so gewagt werden, dass die lockeren Verbindungen von DNA (WPa Gewissheit <WP=weibliches Prinzip>) und Protein (WPb Hingabe) sich auf das Ihrige in der Distanz zueinander besinnen.

Diese Distanzierung erweist sich als Fähigkeit zur Relation, ohne sich aversiv in Form einer Symbiose abhängig zu machen, da Symbiosen die Regeneration verhindern. In dieser Phase zeigt sich Regeneration als Aufnahme von neuen Impulsen (Aminosäuren) von außen aus einer Distanz heraus, um zum Wagnis einer erneuten, ganz anderen Hingabe aneinander und Annahme füreinander und mit Hilfe enzymatischer Architekturarbeit sich bewegen zu lassen: Aminosäuren in Protein umbauend; Wissen wirksam dem Erkennen zufügend zur Erweiterung der Handlungsfähigkeit (siehe Noosomatik Bd. I-2, 17. Kapitel „Die Hauptsätze" und dort den 12. Hauptsatz von der regenerativen Distanz).

Der Mensch ist Mensch und der per effectum Entstandene

Der Effekt ergibt sich für jedes menschliche Individuum aus der geglückten Begegnung von Oozyte und Spermium (auch „Befruchtung" genannt), einer speziellen Oozyte durch ein zu ihr passendes Spermium.

Jede Oozyte hat einen „Schutzmantel", das „Spermiendeutende Organ".

Das Spermiendeutende Organ besteht aus zwei Schichten, der Zona pellucida und der Corona radiata. Sie bilden formal die äußere Begrenzung der befruchtungsfähigen Oozyte und werden deshalb von uns als das ‚Spermiendeutende Organ' bezeichnet, da von diesem Organ nur das eine Spermium hindurchgelassen wird, das der Oozyte entspricht. Diese Deutung verhindert, dem Zusammenwirken von Zona pellucida und Corona radiata eine Art „sinngebende" Funktion zuzusprechen. Die biochemische Verträglichkeit des Spermiums sorgt dafür, dass die Oozyte ihre Aufgabe als Gastgeberin mit allen Konsequenzen erfüllen kann - oder anders ausgedrückt: der Gast (das Spermium) muss sich der Oozyte anpassen und nicht umgekehrt.

Die völlig falschen Begriffe „Zeugung" bzw. „Empfängnis" stellen den Sachverhalt auf den Kopf und behaupten immer noch, der Mann produziere das Kind und lege es nur in den empfangsbereiten Körper einer Frau zwecks Versorgung und Aufzucht (siehe auch den falschen Begriff „Same" für Spermium; siehe dazu bereits „Schmach usw." 8. Kapitel).

Dieses Organ entscheidet darüber, welches Spermium durchgelassen werden darf. Also: nicht das schnellste Spermium kommt durch (wie einige Darwinisten behaupten). Bei der geglückten Begegnung von Oozyte und Spermium ist Geschwindigkeit nicht das Problem. Durch gelassen wird das Spermium, das zur Oozyte passt. Der **Erkennungsreflex** ist bereits hier zu beobachten.

> Zum Erkennungsreflex siehe Noosomatik Bd. V-2, S. 15 ff. Das aromatische „Lockangebot" der Oozyte erweist sie nicht nur als „Gastgeberin", sondern auch als wählerisch. Deshalb ist der Begriff „Befruchtung" ausgesprochen missverständlich. Er kann suggerieren, als sei das Spermium per intentionem, also von sich aus und „willkürlich" genau hinter dieser Oozyte her. Zu den damit verbundenen sexuellen Missverständnissen siehe Noosomatik Bd. V.-2, Nr. 7.2. „Der Geschlechtsprotest". Wenn der Begriff verwendet wird, muss er von der Oozyte her verstanden werden, sozusagen als „Fruchtung". Zum Thema der noogenen Beteiligung der Frau an der Schwangerschaft auch siehe Kapitel 12 in diesem Band)

Dieser Sachverhalt lässt sich 4-dimensional beschreiben. Er besteht aus folgenden 4 voneinander unabhängigen Tatbeständen:

1. eine spezielle sexuelle Aktivität eines weiblichen Individuums,

2. eine spezielle sexuelle Aktivität eines männlichen Individuums,

3. ein spezieller Zeitpunkt im Hinblick auf die Fruchtbarkeit und

4. ein spezieller Zeitpunkt im Hinblick auf das Vorhandensein des zur Oozyte passenden Spermiums.

Der Effekt dieses Sachverhaltes ist das Entstandensein eines neuen menschlichen Individuums:

Das menschliche Individuum ist nur mit sich selbst identisch und deshalb gegenüber allen je gewesenen, je seienden und je noch werdenden menschlichen Individuen unterschieden und deshalb unterscheidbar. Diesen Tatbestand nenne ich **Primäridentität** (PrI).

> Wer nur auf die Andersartigkeit der Individuen schaut, erarbeitet sich das körperliche Empfinden der Fremdheit. Wer in der Andersartigkeit die Schönheit der Unterschiedlichkeit und darüber das Wunder der Einzigartigkeit schaut, gelangt zu dem genuinen Gefühl der **Gerechtigkeit** (siehe Noosomatik Bd. I-2, Nr. 1.7.2.3.).

Dieser Effekt wirkt so, dass wieder etwas in Gang gesetzt (induziert) wird, nämlich die Fortsetzung der zweiten Reifeteilung. Jede Oozyte legt bei der 2. Reifeteilung eine „Pause" ein. Die Fortsetzung ist also wieder (!) ein Effekt. Er ergibt sich logisch aus dem vorlaufenden Effekt der geglückten Begegnung von Oozyte und Spermium.

Bereits die „befruchtete" Oozyte (Zygote) ist ein Mensch

> Biologische Informationen können nur in einem offenen System weitergegeben werden. „Mit System bezeichne ich eine in sich orientierte Gefügtheit von miteinander kooperierenden Teileinheiten, deren individuelle Aktivitäten (Antworten auf Informationen von außen) das Vermögen ihrer Einheit darstellen." (Noosomatik Bd. V-2, S. 48. siehe auch Nr. 4.4. „Zum Thema Heilungstendenz").

4

Der folgende Teil zur Offenheit biologischer Systeme und die Darlegung der 4-Schritt-Regel findet sich auch im Noosomatik Bd. I-2, 18. Kapitel (Nr. 3.18.2. „Anmerkungen zum Stoffwechsel", 3.18.2.1. „Offene Systeme" und 3.18.2.2. „Die 4-Schritt-Regel") und wird hier als Überleitung zur Embryologie aufgegriffen. Zur 4-Schritt-Regel als zyklische Reaktion bei Pflanzen siehe nun auch Govindjee und William J. Coleman: „Wie Pflanzen Sauerstoff produzieren" in „Spektrum der Wissenschaft", April 1990, S. 92-99.

Als Kriterien für offene Systeme galten bislang 3 Tatbestände als ausreichend:

Mutabilität (Fähigkeit zur Veränderung)

Metabolismus (Annahme, Umwandlung, Hergabe) und

Reproduktivität (Vermehrung der eigenen Art)

Der vierte Tatbestand kann als gegeben angenommen werden: der **Sinn**.

Drei weitere Tatbestände, die ebenfalls bekannt und akzeptiert sind als Tatbestände, müssen wir jedoch diesem Sachverhalt zuordnen:

Selbststeuerung als Quantifizierungselement

Lebensraumangebot als Qualifizierungselement und

Mobilität („leben" bleibt am „leben" durch Bewegung, die in Erscheinung tritt).

Werden nun diese Tatbestände nach dem empirischen Modell (siehe Noosomatik Bd. I-2, 21. Kapitel Nr. 4.21.7.1.) sortiert, ergibt sich folgende logische Reihenfolge:

1. Sinn (des Sinns von Sinn: A^5)

2. Mutabilität (A^4)

3. Metabolismus (A^{Dog})

4. Selbststeuerung (A^0)

5. Lebensraumangebot (A^1)

6. Reproduktivität (A^2)

7. Mobilität (A^3)

Dieses Ergebnis spiegelt exakt die evolutionäre Reihenfolge wieder, wie sie tatsächlich in der Natur verlaufen ist:

Am Anfang war der Wasserstoff. Es entstanden die Elemente und Moleküle durch Mutabilität. Die Moleküle reagierten miteinander, der Metabolismus (der Stoffwechsel) entstand. Es entstand ein eigener Bedarf, die Selbststeuerung, auch das aufnehmen zu können, was im Lebensraum enthalten ist.

Per effectum baut sich das Lebewesen seinen Lebensraum, wobei im Zusammenspiel so genannte ökologische Nischen entstehen können. Hierdurch wird biologisch genau das ausgesagt, was wir auch anthropologisch beschreiben können: Menschen bauen (oder eben auch verbauen) sich ihren Lebensraum selbst. Das, was Menschen tun, ist nicht nur das, was sie wollen, es ist zugleich ihre Antwort (philoso-phisch: ihr Glaubensbekenntnis im Hinblick) auf die Herausforderun-gen von außen. Menschen können sich von der Natur belehren lassen, sie müssen es aber nicht (siehe den 14. Hauptsatz von der nomadi-schen Existenz in Noosomatik Bd. I-2, 17. Kapitel; vgl. auch V. v. Weizsäcker „Pathosophie", S. 9).

Die entstandenen Moleküle und Lebewesen reproduzieren sich, wobei Neues in Erscheinung tritt.

Die Weise, wie nun alle 7 Kriterien auf ein Lebewesen zutreffen, be-stimmt nicht nur die Art des Lebewesens, sondern auch seine Indivi-dualität.

Alle sieben Kriterien treffen auf die Zygote zu und identifizieren sie als Species Mensch und zeigen die Individualität der Primäridentität. D.h.: **bereits die Zygote ist ein Mensch zu nennen**.

In einem lebendigen offenen System werden Effizierungsprozesse ü-ber ein 4-Schritt-System bewegt, das sich nach dem 4. Schritt in dem jeweils neuen Zustand wiederholt, so dass niemals und an keiner Stelle gleiche Abläufe verlaufen können. Dieses 4-Schritt-System führt mit einem Minimum an Aufwand zu einem Maximum an Mög-lichkeiten, durch Mobilität ein lebendiges System offen zu halten. Die-se 4 Schritte lassen sich in der Abstraktion beschreiben als:

1. bewegen und/oder bewegt werden
2. Grenzen setzen und/oder erfahren
3. Verarbeiten des Augenblicks
4. Raum erhalten und/oder geben

> Beispiele:
> Bewegung, Grenze (Ziel), Verarbeitung, Raum:
> z.B. <u>embryologisch</u>: Weiterbewegung, Plattenbildung oder ähnliche Grenzen, Haften (Stoffwechsel), Raum.
> Oder auch z.B. <u>zytologisch</u>: Membranvorwärtsbewegung, An-lagerung, Stoffwechsel, Zellraum;
> <u>oder</u>: Licht, Wasser, Kohlenstoff, Lebensraum;
> <u>oder</u>: Wasser, Säure, Zucker, Basisräume.

Primäridentität und individuelles Mischungsverhältnis

Die Zygote hat alle mütterlichen und väterlichen Informationen er-halten von der Oozyte bzw. von dem Spermium. Daraus mischt sich die Zygote ihr **individuelles Mischungsverhältnis** zum Aufbau der Untereinheiten der Chromosomen, den Chromatiden, und weiter zum Aufbau der individuellen Chromosomen (siehe den 11. Hauptsatz vom individuellen Mischungsverhältnis in Noosomatik Bd. I-2, 17. Kapitel).

Dieses jetzt entstandene individuelle Mischungsverhältnis ist danach bei jeder Zellteilung (**Mitose**) und jeder Reifeteilung (**Meiose**) wirk sam. Jede Körperzelle und jede Keimzelle erhält die gleiche Information. Dieses individuelle Mischungsverhältnis regelt auch die Mischung aller Mischungsverhältnisse der zukünftigen organischen Einheiten und Untereinheiten.

Wir haben also ein der Primäridentität entsprechendes individuelles Mischungsverhältnis, das in unserem Körper auch die Mischungsverhältnisse von Organisationen und Einheiten und deren Unter-Mischungsverhältnisse organisiert, so dass in unserer körperlichen Aktivität in jedem Augenblick diese **Primäridentität** anwesend ist. Der Mensch bleibt, so lange er lebt, ein Individuum ganz persönlicher Art.

Das gehört zur Menschlichkeit des Menschen - und das ist das allen Menschen Gemeinsame. Zu dieser Gemeinsamkeit gehören eben auch alle organischen Fähigkeiten, z.B. zu wissen, wie Insulin aufgebaut wird. Doch in dieser „geheimnisvollen" DNA steckt eben nicht nur das allen Menschen Gemeinsame, sondern auch die Fähigkeit, die Einzigartigkeit des Individuums ausdrücken zu dürfen und zu sollen, ohne Fremdbestimmung. Diese Fähigkeit ergibt sich aus den mütterlich-individuellen und den väterlich-individuellen Informationen als Ausdruck der eigenen Konkretion der menschlich-individuellen Ausstattung. Als Effekt ist die dem Menschen bleibende Primäridentität geworden.

Erst die **Verwundungserfahrungen** greifen in die Untereinheiten der Mischungsverhältnisse so ein, dass die Mischungsverhältnisse von Informationen der Organe untereinander gestört werden können. Solange jedoch das individuelle Mischungsverhältnis ausgeglichen werden kann, wird der Mensch an seinen Verwundungserfahrungen nicht erkranken. Erst wenn das Vermögen des individuellen Mischungsverhältnisses beeinträchtigt wird, ausgleichen zu können, treten Symptome als Signale von Kränkungen, also Krankheiten, auf.

> **Symptome und Krankheiten** sind also in jedem Falle Zeichen dafür, dass der Organismus „funktioniert", sich melden kann, wenn Hilfe gebraucht wird. Wir können sagen: Krankheiten verhindern den sofortigen Exitus.

Spermatogonien (die männlichen Keimzellen) teilen sich durch die Meiose in zwei unterschiedliche Sorten Spermien (XX bzw. XY). Darüber wird das weibliche bzw. das männliche **Geschlecht** entschieden werden.

Die erste Reifeteilung nach der Interphase effiziert also die **Primäridentität**, sie effiziert das **Selbstverständnis** des individuellen Seins. Die zweite Reifeteilung nach der „geglückten Begegnung" der Oozyte mit einem zu ihr passenden Spermium initiiert die existenzielle Ausprägung der Voraussetzung für das Selbstwertgefühl und wirkt damit die Voraussetzungen des **Selbstbewusstseins** und damit die Voraussetzung dafür, als Relationspartnerin oder Relations partner zur Verfügung stehen zu können. Es darf gesagt werden: Die Zygote hat ein Selbstbewusstsein.

Aus dieser vierdimensionalen **Sensualität**

> (Sensualität umfasst das Sinnliche und den Sinn; siehe auch „Schmach usw.", 5. Kapitel: „Sensualität und Sexualität")

entwickelt sich erst in der 6. Woche nach der geglückten Begegnung von Oozyte und Spermium die Differenzierung des Geschlechts, d.h. bis dahin haben alle Menschen das gleiche, nämlich das weibliche Geschlecht.

Embryologie bis zur Einnistung

Im anfänglichen **Furchungsstadium** (1. u. 2. Entwicklungstag nach der geglückten Begegnung) erfolgen mehrere Zellteilungen, ohne dass die Zellen selbst größer werden (wachsen). Dabei entsteht ein runder „Zellhaufen", der nicht größer als die Zygote (befruchtete Eizelle) ist: Bewegen und bewegt werden.

Am 3. Tag entsteht so das Morula-Stadium. Da dieser Zellhaufen das Aussehen einer Maulbeere (Morula) habe, wird dieses Stadium so genannt. In diesem Stadium teilen sich die Zellen des Zellhaufens weiter. Einige der Zellen bleiben an der Oberfläche des Zellhaufens für die spätere Versorgung. Aus ihnen entsteht der **Trophoblast** (**Blasten** werden Zellen genannt, die etwas bilden). Dieser ist später für die Ernährung zuständig und bildet die Plazenta.

> Die Plazenta ist also eigentlich ein „Kinderkuchen". Das Kind[1] sorgt von Anfang selbst für die Versorgung. Der Begriff „Mutterkuchen" ist physiologisch eine Lüge und stellt die patriarchale Reduzierung der Frau auf Versorgung dar.

Andere Zellen bleiben innen, sie sind nicht einfach bloß Zellen: Es handelt sich dabei um das Kind, **Embryoblast** genannt (da der Zellhaufen das Aussehen einer Maulbeere <Morula> habe, wird dieses Stadium so genannt.

Grenzen setzen und erfahren.

Die Zellen des Trophoblasten knüpfen miteinander Kontakte mit Hilfe von Desmosomen und Gap-Junctions.

> (Desmosomen sind Zellmembranverdichtungen, die den Kontakt zu den Nachbarzellen organisieren. Gap-Junctions sind aktive, kontaktfreudige Äußerungen einer Zelle, sie sorgen für lockere, offene Zellverbindungen und damit für den kleinmolekularen Aus

---

[1] Die Begriffe „Kind" oder „kindlich" bezeichnen einen Menschen in seiner verwandtschaftlichen Beziehung zu einer Mutter und meinen weder eine Qualifizierung noch eine Quantifizierung!

tausch zwischen den Zellen.)

Nach außen werden die Interzellulärräume durch so genannte Zonulae occludentes geschützt. Außerdem bilden sie nach außen hin Mikrovilli, stoffwechselaktive fingerförmige Ausstülpungen der Zelloberfläche. Das Spermiendeutende Organ ist noch vorhanden, so dass von außen nichts in diesen Raum eindringen kann (siehe auch Noosomatik Bd. III, SO).

Im so genannten **Blastulastadium** (4. bis 5. Tag), entstehen Zwischenräume im Inneren, die von den Zellen mit Flüssigkeit gefüllt werden, da sich die Zellen sacht voneinander lösen und ganz allmählich sich wechselseitig Raum geben: Verarbeiten des Augenblicks (Stoffwechselaktivität: Flüssigkeitsgabe).

Im jetzt folgenden Stadium (der **Blastozyste**, 5. Tag), gehen die Zellen regelrecht auf Wanderung (Gastrulation), geben sich also mehr Raum (und erhalten dadurch selbst mehr Raum!). Per effectum wird das Spermiendeutende Organ aufgelöst. Die außen liegenden, miteinander verbundenen Zellen nehmen über ihre Mikrovilli aus der Umgebung Bestandteile für ihren Stoffwechsel auf. Durch die Atmungsaktivität geben sie (das lebenswichtige) Wasser nach innen ab und bilden daraus einen Cocktail mit dem, was sie an Hormonen und sonstigen (leckeren) Stoffen übrig haben. So wird also der Innenraum mit Flüssigkeit gefüllt, die wegen ihres Drucks nun ihrerseits zur Dehnung des Raumes beiträgt, der **Blastozystenhöhle** genannt wird.

Gleichzeitig sammelt sich die Einheit der im Inneren gelegenen Zellen an einer Seite. Diese „Einheit", uns bereits als **Embryoblast** (synonym für das Kind!) bekannt, wird meist erst jetzt so genannt. Er besteht aus 8 Zellen, während es der **Trophoblast** auf 99 Zellen bringt.

30 der Trophoblastzellen bilden eine nach außen gelegene Deckschicht über den Embryoblasten und 69 Zellen die Wand der Blastozystenhöhle. Dadurch bietet der Trophoblast Raum und Versorgung. Als Effekt dieser gelebten Gemeinschaft kann nun die Bioproteinsynthese ihre Arbeit beginnen.

> Der Interzellularraum mit seiner extrazellulären Matrix und deren Bestandteilen Kollagen, Glycosaminoglycanen, Hyaluronsäure, Chondroitin-6-Sulfat, Keratansulfat, Fibronektin und Lamenin, die Wasser einlagern und später an der Bildung des Gerüstes beteiligt sind, nimmt in der frühen kindlich-embryonalen Entwicklung einen großen Raum ein, etwa doppelt so viel wie die Zellen. Die Stoffe sorgen dafür, dass der genannte „Cocktail" immer im Wasser gelöst bleibt. Hier ist der Bezug zur Knochenmarks- und Knochenbildung (siehe Milz in Noosomatik Bd. III) und damit zur Abbildung des soterischen Systems im Menschen bereits zu erkennen.

Im Laufe der ersten 5 Tage ist das Kind durch die Tube (einen röhrenförmigen Kanal zwischen Ovar und Uterus, auch Eileiter genannt) in den Uterus gewandert und nistet sich nun mit seiner Vorderseite, die reichlich mit Mikrovilli ausgestattet ist, in der Gebärmutterschleimhaut (**Endometrium**) ein.

Einnistung wird die Phase genannt, in der sich die Blastozyste mit der Gebärmutterschleimhaut verbindet (6. Tag) bis zu dem Stadium, in der die Oberflächenwunde der Gebärmutterschleimhaut durch eine neue Zellschicht geheilt ist (13. Tag).

Auf der eben genannten Vorderseite liegen der Embryoblast und die darüber liegende Deckschicht aus Trophoblastzellen.

Durch die Einnistung wird die HSH (Human Survival Hormone)-Produktion in den Zellen, die einen Tag später den Synzytiotrophoblasten (s.u.) bilden, per effectum in Gang gesetzt - wieder: Bewegen und bewegt werden.

Zur Einnistung

Nach Beendigung der zweiten Reifeteilung hat sich das System der somatischen Ausbildung im Hinblick auf das Wachstum stabilisiert. Das Individuum entwickelt sich selbst im Hinblick auf die Fähigkeit zur Einnistung. Diesen Effekt nenne ich das Gewordensein des **Selbst** des Individuums. Die Einnistung ist der Augenblick im „leben" eines Menschen, in dem er zu einem Nehmenden und Gebenden geworden ist.

Die der Oozyte mitgegebenen mütterlichen Anteile sind in der Lage, nach der geglückten Begegnung von Oozyte und Spermium durch Wechselwirkung mit der Gebärmutterschleimhaut (Endometrium) den Ort der Einnistung zu finden. Durch Muskelbewegung (glatte Muskulatur, d. h. unwillkürlich) der Eileiter („Tuben") wird die Zygote in die Gebärmutter (Uterus) befördert. Es bleibt, durch Gebärmutterbewegungen (glatte Muskulatur) unterstützt, selbst in Bewegung.

Der Embryotrophoblast hat proteolytische (eiweißauflösende) Enzyme. In ihnen befinden sich mütterliche Anteile. Während des proteolytischen Vorgangs analysieren die Enzyme das Endometrium und finden den geeigneten Ort für die Einnistung an der Stelle, wo diese Enzyme arbeiten können, und das Endometrium stellt diesen Ort in Form passender Proteine (Eiweiße) zur Verfügung. Durch diese Proteolyse kommt es (am 6. Tag) zur Irritation (Erosion) der Schleimhaut: Verwundung! Die Mutter kann jedoch erst ab dem 14. Tag (nach geglückter Begegnung von Oozyte und Spermium) eine effektive Abwehr starten, wenn sich der Lebensstil des verwundeten Ortes, also der Niststelle, gebildet hat (Mesenchymzellen entstanden sind).

<u>Die Niststelle hat folgende Fähigkeiten:</u>

a) Aufarbeitung eines Ortes (dynamischer Prozess): sich anbieten, sich aufbauen, Stoffe annehmen und sich verwunden lassen,

b) Annahme der Kontaktaufnahme als Effekt des fraulichen Jas zur Möglichkeit einer Schwangerschaft

c) kann sich schließen (Fortsetzung der Schwangerschaft).

Über Punkt b) entscheidet die Frau bewusst (in der Area 7) und aktiv, unabhängig von der Funktion der weiblichen Organe; auch unabhängig davon, ob sich die Frau später daran erinnern kann oder nicht: Der Effekt der Annahme durch das Endometrium ergibt sich aus dem vorherigen Ja zur Möglichkeit einer Schwangerschaft (siehe „Menstruation" in diesem Band).

Die Verwundungserfahrung durch die Einnistung begrenzt die Verwundungsfähigkeit der Frau nach der Geburt des Kindes: Die Frau nimmt das Kind an (eine adversive Anwendung des männlichen Prinzips) und praktiziert Hingabe (nota bene: eine adversive Anwendung des weiblichen Prinzips) - Annahme und Hingabe, ohne dass die Frau sich opfern muss. Die physiologische Grenze bleibt zwischen Frau (als Gastgeberin) und Kind (als Gast) gewahrt (siehe Placenta!). Eine Symbiose zwischen Mutter und Kind nach der Geburt wird durch physiologische Antworten der Frau nach Geburt des Kindes biologisch verhindert und damit die Überlebensmöglichkeit des Kindes gewährleistet (gegeben).

Noogen intendierte Symbiosen als Folge von Verwundungszusammenhängen bleiben möglich, sind jedoch aufhebbar.

Die Niststelle hat sozusagen ein Bewusstsein entwickelt; das Endometrium kennt nach der Verwundung in der Unterscheidung den Zustand des Nicht-Verwundetseins. Nach der Paradiesesdefinition (Noosomatik Bd. I-2, Nr. 1.6.8.6.) ist der Paradieseszustand der Gebärmutter der Zustand der Nicht-Schwangerschaft: die Frau hat eine Gebärmutter, sie ist nicht die Gebärmutter (!), schon gar nicht ihre Funktion. Die Schwangerschaft entsteht auf Grund einer Wunde und des Verlustes eines Paradieses. Durch unbewusste Assoziationen mit eigenen Verwundungserfahrungen kann es zur Entscheidung für einen Abbruch[2] kommen, d.h. jeder Schwangerschaftsabbruch ist Folge persönlicher Verwundungszusammenhänge der Frau. Im Zulassen eines erlebbaren Sinnzusammenhanges wird das Bewusstsein des inneren Paradieses gewahrt. Das „Bewusstsein" der Niststelle entsteht erst durch die Verwundung. Die Niststelle hat den Lebensstil, vermittelt also dem Kind die Möglichkeit und die physiologische Voraussetzung, einen Lebensstil bilden zu können.

Die Verwundung des Endometriums durch die Einnistung setzt die Antigen-Anti-Körper-Reaktion (Ag-AK-R) in Gang. Die Blastozyste hat sich ja aus der Zygote entwickelt: es ist ein völlig neues Mischungsverhältnis entstanden, das die Primäridentität des Menschen ausmacht. Die Zygote hat eine andere Summe von Genen (Genom) als

---

[2] Zur Begrifflichkeit: Abbruch bezeichnet die Folge einer Intention, Abort bezeichnet eine physiologische Konsequenz.

die mütterlichen Zellen. Ihr Eiweiß ist im Hinblick auf mütterliches Eiweiß artfremd, d.h. es wird als Antigen erkannt. Nach der zweiten Reifeteilung ist eine Zelle (**Gamozyte**, auch Polkörperchen genannt) entstanden, die nach außen in den Eileiter abgegeben wird. Der mütterliche Organismus erkennt zwar Eigenes, wird aber verstärkt wachsam, da in der Gamozyte auch Fremdes enthalten ist. Er wird wach, um handlungsfähig zu werden, wenn die Konkretion des Fremden auftreten sollte: Die Blastozyste kommt. Die erhöhte Wachsamkeit ist notwendig, damit die Blastozyste vom mütterlichen Organismus als von diesem unterschieden erkannt und bei der Einnistung die Ag-AK-R einsetzen kann. Und gleichzeitig verlängert sich die **Trophealphase**, da die Wachsamkeit hormonelle Aktivitäten induziert (z.B. vermehrt Prolactin ausschütten hilft), die das Endometrium im trophealen Zustand belassen. Dadurch wird Zeit für den Weg der Zygote zur Niststelle gewonnen.

Die **Gamozyte** ist Trägerin der väterlichen <u>und</u> mütterlichen Information. Sie wird geopfert. Sie macht keinen Stoffwechsel und stirbt. Sie wird durch die Muskelbewegungen des Eileiters und der Gebärmutter nach draußen expediert. Dabei hinterlässt sie einen Eindruck, da es sich bei ihr um etwas Fremdes handelt (jedoch Ungefährliches, da nicht stoffwechselaktiv). Auf Grund dieses Eindruckes wird im mütterlichen Organismus die wachsame Bereitschaft zu einer Antigen-Antikörper-Reaktion hervorgerufen. Der gesamte Organismus stellt sich darauf ein, dass etwas kommen kann. Es kommt die Blastozyste. Ihr bloßes Dasein reicht als Ursache für die Ag-AK-R aus. Das Individuelle der Blastozyste setzt also eine Reaktion in Gang, die eine Verwundung ermöglicht. Der erste Antikörper des Trophoblasten (Urantikörper) stammt aus dem Genom, der Summe aller Gene, der Blastozyste (aus der Primäridentität). Als <u>die</u> primäridentische Komponente nenne ich ihn „**i-Logon**".

Mit dem Begriff „**i-Punkt**" bezeichne ich jene Region im Individuum, die einer VA ausgesetzt war und durch LS-Anteile vor Wiederverwundung geschützt werden soll. Er entfaltet die **Heilungstendenz**, die Energie, die uns am „leben" erhalten hat und zum Aufbau des schützenden Lebensstils notwendig gewesen ist. Wir können deshalb auch sagen, der „i-Punkt" stellt die Summe der eigenen Antikörper dar, die ein Mensch gegen die mütterlichen Antikörper gebildet hat - so hat er sich schützen können. Es handelt sich dabei um Proteine, die

a) den Charakter von Antikörpern haben,

b) mesenchymen Inhalt offenbaren,

c) neu sind,

d) solange immer wieder neu gebildet werden können, wie sie gebraucht werden und produzierbar sind,

e) das Ursprüngliche, ganz und gar Eigene repräsentieren und hinter aller Verwundung wirksam bleiben,

f) bei Verwundungserfahrungen in eine Energie umgewandelt werden können, die das Überleben und gleichzeitig die Wahrung des Heilseins (Heilungstendenz = Energie des i-Punktes) sichert.

Die Tatsache, dass der Urantikörper aus der Primäridentität stammt, zeigt, dass jede Antwort des Menschen individuell ist, und dass das extraembryonale Mesoderm (als „4. Keimblatt" bis zum 12. Tag nach der geglückten Begegnung von Oozyte und Spermium <„Befruchtung"> mit der Freiheit zur Selbstversorgung entstanden) den „Persönlichkeitskern" des Menschen zur Darstellung bringt. Die nun entstehenden Mesenchymzellen bauen die Organe als Helflinge des Antikörpers „Mensch" und als Helflinge der „Heilungstendenz": Organe sind keine Funktionsträger, der Mensch ist keine Maschine! (siehe 10. Kapitel „Organogenese" in diesem Band)

Bei der pränatalen A^4-Verwundung (siehe Noosomatik Bd. V-2, Nr. 8.4.2.12.1.) geschieht die Antikörperbildung wie bei pränatal nicht Verwundeten, doch mit der Umwandlung von Testosteron der Mutter in Östrogene kommt Erlerntes hinzu; d. h. die Handlungsfähigkeit wird verstärkt, jedoch der Blick auf die eigene Identität verdeckt (zur „Dystonia Naivitatis" <Naivdystonie> siehe Noosomatik Bd. I-2, Nr. 3.15.7.2. und Noosomatik Bd. V-2, Nr. 6.5.).

Die erhöhte Testosteron-Zufuhr bei der A^4-VA wirkt eine anabole Stoffwechsellage, die Anteile des HSH aufspaltet in Glukose (zum Aufbau von Gedächtnismolekülen) und in Enzyme (aus den Proteinen), die beim Umwandlungsprozess des Testosterons beteiligt sind, indem sie die 17-Ketosteroide im Blutkreislauf in Östrogen umwandeln. Nach getaner Arbeit kehren die Enzyme neu konfiguriert zur Glukose zurück und bilden das Gedächtnis für die Fähigkeit des Menschen, nicht in seinem eigenen männlichen Prinzip zu ersticken.

Bei pränatalen Verwundungen speichern sich diese VA-Erfahrungen, der embryonale bzw. fetale Umgang mit ihr und ihren Folgen, während des Werdens des Archicortex dort ab. Dadurch ist das Kind nach der Geburt Verwundungsmöglichkeiten gegenüber so gewappnet, dass seine Überlebenschance der von nicht pränatal Verwundeten gleichartig ist. Neben den VA-Erfahrungen bilden sich natürlich auch die anderen Erfahrungen im physiologischen Gedächtnis ab, ohne sich jedoch den VA-Erfahrungen hierarchisch unterzuordnen, da es keine Unterschiedenheit zwischen bewusst und unbewusst wie beim Neocortex nach der Geburt gibt.

Der wirksamste Schutz der Feten gegen die pränatale Verwundung, das HSH, induziert bei Verwundung vermehrte Glukosebildung zum Aufbau von **Gedächtnismolekülen**, was nach der Geburt dazu führt, dass pränatal Verwundete ihrer Verwundung entsprechend mehr Gedächtnismoleküle produzieren. Dies bildet dann nach der Geburt einen ausreichenden Schutz gegen die pränatal notwendige erhöhte

HSH-Produktion. Die Biochemie der Glukose begrenzt das HSH durch Quantifizierung. Gleichzeitig werden die prä- und paratraumatischen Erfahrungen dem physiologischen Zugriff zugänglich, selbst wenn perinatale Verwundungen diesen Zugriff durch Änderung hormoneller Mischungsverhältnisse blockieren.

Ist die Entscheidung für die Schwangerschaft gefällt, „muss" die Mutter genauso wie der Embryo: der Sinnzusammenhang erfüllt sich. Wird die logische Folge mit Zwang verwechselt, kann die Schwangerschaft in dem Sinne unterbrochen werden, dass der Blastozyste unrechtmäßiges Eindringen in den privaten Raum der Mutter - und deshalb schuldhaftes Verhalten – vorgeworfen wird, wogegen sich die Blastozyste nicht wehren kann, da ihr keine Verteidigung zugestanden wird („the mother can do no wrong"). Dieser Gedankengang führt zu Überlegungen über den Ursachenzusammenhang von möglichen Ablehnungen gegenüber Schwangerschaft nach ihrem Eintreten.

Es ist deutlich geworden, dass der weibliche Organismus von sich aus keinerlei Gewalt kennt. Gewaltanwendungen durch Frauen sind stets noogen, d.h. Folgen von VA-Erfahrungen.

Frauen wissen unbewusst und/oder bewusst um diesen Sachverhalt, was dazu führt, dass z. B. bei Frauen, die einen Schwangerschaftsabbruch haben vornehmen lassen, eine Schulddeutung stattfindet, die sich in Symptomen niederschlägt. Nur eine bewusste Verarbeitung und die Öffnung zur Sinnerfahrung kann verhindern, dass die betroffenen Frauen ihr eigenes Recht auf die Widerfahrnisse von „leben" und auf Eigenständigkeit (Recht auf sich selbst) durch unverarbeitete Schuldproblematik im Sinne einer Selbstbestrafung aversiv eingrenzen. Bei den betroffenen Männern kann es bis zu hartnäckigen Dogmatisierungen patriarchalischen Gehabes kommen, die sich über versteckte Aggressionen gegen Frauen zu einer autoaggressiven Selbstüberschätzungssymptomatik entwickeln können.

Embryologie bis zum 19. Tag

Die Zellen des Embryoblasten (des Kindes!) lassen am 7. Tag zwei (abgrenzbare!) Schichten erkennen: Die eine, nach **innen** hin in Richtung der Blastozystenhöhle gelegen, ist **das Entoderm**; die andere, nach **außen** hin an den Trophoblasten angrenzend, ist **das Ektoderm**.

Und: „wie drinnen so draußen." Im Trophoblasten ist ebenfalls eine Grenzschichtung in zwei Teile erkennbar: nach innen hin der **Zytotrophoblast** (die Innenschicht mit je einem Zellkern je Zelle <Zyto->) und nach außen hin der **Synzytiotrophoblast** (die Außenschicht, in der jede Zelle mehrere <Syn-> Kerne hat). Aus dem Synzytiotrophoblasten führen zungenförmig aus mehreren Zellen bestehende Ausläufer (Trabekel) in das Endometrium (Gebärmutterschleimhaut) hinein.

Die bislang fest mit dem Zytotrophoblasten verbundenen Ektoderm-zellen besinnen sich auf ihr Selbstverständnis und grenzen sich am 8.Tag von den anderen ab: Es (natürlich: wegen der 4-Schritt-Regel) entsteht ein schmaler Spaltraum, der sich als stoffwechselnde Verar-beitung des Augenblicks mit Flüssigkeit füllt, die bei der Dehnung des Raumes mithilft.

Der entstehende Hohlraum - die **Amnionhöhle** - wird auf der Seite des Zytotrophoblasten mit flachen großen Zellen ausgekleidet.

Die „Räumung" setzt sich nun in den 9. Tag hinein fort: Im Synzytio-trophoblasten entstehen flüssigkeitsgefüllte Hohlräume (**Lakunen**), die sofort untereinander Verbindung erhalten.

Wie drinnen so nun ganz draußen: Im Endometrium (Gebärmutter-schleimhaut der Mutter!) weiten sich Kapillargefäße aus und bilden e-benfalls größere Hohlräume, die Vorgefäße (**Sinusoide**).

Parallel dazu entsteht auf der Innenseite der Blastozystenhöhle aus sehr flachen großen Zellen, die sich aus dem die Blastozyste umge-benden Zytotrophoblasten bilden, eine Membran (**Heuser-Mem-bran**). Sie hebt sich von der Höhlenwand ab und schließt sich dem Entoderm an. Beide zusammen kleiden eine in der Blastozystenhöhle entstandene neue Höhle - **den primären Dottersack** - aus.

Ab dem 9. Tag wird HSH messbar: Informationen geben auch Raum!

Die Blastozyste ist am 10. Tag per effectum vollständig ins Endome-trium eingebettet. Die Kommunikation zwischen Kind (in der Literatur zu diesem Zeitpunkt immer noch Blastozyste genannt) und Mutter öffnet neue Erfahrungen einschließlich der Effizierung der weiteren Entwicklung.

Die im Endometrium entstandene Öffnung wird mit Fibrin (einem Ge-rinnsel) verschlossen als Folge des Starts einer Entzündungsreaktion! Diese Reaktion stellt ausreichend Wärme und Durchblutung zur Ver-fügung - als Begrüßung! Der Gast wird bewirtet. Doch davon gleich mehr.

Die untereinander in Verbindung stehenden Lakunen im Synzytiotro-phoblasten bekommen am 11. Tag Anschluss an die mütterlichen Si-nusoide, sowie venöse Gefäße im Endometrium und werden von mütterlichem Blut durchblutet:

Der kindliche Kreislauf hat sich an den mütterlichen Kreislauf ange-schlossen (**uteroplacentarer Kreislauf**), der eine Einheit bildet, in der die Grenze Mutter/Kind und Kind/Mutter gewahrt bleibt (Stoff-austausch durch Diffusion, also Stofftransport durch eine für den Stoff durchlässige Membran).

Die Uterusschleimhaut beginnt zwischen 11. und 12. Tag die Oberflä-chenwunde über dem Kind mit Oberflächenepithel zu verschließen.

Dies geschieht mit Hilfe der „normalen" Entzündungsreaktion (als Verarbeitung des Augenblicks) mit:

1. vermehrter Durchblutung
2. Einfließen von Flüssigkeit in den interzellulären Raum (IZR)
3. Erhöhung des Druckes
4. der „Verarbeitung" des Widerfahrnisses als ganzes (inapparent)
5. der Induzierung von Zellproduktion mit dem Ziel der Abheilung der Wunde (siehe 13. Tag).

Diese Entzündungsreaktion stellt ausreichend Wärme und Durchblutung zur Verfügung. Das heißt, die Mutter begrüßt das Kind und bewirtet es als ihren Gast.

> Dies Geschehen macht deutlich, dass die Vorstellung, **Entzündungsprozesse** und **Immunabwehr**aktivitäten seien einer aggressiven Schlacht vergleichbar, was den militärischen Jargon erlaube, die Sache verzerrt, um die es geht. Gewalt wird von unserem Körper nachweislich eben nicht unwillkürlich mit Gegengewalt beantwortet. Zur Gewalt bedarf es der bewussten und/oder unterbewussten geistigen Entscheidung. Der Gast sagt ggf. „nein" und geht, wenn ihm die Gastgeschenke nicht gefallen (siehe Viren). Er ist dann eben nicht interessiert an einem adversiven Gastrecht. Es findet deshalb keine Kommunikation statt zwischen Gast und Gastgeberin. Per effectum geht der Gast. Dies ist allerdings nicht die Intention des Körpers. Es gibt genug Stellen, auf denen Viren und Körperregion wunderbar miteinander kommunizieren können (z.B. sind auf der Haut sogar Pilze und Bakterien einträchtig miteinander zum Wohle der Haut und zu ihrem eigenen Wohle aktiv). Die 1. Reaktion unseres „körperns" ist immer die des Kommunikationsangebotes. Unser Körper lebt als offenes System, auch gegenüber Fremdem.

>> Übrigens: Während die Mutter noch mit der Wunde beschäftigt ist (engagiert), ereignet es sich, dass das Kind sich für sich entwickelt, in sich und bei sich. Folgen der Verwundung des Endometriums sind auch: Freiheit und Engagement der Mutter und des Kindes.

Im Trophoblasten werden Zellen gebildet, die die Verarbeitung der Nährstoffe ermöglichen, und zwar so, dass die Freiheit der Selbstversorgung des Kindes gewährleistet bleibt. Das Kind entscheidet, was und wieviel und wann es annimmt, indem die Annahme der Nährstoffe durch das Kind die Annahme und Verarbeitung der Trophoblastzellen qualifiziert.

An der inneren Oberfläche des Zytotrophoblasten entstehen **Protomesenchymzellen**. Das sind die ersten Mesenchyme, wir nennen sie **Protenchyme**. Mesenchymzellen sind „noch" unspezialisierte Zellen, jedoch mit vielen Fähigkeiten ausgestattet, die erst nach der Speziali sierung erkennbar werden. Sie stellen ein mediales System dar: Es ist ihnen etwas vermittelt worden, was sie dem Kind noch widerfahren lassen werden. Und genau da entsteht das **extraembryonale Mesoderm**.

Zellen dieses extraembryonalen Mesoderms verteilen sich am 12. Tag und wachsen. Als Effekt bilden sich aus den entstandenen, isolierten Spalträumen größere Hohlräume (!), in die (wie wir es schon kennen) intrazelluläre Flüssigkeit einfließt. Diese Zellen fügen sich zu einer Wand und bilden als Nahtstelle den **Haftstiel**, die spätere **Nabelschnur** (die Entstehung des Haftstiels ist wieder ein Effekt - vorher gab es ihn nicht -, sozusagen ein Nebenprodukt auf dem Weg) und das **extraembryonale Zölom**, woraus sich die **Chorionhöhle** und später die **Fruchtblase** entwickelt.

Aus dem extraembryonalen Mesoderm ist somit entstanden:

a) das **parietale** (einer Körperhöhle zugewandte) **extraembryonale** (ex.) **Mesoderm** (die Wandung des ex. Zöloms)

b) das **viscerale** (einem Organ zugewandte) **extraembryonale** (ex.) **Mesoderm** (Wandung vom Kind, Amnionhöhle und primärem Dottersack).

Bei diesem Vorgang ist das erwähnte Entzündungsverhalten des Endometriums deutlich im Gang. Seine Zellen vergrößern sich stark und lagern Lipide und Glykogen ein.

Die Oberfläche des Endometriums über dem Kind ist am 13. Tag wieder geschlossen („geheilt").

Eine Gruppe von Entodermzellen eilt nun an der Heuser-Membran entlang in größtmögliche Nähe zu den gegenüberliegenden Co-Enzym-haltigen Endometriumzellen.

Die Endometriumzellen stellen Co-Enzyme zur Verfügung, als Hingabe und Gabe, als Gastgeschenk für das Kind. Der Effekt ist, dass es mit ihnen lebensnotwendige Nahrung erhält und sich einnisten kann.

Diese Entodermzellen wachsen zu einer Einheit, legen sich an die innere Seitenrundung des primären Dottersacks und bauen aus sich die Innenauskleidung (Wandung) des nun entstehenden **sekundären Dottersackes**.

Dabei „übersehen" sie offenbar, dass die Zellen des visceralen extraembryonalen Mesoderms von der Nahrung aus dem primären Dottersack abgeschnitten sind. Sie bewegen die Entodermzellen zu einer ersten „Darmtätigkeit": Die Entodermzellen nehmen sich reichlich Nahrungsstoffe (Glykogen und Lipide) aus dem primären Dottersack mit Hilfe enzymatischer Prozesse (Co-Enzyme!) und geben sie den Zellen des visceralen extraembryonalen Mesoderms. Diese erhalten nun reichlich Nahrung und produzieren Substanzen, die sie ins extra embryonale Zölom abgeben. Das Wasser wandert aus dem primären Dottersack in die Zölomhöhle. Dadurch fällt der primäre Dottersack in sich zusammen und der vom Kind entfernt gelegene Anteil schnürt sich ab.

Bei diesem Vorgang werden Teile des primären Dottersacks und der Heuser-Membran aus dem visceralen Mesoderm verdrängt! Die eigentlich noch verwertbare Substanz (Reste des primären Dottersacks im ex. Zölom) wandelt sich zu degenerationsfähigem Material in Form von Exozölzysten um (siehe „Hauptsatz von der Isolation" in Noosomatik Bd. I-2, Nr. 3.17.9.).

Zellen des Zytotrophoblasten wachsen in den Synzytiotrophoblasten ein bis in die Trabekel hinein. Als Effekt der Begegnung entstehen die **Primärzotten** der Plazenta.

Unterdessen hat sich die **Chorionplatte** aus parietalem extraembryonalem Mesoderm (innen) gebildet (der Begriff „Platte" ergibt sich als Begrenzungseffekt). Die übrigen Zytotrophoblastzellen bilden eine Zellschicht, die jetzt die Chorionplatte umhüllt. Diese Umhüllung der Chorionplatte bildet nun selbst den Mantel um die nach der Ausdehnung des ex. Zöloms entstandene **Chorionhöhle**.

Mit **Chorion** bezeichnen wir das Gebilde aus der innen gelegenen Chorionplatte, der Zytotrophoblastschicht und der außen gelegenen Synzytiotrophoblastschicht, in der besonders im Bereich des Kindes die Primärzotten entstanden sind.

Das Kind ist mit dem Haftstiel in der Chorionhöhle mit der Plazenta verbunden. Es ist umgeben von eigenen Zellen, die die Verbindung zum Endometrium halten. Dieses Chorion bildet die Plazenta (wie ich bereits anmerkte: den Kinderkuchen, fälschlich Mutterkuchen genannt).

Das Kind besitzt nun Ektoderm, Entoderm, Amnionhöhle, den sekundären (sek.) Dottersack und das visceralen, ex. Mesoderm, das das „Außige" des Kindes bildet. Hier entstehen zu diesem Zeitpunkt die ersten Hämangioblasten (Blut- und Blutgefäßvorläuferinnenzellen). Das parietale ex. Mesoderm ist an der inneren Oberfläche des Zytotrophoblasten aus den Protenchymen erwachsen.

Exkurs zur Blutbildung

(Lit.: Hinrichsen, 1990, S. 205 Blutbildung extraembryonal; Geneser, 1990, S. 192 f.)

Die Blutbildung beginnt während der embryonalen Entwicklung schon in der 2. Woche in extraembryonalem Gewebe des sekundären Dottersackes (ab dem 12. Tag).

Das so genannte extraembryonale Gewebe ist eine Bildung des Kindes selbst. Es liegt zwar der Form nach außerhalb des Kindes (in sich von drinnen nach draußen gesetzt), ist jedoch

Teil seiner selbst (seines Selbst). D.h.: mit dieser Bildung von extraembryonalem Gewebe setzt sich das Kind in Relation zu sich selbst, so dass sich in der Blutbildung die Relation von Primäridentität (PrI) und Selbst abbildet.

Die Blutinseln bestehen aus Hämangioblasten, die jetzt die ersten Blutgefäße und Blutzellen bilden und sich aus dem extraembryonalen Gewebe zum Kind hin entwickeln. Die Blutbildung findet also im Kind selbst und selbstig statt, ohne Ag-AK-Reaktion, weshalb das blutbildende (hämatopoietische) System und später das Knochenmark nicht als Organ betrachtet werden können.

Bis etwa zum 5. Entwicklungsmonat erfolgt die Blutbildung in Milz und Leber. Die Blutbildung im Knochenmark in der zweiten Hälfte der Schwangerschaft ist Effekt der Autonomie und der Personhaftigkeit des Menschen, wobei Milz und Leber die Fähigkeit zur Blutbildung lebenslang bewahren, so dass auch die Beziehung von Selbst und Person sich konkret zum Ausdruck bringt.

Als Effekt der entodermalen „Bauarbeiten" zum sek. Dottersack bilden am 14. Tag entodermale Zellen die **Entodermplatte** und locken Ektodermzellen an. Die zuerst an der Platte ankommenden Ektodermzellen bilden eine knotenartige Zellgemeinschaft (den Anfang der Bildung des Kopfes, den so genannten **Primitivknoten**) und stauen die nachkommenden Ektodermzellen zu einem Zellstreifen (**Primitivstreifen** genannt), an dessen Ende später die **Kloake** (gemeinsamer Ausgang des Darms und der Harnröhre innerhalb dieser Entwicklungsstufe) liegen wird.

Das Kind ernährt sich aus der „Speisekammer", die ihm als Geschenk geboten wird - dem sek. Dottersack; dazu gehören auch Glykogen und Lipide.

Glykogen und Lipide sind Stoffe, die in der Leber gespeichert und von ihr freigegeben werden. Die mütterliche Leber gibt nun selbstverständlich das Signal für den kindlichen Mehrbedarf an Hypothalamus und Hypophyse (das Tetra-Rezeptive-Organ = TRO) der Mutter weiter. Dieses bildet die Nahtstelle zwischen Unterbewusstsein, Bewusstsein und Körper. Die Aktivitätssteigerung des TRO wirkt auf den Sympathikus durch Aktivierung der Formatio reticularis im Hirnstamm. Die Formatio reticularis hat eine direkte Verbindung zum Nucleus ruber, über den die Information ins Kleinhirn (Cerebellum) mit Nucleus emboliformis und Nucleus globosus weitergeleitet wird. Diese Aktivität kann zu „mütterlichem Schwindel" führen, der eine Klarheit über die Schwangerschaft bewirkt, also kein „normaler" Schwindel ist, sondern eher dem Erkennungsreflex vergleichbar ist.

Am 15. Tag entsteht das **intraembryonale Mesoderm** (kurz „Mesoderm" genannt). Es erscheint als Zellhaufen zwischen Ektoderm und Entoderm und verbindet sich an seinen Rändern mit dem extraemb ryonalen Mesoderm. Es sucht, Ektoderm und Entoderm auf Distanz zu bringen, damit sich ein Raum öffnet.

Vom sog. Primitivknoten aus bauen Mesodermzellen am 16. Tag den **Chordafortsatz** (die Anlage für die Chorda dorsalis, die „Vorläuferin" der Wirbelsäule ist) nach kranial (d.h. in Richtung Kopf). Sie wachsen bis zur Prächordalplatte und daran vorbei, treffen sich wieder oberhalb der Prächordalplatte (an dieser Stelle findet sich später die Herzanlage) und stellen auch die Zellen für die Kopfentwicklung zur Verfügung. Primitivknoten und -streifen wandern später weiter kaudal und sind schließlich nicht mehr sichtbar (9. Hauptsatz)[3].

Das Mesoderm hat es am 17. Tag geschafft: Ektoderm und Entoderm sind zum großen Teil getrennt. Davon ausgenommen sind:

a) kranial der Bereich der Prächordalplatte

b) kaudal das Ende des Primitivstreifens.

Durch die Trennung entsteht ein Bereich, indem die beiden jedoch trotz ihrer Trennung in Kontakt bleiben. An dieser Stelle entsteht später eine Membran, die **Kloakenmembran**, die innen durch Entoderm und außen durch Ektoderm gebildet wird. Vorübergehend verschließt sie den Enddarm. „Gleichzeitig" stülpt sich etwas aus - Wachstum durch Ausstülpung: Diese Ausstülpung wird **Allantois** genannt (griech.: Wurst).

Sie entsteht an der Hinterwand des sekundären Dottersackes und reicht bis zum Haftstiel. Sie besteht aus entodermalen und mesodermalen Anteilen und ist zuständig:

1. für die Ausbildung der Nabelschnur (für die Ver- und Entsorgung)
2. durch Einverleibung der bauchwärtigen Anteile der Kloake für die Bildung der Blase (Urogenitalbereich)
3. als Weg bei der **Einwanderung von Zellen**, die in den Genitalleisten zu Urkeimzellen werden.
4. als Grenze zwischen Nieren und Gonaden

Das Mesoderm beiderseits der Chorda proliferiert (wächst und vermehrt sich) am 18. Tag in seinem medialen (chordanahen) Abschnitt und bildet eine dicke Gewebsplatte, das **paraxiale** (neben der Achse gelegen, die später die Wirbelsäule bildet) Mesoderm. Zur Seite hin (lateral) bleibt das **Mesoderm** als Seitenplatte dünn. Es bildet 2 Schichten:

---

[3] Der Hauptsatz von der Isolation (A^2 Not, vergrübeln): Substanz wandelt sich in der Isolation in ein Material um, das sich selbst abbaut (Beispiele: Rückbildung des primären Dottersackes, Rückbildung der akzessorischen Reizleitungsbündel (aus Noosomatik Bd. I-2, 3,17.9).

1. die **parietale Mesodermschicht**, die in das ex. Mesoderm übergeht, welches das Amnion bedeckt, und

2. die **viscerale Mesodermschicht**, die in das Mesoderm übergeht, das den Dottersack bedeckt.

Beide Schichten bilden damit die **intraembryonale Zölomhöhle** (spätere Bauchhöhle), die noch beiderseits mit dem extraembryonalen Zölom in Verbindung steht. Das Gewebe zwischen dem paraxialen Mesoderm und den Seitenplatten wird als **intermediäres** (dazwischenliegendes) **Mesoderm** erkennbar und bildet später den **Somitenstiel**. Aus dem paraxialen Mesoderm entstehen die Somiten (siehe 20. Tag), segmental und parallel der Chorda angeordnet, aus dem intraembryonalen Mesoderm die Somitenstiele, aus denen sich die Nieren entwickeln.

Der Chordafortsatz wird vorübergehend in das darunter liegende Entoderm inkorporiert und seine Innenlichtung (Lumen) verschwindet. Danach entsteht per effectum in Höhe des Primitivknotens ein Kanal (**Canalis neurentericus**), der vorübergehend den Dottersack mit der Amnionhöhle verbindet (Verbindung von außen nach innen).

Die Zellen des Chordafortsatzes (Ektoderm) sind als längliche Zellplatte in das Entoderm eingebettet. Anschließend löst sich die Zellanlage der Chorda als solider Strang wieder aus dem Entoderm heraus. Gleichzeitig faltet sich die in der Mitte des Ektoderms entstandene **Neuralplatte** (aus ihr wird das Nervengewebe entstehen) seitlich zu den **Neuralwülsten** auf und die **Neuralrinne** bildet sich. Aus der Chorda wird sich die Wirbelsäule entwickeln, die die Neuralrinne dann umschließt.

In der kardiogenen Zone (in der das Herz entstehen wird), vor der Prächordalplatte, in der Übergangszone zum Dottersack, bildet sich zwischen 18. und 19. Tag im Mesoderm die **Anlage des Herzens**. Aus den mesenchymalen Angioblasten (Zellen, aus denen Blut und **Blutgefäße** entstehen) bilden sich im Mesoderm die ersten embryonalen Blutgefäße.

Im paraxialen Mesoderm bildet sich am 20. Tag das erste Somitenpaar. Aus ihm und den sich im Weiteren noch entwickelnden Somiten entstehen später Sklerotom (aus ihm entsteht die Wirbelsäule), Dermatom (Unterhaut und Unterhautgewebe) und Myotom (Muskulatur).

Die embryonalen Blutgefäße schließen sich am 21. Tag zusammen und nehmen Anschluss an das Herz: Der Blutkreislauf ist geschlossen. Das Herz beginnt zu schlagen.

Zwischenbemerkung:

Mit einem Minimum an Aufwand, in jeweils vier Schritten in einer Entwicklungsstufe, erweist sich nicht nur die Ökonomie natürlicher Prozesse, sondern auch die Offenheit lebendiger Systeme. Wir sind per effectum entstanden, gewachsen - existent. Wer möchte die Frage stellen, wem wir unser „leben" verdanken? Doch nur der, der schon eine dogmatische Antwort parat hat, die jedoch nicht die physiologische Wahrheit erfassen kann. Wir können in dem „Effektsein" unsere Würde und unseren unverbrüchlichen Wert erkennen.

Und wir erkennen in den vier Keimblättern (Entoderm, Ektoderm, Mesoderm und extraembryonales Mesoderm) jeweils für sich Zusammenhänge, die miteinander sinnvoll korrelieren. Aus den einzelnen Keimblättern entwickeln sich unterschiedliche Organsysteme, die dann ebenfalls sinnvoll miteinander korrelieren. Die Theorie der somatischen Formenkreise (Noosomatik Bd. VI.1) basiert auf dieser Beobachtung der Zusammenhänge der aus einem Keimblatt entstandenen Organsysteme, wobei diese Zusammenhänge in einem weiteren Zusammenhang relationiert sind (Noosomatik Band III).

Aus dem **Ektoderm** entstehen:

Zentralnervensystem (ZNS: Gehirn und Rückenmark),
peripheres Nervensystem (das übrige),
Sinnesepithel von Ohr, Nase und Auge,
Epidermis (Oberhaut) einschließlich der Haare und Nägel,
Unterhautdrüsen,
Milchdrüsen,
Hypophysenanteil des TRO,
Zahnschmelz.

Aus dem **Entoderm** entstehen:

Magen-Darm-Kanal,
Innenauskleidung der Atemwege,
Organgewebe der Tonsillen (Mandeln), der Schilddrüse, der Nebenschilddrüse, des Thymus, der Leber und des Pankreas,
Innenauskleidung der Harnblase und der Harnröhre,
Innenauskleidung der Paukenhöhle (Mittelohr) und der Eustachi-Röhre (Verbindung zwischen Mittelohr und Rachenraum).

Aus dem **Mesoderm** entstehen:

Bindegewebe, Knorpelgewebe, Knochengewebe,
Unterhautzellgewebe (samt Fettzellen),
Muskulatur,
Blut, Blutgefäße, Herz,
Lymphzellen, Lymphgefäße,
Nieren, Keimdrüsen (Hoden, Ovarien),
Rindenanteil der Nebenniere,
Milz.

Aus dem **ex. Mesoderm** entsteht die Nabelschnur. Für die Entstehung der Blutzellen, der Chorda und der Nieren (über die Einwanderung der Urkeimzellen, die in der 6. Woche aus der Wand des Dottersacks in die Nieren und die Genitalleiste wandern) gibt das ex. Mesoderm den besonderen Anstoß.

Jedem Organ widerfährt Gewissheit von Seindürfen. Es bildet sie ab und hat Erfahrung mit ihr (d.h. es erkennt sie wieder: physiologisches Gedächtnis).

Mit diesem Blick schauen wir uns die Niere an. Sie reinigt den Körper mit Hilfe ihres Filtersystems. Sie entscheidet und unterscheidet. Was der Körper braucht wahrt sie und löst (im Harn), was er nicht braucht.

Embryologie ab dem 19. Tag

Am 19. Tag also entstehen die Herzanlage und die Blutgefäße. Wer entscheidet, dass genau hier das Herz sich entwickelt, wo es sich entwickelt? Der Ort ist ein Effekt der bisherigen Entwicklung, Effekt von Relationen untereinander. Die Information aus den Chromosomen kann dies nicht bewirken. Die Anordnung ist ein relationales Gebilde, orientiert von ihrer Sinnhaftigkeit. Die Entstehung ist nicht intendiert, sie ist ein Effekt und effiziert weitere Effekte. Da, wo Effekte sind, ist Sinn. Da, wo Intentionen sind, ist bestenfalls Bedeutung. Sinn ist ein Effekt. Vertrauen darauf ermöglicht Entwicklung.

Embryologie ab dem 22. Tag

Wir erinnern uns: Am 18. Tag ist das intermediäre Mesoderm entstanden, das das paraxiale Mesoderm (Somitenbildung, siehe 20. Tag) mit den Seitenplatten (siehe 18. Tag) verbindet. Halswärts (in der Cervikalregion, <von cervix: Hals, Nacken>) befinden sich gegliederte Abschnitte (Segmente), unten (abwärts der Thorakalregion, <Brustraum>) eine ungegliederte Zellanhäufung (Blastem), aus der die **Niere** entstehen wird.

Zur Nierenbildung

Da der Aufbau der Niere aus einer Reihe von Feinarbeiten besteht, braucht ihre Entwicklung Zeit, in der jedoch Ausscheidungsvorgänge für das Kind bereits notwendig sind. Um diese Möglichkeit frühzeitig zu gewährleisten (etwa am 22. Tag), entwickeln sich die genannten Segmente sehr schnell zu kleinen Kanälchen, die sich, mit **Flimmertrichtern** ausgestattet, in die Zölomhöhle öffnen.

Die **Flimmertrichter** sind kelchartige Gebilde, die mit Flimmerepithel (Flimmer-Deckgewebe) ausgekleidet sind, die die Strömung in die Höhle bewirken. Die Anfänge dieser Kanälchen verbinden sich zu einem Ausführungsgang (der das nächste Stadium der Nierenbildung etwa am 25. Tag darstellt). Gleichzeitig werden Glomeruli gebildet.

Ein Glomerulus ist ein Blutgefäßknäuel, das Blutserum in das umliegende Gewebe abgibt, wo es kanalisiert und dessen Bestandteile selektiv rückresorbiert (eine Art „Nachlese") oder ausgeschieden werden.

Da die Segmente der Nierenbildung dienen, werden sie **Nephrotome** genannt, analog wird das Blastem als nephrogener Strang bezeichnet, die Einheit von einem Glomerulus und einem Ausscheidungskanälchen **Nephron** (Ausscheidungseinheit der Niere).

Dieser Entwicklungsschritt wird **Vorniere** genannt. Hier können bereits besagte Glomeruli entstehen, die sich entweder in die Ausscheidungskanälchen vorbuchten und deshalb **innere Glomeruli** genannt werden, oder nach außen entwickeln und deshalb natürlich dann **äußere Glomeruli** heißen.

Während dieses Entwicklungsschritts, bei dem die Abfallprodukte noch in die Zölomhöhle gelangen und von dort über die Flimmertrichter in die Kanälchen eingegeben werden, löst sich die Verbindung des intermediären Mesoderms mit der Zölomhöhle. Dadurch löst sich die Segmentierung auf, es werden keine Flimmertrichter und keine äußeren Glomeruli mehr gebildet. Stattdessen entstehen unmittelbar innerhalb des Blastems (des nephrogenen Stranges) neue Ausscheidungseinheiten (Nephrone). Der Ausführungsgang (auch **Vornierengang** genannt) wird in diesem neuen Stadium zu einem Gang, der nach seinem Entdecker „**Wolff-Gang**" genannt wird. An seiner Seite bildet sich der (nach dem Entdecker so benannte) „**Müller-Gang**" aus einer longitudinalen (längswärtig) Einstülpung des Zölomephitels, der beim weiteren Wachstum den Wolff-Gang ventral (bauchwärts) kreuzt. Während die beiden Wolff-Gänge getrennt auf die Kloake zugewachsen sind, wachsen die beiden Müller-Gänge aufeinander zu und bleiben erst einmal durch ein Septum (eine Scheidewand) voneinander getrennt. Parallel dazu (etwa am 25. Tag) wird die Kloake durch eine mesodermale Leiste (**Septum urorectale**) in zwei Abschnitte geteilt: **Anorectalkanal** (Enddarm- und Afterbereich) und **Sinus urogenitalis** (aus ihm entstehen Harnblase und -röhre). Die Wolff-Gänge münden nun getrennt in den Sinus urogenitalis.

Da der Wolff-Gang vorübergehend bei der Entwicklung der Niere als Nierengang (Urnierengang, entwickelt aus dem Vornierengang) fungiert <u>und</u> später zur Entwicklung von Penis und Vagina beiträgt, werden beide Systeme als das **Urogenitalsystem** bezeichnet.

Bei der **Frau** entwickeln sich beide Gänge weiter: aus dem Müller-Gang werden **Eileiter** und **Uterus** und unter Mitwirkung des Wolff-Gangs die **Vagina**.

Beim **Mann** wird die Entwicklung des Müller-Gangs unterdrückt[4], wodurch sich der Wolff-Gang spezialisiert zum Hauptausführungsgang der Keimdrüse (**Hoden**, <Testis>) und den **Penis** als Zusatzaus

---

[4] Das männliche Geschlecht entwickelt sich also durch Unterdrückung der Weiterentwicklung des weiblichen. In der Embryonalentwicklung ein wunderbarer Sachverhalt ...

stattung und Übermittlungsorgan erhalten wird, doch davon später mehr.

Die Abgabe der Abfallprodukte durch die Vorniere in das Zölom ist ein notwendiger Schritt zur Raumerweiterung der Zölomhöhle. Mit Hilfe der Glomeruli entsteht eine hochkonzentrierte Flüssigkeit, die in die Zölomhöhle abgegeben wird und dort über ihr Volumen an sich und durch ihre osmotische Aktivität (Einwanderung von weiterer Flüssigkeit aus dem umgebenden Gewebe und aus den Höhlen) zu einer Weitung der Zölomhöhle führt. Nach ausreichender Weitung der Zölomhöhle gibt die Vorniere ihre Produkte in den Wolff-Gang ab, der sich mittlerweile sozusagen als „Überlaufkanal" gebildet hat.

Sachlich sind beide Stadien zu unterscheiden, weshalb ich von „**Vorniere A**" und „**Vorniere B**" sprechen will.

Das dritte Stadium der Nierenentwicklung wird „**Urniere**" genannt, die sich im mittleren Abschnitt des nephrogenen Stranges ausbildet. An ihrem unteren Ende entsteht im Übergang zum vierten Stadium (**Nachniere** oder **definitive Niere**) die **Ureterknospe**, die mit einem Blastem, einem nicht-differenzierten Bindegewebe, ausgestattet wird (kappenförmig).

Aus diesem (metanephrogenen <Nachnieren->) Blastem entwickeln sich die Nephronen der Nachniere, aus der Ureterknospe entstehen harnableitende Kanälchen, die auf die Ausführungsgänge aus den Glomeruli zuwachsen und sich mit ihnen vereinigen.

Die Urniere erfüllt neben ihrer Aufgabe als Zwischenglied der Entwicklung zur definitiven Niere noch eine weitere: sie hat sich zu einem länglichen Organ entwickelt, ragt in die Zölomhöhle vor und wird durch einen breiten Stiel (Mesenterium urogenitale) gehalten, der mit der hinteren Leibeswand verbunden ist. An ihrer ventromedialen Seite (bauchinnenwärts) bildet sich eine Leiste aus mesodermalem Gewebe und grenzt dadurch die entodermalen Anteile des Darms ab.

Dieses mesodermale Gewebe erfüllt ebenfalls eine weitergehende Aufgabe: Dort werden die Keimdrüsen entstehen.

Der Haltstiel (das **Mesenterium urogenitale**) verankert also beide Regionen. Während sich die Nachniere nun immer deutlicher ausbildet[5], entwickeln sich aus dem Urnierengewebe die Keimdrüsen.

Dieser überraschende Zusammenhang zwischen Urnierentätigkeit und Keimdrüsentätigkeit lässt sich dadurch erklären, dass die Keimdrüsen das Wissen darum brauchen, unterscheiden zu können zwischen Selbstigem und Nichtselbstigem, schließlich wird die Oozyte die Fä

---

[5] Sehr gut dargestellt in Langman, 1989, S. 157-161.

higkeit entwickeln, unterscheiden zu können, welches Spermium zu ihr passt und welches nicht[6].

> Generell gilt, dass Zellen ihr gelerntes Wissen mitnehmen. Dies spart Zeit und Aufwand. Einige der Zellen gehen dann hierhin, andere dorthin ... Sie erhalten so eine Grundausbildung, die bewirkt, dass z.B. ein Organ X Zellen hat, die mit denen von Organ Y (am anderen Körperende z.B.) „bekannt" oder sogar „verwandt" sind.

Die Ovarien („Eierstöcke") erlangen auf Grund dieser physiologischen Vergangenheit die Fähigkeit der Unterscheidung und können diese an die Oozyte weitergeben. Da diese Unterscheidungsfähigkeit für Spermien nicht notwendig ist (die Oozyten entscheiden, welches Spermiun angenommen wird), können wir auch aus diesem Grund sagen, dass die Entwicklung geschlechtsspezifisch betrachtet weiblich orientiert ist. Das männliche Geschlecht ist der Effekt des Stops der Entwicklung des weiblichen Geschlechts durch chromosomale Information in der 6. Entwicklungswoche.

Entwicklungen parallel zur Nierenbildung

Die Ausbildung der Neuralrinne am 18. Tag führt einerseits zu einer hohen Aktivität ihrer ektodermalen Zellen und andererseits zu einer Vermehrung von entodermalen Zellen. Die hohe Aktivität äußert sich durch die vermehrte Sekretion (Ausscheidung) von Zellflüssigkeit in die Amnionhöhle, die nun weiter wächst[7]. Der osmotische Druck übt eine Sogwirkung auf die Flüssigkeit in der Chorionhöhle aus. Die Amnionhöhle wird diesen leeren Raum ausfüllen.

Die Weitung der Amnionhöhle führt etwa ab dem 22. Tag zu einem Umschließen des kindlichen Körpers von seiner Rückenseite her insgesamt bis in die Nabelregion, das Kind krümmt sich dabei (*kraniokaudale Krümmung*). Ventral (bauchwärts) werden dabei die entodermalen Zellen parallel zu ihrem Wachstum ebenfalls eingeschlossen. Sie bilden einen Schlauch, dessen kranialer Teil (zum Kopf hin) **Vorderdarm**, dessen mittlerer Teil **Mitteldarm** und dessen kaudaler (zum unteren Ende hin) Teil **Enddarm** genannt werden. Ein Gang (Dottergang) verbindet Mitteldarm und Dottersack, so dass noch vorhandene Nahrungsstoffe aufgebraucht werden können.

Beginnend mit dem 22. Tag schließt sich die Neuralrinne zunächst in der Mitte und von dort ausgehend nach kranial (zum Kopf hin) und kaudal (zum unteren Teil hin) durch die Vermehrung der ektodermalen Zellen im Rückenbereich. Dadurch entsteht das **Neuralrohr**, das

---

[6] Siehe das so von mir benannte „Spermiendeutende Organ" <abgekürzt: SO> (zona pellucida und corona radiata als ein Organ verstanden) der Oozyte in Noosomatik Bd. III.

[7] Vergleiche die eben beschriebene Weitung der Zölomhöhle.

kranial und kaudal offen ist, und unterhalb des Oberflächenektoderms bildet sich das Material der **Neuralleiste** (Intermediärzone). Nach Abschluss dieser Entwicklung (28. Tag) umgibt die Amnionhöhle den Körper des Kindes bis auf Dottergang und Allantois (Nabelschnur!).

Wir befinden uns zeitlich parallel zur Entstehung des Wolff-Gangs und des Müller-Gangs und im Übergang zum Urnierenstadium.

Die wichtigsten Körperfunktionen sind nun vertreten:

- der Kopf (als „Primitiv-Knoten")
- das Neuralrohr (für die Nerven)
- der Blutkreislauf (für die Versorgung)

Nun wäre sicherlich ein Organ für die Aufnahme günstig: Aus einer Vorstülpung des Vorderdarms entsteht in der 5. Entwicklungswoche[8] der Magen, der sich (schon so früh!) von dorsal (vom Rücken her) nach links lateral (seitwärts) dreht.

Das Neuralrohr verschließt sich am 25. Tag am kranialen Ende und am 27. Tag am unteren Ende.

> Wieso nicht gleichzeitig? Die Flüssigkeit aus der Amnionhöhle (Fruchtwasser!) gelangt hinein und bleibt darin als Liquor! Im Liquor sind also fast 4 Wochen lang Information der weiblichen Entwicklung, die so auch Männern bleiben.

> > N.b.: Im Rückenmark befinden sich unwillkürliche vegetative Nervenfasern - d.h. mindestens vom Unterbewussten her haben Männer die Fähigkeit, Frauen zu verstehen.

Das Neuralrohr wächst noch weiter: Kranial wird sich das **Gehirn** entwickeln und kaudal das **Rückenmark**.

Die Ektodermzellen teilen sich und geben Zellen nach außen ab, die sich an der Grenzmembran zur mesodermalen Schicht (Somiten) zu **Neuroblasten**, Vorläuferinnen der Nervenzellen spezialisieren. Diese Spezialisierung setzt also Vorkenntnisse voraus, die ektodermal und aus dem Umgang mit dem Mesoderm entstehen.

Somiten und Chorda umkleiden diese Zellformation (Rückenmark) und bauen ab der 4. Entwicklungswoche die **Wirbelsäule**. Die Verknorpelung von Wirbeln entsteht durch Verdichtung der Mesenchymzellen, während spezialisierte Mesenchymzellen (**Osteoblasten**) die Bildung von Knochensubstanz bewirken (**enchondrale Ossifikation**).

> „Zunächst treten in der zukünftigen Gehirnregion des Neuralrohrs 3 *primäre Hirnbläschen* in Erscheinung, das *Vorderhirn (Prosen*

---

[8] Keith L. Moore, 1990, S. 255: „... etwa am 30. Tag".

zephalon), das *Mittelhirn (Mesenzephalon)* und das *Rautenhirn (Rhombenzephalon)*. Sobald sich das kaudale Ende des Neural-rohrs verschlossen hat, stülpen sich aus dem Vorderhirn zu beiden Seiten die sog. *Augenbläschen* aus. Zu diesem Zeitpunkt sind be-reits die *Scheitel- und Nackenbeuge* des zukünftigen Gehirns sowie die später zu den Gehirnventrikeln werdenden *Hohlräume* erkenn-bar, nämlich *Vorderhirnbläschen (Prosozele)*, *Mittelhirnbläschen (Mesozele) und Rautenhirnbläschen (Rhombozele)*.

Während sich die Augenbläschen zunächst zum *Augenbecher* und - *stiel* und in weiterer Folge zum *Sehnerven* und einem *Teil des Bul-bus* differenzieren, obliteriert ihre ursprüngliche Höhlung. Die ur-sprüngliche Verbindungsstelle der beiden Augenbläschen kommt schließlich im Dienzephalon zu liegen." (Günter Krämer <Hrsg.> „Farbatlanten der Medizin. Band 5: Nervensystem I", 1987, S. 131)

Die Augen liegen nun (per effectum) in Höhe des Dienzephalons (des Zwischenhirns), in der später die Thalamusregion liegt, als ganz ent-scheidende Schaltstelle.

Bereits am 22. Tag (parallel zum Stadium der „Vorniere A") beginnt schon die Entwicklung des **Ohres** (Langman, J., S., 356 ff.) mit einer Verdickung des Oberflächenektoderms beidseits des zukünftigen Rhombenzephalons (Rautenhirn).

Die Hirnentwicklung geschieht dort per effectum, wo die Sinnesor-gane entstehen!

Die Nomadenzellen

Nach der Obliteration (Zusammenfallen eines Innenraumes) des pri-mären Dottersackes am 13. Tag werden Zellen des visceralen extra-embryonalen Mesoderms durch die Einströmung des Wassers aus dem primären Dottersack in das extraembryonale Zölom angeregt, amöbenartig an dem noch vorhandenen visceralen Strang und der noch vorhandenen Heuser-Membran entlang zu wandern in den sich bildenden sekundären Dottersack, in die Nähe des Haftstiels (die Verwandtschaft der Zellen des extraembryonalen Mesoderms lockt).

Sie verlassen also den ungastlichen Ort, um neue Weidegründe zu suchen. Diese Wanderung wird beendet sein, wenn die intraembryo-nale Zölomhöhle gebildet ist (18. Tag). Damit entgehen diese Zellen der Umwandlung in degenerationsfähiges Material.

An der Begegnungsstelle zwischen diesen visceralen extraembyonalen Mesodermzellen mit den parietalen extraembryonalen Mesodermzel-len des Haftstiels (getrennt durch Entodermzellen) hat sich vorher rechtzeitig die **Allantois** (16. Tag, siehe weiter oben) entwickelt.

Da, bildlich gesprochen, die Dürre des primären Dottersacks diese visceralen extraembryonalen Mesodermzellen in die Oase des sekun dären Dottersacks getrieben haben, will ich diese Zellen „**Nomaden-zellen**" nennen.

Sie kommen sozusagen ausgehungert an und regenerieren, d.h. sie bauen ihre abgemagerte Zellsubstanz wieder auf. Während dieser hochaktiven Stoffwechseltätigkeit werden die Entodermzellen angeregt, sich zu vermehren: Der Aufbau des **Enddarms** beginnt und induziert (bewirkt) den Aufbau des **Vorderdarms**.

Auch das Ektoderm entwickelt eine neue Aktivität: die Neuralrinne beginnt sich von der Mitte her zu schließen (vom 20. auf den 21. Tag). Und nun lässt sich das Mesoderm auch nicht lumpen: das **intermediäre Mesoderm** bildet sich aus (21. Tag). Während dorsolateral (vom Rücken her seitwärts) an dieser Stelle die **Nierenentwicklung** startet, wird ventro-medial (bauchinnenwärts) die **Genitalleiste** langsam aufgebaut: Die Epithelzellen des intraembryonalen Zöloms vermehren sich und bewirken dadurch eine Verdichtung des darunter liegenden Mesenchyms. Der Aufbau der Genitalleiste ist parallel mit dem Zwischenstadium „Urniere" beendet (etwa 28. Tag).

Nachdem die „**Nomadenzellen**" durch ihr bloßes, ausgesprochen vitales Vorhandensein diese miteinander relationierten Ereignisse initiiert haben, haben sie eine merkwürdige Rolle übernommen, die nicht ohne Rückwirkung auf ihr „Selbstverständnis" bleiben kann. Diese bis dahin noch undifferenzierten Körperzellen erhalten eine Spezialausbildung, deren Ergebnisse sich in zwei unterschiedlichen und doch voneinander abhängigen Bereichen zeigen:

Zu Beginn der vierten Woche, zum 22. Tag, sozusagen pünktlich nach Einsetzen der **Herztätigkeit** und der Ausbildung der **Gehirnbläschen**, sind sie erkennbar durch eine auffallende Produktion von **alkalischer Phosphatase** -

> (dazu gehört eine anabole Stoffwechsellage, es entsteht vergrößertes Potenzial zur Regeneration, vermehrter Kernsäure- und Energiestoffwechsel, dazu schnellerer und erweiterter Informationsfluss) -

und können (dadurch!) von der Genitalleiste angelockt werden, um dort eine neue Oase zwecks Sesshaftwerdung zu finden (in der 6. Woche). **Und dann entstehen aus ihnen dort die Keimzellen**: D.h. sie sind zuerst zur Mitose (Zellteilung) fähig und erlangen dann die Fähigkeit zur Meiose (Reifeteilung).

> Die beiden Anteile der Meiose (1. und 2. Reifeteilung) repräsentieren die Effizierungen zu Primäridentität (*Primär*-Identität) bzw. Selbst, wirken also die Potenzialität, die bei der geglückten Begegnung von Oozyte und Spermium der Oozyte Wirklichkeit wird, und zwar in dem neuen Mischungsverhältnis, das die geglückte Begegnung von Oozyte und Spermium darstellt. Beide Anteile sind beiden Geschlechtern eigen, wenn auch die organische Weiterentwicklung des Selbst geschlechtsspezifisch geschieht.

Der Nachweis der zusätzlichen Regenerationsmöglichkeiten für das weibliche Prinzip bzw. für das männliche Prinzip bei der Frau ist bereits beschrieben worden[9].

Die zusätzlichen Regenerationsfähigkeiten der Frau dienen dazu, dass sie unabhängig von einer anderen Person bleiben kann, denn sonst würde sie zur Sklavin ihres weiblichen Prinzips werden, da sie abhängig von Regeneration von draußen wäre. Die Anwendung des weiblichen Prinzips wäre gefährlich für die Frau - sie wäre Sklavin oder müsste sich autoaggressiv selbst verbrauchen.

D. h. für die Frau besteht keine Notwendigkeit, auf den „Prinzen auf dem weißen Fahrrad" zu warten: Partnerschaft ist ihre freie selbstige Entscheidung. Die Frau kann ihr weibliches Prinzip so anwenden, dass sie sich nicht aufzuzehren braucht, und sie hat auch männliches Prinzip zur Selbstannahme.

Exkurs: Benötigt auch ein Mann eine zusätzliche Regeneration seines weiblichen Prinzips?

Für den Mann könnte analog zur Oozytologie die so genannte Phagozytose von Spermien durch die Sertoli-Zellen[10] als zusätzliche Regeneration des weiblichen Prinzips gelten, falls es überhaupt physiologisch einer zusätzlichen Regeneration des weiblichen Prinzips beim Mann bedürfen würde. Doch dann müsste davon ausgegangen werden, dass die Sertoli-Zellen nicht nur sogenannte „missratene" Spermien phagozytieren, was ihnen einen ganz und gar unverständlichen Charakter verleihen würde. Außerdem müssten sie durch weitere Hemmnisse an allzu großer Gefräßigkeit gehindert werden. Da die Sertoli-Zellen weiblich sind, würde dies bedeuten, das weibliche Prinzip sei für Vernichtung geeignet und müsse unbedingt begrenzt werden (z.B. durch das männliche Prinzip), d.h. das weibliche Prinzip mache krank, das männliche gesund.

Analog zur Menstruation (Öffnung der Basalarterien) könnte die Öffnung des Nebenhodens zur Aufnahme von Spermien als zusätzliche Regeneration für das männliche Prinzip beim Mann gelten. Doch diese Öffnung gehört einfach zur ganz normalen und natürlichen (also adversiven) physiologischen Möglichkeit des Mannes.

Es bleibt also die Frage, ob ein Mann überhaupt zusätzliche physiologische Regenerationsmöglichkeiten braucht. Seine Zeugungsfähigkeit als zusätzliche Fähigkeit stellt für ihn nun wirklich keine

---

[9] Zum Ovarialzyklus und der Pille und auch zum Menstruations-Zyklus siehe in diesem Band.

[10] Sertoli-Zellen sind in der Lage, lädierte Spermien zu „fressen" (zu *phagozytieren*).

zusätzliche Belastung dar im Unterschied zur Gebärfähigkeit einer Frau.

Da die Mitose zur Grundausstattung der Nomadenzellen gehört und erst dann die Meiose als Zusatzausstattung aus ihnen die Keimzellen macht, gilt das Potenzial zur zusätzlichen Regenerationsfähigkeit nur für die Frau, um eine Abhängigkeit von einer anderen Person (z. B. des anderen Geschlechts) zu verhindern. Andernfalls würde die Frau zur Sklavin des eigenen weiblichen Prinzips, das darauf ausgerichtet wäre, die Frau zu Grunde zu richten.

Allgemein für die Regeneration (in allen drei Dimensionen: geistig, seelisch und körperlich) gilt: Wer sich nicht selbst annehmen möchte (Regeneration des männlichen Prinzips), kann auch einen anderen Menschen nicht annehmen. Wer sich nicht selbst ernst nimmt durch Hingabe an sich selbst, kann auch keinen anderen Menschen ernst nehmen. Beide aversiven Möglichkeiten sind noogen intendierbar und deshalb sind es die adversiven auch (Informationen über das unterbewusste System vorausgesetzt). Der Unterschied zwischen den Geschlechtern besteht in der Informationslücke der Frau, die vom Mann ausgebeutet und verwertet werden kann (Thema: Reduktion auf das männliche Prinzip).

Die Nomadenzellen bleiben in der Oase des sekundären Dottersackes und wandern in der 6. Schwangerschaftswoche zur Genitalleiste. Dort werden sie sesshaft. Erst dann erfolgt die Geschlechtsdifferenzierung.

Ab der 3. Schwangerschaftswoche startet der Aufbau des Dienzephalons mit Thalamus, TRO (Hypothalamus und Hypophyse), Epithalamus und den Corpora mamillaria. Am hinteren Teil des Rautenhirns entsteht in der 5. Schwangerschaftswoche die Medulla oblongata (der Hirnstamm), parallel dazu die Nebenniere, erst die Rinde, dann das Mark.

Vor der Geschlechtsdifferenzierung sind die wesentlichen Gehirnanteile weiblich entstanden.

Am 28. Tag beginnt die Entwicklung der Nase (vor der Geschlechtsentwicklung), die der Riechplakode (Beginn des Riechepithels) am 32. Tag, gefolgt von deren Verbindung zum Bulbus olfactorius durch Nervenfasern.

Der Hippocampus entsteht ebenfalls in dieser „rein weiblichen" Zeit: Frauen fühlen nicht anders als Männer, die Fähigkeit des Fühlens ist bei beiden gleich. Auch die Genitalleiste entsteht vor der Geschlechtsdifferenzierung: Die Basis der Sexualität ist gleich, nur die Form ist anders. Also: Auch die Sensualität ist bei Frauen und Männern gleich.

Die Nomadenzellen bleiben eine geraume Zeit in der Oase des sekundären Dottersackes und werden erst in der 6. Entwicklungswoche erneut auf Wanderschaft gehen, angelockt durch ein Glykoprotein[11], das die Genitalleiste ausschütten wird (Langman, S. 398). In dieser Zeit werden vor allem die Organe aufgebaut, die auch für die Sexualität eine ganz besondere Rolle spielen: **Thalamus, Hypothalamus, Corpora mamillaria** (Beginn der Entwicklung bereits in der 3. Woche) und **Hypophyse** (Übergang zur 4. Woche: **Rathke-Tasche**), aus dem hinteren Teil des Rautenhirns die **Medulla oblongata** (5. Woche), **Nebenniere** (Start mit der **Nebennierenrinde** in der 5.Woche), **Nase** (<Moore S. 220 u. 223>; um den 32. Tag die Riechplakode, der Start für die Entwicklung des Riechepithels mit seinen Sinneszellen, die durch die **Fila olfactoria[12]** mit dem **Bulbus olfactorius** verbunden sind).

Parallel zur Bildung des Nebennierenmarks (NNM) durch die Einwanderung von Zellen des sympathischen Nervensystems, das sich ab der 5. Woche bildet, und dem Aufbau des **Hippocampus**, entwickeln die Zellen der **Genitalleiste** die Fähigkeit zur Produktion des „**Lockglykoproteins**".

> Mit der Formulierung „Entwicklung der Fähigkeit" meine ich den von außen induzierten Sachverhalt, dass andere und/oder zusätzliche Genabschnitte aktiviert werden.

Die Nomadenzellen reagieren auf diesen Lockstoff und wandern, ausgestattet mit dem Wissen um all jene früheren Ereignisse, an der Allantois entlang über das dorsale Mesenterium zur Genitalleiste. Sie werden dort von den gerade sich bildenden primären Keimsträngen aufgenommen (epitheliales Gewebe).

Die chromosomale Information über das Geschlecht entscheidet nun über die weitere Entwicklung. Während sich bei der Frau die Keimstränge mit Hilfe einer Reihe von Feinarbeiten zur Ovaranlage weiterentwickeln, wird beim Mann das Eindringen von Mesenchymen verhindert, so dass sich die Keimstränge zu Hodensträngen umwandeln und in das Mark der Gonadenanlage einwachsen (6. bis 8. Woche).

Die weibliche Gonadenentwicklung

Bei der Frau führt der Kontakt zwischen Keimsträngen und eindringendem Mesenchym zu einer Lockerung der Zellstruktur der Keimstränge, die nun in der Lage sind, in den Markbereich einzudringen und sich zu gefäßreichem Bindegewebe weiterzuentwickeln, das die

---

[11] Eine Verbindung von Eiweiß (Protein) mit Zucker (Glykose, auch Glucose genannt).

[12] Nervenfasern des Riechhirns.

Medulla ovarii bildet. Gleichzeitig proliferiert (wächst vermehrt) Zölomepithel (wie bei der Entstehung der Genitalleisten) und baut sich zu den weiblichen Keimsträngen auf, die auf der Rindenzone der Ovaranlage verbleiben und deshalb „Rindenstränge" genannt werden. In ihnen vermehren sich die **Nomadenzellen** durch mitotische Teilung und bilden Nester.

Nach dieser Nesterbildung (Sesshaftwerdung) opfern die Rindenstränge ihre Existenz und zerfallen. Dieser Vorgang induziert eine neue Fähigkeit der Nomadenzellen: Sie beginnen mit der Meiose, indem sie in die Prophase der ersten Reifeteilung eintreten. Die Nomadenzellen sind jetzt bei der Frau zu Oozyten geworden. Rückwirkend, jedoch ungenau, werden deshalb die Nester bereits „Eiballen" genannt.

Die entstandenen Oozyten werden von anderen Zellen umgeben, die aus dem Reservoir der noch undifferenzierten Nomadenzellen entstammen (eine andere Fähigkeit der Nomadenzellen), sie werden **Follikelzellen** genannt.

Follikelzellen und Oozyten repräsentieren die beiden Richtungen des weiblichen Prinzips und sind in der Lage, sich wechselseitig zu unterstützen. Die Follikelzellen heben die Mitosefähigkeit der Oozyten auf und stoppen erst einmal die Fortsetzung der ersten Reifeteilung (**Diktyotänstadium**). Die Differenzierung von Nomadenzellen zu Follikelzellen geschieht im inneren Rindenbereich. Bleiben Oozyten ohne Schutz durch Follikelzellen, lösen sie sich auf. Diese Entwicklung reicht bis in den 6. Monat und ist dann abgeschlossen, so dass keine neuen Oozyten mehr entstehen.

Die **Müller-Gänge** entwickeln sich bei der Frau weiter zum Ausführungsgang der Ovarien. Dort, wo sich die beiden Müller-Gänge getroffen haben und aneinanderliegend weitergewachsen sind (noch durch ein Septum getrennt), ist eine Falte entstanden, die auf die Beckenwände trifft. Auf ihrer Rückseite liegen die **Ovarien**. An der oberen Wölbung verläuft ein Teil der Müller-Gänge, die sich zu den **Eileitern** (Tubae uterinae) entwickeln. Kopfwärts öffnen sie sich in die Zölomhöhle, in der Mitte überkreuzen sie die Wolff-Gänge. Der dritte Teil der Müller-Gänge (kaudal) wächst mit den unteren Enden der Wolff-Gänge zur **Vaginalplatte** zusammen. Im Übergang zur 12.Woche entwickelt sich dort von kaudal her ein Lumen[13]. Im 5. Monat wird dann die **Vaginalanlage** durchgängig sein, während die Ausläufer der Gewebsplatte am Endabschnitt des Uterus[14] die Scheidengewölbe bilden werden. Eine dünne Gewebsplatte (**Hymen**) trennt den Sinus urogenitalis vom Lumen der Vagina.

---

[13] = lichte Weite eines röhrenförmigen Hohlorgans.

[14] <u>Der</u> Uterus ist <u>die</u> Gebärmutter.

Das die Müller-Gänge trennende Septum löst sich in der 9. Woche auf, wenn die Enden der Müller-Gänge (dann **Uterovaginalkanal** genannt), die noch verschlossen bleiben, beim Sinus urogenitalis angekommen sind und dort den **Müller-Hügel** gebildet haben, der sich mit den Enden der Wolff-Gänge zur Vaginalplatte weiterentwickelt. Gleichzeitig wachsen die Zellen im Außenbereich der Müller-Gänge und bauen den Uterus, der sich im Nachnierenstadium kaudal zur **Vagina** hin öffnet. Das **Myometrium**, die dicke Muskelschicht des Uterus, bildet sich aus Mesenchymzellen außen, das **Endometrium**, die Schleimhaut des Uterus, bildet sich aus den Zellen der Müller-Gänge.

Der kaudale Abschnitt des Uterus, der Gebärmutterhals (**Uteruszervix**), ist der Ort, wo die **Glandulae cervicales uteri** (Gebärmutterhalsdrüsen) gebildet werden.

> Sie sind zuständig (als Drüsen des Halskanals des Uterus) für die Sezernierung (Ausschüttung) eines glasigen, alkalischen Schleims (Zervixschleim), der ggf. eindringenden Spermien gut bekommt und ihnen weiterhilft. Er hat jedoch vor allem die Aufgabe, vor aufsteigenden Infektionen zu schützen.

Im Endometrium werden sich die **Glandulae uterinae** (Drüsen in der Gebärmutter) bilden, zuständig als Drüsen der Gebärmutterschleimhaut für ihren Wiederaufbau nach der Menstruation.

Entwicklung der weiblichen Harnorgane

Parallel zu diesen Entwicklungen wird am Sinus urogenitalis die **Harnblase**, an seinem oberen und größten Abschnitt die Urethra (<Harnröhre>, **Urethra feminina**), aus dem Beckenanteil und aus dem äußeren Abschnitt der **Scheidenvorhof** (Vestibulum vaginae, außerhalb des Hymens) gebaut. In ihm werden sich auch die **Bartholinschen Drüsen** (Scheidenvorhofdrüsen[15]) entwickeln, die Schleim sezernieren und dadurch den Vorhof anfeuchten können. Sie erhalten in ihrer unmittelbaren Nähe zwei Muskeln, medial den **Musculus** (=M.) **bulbo-spongiosus** und oberhalb den **M. transversus perinei profundus**. Beide Muskeln sind der willentlichen Entscheidung zugänglich.

Beim Aufbau der Harnblase verlaufen die Wolff-Gänge zum Teil in der Wand entlang. Dabei geschieht es, dass die aus der Ureterknospe entstandenen **Harnleiter** (Ureteren, Harnleiter) nun direkt in die Blase münden. Die Blasenschleimhaut des **Trigonum vesicae** (Harnblasendreieck) entwickelt sich in dem Bereich, wo die beiden Harnleiter in die Blase münden, bis zum Abgang der Harnröhre (Urethra) aus der Einbeziehung der mesodermalen Wolff-Gänge und Ureteren und

---

[15] Diese Drüsen befinden sich am Ausgang (oder am Eingang?) der Vagina.

ist deshalb ebenfalls mesodermal. Alle übrigen Anteile der Blase sind entodermalen Ursprungs (wie der Sinus urogenitalis). Die mesodermalen Zellen bilden sich langsam zurück und geben den sich vermehrenden entodermalen Zellen den Platz frei.

Diese Verdrängung mesodermaler Zellen wird der Blase die Fähigkeit verleihen, die Integrität der Blasenschleimhaut zu wahren und auch wiederherzustellen, wenn es zu einer Vermehrung der physiologischerweise vorhandenen Bakterien und damit zu einer Blasenentzündung gekommen ist.

Die vegetativ innervierte glatte Muskulatur der Blase ist besonders empfindsam gegenüber aversiven Verschiebungen des nervalen Mischungsverhältnisses, die durch VA-analoge Erfahrungen entstehen können. Ein erhöhter Tonus der Blasenmuskulatur durch Parasympathikusüberaktivität (adversiv für Blasenentleerung zuständig) und ein erhöhter Tonus durch Sympathikusüberaktivität (adversiv für die Innervation des Schließmuskels zuständig) führen zu erhöhtem Blaseninnendruck und zu einer Abschnürung der die Schleimhaut versorgenden Blutgefäße. Dies führt zu einer Schädigung der Schleimhaut (Nachweis von vermehrtem Blasenepithel im Urin). Die physiologisch in der Blase ansässige geringe Bakterienzahl kann sich nun ungezügelt vermehren. Dies führt zur Blasenentzündung.

Blasenentzündungen stellen also stets eine weitreichendere Verwundung dar als häufig angenommen und bedrohen die Heilungstendenz insgesamt durch Gefährdung regenerativer Möglichkeiten.

Die Schleimhäute von Harnblase und Harnröhre nehmen am **Ovarialzyklus** der Frau teil. Sie verdicken sich in der Zeit des Follikelsprunges und verdünnen sich, wenn es nicht zu einer geglückten Begegnung von Oozyte und Spermium gekommen ist. Während der Schwangerschaft schützt die Verdickung gegenüber den Kontaktierungen des Kindes.

Die **Skeneschen Drüsen** (<Harnröhrendrüsen>, urethral mit paraurethralen Ausführungsgängen) bilden sich am Ende des 3. Monats aus Epithelzellvermehrung des kranialen Abschnittes der Harnröhre, deren Aussprossungen in das umliegende Mesenchymgewebe eindringen. Sie produzieren Schleim zur Ernährung des Harnröhrenepithels und ermöglichen gleichzeitig, die Harnröhre zusätzlich abzudichten und zu schützen.

Die Entwicklung der äußeren Genitalien bei Frauen

Bevor in der 6. Woche die Kloakenmembran in die Urogenitalmembran (ventral) und die Analmembran (dorsal) unterteilt wird, ist das Septum urogenitale auf sie zugewachsen, und an der Verschmelzungsstelle ist die Vorform des Dammes (das primitive Perineum) entstanden. Dabei hat sich bereits beidseits der Kloakenmembran das Mesenchym unter dem Oberflächenepithel verdichtet, wodurch Falten entstehen (Kloakenfalten), die sich vor der Membran vereinigen. An dieser Stelle bilden sie zusammen den **Genitalhöcker** (irreführend Phallus genannt). Parallel zur Unterteilung der Membran werden auch die Falten unterteilt in die Urethralfalten (ventral) und Analfalten (dorsal).

Beidseits der Urethralfalten bilden sich sofort zwei Erhebungen, die Genitalwülste, aus denen die **Labia majora** (großen Schamlippen) entstehen. Aus den Urethralfalten selbst entwickeln sich die **Labia minora** (die kleinen Schamlippen). Aus dem Genitalhöcker wird die **Clitoris** mit ihren zwei Schenkeln (Crura clitoridis) und ihrem Schaft (Corpus clitoridis) und auf ihr als Erweiterung die Glans clitoridis (Glans = Eichel). Die Crura werden von einem **Musculus ischiocavernosus** bedeckt, der als (willkürlicher) Schließmuskel die Blutzufuhr der Schwellkörper (**Corpora cavernosa clitoridis**) reguliert.

Die Entwicklung der Geschlechtsorgane und Harnanlage bei Männern

Beim Mann sind die Entwicklungen der Geschlechtsorgane und der Harnanlage so eng miteinander verbunden, dass hier in der Tat von einem Urogenitalsystem gesprochen werden kann. Bemerkenswert ist dabei vor allem, dass die Harnanlagen (Harnblase und Urethra) eine geschlechtsspezifische Entwicklung durchlaufen und deshalb zu den geschlechtsunterscheidenden Merkmalen hinzugerechnet werden müssen.

Nach der Einwanderung der **Nomadenzellen** in die Genitalleiste werden sie von epithelialen Zellsträngen aufgenommen, die **Keimstränge** genannt werden. Die chromosomale Information über das männliche Geschlecht aktiviert das Wachstum der Keimstränge und verhindert das Eindringen von Mesenchym. Die Keimstränge dringen in das Mark der Genitalleiste ein (6. bis 8. Woche). Von den Wolff-Gängen aus wachsen Kanälchen auf diese Stränge zu. Zwischen beiden entsteht ein Netz von dünnen Zellsträngen, die sich später zu Kanälen entwickeln und das **Rete testis** (Hodennetz) bilden werden. Bereits in der 7. Woche sind die Stränge so weit in das Mark hineingewachsen, dass sie die Verbindung zum Oberflächenepithel der Genitalleiste verlieren. Die Grenze wird durch ein derbes (fibröses) Bindegewebe dargestellt, das sich zu einer Kapsel weiterentwickeln wird (**Tunica albuginea**, Hodenkapsel). Das ehemalige Oberflächenephitel bildet nun seinerseits die Oberfläche des Peritoneums (der Bauchhöhlenwand). Wegen der Richtung der Entwicklung (**Hodenbildung**) werden die eben genannten Stränge „Hodenstränge" genannt und die Genitalleiste „**Gonadenanlagen**".

Die **Nomadenzellen** entwickeln sich nun in Zusammenarbeit mit den Epithelzellen zum Teil zu Zellen besonderer Art, die nach ihrem Ent decker „**Sertoli-Zellen**" genannt werden. Die übrigen Nomadenzellen bleiben erhalten bis zum Beginn der Pubertät, wenn sie sich zu **Spermatogonien** (männliche Urkeimzellen) weiter differenzieren.

Die Sertoli-Zellen produzieren nun ein Hormon, das die Weiterentwicklung der Müller-Gänge unterdrückt und deshalb „**Anti-Müller-Hormon**" (AMH) genannt wird, ein Glykoprotein, das von den Stützzellen (Pro-Sertoli-Zellen) des fetalen Hodens gebildet wird[16]. Da diese Zellen wesentlich über eine andere Fähigkeit definiert werden, nämlich die Bildung von Spermien zu stimulieren, wird ihr Vorhandensein häufig erst ab Pubertät beschrieben.

Zwischen den Kanälchen der Hodenstränge differenzieren sich Mesenchymzellen zu den **Leydig-Zellen**[17], die sofort die Produktion von Testosteron aufnehmen. Das Zusammenwirken von Testosteron und Anti-Müller-Hormon macht sich erst nach Ausbildung des Genitalhöckers voll bemerkbar. Während das AMH den Müller-Gang vollständig zurückbildet, entwickelt sich der Wolff-Gang zum Hauptausführungsgang (Ductus deferens, **Samenleiter**) der zukünftigen Keimdrüse. Außerdem entstehen aus den Kanälchen des Hodenstranges, in Verbindung mit den Kanälchen des Rete testis, die **Ductuli efferentes testis** (ableitende „Samen"-Wege, auf denen die Spermien vom Hoden zum Nebenhoden gelangen). Oberhalb von ihnen reduziert sich der Wolff-Gang zur **Appendix epididymidis** (Anhängsel des Nebenhodens). Unterhalb von ihnen beginnt der Wolff-Gang, sich stark zu winden und zum Nebenhoden weiterzuentwickeln. Am kaudalen Ende des Wolff-Ganges hat sich mittlerweile am oberen und größten Abschnitt des Sinus urogenitalis die **Harnblase** entwickelt, an deren Rückwand sich aus dem Wolff-Gang eine Drüse entwickelt (Vesicula seminalis), die **Bläschendrüse** genannt wird. Sie wird ein alkalisches Sekret ausschütten, das Fruktose zur Energiegewinnung für die Spermien enthält.

Der Beckenanteil des Sinus urogenitalis entwickelt sich zu dem Teil der männlichen **Urethra**, um den die **Prostata** gebaut wird (Pars prostatica), und zu dem weiteren Teil (Pars membranacea) der männlichen Urethra, der bis an die zukünftigen Schwellkörper des Penis reichen wird. Der äußere Abschnitt des Sinus urogenitalis (Pars phallica) wird den Endteil der Urethra bilden.

Bei der Trennung der Kloake in den Sinus urogenitalis und den Anorectalkanal wurden die Wolff-Gänge zum Teil in die Wand der Harnblase miteinbezogen: dadurch münden die Ureteren in die Blase. Am Ende des 3. Monats vermehrt sich das Epithel am kranialen Abschnitt

---

[16] Siehe K. V. Hinrichsen, 1990, S. 806.
[17] Auch Leydigsche Zwischenzellen genannt.

der Urethra. Aussprossungen dringen in das umliegende Mesenchym ein und bauen die **Prostata** auf.

Die Rückbildung des Müller-Gangs hat am Ende der 8. Woche ihr Ziel erreicht. Kranial bleibt von ihm der **Appendix testis**, kaudal werden seine Anteile zum Utriculus prostaticus (**Uterus masculinus**!!!) „weiterentwickelt": eine interessante Stütze für das physiologische Gedächtnis, eine Erinnerung an die weibliche Vergangenheit des Mannes.

Etwa ab der 8. Woche wächst nun der **Genitalhöcker** und entwickelt sich zum **Penis**. Während dieses Vorgangs werden die Urethralfalten nach vorne gezogen und bilden eine tiefe Spalte (Urogenitalspalte), während die Urogenitalmembran aufgelöst wird. Deren entodermale Anteile werden zur epithelialen Auskleidung der Spalte verwendet und entwickeln sich zur **Urethralplatte**, eine Gewebsschicht, aus der die **Urethra masculina** zusammen mit dem äußeren Abschnitt des Sinus urogenitalis im Penis gebildet wird. Am Ende des 3. Monats sind die beiden Urethralfalten um und über der Urethralplatte geschlossen.

Im 4. Monat wandern Ektodermzellen von der Spitze des Penis durch das Gewebe nach innen auf das Ende der bisherigen Urethra zu, deren kurzer Epithelstrang wächst also auf das Lumen der Urethra zu und wird danach kanalisiert (ostium urethrae). Auch beim Mann gibt es zwar den Musculus ischiocavernosus, der jedoch keine Schließmuskelfunktion erkennen lässt, d.h. er ist nicht willkürlich steuerbar (Helmut Leonhardt „Innere Organe", 6. Aufl. 1991, S. 310 ff.[18]).

Aus den Genitalwülsten oberhalb des Perineums (Dammes) entsteht das **Skrotum** (der Hodensack). Jeder Wulst bildet eine Hälfte, die von der andern durch ein Septum getrennt ist. In das Skrotum lagern sich die beiden Hoden dadurch ein, dass der kindliche Körper insgesamt rasch wächst, während der Bindegewebsstrang (Gubernaculum testis), der vom kaudalen Ende des Hodens bis in die Genitalwülste (beim Mann Skrotalwülste genannt) reicht, dies nicht tut.

Dieser Bindegewebsstrang ist in der Leistenregion (Inguinalregion) die Fortsetzung von Resten der Urniere, die sich zum kaudalen Keimdrüsenband entwickelt haben und den Hoden sozusagen festhalten. Dieser Strang verläuft dort, wo sich später der Leistenkanal bilden wird, durch den die Versorgung des Hodens (Blutgefäße und Samenstränge) gewährleistet wird.

Das Wachstum des kindlichen Körpers wirkt nun eine Lageveränderung des Hodens (samt des Nebenhodens), die merkwürdigerweise descensus (Abstieg) des Hodens genannt wird, als sei <u>er</u> der aktive Teil.

---

[18] Es kann sich also nicht um den gleichen Muskel handeln!

Am Anfang des 3. Monats befindet er sich in der Leistenregion. Zu diesem Zeitpunkt bildet das **Peritoneum** (Bauchfell) der Zölomhöhle zwei Aussackungen, die entlang der Gubernacula testis durch den Leistenkanal in die Skrotalwülste hineinwachsen. In den Skrotalwülsten wird die Aussackung **Processus vaginalis** genannt.

Im 7. Monat wird der Hoden durch den Leistenring und über die Schambeinkante in den Skrotalwulst transportiert. Bis zur Geburt ist er im Skrotum angekommen und wird von den beiden Blättern des Processus vaginalis bedeckt. Das Bauchfell dieses Processus vaginalis, das dem Hoden direkt anliegt, wird viscerales Blatt der **Tunica vaginalis**, das abseitige das parietale Blatt der **Tunica vaginalis** genannt. Die letzte Phase dieses so genannten **descensus testis** geschieht kurz vor der Geburt durch die hormonell ausgelöste Verkürzung des Gubernaculum.

Der **Samenleiter** (Ductus deferens) kommt vom Nebenhoden durch den Leistenkanal kranial und biegt lateral in die Leistengrube ab, verläuft dann weiter hinter der Blase Richtung Prostata, wo er als **Ductus ejaculatorius** im Samenhügel in die Harnröhre mündet. Unterhalb der Prostata befindet sich der **Musculus transversus perinei profundus**. Er umschließt die Urethra und ist willkürlich innervierbar. Unterhalb dieses Muskels finden sich die **Cowperschen Drüsen** (Glandulae bulbourethralis), die noch vor der Ejakulation ein alkalisches Sekret sezernieren, das durch die Harnröhre nach vorne gelangt (zur Glans = Eichel). Dieses Sekret baut das alkalische Milieu in der Harnröhre und sorgt für die Gleitfähigkeit der Glans. In der Region dieser Drüsen (Pars spongiosa) finden sich auch die **Littréschen Drüsen** (Glandulae urethrales) ein, deren Sekret der Feuchthaltung und Flexibilität der Harnröhre dienen.

Die weitere Entwicklung der inneren Organe

Etwa ab dem 29. Tag entsteht die **Epidermis**, die die oberflächliche Schicht der Haut bilden wird und aus dem Oberflächenektoderm entsteht. Auf der ursprünglich einschichtigen Ektodermschicht, der Oberfläche des Kindes, wird während des 2. Monats eine zweite Schicht (das **Periderm**) gebildet, deren Zellen sich nahe der Basalmembran weiter vermehren, so dass im 3. Monat eine weitere Zelllage entsteht (**Intermediärzone**).

Während dieses Vorgangs, der von drinnen nach draußen geht, wird aus Mesodermzellen die **Dermis** (Lederhaut, **Korium**) gebaut, und Ektodermzellen aus der Neuralleiste differenzieren sich zu Beginn des 3. Monats in der Epidermis zu **Melanozyten**, nach der Geburt verantwortlich für die Pigmentierung der Haut.

Im 4. Monat wandern Langerhans-Zellen (aus dem Knochenmark) in die Epidermis ein. Sie sind Teil des lymphatischen Systems (Hinrichsen, S. 864).

Während der Embryonalzeit wandern aus dem Unterhautbindegewebe die **Merkel-Zellen** ein. Sie sollen neuroektodermalen Ursprungs sein[19]. Sie sitzen einer Nervenendplatte auf und reagieren als langsam adaptierende Mechanorezeptoren auf mechanische Veränderungen der Haut, also auf alles, was drückt, schiebt, zieht usw.

Die Epidermis hat sich mittlerweile zu vier Schichten entwickelt:

1. Die unterste, das **Stratum basale**, produziert durch die Teilung ihrer (undifferenzierten) Stammzellen immer wieder neue Zellen für die Peripherie, sie entwickeln

2. in der zweiten Schicht (**Stratum spinosum**) eine mehreckige Form und zahlreiche Desmosomen und interne Tonofibrillen, die der mechanischen Festigkeit dienen werden.

3. In der dritten Schicht (**Stratum granulosum**) erbringen sie ihre letzte Leistung durch die Synthese von Keratohyalingranula[20]. Sie geben dann ihre Stoffwechseltätigkeit auf und bilden

4. mit dem Keratin in der vierten Schicht (**Stratum corneum**) die mehrschichtige Hornhaut, die durch Abschilfern erneuert werden kann.

Durch diese Vorgänge werden die Peridermzellen immer mehr abgestoßen und in die Amnionhöhle abgegeben.

Als Besonderheit sei angemerkt, dass die Hautleisten an den Fingerspitzen, in der Handfläche und an den Fußsohlen genetisch bestimmte individuelle Muster bilden als einen organischen Ausdruck der Primäridentität.

Diese Hautleisten sind die aus der Bildung der Papillen (Erhebungen) in der Dermis entstehenden Linien. Während die Dermis zahlreiche elastische und kollagene Fasern entwickelt, entstehen in ihrer oberen Schicht diese Papillen, die in die Epidermis hineinwachsen. Sie enthalten in der Regel kleine Blutgefäße und ein sensibles Nervenendorgan.

> Bei der Geburt ist die Haut des Kindes mit der weißlichen Vernix caseosa bedeckt, die eine Mischung ist aus Sekreten der Hautdrüsen, abgestoßenen Epidermiszellen und Haaren. Sie dient offenbar als Puffer gegenüber Aufweichungen durch das Fruchtwasser.

Am Ende dieser Entwicklung bildet die Epidermis in der 12. Woche Knospen in das unter ihr liegende Mesoderm (**Haarknospen**), die in den Endabschnitten Einbuchtungen ausbilden, die sich mit Mesoderm füllen. Darin entwickeln sich Gefäße und Nervenendigungen (**Haarpapille**). Nun tritt von unten her eine Verhornung ein, die sich nach

---

[19] Siehe Hinrichsen, a.a.O. und Geneser; S. 303.

[20] Körnchen aus Kreatin und Hyalin (kolloidale Eiweißverbindung, glashell).

oben fortsetzt (**Haarschaft**). Die äußeren Zellen der Haarknospe bilden die mehrschichtige epitheliale **Wurzelscheide**, aus deren Wand sich die Anlage der **Talgdrüse** entwickelt. Die Zellen in deren Zentrum wandeln sich um, wodurch eine fettähnliche Substanz freigesetzt wird, die in den Haarbalg abgeben wird.

In die bindegewebige Wurzelscheide, die die Haaranlage umgibt, entwickelt sich der **Musculus erector pili** (mesenchymal), der als kleiner, glatter Muskel in der Nähe der Talgdrüse seine Aktivität entfaltet und so z. B. dafür zuständig sein wird, wenn jemandem „die Haare zu Berge stehen".

2. Kapitel: Embryologie ab der 5.Woche bis zum 6.Monat

Nachdem die Neuralrinne und auch das jeweilige Ende (Neuroporus anterior bzw. posterior) sich geschlossen haben, entsteht in der 5. Woche aus den bisher entwickelten Knorpeln (bindegewebige Verdichtungen aus mesenchymalen Zellen) die Knochenbildung (Ossifikation).

Die Extremitäten entwickeln sich bereits ab der 5. Woche, während die Ossifikation des Schädels noch etwas auf sich warten lässt. Seine Verknöcherung beginnt Anfang der 7. Woche mit der Knochenbildung des Unterkiefers (Hinrichsen, S. 697). Die Wirbelausbildung beginnt parallel mit der Ausbildung des Extremitätenskeletts in der 5. Woche (Hinrichsen, S. 830 f.; Moore, S. 391).

Bei der Schädelentwicklung ist zu berücksichtigen, dass sie erst gegen Ende der vorlogischen Phase (7./8.Jahr nach der Geburt) im Hinblick auf das Wachstum abgeschlossen ist, wobei ein Teil der Nähte der Knochen sogar erst im Erwachsenenalter verknöchern (etwa bis 18./19. Altersjahr). Diese Nähte (Suturae) sind bei der Geburt noch mit Bindegewebe ausgestattet: deshalb können sie sich an der Stelle weiten, wo sich Knochen begegnen. Diese Ausweitung wird Fontanelle genannt. Unterschieden wird zwischen der großen Fontanelle, wo sich Scheitel- und Stirnbeine begegnen, und der kleinen Fontanelle, die Begegnungsstelle zwischen Hinterhauptbein und den beiden Scheitelbeinen. Für die Geburt ist dies von Bedeutung: Die Deckknochen können sich nämlich in den Nähten der Fontanellen übereinanderschieben, um den Kopfdurchmesser beim Geburtsvorgang zu verringern. Im 1. Jahr nach der Geburt wachsen die Deckknochen relativ stark, was bis zum 7. Jahr andauert. Dieses Wachstum verläuft parallel mit dem Wachstum des Gehirns. Die kleine Fontanelle schließt sich nach der Geburt etwa im 3. Monat, die große Fontanelle im 2. Altersjahr.

Zur „Gerüstbildung" gehört auch die Zahnentwicklung. Sie beginnt in der 6. Woche mit der Bildung der Zahnleisten, setzt sich mit dem Wachsen der Milchzähne (vordere Schneidezähne) im 6. bis 8. Monat nach der Geburt fort, und endet nach dem 25. Altersjahr mit dem Durchbruch der Weisheitszähne.

3. Kapitel: Autonomie: Der 6. Monat und die Folgen

Der Wachstumsvorgang des Individuums führt im 6. Schwangerschaftsmonat zu dem Effekt, dass das Selbst des Individuums sich so verselbständigt, dass es seine hormonell organisierte (endokrine) Versorgung in selbstiger Intention reguliert. Es entsteht die Erfahrung einer Gefügtheit mit Sinn, die in sich selbst richtig ist. Das Selbst hat sich zur Person entwickelt; das Individuum reguliert persönlich und autonom, was es nimmt und was es gibt. Per effectum ist das Eigene des Individuums so geworden, dass es unabhängig vom Nichtselbstigen ein individuelles Mischungsverhältnis darstellt, das sich ergibt aus den autonomen Aktivitäten von

Paläocortex
(Area olfactoria, das „Riechgebiet")

Archicortex
(Gyrus fasciolaris, in der Nähe zum Hirnstamm gelegen und für die Freiheit zuständig; Hippocampus, das Gefühlszentrum; Gyrus parahippocampalis, das Gedächtnis für Gefühle; Gyrus dentatus, in der Nähe des Hippocampus gelegen und für die Geborgenheit zuständig)

Mesencephalon
(Verbindung zwischen Paläocortex und Archicortex)

Hirnstamm
(das „Unterbewusste" des Körpers)

Rhinencephalon
(Riechhirn)

Im 6. Schwangerschaftsmonat werden diese Gehirnregionen autonom. Jeder Mensch wird geboren mit der Unverletzbarkeit von Freiheit und Geborgenheit, mit der Fähigkeit, Gefühle zu zeigen und anzunehmen. Darüber hinaus ist ein Verbindungsstück, ein Medium sozusagen (das Mesencephalon) aktiv, das Gehirnanteile so miteinander relationiert, dass diese untereinander in Verbindung treten können. Über dieses mediale Gebiet im Gehirn kommt das individuelle Mischungsverhältnis (iMV) aller Mischungsverhältnisse der Regelkreise im Individuum selbst zur Sprache.

Die nun einsetzenden Erfahrungen im Umgang mit den autonomen Aktivitäten, wie auch die Erfahrung mit diesen Erfahrungen, bilden das persönliche physiologische Gedächtnis (Noosomatik Bd. V-2, Nr. 5.8.1.2.; siehe dazu auch D. von Cramon und N. Hebel „Lern- und Gedächtnisstörungen bei fokalen zerebralen Gewebsläsionen" in Fortschr. Neurol. Psychiat. 57 (1989) S. 544-550.) so weit fort, dass sich die einzelnen Entwicklungsstufen als persönliche Entwicklungshierarchie (phylogenetische Hierarchie) in sich selbst relationiert stabilisieren, so dass nach ausreichender Füllung notwendiger Speicherkapazitäten das Kind das Signal zur Geburt gibt (siehe dazu die Aus führungen im folgenden Kapitel) und die Wehen einsetzen: Das Kind tritt in erkennbare Erscheinung (auf der Welt ist es ja bereits).

44

4. Kapitel: Wehen

Die Auslösung der Wehen

Oxytocin ist ein Peptidhormon, das auch im Nucleus supraopticus (des hypothalamischen Anteils) des TRO produziert wird. Über den a-xonalen Transportweg gelangt es in den Hypophysenhinterlappen des TRO. Von dort wird es mit Hilfe noradrenerger nervaler Impulse frei-gesetzt. Oxytocin führt zur Kontraktion der Uterusmuskulatur, die die Geburt des Kindes ermöglicht (adversiver Hergabevorgang der Mut-ter).

Die Zysteyl-Aminopeptidase (sie spaltet Disulfid-Brücken) in der Pla-centa ist in der Lage, Oxytocin in Aminosäuren aufzuspalten, die das Kind für sein Wachstum gebraucht. Über die Wirkung dieser Peptidase ist die Durchblutung der Placenta auch während der Geburt gewähr-leistet.

Eine vermehrte NNR-Aktivität des Kindes setzt Cortisol frei, was die mütterliche Produktion von Progesteron zu hemmen vermag, wäh-rend dadurch vermehrt Östrogene bei der Mutter ausgeschüttet wer-den. Der Effekt besteht in einer „Depolarisation der Uterusmuskula-tur" und dadurch „eine dort vermehrte Bildung von Gap-Junctions und eine Vermehrung der Rezeptoren für Oxytocin und Katecholami-ne (Alpha-Rezeptoren), „also alles Reaktionen, die die Erregbarkeit des Uterus steigern" (Silbernagl, Despopoulos, S. 268).

Welcher Impuls des Kindes setzt nun die Wehen in Gang?

Eine Wirkung der Heilungstendenz des Kindes, zu verstehen über die Niere[21] (siehe HT des LSB Gü): Das Kind nimmt sich den Raum, es bekommt Raum.

Den physiologischen Ort dieser Heilungstendenz siedele ich im Zent-rum (Mitte) des Menschen an - im Pankreas (s. Noosomatik Bd. III, Pankreas.). Das Pankreas schützt den inneren Lebensraum.

Im Pankreas werden Verdauungsenzyme produziert und Hormone (Insulin, Glucagon), die die gleichmäßige Versorgung mit Glucose gewähren.

Während der Schwangerschaft besteht mit der Mutter eine stille Ein-tracht des Wachstums und der Reifung des Kindes. In der Phase vor der Geburt führt dies über den vermehrten Zuckerverbrauch des Kin-des (Wachstum und Speicherung für die Geburt) zum allmählichen Absinken des Blutzuckerspiegels. Dieses Ereignis bringt die Mutter in Sorge (Aktivierung des NNM). Dadurch wird (noradrenerg) ihre Oxy-tocinabgabe ins Blut erhöht. Gleichzeitig wird die Lungenaktivität er

---

[21] siehe auch Niere in Noosomatik Bd. III

höht, das Kind stößt „Surfactants" (Stoffe, die sowohl Wasser als auch Fette binden können) aus. Dadurch werden Makrophagen im Fruchtwasser aktiv, die wandern in die Uteruswand und setzen eine Art Entzündung in Gang. Diese weicht die Cervix auf, so dass die Geburt leichter geschehen kann. Dies zusammen initiiert die Geburtswehen, und die Geburt kommt in Gang.

Wehen müssen sich übrigens nicht als Schmerz äußern.

Eine alte Hebammenweisheit besagt, dass Schwangere, deren Kind zur Geburt ansteht, ohne dass die Wehen einsetzen, hungern sollen oder sich auf einen Spaziergang ums Haus begeben möchten: Methode der Unterstützung der Unterzuckerung!

„Am Ende der Schwangerschaft kommt es zu einer Erhöhung der Konzentration des fetalen Cortisols" zum Erhalt der Versorgung des Kindes mit Glukose. „Cortisol induziert die fetale Lungenreifung. … Die Erhöhung der fetalen Cortisolkonzentration bewirkt eine schnellere Metabolisierung von Progesteron …" Es kommt zu einem „relativen Progesteronentzug". Er „fördert vermutlich das kontraktile Potenzial des Myometriums in den letzten Schwangerschaftswochen". Die „zunehmenden Östrogenkonzentrationen in der Amnionflüssigkeit und im mütterlichen Blut" stimulieren „Enzyme in der Dezidua, die Arachidonsäure freisetzen", die „für die Synthese von Prostaglandinen erforderlich ist". (Freimut A. Leinberger, Klinische Endokrinologie für Frauenärzte, 1992, S. 82)

„Die Dezidua und die fetalen Membranen enthalten Glyzerophospholipide, Arachidonsäure, Phospholipase-A2-Aktivität und Prostaglandinsynthetaseaktivität" (a.a.O., S. 83).

„Der fetale Hypophysenlappen" trägt „zum Wehenbeginn und zum Unterhalt der Wehen bei...Mit Sicherheit kann man annehmen, dass der mütterliche Hypophysenhinterlappen bzw. das dort freigesetzte mütterliche Oxytocin nicht der Auslöser der Wehen ist ... Erst nach Beginn spontaner Wehen setzt offensichtlich auch der mütterliche Hypophysenhinterlappen vermehrt Oxytocin frei und kann dadurch zur Intensivierung der Uteruskontraktion beitragen" (a.a.O., S. 83).

5. Kapitel: Die Geburt

1. A^{Dog} öffnen des Muttermundes

2. A^4 lösen und Hergabe, Placenta verdrängen

3. A^5 Freude ...

Für eine Frau bedeutet eine Geburt ein regressives Ereignis, das auch asymmetrisch zum Geburtserleben eines Kindes verläuft. Sie erlebt darin ihre eigene Geburt nach - und der Mann, so dabei, ebenfalls.

Das kann als Relation zum Ursprünglichen erlebt und erfühlt werden, so dass darüber eine Wahrnehmung der Korrelation von Identität und Selbstverständnis so wahrgenommen werden kann, dass das Kind als zwar unbekannt, und doch in seiner individuellen Eigenart angenommen werden kann.

Sachverhalt: Geburt

causal: Schwangerschaft, situativ: Geburtsvorgang, final: nachgeburtliche Gemeinschaft, Sinn unterstellt

	causal:	richtiger Zeitpunkt
causal	situativ:	biologischer Akt
	final:	Schwangerschaft (Ausreifung)
	causal:	öffnen/lösen
situativ	situativ:	WPb des Kindes und WPa der Mutter und Progression des Kindes und Regression der Mutter und Sinn
	final:	geboren sein/„gebären" haben
	causal:	1. Atmen des Kindes, Placentahergabe
final	situativ:	annehmender Mann
	final:	Freude der Mutter usw.

6. Kapitel: Rückbildungsgymnastik

Nach der Geburt regeneriert die Beckenbodenmuskulatur ganz von alleine. Das ist ein natürlicher Vorgang und bedarf keiner Gymnastik. Ca. 3 - 4 Wochen nach der Geburt hat sich auch die Gebärmutter wieder zurückgebildet, auch dazu bedarf sie keiner Gymnastik.

Die Regeneration kann durch Ernährung mit reichlich Bitterstoffen gestützt werden. Bitterstoffe fördern die Bildung weiblicher Hormone, die helfen, den Hormonspiegel nach der Geburt wieder aufzubauen.

Die so genannte Rückbildungsgymnastik bildet nichts zurück und führt eine Frau nicht in den Zustand vor der Schwangerschaft und Geburt zurück (Unschuld). Die Gymnastik zielt auf die Heilungsunterstützung für die bei der Geburt möglicherweise entstandenen Verletzungen (z. B. Überdehnungen).

Wieder so auszusehen wie vor der Geburt oder möglichst schnell wieder die „alte" Figur zu bekommen, ist häufig auch durch Gymnastik nicht möglich.

Wider alle Vorstellung wird durch Rückbildungsgymnastik die Brustform nicht beeinflusst. Die Brust besteht aus Binde-, Fett- und Drüsengewebe, die durch Rückbildungsgymnastik nicht beeinflussbar sind.

7. Kapitel: Stillen und Ernährung des Kindes

Familie und Gesellschaft nehmen auf die Funktionen unseres Körpers starken Einfluss, am deutlichsten erkennbar in den die Physiologie berührenden Tabu-Bezirken materieller und atmosphärischer Lebensmittel, v. a. Ernährung und Sexualität. (Noosomatik Bd. I-2, 1.2.4., S. 34 f.)

Oft genug ist die „Produktion" und die sich anschließende „Habe" eines Kindes das Einzige, was einer Frau formal als Eigenleben zugestanden wird. Die Verführung ist nahe liegend: wie leicht kann sich eine Frau mit Hilfe ihres Kindes über ihre eigene Reduzierung auf Funktionieren hinwegtrösten!

Die Aufrufe zu verlängerter Stillzeit, aus welchen Gründen sie auch immer gegeben werden mögen, -

> Männer sagen, das Kind sei dann besser vor Krebs geschützt;

> Frauen sagen, das Kind sei ja auch die eigene Leibesfrucht, und: im Muttersein fände eine Frau ihre „vollkommenste" Erfüllung;

unterstützen diese Reduktion der Frau. In der Regel werden noch weitere Tipps gegeben, die die Reduzierung bis zur Symbiose auf Kosten des Kindes zum Ziel haben (z. B. das ständige Tragen eines Säuglings auf dem Mutterleib). (Noosomatik Bd. I-2, 1.5.6, S. 85)

Stillen

Geschichtliches zum Stillen

Die Einstellungen, welches die richtige Ernährung für Neugeborene sei, haben sich im Laufe der Geschichte immer wieder geändert. Im 18. Jh. wurden, soweit es sich die Familien leisten konnten, die Kinder von einer Amme genährt. Dies wurde mit der schwachen physischen Verfassung der Frau und dem Anstandsempfinden begründet:

> „Das Stillen schadet der Mutter körperlich, und es ist eigentlich nicht schicklich." (zitiert aus: E. Badinter, Die Mutterliebe, 3. Aufl., 1996, S. 79)

Zu Beginn des 20. Jh. wurde Stillen favorisiert, als Begründung diente u. a. die Natur. Ihr, der Natur, wurde eine normative Autorität gegeben:

> „Denn das Stillen des Kindes ist eine von der Natur geforderte Verrichtung des Weibes, die Mutter und Kind gleich förderlich ist." (Hebammen-Lehrbuch, hrsg. im Auftrage des königl. Preußischen Ministers der geistlichen, Unterrichts und Medizinal-Angelegenheiten, 1904, S. 175)

Im Nationalsozialismus wurde auch das Stillen propagiert:

„Stillpropaganda verursachte die geringsten Kosten und lenkte von den sozialen Bedingungen der Säuglingssterblichkeit ab." (S. Fehlemann, J. Vögele, Frauen in der Gesundheitsfürsorge am Beginn des 20. Jahrhunderts. England und Deutschland im Vergleich, in: M. Niehuss, U. Lindner, U. (ed.), Ärztinnen - Patientinnen. Frauen im deutschen und britischen Gesundheitswesen des 20. Jahrhunderts, 2002, S. 32 f.)

Diese wenigen Beispiele zeigen, dass Stillempfehlungen von religiösen, sozialen und politischen Zielen beeinflusst sind.

Aktuelle Empfehlungen zur Säuglingsernährung

In Deutschland wird für die Ernährung des Neugeborenen in den ersten 6 Lebensmonaten ausschließlich Muttermilch empfohlen:

„Die WHO empfiehlt, voll ausgetragene, gesunde Kinder bis zum 6. Monat (180 Tage) ausschließlich zu stillen." (G. Eugster, D. Both, Stillen gesund und richtig, 2008, S. 2)

Zur Förderung der Umsetzung dieser Empfehlungen engagieren sich nationale und internationale Institute oder Verbände:

Die Aufgabe der Nationalen Stillkommission (dem Bundesinstitut für Risikobewertung angegliedert):

„Ihre Aufgabe ist die Förderung des Stillens in der Bundesrepublik Deutschland. Sie berät die Bundesregierung, gibt Richtlinien und Empfehlungen heraus und unterstützt die verschiedenen Initiativen zur Beseitigung bestehender Stillhindernisse."
(http://www.bfr.bund. de/cd/ 2404, Abrufdatum 5.2.2009)

Das Selbstverständnis von La Leche Liga:

„Wir arbeiten als international anerkannte Fachorganisation politisch und konfessionell unabhängig und beraten u. a. die WHO (Weltgesundheitsbehörde) und UNICEF in allen Fragen des Stillens. Seit 1977 sind wir auch in Deutschland als eingetragener, gemeinnützig anerkannter Verein in regionalen Stillgruppen organisiert."
(http://www.lalecheliga.de, Abrufdatum 3.2.2009)

WABA (World Alliance for Breastfeeding Action):

„Bewusst machen der ökonomischen Vorteile des Stillens und Initiieren von Aktivitäten, um das Stillen zu schützen, zu fördern und zu unterstützen als eine der besten Gesundheitsinvestitionen für die Zukunft einer Nation, ist Schwerpunkt der diesjährigen Weltstillwoche." (Stillen - die beste Investition, übersetzt aus dem Engl. von B. Benkert et al., Broschüre als PDF-Datei zur Weltstillwoche, 1998;
www.waba.org.my/whatwedo/wbw/wbw98/german.htm, Abrufdatum 12.03.2009)

Weitere institutionelle Unterstützung für die Stillförderung:

50

Deutsche Gesellschaft für Ernährung,

Berufsverband der Kinder und Jugendärzte,

IBCLC (Still und Laktationsberaterinnen),

AfS (Arbeitsgemeinschaft freier Stillgruppen),

Berufsverband der Frauenärzte

Krankenhäuser und Apotheken können für die Stillförderung Zertifikate erwerben. Die Zertifikate werden vom BFHI e. V. (babyfriendly hospital initiative) vergeben und garantieren, dass die zertifizierten Unternehmen verbindliche Richtlinien für das Stillen befolgen:

> „Krankenhäuser müssen in ihrer Statistik mindestens 80% ab der Geburt ausschließlich gestillte Kinder nachweisen, um das BFHI Gutachten zu bestehen. Es ist allerdings empfehlenswert, dass höhere statistische Kennzahlen erreicht werden, da während des Gutachtens ebenfalls 80% ausschließlich gestillte Kinder erreicht werden müssen."
> (http://www.babyfreundlich.org/profi-faq.html#c266, Abrufdatum 05.02.2009)

Begründet wird die Bevorzugung der Muttermilch vor anderer Nahrung damit, dass das Stillen für Mutter und Kind Vorteile habe.

Genannte Vorteile hinsichtlich der stillenden Mutter

a) Stillen fördert die Rückbildung der Gebärmutter.

b) Stillen führt zu einer Gewichtsreduktion.

c) Stillen soll das Risiko an Brustkrebs zu erkranken reduzieren.

zu a) Stillen fördert die Rückbildung der Gebärmutter

> „Vorteile des frühen Stillens ... Verbesserte Rückbildung der Gebärmutter und weniger postpartale Blutungen." (M. Biancuzzo, Stillberatung, 2005, S. 198)

Während des Stillens wird Oxytocin ausgeschüttet. Dieses fördert die Involution (Rückbildung) der Gebärmuttermuskulatur. Ob der Effekt insgesamt zu einer komplikationsloseren Rückbildung führt, ist nicht untersucht. Die Rückbildung ist auch Folge der Regenerationsmöglichkeiten der Mutter. Stillt sie, muss sie ohne Unterstützung des Vaters das Kind ausschließlich selbst versorgen.

> „Dennoch sind 10 bis 15 Stillmahlzeiten innerhalb von 24 Stunden in den ersten Tagen nicht ungewöhnlich." (M. Biancuzzo, S. 144)

Gibt es beim Stillen Probleme, können Schlafmangel, Sorgen über den Stillerfolg, Schmerzen an den Mamillen und in den Brüsten die Regeneration und damit Rückbildung be- oder verhindern.

zu b) Stillen führt zu einer Gewichtsreduktion

„Es sieht so aus, als ob stillende Frauen mehr an Gewicht verlieren als nicht stillende Frauen." (M. Biancuzzo, S. 90)

Stillen verbraucht Kalorien, die jedoch meist wieder „reingegessen" oder „reingetrunken" (z. B. Malzbier und Softdrinks) werden.

Jeder Mensch, auch eine Frau, nimmt durch die Luft und die Ernährung **Schadstoffe** auf. Diese gelangen in die Muttermilch und werden vom Säugling aufgenommen. Durch den Abbau von Fettgewebe werden zusätzliche lipophile Schadstoffe freigesetzt.

„Über 300 Schadstoffe in der Muttermilch." („Endstation Mensch - Über 300 Schadstoffe in der Muttermilch - Zeit für eine neue Chemikalienpolitik," Bund für Umwelt und Naturschutz Deutschland, Juni 2005, S. 3 als PDF-Datei:

www.bund.net/fileadmin/bundnet/publikationen/chemie/20050600 _chemie_schadstoffe_muttermilch_studie.pdf, Abrufdatum, 12.03.2009)

„Viele giftige Stoffe, die bereits seit den 1970er Jahren verboten sind, z.B. PCB, werden noch immer in der Mutermilch nachgewiesen, wenn auch in abnehmender Menge. Andererseits werden immer mehr neue Stoffgruppen gefunden, z.B. Flammschutzmittel, Duftstoffe und Weichmacher ..." (a.a.O., S. 4)

„Gestillte Säuglinge können über die Muttermilch fettlösliche Fremdstoffe wie z.B. PCB oder Dioxin-Kongenere aufnehmen [Neubert, 1994]. Ihre Exposition gegenüber diesen Substanzen kann in der Zeit des Stillens wesentlich höher sein, als die von Erwachsenen (BMU 2002). Während dieser Zeit kann es auch über eine Mobilisierung von lipophilen Substanzen aus dem Fettgewebe und Blei aus den Knochen der Mutter zu einer zusätzlichen Exposition des Säuglings über die Muttermilch kommen [Gulson et al., 2003]." (Umweltbedingte Gesundheitsrisiken - Was ist bei Kindern anders als bei Erwachsenen? Umweltbundesamt, Mai 2005, S. 5 als PDF; www.umweltdaten.de/publikationen/fpdf-l/2749.pdf, Abrufdatum 12.03.2009)

"Acrylamide was found in human breast milk." (Sörgel, F. et al., Acrylamide: increased concentrations in homemade food and first evidence of its variable absorption from food, variable metabolism and placental and breast milk transfer in humans. Chemotherapy. 2002; 48(6): S. 267)

Acrylamid ist eingestuft als krebserzeugend, erbgutverändernd, giftig, reizend, sensibilisierend, fortpflanzungsgefährdend.

Der Nebeneffekt einer zügigen Gewichtsreduktion bei der Mutter führt zu einer erhöhten Schadstoffbelastung der Milch. Im Gegensatz zur Festlegung von Grenzwerten für Schadstoffeinwirkungen bei Erwachsenen, werden diese für Säuglinge wenig erforscht.

„Die Berechnung der täglichen Zufuhrmenge eines Fremdstoffes für Säuglinge und Kleinkinder erfolgt beispielsweise auf der Basis von Unterlagen, die häufig unvollständig und zu wenig spezifiziert sind. Bei vielen Pestiziden ist unbekannt, ob junge Tiere, Säuglinge und Kleinkinder Besonderheiten hinsichtlich der Pharmakokinetik, der Pharmakodynamik und der Toxizität aufweisen. Nur bei einzelnen Pestiziden wurde die Möglichkeit einer bleibenden Schädigung des Zentralnervensystems, des Immunsystems, der Regulation des Endokriniums und der Fortpflanzungsorgane während der postnatalen Entwicklung thematisch in Betracht gezogen. Solange die Möglichkeit einer toxikologischen Besonderheit eines Pestizids bei Säuglingen und Kleinkindern nicht ausgeschlossen ist, kann diese Möglichkeit auch nicht bei der Festlegung der Höhe des Sicherheitsfaktors berücksichtigt werden. Solange die Verzehrgewohnheiten der Säuglinge und Kleinkinder nicht detailliert berücksichtigt werden, ist eine Überschreitung der toxikologisch duldbaren täglichen Zufuhrmengen nicht auszuschließen.“ (F. Manz, Rückstände von Pflanzenschutzmitteln in Säuglingsnahrung, Stellungnahme der Ernährungskommission der Deutschen Gesellschaft für Kinderheilkunde, Monatsschrift Kinderheilkunden, 1995, 143. S. 1114)

Die chlororganischen Verbindungen in dem Säuglingsnahrungsmittel Muttermilch lagen und liegen so hoch, dass die Muttermilch nicht den Anforderungen des deutschen Lebensmittelrechts entspricht:

„Aufgrund des langsamen, aber deutlichen Rückganges des Gehalts dieser chlororganischen Verbindungen in der Muttermilch während der letzten 15 Jahre dürfte es allerdings noch einige Jahrzehnte dauern, bis die Muttermilch wieder den Standard erreicht hat, den der Gesetzgeber sonst von Lebensmitteln verlangt.“ (F. Manz, a.a.O., S. 1115)

zu c) Stillen soll das Risiko an Brustkrebs zu erkranken reduzieren.

Bei diesem Thema gibt es unterschiedliche Forschungsergebnisse und Interpretationen. Während die Studie "Breast cancer and breastfeeding" (Lancet, 2002; 360: 187-95) einen Zusammenhang zwischen Stillen und Brustkrebsrisikos entdeckt haben will, konnte in einer anderen Studie keine Korrelation zwischen Stillen und Brustkrebsrisiko festgestellt werden (S. Schieber, „Das Brustkrebsrisiko bei prämenopausalen Frauen in Abhängigkeit von reproduktiven Variablen wie der Einnahme von oralen Kontrazeptiva, Stilldauer der Kinder, Fehlgeburten und Schwangerschaftsabbrüchen", http://archiv.ub.uni-heidelberg.de/volltextserver/volltexte/1999/355/pdf/355_1.pdf, Abrufdatum 13.03.2009)

Mögliche Stillfolgen für die Mutter

können Schlafmangel, Einschränkungen in der Nahrungsauswahl, Schmerzen in den Brüsten, Risse an den Mamillen - auch blutige -

und dadurch bedingte Schmerzen, Mastitiden (Brustentzündungen) (25%[22] der stillenden Frauen haben während der Stillzeit eine Mastitis) und Änderungen der Brustform sein. Zudem muss eine Frau entweder in der Stillzeit immer zu den nicht kalkulierbaren Mahlzeiten des Kindes zu Hause sein, oder ihr Kind immer mitnehmen und ggf. dazu bereit sein, in der Öffentlichkeit zu stillen.

Stillen *kann* die Mutter auszehren: Anämien, Haarausfall, Müdigkeit, häufige Infektionen und depressive Verstimmungen können zu den Folgen zählen.

Genannte Vorteile im Hinblick auf das gestillte Kind

a) Stillen senkt das Risiko der Kinder an Allergien zu erkranken.

b) Stillen verringert das Infektionsrisiko der Kinder.

c) Stillen schützt die Kinder vor Übergewicht, indem es den Fett- und Zuckerstoffwechsel optimiert.

d) Stillen bietet frühgeborenen Kindern eine optimale Versorgung.

e) Stillen optimiert die Bindung der Mutter zum Kind und fördert damit die emotionale und soziale Entwicklung des Kindes.

zu a) Stillen senkt das Risiko der Kinder an Allergien zu erkranken.

Ob Stillen das Risiko senkt oder nicht, scheint sich nicht eindeutig belegen zu lassen. Während der Bund der deutschen Hebammen sich auf ungenannte Belege für seine Aussage beruft

> „Stillen schützt vor Allergien" (Bund deutscher Hebammen: http://www.bdh.de/index.php?id=202&no_cache=1&sword_list[]= stillen, Abrufdatum 2.2.2009)

widerspricht diese Studie:

> "504 (49%) of 1037 eligible children were breastfed (4 weeks or longer) and 533 (51%) were not. More children who were breastfed were atopic at all ages from 13 to 21 years […] than those who were not. More children who were breastfed reported current asthma at each assessment between age 9 (p=0·0008) and 26 years (p=0·0008) than those who were not. ... Breastfeeding does not protect children against atopy and asthma and may even increase the risk." (M. R. Sears et al., "Long-term relation between breast-feeding and development of atopy and asthma in children", Lancet, 2002; vol. 360, p. 901)

---

[22] M. Abou-Dakn, Milchstau, Mastitis, Abszess, in Zehn Jahre Nationale Stillkommission in Deutschland, Internationales Symposium, Berlin, 1./2. Oktober 2004, S. 43, www.bfr.bund.de/cm/235/Abstractband.pdf, Abrufdatum 12.3.2009

und diese Studie:

> „Die von der WHO geforderte Stilldauer von mindestens 6 Monaten, widerspricht der Erkenntnis, dass die Einführung der Beikost im 5. Monat das Risiko einer Nahrungsmittelunverträglichkeit und der Zöliakie senkt. Zudem fördert langes ausschließliches Stillen Allergien." (B. Bucher, Zeitpunkt der Einführung der Beikost bei Säuglingen, Paediatrica, Bd. 19, No. 3, 2008, S. 81)

In der DDR stillten weniger Frauen als in der BRD. Die Anzahl, der an Allergien erkrankten Kinder war geringer:

> „Von Heuschnupfen waren im Westen der Republik 8,6 Prozent, im Osten nur 2,7 Prozent betroffen. Beim Asthma bronchiale lag der Prozentsatz bei 9,3 (West) gegenüber 7,2 (Ost). Eine bronchiale Überreaktionsbereitschaft lag bei 8,3 Prozent (West) und 5,5 Prozent (Ost)." (Ralph Köllges, Allergien im Kindes- und Säuglingsalter, Deutscher Allergie und Asthmabund, http://www.daab.de/all_saeugallergie.php, Abrufdatum 2.2.2009)

Eine Veröffentlichung zur Bedeutung des Stillens wider einen Zusammenhang von Stillen und Allergie:

> „Über die Zunahme allergischer Erkrankungen in wohlhabenden Nationen wird weltweit geklagt. Gleichsinnig verliefen auch die Zunahmen der Stillhäufigkeiten in diesen Ländern, so dass man glauben könnte, es bestünde nicht nur ein zeitlicher sondern auch ein kausaler Zusammenhang. Dass Stillen an der zunehmenden Verbreitung von Allergien beteiligt ist, widerspricht allerdings den Vorstellungen und dem Wissen über die Eigenschaften der Muttermilch und die Bedeutung des Stillens." (R. L. Bergmann, K. E. Bergmann et al., Stillen und Allergien, zehn Jahre Nationale Stillkommission in Deutschland, Internationales Symposium, Berlin, 1./2. Oktober 2004, S. 27, in www.bfr.bund.de/cm/235/Abstractband.pdf, Abrufdatum 12.3.2009)

zu b) Stillen verringert das Infektionsrisiko der Kinder.

Die Auswertungen einer Metaanalyse belegen, dass Stillen nicht vor Allergien und Infektionen schützt. Nur in einigen Entwicklungsländern (z. B. dem Iran) konnte die Anzahl der gastrointestinalen Infektionen und der respiratorischen Infekte gesenkt werden. (Kramer M. S., Kakuma R., "Optimal duration of exclusive breastfeeding", Cochrane Database of Systematic Reviews, 2002, Issue 1. Art. No.: CD003517)

Andere Studien kommen dagegen zu dem Ergebnis, dass Stillen in Industrieländern die Anzahl der gastrointestinalen Infektionen senkt. (Dewey, K. M. et al., "Differences in Morbidity Between Breast-Fed and Formula-Fed Infants", Journal of Pediatrics, 1995, vol. 126:696-702)

Der Vorteil der Muttermilch soll u. a. durch prebiotische und probiotische Bestandteile, die die Besiedelung des Darmes mit Keimen optimieren, hervorgerufen werden. Mittlerweile werden in der Produktion der Milchnahrung teilweise diese Bestandteile nachgebildet und der Milch zugesetzt. Zum Beispiel enthält Beba Sensitiv™ Bifidobacterium lactis. Die Verträglichkeit konnte durch mehrere Studien belegt werden. (Saavedra J. M. et al., Long-term consumption of infant formulars containing live probiotic bacteria. Tolerance and safty: The American Journal of Clinical Nutrition. 2004; 79; 261)

Ist die Milch zudem lactosereduziert, ergibt das eine gut verträgliche Nahrung. (Veitel et al, „Akzeptanz, Toleranz und Wirksamkeit von milupa Comformil bei Säuglingen mit kleineren Ernährungs- und Verdauungsproblemen", Journal für Ernährungsmedizin 2000; 2 (4), S. 14-20)

zu c) Stillen schützt Kinder vor Übergewicht, indem es den Fett- und Zuckerstoffwechsel optimiert.

"Our results suggest that breastfeeding is associated with a reduction in childhood obesity risk." (J. Armstrong, J. J. Reilly, Breastfeeding and lowering the risk of childhood obesity. The Lancet, 2002, Volume 359, Issue 9322, pp. 2003 – 2004, hier S. 2003)

"Infants who were fed breast milk more than infant formula, or who were breastfed for longer periods, had a lower risk of being over-weight during older childhood and adolescence." (M. W. Gillman et al., Risk of Overweight Among Adolescents Who Were Breastfed as Infants. Journal of the American Medical Association. 2001, Vol. 285 No. 19, pp. 2461-2467, hier S. 2461)

„Eine neuere Studie aus Israel konnte keine Wirkung auf die Verbreitung von Adipositas bei Erwachsenen nachweisen." (K. E. Bergmann, Stillen und Adipositas, Zehn Jahre Nationale Stillkommission in Deutschland, Internationales Symposium, Berlin, 1./2. Oktober 2004, S. 26 in www.bfr.bund.de/cm/235/Abstractband.pdf, Abrufdatum 13.03.2009)

Diese Studien stellen einen Zusammenhang her, dass gestillte Babys als Kinder und Jugendliche schlanker sind als Gleichaltrige. Allerdings: ein kräftiger Körperbau im Kleinkindalter fördert die Stabilisierung der Knochen und bietet Reserven in Krisenzeiten (Infektionen, Stress). Für das Kind ist es vorteilhafter, wenn es etwas schwerer sein darf.

Übergewicht verursacht wesentlich seltener medizinische Probleme als Untergewicht. (Udo Pollmer, „Eßt endlich normal", 2005, S. 250)

zu d) Stillen bietet frühgeborenen Kindern eine optimale Versorgung.

„Die Milch der eigenen Mutter ... ist für frühgeborene Säuglinge am besten geeignet, da die Mütter dieser Kinder die sogenannte Preterm-Milch bilden." (M. Biancuzzo, Stillberatung, 2005, S. 275)

Mit diesem Thema hat sich auch die Nationale Stillkommission beschäftigt. Hier kommt W. A. Mihatsch in Bezug auf mit Muttermilch ernährte Frühgeborene zu folgendem Schluss:

„Es gibt jedoch folgende nachgewiesenen Nachteile bzw. Unsicherheiten:

1. Reife Frauenmilch enthält nicht die Nährstoffmenge, um den Bedarf Frühgeborener bei einer Trinkmenge von 160 ml/kg/d zu decken.

2. Die Nährstoffkonzentration reifer Frauenmilch schwankt in klinisch relevantem Ausmaß, so dass eine pauschale Supplementierung mit 3-5g Supplement dem Bedarf einzelner Frühgeborener nicht gerecht wird.

3. 95 % aller CMV[23] positiven Frauen scheiden während der Laktation CMV aus und setzen ihr Frühgeborenes einer vertikalen Transmission von CMV aus, die bei sehr unreifen Frühgeborenen einen lebensbedrohlichen Verlauf nehmen kann.

4. Frauenmilch ist häufig bakteriell kontaminiert. Es gibt keine wissenschaftlichen Erkenntnisse darüber, bis zu welcher Keimzahl (abhängig von der Spezies?) rohe Frauenmilch unbedenklich gefüttert werden kann.

Die derzeit umfassendste Studie zur Bedeutung von Frauenmilch für die Frühgeborenenernährung wurde 1982-1984 von A. Lucas an 502 Frühgeborenen mit einem Geburtsgewicht unter 1850g an 3 englischen Kliniken (Cambridge, Ipswich und King's Lynn) durchgeführt. Frühgeborenennahrung bzw. Frauenmilch (Milchbank) wurden in einer randomisierten Studie dann gefüttert/zugefüttert, wenn Muttermilch nicht/nicht ausreichend verfügbar war. Das primäre Zielkriterium der Studie war Wachstum und, wie die energetische Zusammensetzung vermuten ließ, wuchsen die Kinder in der Frauenmilchgruppe signifikant langsamer."

(W. A. Mihatsch, Muttermilch für kleine Frühgeborene - Was ist bewiesen? Zehn Jahre Nationale Stillkommission in Deutschland, Internationales Symposium, Berlin, 1./2. Oktober 2004, S. 21 in www.bfr.bund.de/cm/235/Abstractband.pdf, Abrufdatum 13.03.2009)

---

[23] CMV: Zytomegalie-Virus, ... Der Erreger kann bei Neugeborenen u. jungen Säuglingen nach intrauteriner oder postpartaler Inf. schwere generalisierte .. Erkr. auslösen. (Pschyrembel, 1986, S.1862)

Muttermilch wird inzwischen für Frühgeborene angereichert. Das Infektionsrisikos durch die Kontaminierung der Muttermilch mit Keimen ist damit nicht gelöst.

zu e) Stillen fördert die Bindung der Mutter zum Kinde und optimiert damit die emotionale und soziale Entwicklung des Kindes.

Aus der Internetseiten der „Bundeszentrale für gesundheitliche Aufklärung" Initiative:

„Ziel der Initiative ist es, die Bindung zwischen Eltern und Kind zu schützen sowie Vernachlässigungen und Misshandlungen von Kindern vorzubeugen. Einen besondere Stellenwert hat hierbei das Stillen." (www.kindergesundheit-info.de/3119.0.html?&cHash=d51a75d6bb&tx_prfaq[showUid]= 272, Abrufdatum 12.03.2009)

Eine Beschreibung wie es zu der protektiven Wirkung des Stillens kommen soll, gibt es jedoch nicht.

Das Bundesministerium für Jugend, Familie, Frauen und Gesundheit veröffentlichte 1986 das Buch „Stillen und Muttermilchernährung".

„Die Mütter können mit einer Matritze verglichen werden, an der sich die kindliche Psyche erst entwickelt. ... In dieser wechselseitigen Verzahnung spielt das Stillen eine besondere Rolle. ... Die Mutter hat dabei die außergewöhnliche befriedigende Möglichkeit zu erleben, wie das Kind an ihr in zunehmendem Maße beseelt wird." (H. Molinski, Stillen aus nervenärztlicher Sicht, Stillen und Muttermilchernährung, Schriftenreihe des Bundesministeriums für JFFuG, 1986, S. 40 f.)

Dies impliziert, dass der Mensch ohne oder zumindest mit einer unterentwickelten Seele geboren wird. Die Fähigkeit zu beseelen ist religionswissenschaftlich betrachtet, Aufgabe von Göttern und Göttinnen.

Kommentare über die positive Förderung der Mutter-Kind-Bindung durch Stillen unterliegen häufig der Gefahr der Enthebung der Frau/ Mutter aus physiologischen Zusammenhänge und der Romantifizierung:

„Darüber hinaus fördert das Stillen die Mutter-Kind-Bindung, den emotionalen Kontakt und vermittelt Sicherheit und Geborgenheit." (C. P. Speer, M. Gahr, Pädiatrie, 2. Aufl., S. 83)

Folgen eines dogmatischen Umgangs mit dem Stillen:

Die Einstellung, Stillen sei durchweg positiv, kann dazu führen, dass

58

wissenschaftliche Erkenntnisse ignoriert werden.[24]

Beispiel: Diabetes mellitus

> „Zusammengefasst liefern diese epidemiologisch-klinischen und komplementären tierexperimentellen Studien erste Hinweise darauf, dass Stillen bei Müttern mit Diabetes mellitus während der Schwangerschaft nicht nur positive, sondern potentiell sogar nachteilige Langzeitwirkungen für das Outcome der Kinder haben könnte." (A. Plagemann, Stillen und Diabetes mellitus, Zehn Jahre Nationale Stillkommission in Deutschland, Internationales Symposium, Berlin, 1./2. Oktober 2004, S. 31, in www.bfr.bund.de/cm/235/Abstractband.pdf,   Abrufdatum 13.03.2009)

Diese Studie führte nicht dazu, dass die Nationale Stillkommission Mütter mit Diabetes mellitus auf das Risiko aufmerksam machte.

Zusammenfassung der Ergebnisse

Wissenschaftliche Studien und Erkenntnisse fließen in die Stillempfehlung nur ein, wenn sie dem Stillen positive Effekte attestieren. Kritische Aspekte und Forschungsergebnisse werden nicht wirklich berücksichtigt.

Der Tatbestand, dass eine Frau sich durch das Stillen erotisch bis zum Orgasmus anregen lassen kann, wird tabuisiert und ist bislang wissenschaftlich nicht erforscht. Physiologisch betrachtet nimmt das Baby die bei einem Orgasmus frei gesetzten Hormone über die Nase auf (siehe Noosomatik Bd. III, Nase).

Cui bono?

a) dem Kindswohl?

Die strikte Regelung, Babys möglichst ohne Zusatznahrung zu ernähren, kann dazu führen, dass sie in den ersten Tage hungern. Eine einfach zu beobachtende Tatsache: manches gestillte schreiende Kind ist nach der Gabe von Zusatznahrung sofort zufrieden. Hungern löst bei Babys Todesangst aus.

b) der Mutter?

Die „Pflicht" zum Stillen löst bei manchen Frauen einen enormen Druck aus.

---

[24] UV-Filter, die auch in Sonnenschutzcremes verwendet werden, lassen sich in der Muttermilch nachweisen. Eine konsequente Vermeidung von Kosmetika reduziert die Kontaminierung. (M. Schlumpf et al., Endocrine Active UV Filters: Developmental Toxicity and Exposure Through Breast Milk. Chimia (62) 2008. p. 345)

„Bei Ulla lief nach der Geburt ihres ersten Kindes nichts so, wie man es sich für eine frisch gebackene Familie vorstellt. Schon in der ersten Woche waren die Schmerzen beim Stillen bald unerträglich, besonders nachts. Sie verkrampfte sich völlig, wenn Paulchen ansaugte – und mit den ersten Zügen nicht nur Milch, sondern vor allem Blut schluckte. Ihre Brüste waren schmerzhaft gerötet und geschwollen. Schließlich bekam sie bis zu 40 Grad Fieber mit Schüttelfrost. ... Die Hebamme war ratlos, und die Frauenärztin verordnete ein Abstillmedikament. Das Stillen war für beide zum Albtraum geworden und hätte Paulchen fast das Leben gekostet: Nach vier Wochen Still-Tortur musste der Kleine wegen Unterernährung in die Klinik. Seine Mutter aber hat jetzt das Gefühl, versagt zu haben, sie fühlt sich schuldig, weil sie nicht in der Lage ist, ihrem Kind das zu geben, was es braucht. Damit ist sie nicht allein, wie Frank Furedi, Soziologe an der britischen Kent-Universität, kürzlich in einer Studie mit 500 Erstgebärenden gezeigt hat. Jede dritte Frau gab an, sich als schlechte Mutter und Versagerin zu fühlen, wenn sie das Stillen nicht hinbekam. Einige litten deswegen sogar unter Depressionen." (Burger K., Die Milchfalle, Die Zeit, 30.03.2006, Nr. 14., S. 46)

Die genannten möglichen körperlichen Schwierigkeiten (Mastitis, blutige Mamillen ...) können die Mutter existentiell belasten. Dieses kann sich auf das Kind und den Partner auswirken. Eine zügige Wiederaufnahme der Berufstätigkeit ist mit Stillen kaum vereinbar. Die stillende Mutter muss nach der Geburt länger zu Hause bleiben.

c) dem Vater?

Wird das Kind ausschließlich gestillt, wird es in seinem Umgang auf die Mutter fixiert. Dies beschränkt die Möglichkeiten des Vaters mit seinem Kind zusammen zu sein und eine Beziehung aufzubauen.

Ernährung

Die ersten neun Monate

Das Kind (der Fet) ernährt sich in der ersten Lebenszeit zuerst vom Dottersack und dann von der Plazenta (Kinderkuchen!). Es trinkt ab dem dritten Schwangerschaftsmonat Fruchtwasser[25], das geschmacklich durch die Ernährung der Mutter beeinflusst wird.

Isst die Mutter bevorzugt Süßes, besteht die Gefahr, dass das Kind eine Präferenz für süße Speisen entwickelt.

Zum Thema Zuckersucht siehe Noosomatik Bd. III, Pankreas.

1.-3. Tag „außerhalb"

---

[25] R. E. Kleinman. Pediatric Nutrition Handbook. 2004. S. 3

Nach der Geburt kann das Kind entweder mit Muttermilch oder Milch-
pulver ernährt werden. Erhält das Kind ausschließlich Muttermilch,
kann es erforderlich werden, zusätzliche Nahrung zu geben.

Wenn ein Kind Hunger hat, muss es sofort Nahrung bekommen,
anderenfalls entwickelt es Todesangst.

Ab dem 3. Tag

Die Geschmacksknospen können mit leicht verdaulicher und zucker-
freier Schonkost z. B. mit Kartoffelbrei in minimalen Mengen angeregt
werden.

Ca. 25% der Kinder haben eine teilweise vorübergehende Lactosein-
toleranz. Da diese oft nicht erkannt wird, sind als Prophylaxe Milch-
produkte mit wenig Lactose empfehlenswert.

Lactosetoleranz wurde evolutionär erst nach und nach in Ländern
erworben, in denen sich die Milchviehwirtschaft etabliert hat.

Fencheltee gegen Blähungen ist ohne Zucker für das Kind gesünder.

Die Bezeichnung „ohne Kristallzucker" auf manchen Instanttees ist
irreführend, da stattdessen andere Zucker zugesetzt werden.

Auch wenn Honig häufig als ungefährlicher erachtet wird, hat er für
den Körper die gleiche Wirkung wie Zucker. Zudem kann Honig
Bakterien enthalten, gegen die der Körper noch keine Antikörper
gebildet hat.

Nach dem 1. Monat

Das Verdauungssystem des Kindes hat neue Fähigkeiten entwickelt.
Zum Beispiel hat es genauso viel Glucoamylase wie das Verdauungssystem Erwachsener.[26] Außerdem kann es Fette spalten und resorbieren.[27]

Das Kind kann hin und wieder etwas Kartoffelbrei oder eine kleine
Portion leicht verdauliches püriertes Gemüse bekommen. Fleisch wird
vom kindlichen Organismus noch nicht ausreichend verstoffwechselt.
Die Niere kann die Harnstoffe und andere harnpflichtige Substanzen
noch nicht ausreichend bearbeiten und ausscheiden.[28] Obst ist wegen
der enthaltenen Säuren und Salze wegen der Nierenbelastung für die
Ernährung in diesem Alter ungeeignet.

Nach dem 2. Monat

---

[26] R. E. Kleinman, Pediatric Nutrition Handbook. 2004. p. 5

[27] U. Wachtel, Ernährung von gesunden Säuglingen und Kleinkindern, 1990,
S.181

[28] U. Wachtel, a.a.O.

Kinder können in diesem Alter bereits abwechslungsreiche Nahrung zu sich nehmen. Damit verliert die Milch an Bedeutung.

Das Kind kann nach und nach Reis, Gemüse und Kartoffeln essen. Salzarmer Reis ist harnfördernd (diuretisch) und für die Nieren gesund. Um die fettlöslichen Vitamine aufnehmen zu können, kann der Gemüsebrei mit etwas Olivenöl angereichert werden. Fett ist ein Geschmacksträger. Gewürze fördern den Appetit, die Verdauung und die Geschmackswahrnehmung. Scharfe Gewürze desensibilisieren die Geschmacksnerven und greifen die Schleimhäute an.

Obst kann nun in kleinen Mengen gegessen werden. Das in den Bananen enthaltene Serotonin (Schmerzhormon) vermindert die Wahrnehmung.

Abgekochtes Leitungswasser unterstützt die Verdauung der festen Nahrung.

Spinat, Tomaten und Spargel enthalten Oxalsäure (wichtig für die Bildung von Sexualhormonen) und sollte das Kind erst ab dem 6. Lebensjahr essen.

Nach dem 4. Monat

„Fest-"Kost ist nach dem 4. Monat verdaulich. Das Kind kann unbedenklich Fleisch essen oder z. B. gedünstetes Gemüse mit Kalbsleberwurst.

Kinder ernähren sich gesund, wenn sie frei wählen dürfen.[29] Sie können selbst entscheiden, was ihnen gut tut.

Zum Durstlöschen eignet sich kaliumarmes Mineralwasser oder zuckerloser (schwarzer) Tee. Schwarzer Tee enthält Bitterstoffe.

Sobald das Kind Zähne hat, kann es Brot, rohe Karotten, Paprika ohne Kerne und Obst kauen.

Ab dem Alter von 2-3 Jahren kann ein Kind Kaffee ohne Milch und Zucker trinken. Kaffee ist auch gut gegen Diabetes.[30]

Ab 6 Jahren - dem Beginn der Pubertät

Alles, auch oxalhaltige Lebensmittel (Spinat, Spargel etc.), kann das Kind essen.

---

[29] Davis C. M., Results of the self-selection of diets by young children. Canadian Medical Association Journal, 1939, 41:257-261

[30] E. Salazar-Martinez et al., Coffee consumption and risk for type 2 diabetes mellitus. Annals of Internal Medicine. 2004, 140 (1): 1-8

Hygienetipps

Babyhaut ist dünn. Zum Schutz der Haut vor Austrocknung braucht ein Kind nur einmal in der Woche (ohne Seife) gebadet werden. Tägliches Waschen, insbesondere der Hautfalten, mit lauwarmem Wasser ist ausreichend. Die Haut braucht keine Creme, es sei denn, sie ist sehr trocken. Trockene oder entzündete Babyhaut kann ein Hinweis auf eine aggressive Umgebungsatmosphäre sein (siehe Noosomatik Bd. III, Haut).

Wolle und Seide können zur Reizflut auf der Haut führen (siehe Hyperathymie in Noosomatik Bd. V-2, 6.4.2.).

Babys können im ersten Lebensjahr nur durch die Nase atmen. Parfüm, ätherische Öle und unangenehme Gerüche überlasten die Rezeptoren der Nase (siehe Noosomatik Bd. III, Nase und Duftdrüsen).

Die Nase des Kindes muss frei sein. Das wird durch ausreichendes Lüften und hohe Luftfeuchtigkeit unterstützt (z. B. durch das Trocknen der Wäsche im Kinderzimmer oder einen Luftbefeuchter, der nicht den Staub durchs Zimmer wirbelt).

Erwachsene dünsten stärker aus z. B. Stress- oder Sexualhormone. Beide Arten von Hormonen sind für Kinder schädlich bzw. unangenehm. Kinder sollten in einem eigenen Zimmer schlafen.

Jedes Kind möchte von Anfang an über alles informiert werden, auch wenn es nicht alles gleich versteht. Schließlich ist es sein Körper, dem etwas widerfährt.

8. Kapitel: Sensualität und Sexualität

Eine Zusammenstellung der Funde zum Thema Sensualität und Sexualität:

Abenteuer	Schmach usw.	S. 59
Ästhetik	Schmach usw.	S. 72, 75 f.
Aktivität, sexuelle	Schmach usw.	S. 63, 66
Annahme des Augenblicks	Schmach usw.	S. 53, 59
Angesprochensein	Schmach usw.	S. 77
Angewiesenheit	Schmach usw.	S. 59
Anmut	Schmach usw.	S. 73,
Antworten, nicht-sensuelle	Noosomatik V-2	S. 182
Anregung, sexuelle	Schmach usw.	S. 77
Antilope	GuM	S. 29
Asymmetrie	Schmach usw.	S. 51, 72 f.
ATP-P	GuG	S. 203f f.
Attraktivität, sexuelle	GuM	S. 298
Attraktivitätsmerkmale	Schmach usw.	S. 78f f.
Begegnung, geglückte	Schmach usw.	S. 129
Beglückertheorie	Schmach usw.	S. 63
Bernsteinsäure	Noosomatik V-2	S. 181
Besuchsrecht	Schmach usw.	S. 54
Betteln	Schmach usw.	S. 277
Blick, patriarchal orientierter	Schmach usw.	S. 281
Desensibilisierung	Schmach usw.	S. 16
Einlass	Schmach usw.	S. 53 ff., 74
Ejakulation	Schmach usw.	S. 50, 62 f.
Ekstase	Schmach usw.	S. 63
Empfindungen, präpuberale	Schmach usw.	S. 280 f.
Engagement	Schmach usw.	S. 76
Erfahrung	Schmach usw.	S. 75
Erotik	Schmach usw.	S. 43
Erotismus	Noosomatik V-2	S. 182 f.
	Schmach usw.	S. 57
Fantasien, pornografische	Schmach usw.	S. 278
Gastgeber	Schmach usw.	S. 64, 208
Gastrecht	Schmach usw.	S. 194
Gebärfähigkeit	Schmach usw.	S. 276
Gebiet, sexuelles	Schmach usw.	S. 50, 64

64

66

Waldmeister, duftender	Noosomatik I-2	S. 535
widerspiegeln	Schmach usw.	S. 5, 63, 196
Würde	Schmach usw.	S. 73 ff.
Zärtlichkeit	Schmach usw.	S. 60, 82
Zeugungsfähigkeit	Schmach usw.	S. 276
Zichorie, wilde	Noosomatik I-2	S. 532 ff.
Zweier-Beziehung	WuL 1-2/1992	S. 34 ff.

Fundstellen:
„Schmach usw." 4., Aufl., Noosomatik, Bd. I-2, Noosomatik Bd. V-2, GuM-2, GuG 1988, WuL 1-2/1992

Meine These, dass Frauen Sexualität geistig orientiert agieren, während Männer eher passiv angeregt werden und dadurch leichter unkontrolliert agieren können, wird hier mit blumigen Worten bestätigt:

http://www.medizin-online.de/cda/DisplayContent.do?cid=280524&fid=257698&identkey=T3beMzNkfC4zLByiuoRvWA== (Abrufdatum: 21.3.2009)

In Kürze:

„InFo Neurologie & Psychiatrie: Gab es bei der sexuellen Erregung Unterschiede zwischen Männern und Frauen?

Forsting: ... Generell werden von beiden Geschlechtern die gleichen Regionen aktiviert, aber Männer zeigen eine deutlichere Aktivierung in den limbischen Hirnanteilen, also denjenigen Teilen, die zu den ältesten und primitiven Hirnregionen zählen und über die auch Huhn oder Krokodil verfügen. Die Frauen aktivierten dagegen Bereiche im Großhirn, die für vernünftiges Denken verantwortlich sind. Der weibliche Part agiert beim Sex demnach rationaler, während das starke Geschlecht nur eines im Sinn hat: Männer folgen eher ihrem Paarungstrieb. Frauen bleiben beim Sex mehr auf dem Teppich." (M. Forsting, E. Gizewski: InFo Neurologie & Psychiatrie, 2009, 3 (11), S. 6-7)

9. Kapitel: Der Mensch als Organ

Für den Menschen als Organ sind die folgenden Hormone essenziell (einschl. Zuordnung zur 4-Schritt-Regel):

- <u>Östradiol</u> (bewegen oder bewegt werden) - schützt

- <u>Testosteron</u> (Grenzen setzen oder erfahren) - stützt

- <u>FSH</u> (Verarbeitung des Augenblickes) - Konkretion

- <u>LH</u> (gewährt Raum) - geht von der PrI aus, „steuert" das individuelle Mischungsverhältnis (iMV) - Annahme.

Dank dieser Hormone ist es möglich, dass der Mensch sich versteht, sich selbst individuell wiedererkennt (Erkennungsreflex!). Vor der VA sitzt der i-Punkt, auch die Freisetzung der HT (APUD-System).

Remissionen von Hyperathymie maxima und vom Gehirnphysiologischen Schalter sind nicht nur ein nervaler Vorgang, sie sind aus eigener innerer Bewegung auch ein hormonelles Ereignis.

Der Erkennungsreflex geschieht innerhalb der eigenen Person (d.h. in <u>mir</u>): Sich selbst wahrhaben wollen, auch so lassen, mit Klarheit und Gewissheit sich selbst gegenüber, mit dem Fühlen des Rechtes auf sich selbst (A^5) in der Nähe zur PrI.

Wenn Mensch A und Mensch B dies gleichzeitig in sich geborgen fühlen, erfolgt per effectum die wechselseitige Akzeptanz in Gemeinschaft ($A^5 + A^{Dog} = A^2$). In der Individualität ist ein Eingefügtsein in Gemeinschaft erlebbar: Innere Ruhe, Gelassenheit und Geborgenheit in der Gemeinschaft und in sich selbst ($A^2 + A^{Dog}$ = HT Heilssenkrechte (Ewigkeit)): Die Zeit als Aneinanderreihung von Augenblicken, die Aufhebung von „Zeit", sie wird nicht mehr „gemacht", sondern zugelassen.

Für das physiologische Korrelat des Erlebens des Erkennungsreflexes reichen nervale Informationen nicht aus: Embryologisch treten die Nerven erst relativ spät auf, vorher werden auch sie vom HSH dargestellt. Dies ist für das Überleben wichtig: HSH ersetzt die Hirntätigkeit und hat alle Information, die später ins Gehirn verteilt wird. Das HSH hat eine ganz ursprüngliche Relation zur PrI, sich selbst gegenüber und nach draußen.

Der Erkennungsreflex macht nicht abhängig (Geburt ist also möglich!!). Er ermöglicht die Umschiffung von schwierigen Lagen. Er setzt Vertrauen frei, angenehm, schön, erwartungsfroh, miteinander füreinander, auch zu sich selbst (sonst käme es zu einer Handlungserwartung gegenüber der Partnerin oder dem Partner), das im Miteinander erlebt wird.

HSH muss eine dynamisierende vitalisierende (WP) Wirkung haben. Post partum gibt es das HSH nicht mehr. Welche Hormone übernehmen diese Vitalisierung?

FSH steigt in der 1. Zyklushälfte an. Nach dem Eisprung steigt das LH an, auch das Progesteron.

LH stimuliert nicht nur den Gelbkörper, sondern auch das Progesteron, das medial arbeitet und zu unterscheiden hilft, was mediiert wird, und wohin.

Nach dem Progesteronanstieg fällt das LH ab, Östradiol bleibt.

Bei den Frauen bleibt das LH nach der Menopause hoch. Auch ohne Gebährfähigkeit bleiben sie Frauen!

LH kann beim Mann in den Leydig-Zellen die Produktion von Testosteron stimulieren, d.h. LH stimuliert die Produktion von weiblichen und männlichen Hormonen - LH „weiß" von beiden Prinzipien. FSH stimuliert geschlechtsspezifische Aktivitäten (beim Mann Spermienproduktion, Erektion). FSH wurde zuerst bei der Frau im Zusammenhang mit dem Follikel entdeckt, daher sein Name, und erst dann beim Mann.

LH als initial „zündendes" Hormon ist vom WP getragen, FSH ebenso: Der Erkennungsreflex korreliert mit dem Selbstverständnis des Geschlechts eines Menschen (sexuelle Erkenntnis). Bei sexueller Aktivität ist fühlen möglich (kein Turn- und Sportverein!), Gefühle haben Raum, auch sich selbst gegenüber.

Der Erkennungsreflex ist unabhängig vom LS und dessen Methodik, im Erleben ist keine Habe des anderen (kein Eigentum), sondern das Recht auf sich selbst. Sinn und Sinnlichkeit ermöglichen Sensualität (A^4). 4 Hormone sind essenziell. Per effectum entsteht Regeneration in diesem Erleben.

Der Erkennungsreflex startet mit Östradiol, z.B. im Hinhören (A^2), als Wachsamkeit ohne paranoide Idee, auch im Hinsehen (Östriol!) als zusätzliche Möglichkeit. Reizflut ist kontraindiziert, Konzentration auf feine akustische Signale, den Atem. Das Ohr ist aktiv, es macht selbst Geräusche, die wir normalerweise nicht hören: Auch uns selbst zuhören können wir dadurch.

Diese Aktivität erhält den Raum, er wird erfahrbar. Östradiol lässt los, es stützt das Vertrauen: Die Schnellsten und Effektivsten sind die mit Intelligenz und Fühlen.

Progesteron mediiert. Es aktiviert und gibt so das existenzielle Gedächtnis (Gyrus parahippocampalis) als Effekt der Mediierung von Intelligenz und Gefühl. (Wenn nicht, bleiben „nur" das physiologische und das rationale Gedächtnis.)

> Der Ausbruch einer Schizophrenie ist abhängig vom Östradiolspiegel, der dabei erniedrigt ist.

Östradiol lässt auch das Selbst sich selbst erkennen. Es hat eine Anti-Dopamin-Wirkung. Dopamin führt zur Erhöhung von Serotonin, die beiden sind Gegenspieler. Serotonin dämpft und macht auch „high", wirkt so stimmungshebend (Tendenz euphorisierend) und hebt die Schmerzschwelle - bei VA-Assoziationen schreien wir nicht dauernd „aua".

Beim Erkennungsreflex jedoch besteht keine Idee von VA, dass irgendetwas weh tun könnte. Die Epiphyse blubbert mehr. Sie mediiert insgesamt eine angenehme Empfindung im Körper, eine wohlige Wärme.

Östradiol setzt sich selbst und anderes in Bewegung. Es ist unabhängig von Außeninformation und kann ohne Anstoß von außen Energie freisetzen.

Östradiol kann Hingabe in Hergabe verwandeln. Dies ist in der Zelle adversiv. WPa und WPb sind richtungsverschieden. WPb hat genug und gibt gern, WPa hat gegeben und nimmt gerne wieder auf. Insgesamt bedeutet WP Hingabe. Dies kann das Östradiol, unabhängig von Anstößen von draußen. - Wird die Frau mit Östradiol identifiziert, bedeutet dies Hergabe, d.h. Menschenopfer.

Östradiol hat Spaß, mit Testosteron zu kommunizieren, muss dies aber nicht.

Östradiol duftet (wie die wilde Zichorie, siehe Noosomatik Bd. I-2, 28. Kapitel).

Hergabe wohin denn? Beliebig, in alle Richtungen. Und dann hängt sich wieder etwas dran (aus Östradiol entstehen Östron und Östrol, daran kann wieder etwas angehängt werden) - in sich sich selbst dynamisierende Dynamik.

Männer haben auch Östradiol, die gleichen Aktivitäten im Körper. Sie starten mit einer Hergabe, aber ohne Opfer. Mit einer Richtungsänderung (WPb - WPa). Diese findet beim Erkennungsreflex statt.

Da dies in uns stattfindet, erleben wir dies als Kommunikation mit uns selbst, als permanente Selbsterkennung. Die Hergabe ändert die Qualität nicht. Die Wertfrage stellt sich nicht, auch nicht die Nützlichkeitsfrage, kein Nachweis von Existenzberechtigung im Widerfahrnis dieser hormonellen Aktivität.

Östradiol wirkt auf Testosteron, zum Aufbau von Struktur. Dies setzt der Dynamik keine Grenze, sondern geht ein Miteinander ein, eine Kooperation. Beide Bewegungen laufen parallel. Die Mitarbeit im Miteinander hat zum Effekt die Bildung einer Grenze, die einen Raum ermöglicht.

Nun kommt das FSH, für die Konkretion im Hier und Jetzt. Wenn nun der Raum genommen wird, entsteht der SoFat (Sowieso-Fatalismus, Noosomatik Bd. V-2, Nr. 9.6.3) - diese Gefahr besteht beim Er kennungsreflex jedoch nicht! LH kommt, um diesen Raum zu schützen, um die individuellen Mischungsverhältnisse zu schützen. Das Herz „hüpft", dies ist nun eine nervale Aktivität: freudige Erregung. Nun kann ggf. das FH stören, durch Erhöhung des Sympathikotonus (Sorge) oder des Parasympathikus (Angst, Sodbrennen, Durchfall).

Das LH, das den fühlbaren Raum schützt, erhält und fängt etwas damit an. Der Raum ist anwendungsbereit, wir können etwas damit anfangen. i-Punkt-mäßiges kann hier geschützt auftauchen.

LH und FSH sind verwandt. Das LH hat die größere Nähe zum Ursprung, es hat mehr Aminosäuren. Diese zusätzlichen Aminosäuren haben die gleiche Sequenz, aber zusammen geben sie eine andere Information, die Konfiguration ist selbst eine Information und korreliert mit dem Ursprünglichen: Das Ursprüngliche braucht Raum und kann Räume bauen.

Bei VA-Erfahrungen auf A^1 taucht dies als Problem auf. Wir nehmen uns dann selbst den Raum. Dagegen hilft, dass wir uns klar machen, dass wir nicht mehr im perinatalen Raum sind, sondern erwachsen.

> Z.B.: Abends noch Appetit - darf ich? Muss ich vorher fragen? Nein. Ich bin erwachsen, ich darf.

Die geistige Aktivität hat Einfluss auf die Wahrnehmung von Wahrheit.

Wo passiert der Erkennungsreflex? Im Zwerchfell (phrenos)? Der physiologische Ort muss SDV- und GPS-unabhängig sein!

Im Hirnstamm? Bei SDV geht von dort der Druck aufs Corpus mamillare aus. Dort sind Gleichgewicht und Hören angesiedelt. Es besteht über den Gyrus cinguli die Verbindung zum Bulbus olfactorius - d.h. der Druck im Hirnstamm kann auch zum Bulbus weitergeleitet werden.

Im Hirnstamm befindet sich auch die Formatio reticularis. Das Mutzentrum (A^0) für die Wachheit, Energie für Fühlen, Denken, Handeln. Hormone gelangen dort hin (siehe Ergebnisse der Neuroimmunologie). Die Vagus-Kerne befinden sich im Hirnstamm.

Wir kennen das Zögern, dessen aversiver Umgang das Verzögern ist. Dieses „Moment mal", das Innehalten, muss über Geistesgegenwart gesteuert werden.

Der Hirnstamm muss bestens informiert sein über die Informationen aus dem Körper. Er muss aber eine Art eigenes Gedächtnis haben. Der Hirnstamm modifiziert Informationen, verstärkt oder vermindert Informationen. Der Hirnstamm ist gegenwartsbezogen und einsichtig: Geborgenheit und Annahme des Augenblicks.

Stellt sich die Frage nach dem eigenen Gedächtnis des Hirnstammes. Der Hirnstamm tut, was er tut. Er hat eigene Hormone. In ihm ist die

Identität von Handeln und Gedächtnis im Erkennungsreflex vorhanden. Wenn er zusammenbricht, stirbt der Mensch.

Der Hirnstamm steht mit dem Leben auf Du und Du. <u>Dies</u> ist sein Gedächtnis. Vitalisierung im Augenblick. Der Erkennungsreflex um seiner selbst willen. Dieser Augenblick, der in die Ewigkeit hineinreicht, kann, ohne Druck, im Hirnstamm erlebt werden. Die übrigen lebensrettenden Errungenschaften bleiben erhalten. Die Remission des GPS (Noosomatik Bd. V-2, Nr. 6.4.1.) und der Hyperathymie (Noosomatik Bd. V-2, Nr. 6.4.2.) geschieht in einer gefahrlosen Situation über den Hirnstamm durch den Erkennungsreflex, durch das Ja-Sagen zu sich selbst. Und dann kann der Erkennungsreflex in eine Situation hinein geschehen, die völlig neu ist. Zögern setzt ein. Die Situation ist dem FH unbekannt. Denkbar ist die Annahme der Situation - der Erkennungsreflex als Gesundung: „Ich muss nicht krank werden." Oder die Aktivierung von Schwindel und Ohnmacht oder die Assoziation mit der VA an sich, somit die kräftezehrende Aktivierung des AB („Xenophobie" <Antibild, Noosomatik, Bd. V-2, Nr. 8.6.>).

Hier hilft der Quantensprung: Dem Neuen gegenüber, eben nicht mutlos, sondern trauen, wagen, lösen. Eine „Mutation".

Der Hirnstamm bekommt die Informationen schneller zugeleitet als das FH. Über den Thalamus wird simultan unmittelbar auch der Hippocampus aktiviert: Der Hirnstamm weiß von unseren Gefühlen mehr als das FH. Das FH ist nicht Allherrscher. Es hat Lücken.

Exkurs: Tod und Sterblichkeit

Zur Ontologie des Menschen gehört seine Gewissheit und seine Fähigkeit, weder in die Zukunft schauen, noch Gedanken anderer lesen zu können. Diese Grenze ergibt sich aus der Nichtnotwendigkeit, Gott sein zu müssen. Seine Sterblichkeit macht den Menschen liebesfähig.

Der Begriff „Tod" bedeutet eine Abstraktion. Sie will den gedachten Zeitpunkt des Übergangs vom Zustand des Lebendigseins in den Zustand des Totseins bezeichnen. Der Begriff gaukelt jedoch auch vor, dass der „Tod" ein eigenes Subjekt habe, wie es mythologisch in den Begriffen „Gevatter Tod" oder „Schwager" („Hoch auf dem gelben Wagen ...") in unserer Sprache zum Ausdruck kommt. Es wird außerdem die Idee geweckt, dass dieses Subjekt in der Lage sei, dem Menschen (irgendwie) gewährte oder zugeteilte Lebensquanten zu begrenzen.

In dieser Subjektdeutung findet sich indes ein Projektionsprodukt wieder: ein schädigender Elternteil (sE) wird auf ein Götterbild übertragen, dem das Herrsein über das Sterben zugesprochen wird. In unserer Kultur ist dieses Bild in der Regel mit Gott verbunden. Es wird gemeint, Gott sei in Wirklichkeit der Tötende. Üblicherweise wird dann in der kirchlichen Theologie dieser Tod mit Paulus als der „Sünde Sold" verstanden, den Gott einfordert (siehe Karfreitag!). Damit wird allerdings auch behauptet, dass Gott einem Gott über ihm, nämlich der Schuldfrage, zwanghaft oder freiwillig unterworfen sei.

Der Begriff „Tod" weist auch auf eine Grenze hin, die vom Menschen nicht überstiegen und deshalb auch nicht beseitigt werden kann, auch wenn er sich noch so sehr bemüht, diese Grenze hinauszuschieben. Die Verführung liegt nahe, diese Grenze als eine unerträgliche Begrenzung oder gar als „peinlich" (Eberhard Jüngel in „Gott als Geheimnis der Welt") zu bezeichnen.

Wird diese Grenze jedoch als Möglichkeit verstanden, in dieser Begrenzung „leben" als Widerfahrnis überhaupt erfahren zu können, um „leben" als einen Raum zu erfassen, in dem wir richtig sind, erweist sich diese Grenze als zur Sinnfrage (und eben nicht zur Schuldfrage!) herausfordernd. Deshalb deutet die Fähigkeit des Menschen zu sterben, auf seine Fähigkeit, Sinn zu erfassen und zu beschreiben. Jede Sinnerfahrung wirkt dann wieder per effectum die Möglichkeit, dass jeder Mensch jeden Augenblick er-leben kann als entschieden verstehbar und annehmbar und als ihn liebend hingegeben.

Dadurch er-lebt der Mensch seine Menschlichkeit als zeitlichen Prozess des Werdens oder auch des „Vergehens" (aber eben nicht als Schuldvergehen) - und gerade darin seine Existenz als herausfordernd lebendig: **Es gibt ein Leben vor dem Tode!** Der Mensch verliert sich nicht an die Unendlichkeit, da der Prozess (und nicht das Strafgericht!) des Werdens den Raum seines Erlebens so qualifiziert, dass er fühlen kann, dass es immer schon richtig ist - und auf dem Weg zu sich schon am Ziel und am Ziel schon aufbruchbereit und auf dem Weg ist, so dass ihm Weg und Ziel identisch sind.

Zur Ontologie des Menschen gehört seine Gewissheit und seine Fähigkeit, weder in die Zukunft schauen zu können (also auch nicht vor der Tat zu wissen, ob sie richtig ist), noch Gedanken lesen zu müssen: Seine Fähigkeit zu irren ist Basis seiner Lernfähigkeit, die ihrerseits die Irrtumsfähigkeit begrenzt.

Per effectum gehört zum Menschen ontologisch die Grenze seines Denkens und Handelns im Hinblick auf die Nichtnotwendigkeit, Gott sein zu müssen. Die Annahmefähigkeit schließt die Notwendigkeit aus, Gewissheit erst noch herstellen zu sollen. Jeder Versuch, diese Grenze zu übersteigen, wandelt regenerative Kräfte um in autoaggressive Energien. Dagegen gilt es zu sehen: seine Sterblichkeit macht den Menschen liebesfähig!

10. Kapitel: Zur Organogenese

Mit Organ wird ein somatischer Zusammenhang von Aufnahme (An-nahme), Verarbeitung und Weitergabe (Hergabe) von Impulsen (bio-chemischen oder biophysischen Informationen) an einem beschreib-baren und begrenzten (definierten) Ort benannt (WuL 1/1988, S. 22).

Bei der Betrachtung der embryonalen Entwicklung der Organe (der Organogenese) müssen wir deren Mehrdimensionalität berücksichti-gen: Annahme, Verarbeitung und Hergabe definiert ein Organ. Als vierte Dimension kennen wir den Sachverhalt, dass ein Organ immer in Verbindung mit mindestens einem anderen steht, das selbst wieder eine Relationspartnerschaft zu mindestens einem weiteren hat. Die-ses Relationsgebilde hat Sinn und in diesem Anteil am individuellen Mischungsverhältnis (iMV), das selbst einen Sinn hat.

Die Organogenese kann im Sinne der Urbild-Abbild-Systematik (dass es ein Urbild für jedes Organ gibt) und auf Grund der Unterscheidung von Sinn und Funktion (seine Arbeitsweise) betrachtet werden:

Ein Organ ist stets Effekt einer Entwicklung, die in ihm selbst in Er-scheinung tritt. Die Dimension der Zeit kommt darin zum Ausdruck, dass unterschiedliche Vorgänge in unterschiedlichen Zeiträumen und auch nacheinander ablaufen. Zur Organogenese gehören 6 Tatbe-stände:

a) Es gibt Material, das zur Arbeit zur Verfügung steht (in der Blasto-zyste gibt es Zellen, die sich vermehren, vor allem die undifferen-zierten Mesenchymzellen).

b) Ein A teilt das Maß der Quantität von B (Maße des zu bildenden Organs) mit.

c) Gene werden identifiziert. Die Gene repräsentieren eine Fähigkeit (das verbraucht weit weniger Platz, als wenn alle Organe codiert wären).

d) Eine Verarbeitungsenergie dynamisiert und qualifiziert per effec-tum.

e) Der Schnittpunkt dieses Ereignisses bildet den Ort für das Organ.

f) Der Sachverhalt hat einen Sinn und einen sinnvollen Zusammen-hang im Gesamtorganismus.

Zu a)

Eine Zygote lebt als offenes System und entwickelt sich zur Blasto-zyste. Sie hat die Fähigkeit, sich den Ort zu suchen, an dem sie sich niederlässt; andernfalls würde sie über natürliche Wege aus der Ge-bärmutter herausgelangen und absterben. Der Versorgungsanteil der Blastozyste (der Trophoblast) differenziert die Anforderung an den

Nistort. Wenn er gefunden ist, wächst die Blastozyste in die Schleimhaut der Gebärmutter hinein.

Zu b)

Die Blastozyste ist darauf vorbereitet, dass ein B von außen kommt; der Trophoblast kann Hormone bilden und tut das auch. Er bildet zunächst das HSH (Human Survival Hormone, ein Glycoproteinhormon). Als Willkommensgruß und Gastgeschenk ist dieses Hormon eine Liebesgabe, die der Mutter die Schwangerschaft ertragen hilft und schmackhaft macht und gleichzeitig damit das eigene Überleben sichert.

Die Gebärmutter erfährt eine Veränderung, die vom Organismus der Mutter als bedrohliche Begrenzung gedeutet wird. Die Gebärmutter sagt ‚nein' zu der sich ganz selbstverständlich einnistenden Blastocyste und bildet Antikörper im Sinne einer Entzündungsreaktion. Diese Antikörperreaktion wird von der Blastocyste qualifiziert und durch das HSH beeinflusst.

Exkurs: Das „Human Survival Hormone" (HSH)

In der Literatur wird ein Hormon namens HCG (Human Chorionic Gonadotropine) ziemlich ausführlich beschrieben unter dem Aspekt, dass man einen Stoff mit großer Molekülkette sieht, die wie ein Hormon aussieht und wirkt und bei Schwangerschaften auftaucht. Jedoch beruhen die meisten Deutungen auf Vermutungen. Eine dieser Vermutungen ist, dass das HCG aus einer Alpha- und aus einer Beta-Kette bestünde, wobei jedoch die Alpha-Kette mit den Alpha-Ketten von FSH, LH und TSH aus dem TRO identifiziert werden können[31].

Dieses Hormon wird als das Schwangerschaftshormon angesehen, über das man allerdings nicht genug wisse. Bei diesen Vermutungen geht man von folgenden Vorausurteilen aus:

a) Dieses sog. HCG gewährleiste die Durchführung der Schwangerschaft und ginge vom Kinde aus. Das bedeutet, dass behauptet wird, das Kind müsse für seine eigene Existenzberechtigung und für den eigenen Existenzerhalt sorgen, was

b) durch dieses HCG geschehe, was nur als Hormon interpretiert wird, und

c) keine Frau sei eigentlich in der Lage, von sich aus eine Schwangerschaft durchzuführen.

---

[31] FSH: Follikel stimulierendes Hormon, LH: Luteinisierendes Hormon (siehe z.B. WuL 1/1990, S.77); TSH: Thyreoidea (Schilddrüse) stimulierendes Hormon (siehe z.B. Noosomatik Bd.VI.2-2, S. 36); TRO s. Noosomatik Bd. III). Zum HSH finden sich bei Hinrichsen bestätigende Informationen (S. 102).

Die Männer, die diese Theorie entworfen haben, übersehen:

a) Jede Frau hat die Fähigkeit, Ja zu einer Schwangerschaft, wie auch Ja zu einer Nicht-Schwangerschaft zu sagen, wobei bewusste und/oder unbewusste Implikationen eine Rolle spielen.

b) Zu jedem Lebewesen gehören Selbststeuerungselemente, die den Sinn von „leben" erfüllen können, nämlich am „leben" bleiben zu können, sofern keine pathologischen Einflüsse auftreten, die die Substanz aufzehren. Und zu den Lebewesen, sogar zur Spezies Mensch, gehören sowohl Frauen als auch Kinder und nicht nur Männer.

c) Hormone sind Informationsträger. Ihr Inhalt ist bedeutsamer als die Form. Hormone sind nie <u>nur</u> Substanzen, sondern wirk-liche (wirk-same) biologische Regulatoren zur Konkretisierung der Gelebigkeit von Lebewesen.

Die HCG-Vermutung ist also nicht einfach nur eine ideologisch organisierte Theorie, sie führt auch zielstrebig zu Informations- und Erkenntnislücken auf Kosten der Frau. Sie verleitet geradewegs zur Unterstützung von sog. Forschungen an und mit menschlichen Lebewesen, da nur die Funktion in den Blick gerät, deren Sinnzusammenhang dann zusätzlich nur noch als Mechanik begriffen wird. Das hat zur Folge, dass jede Frau auf ihre Geschlechtlichkeit und auf deren ordentliche Funktiontüchtigkeit reduziert wird.

Auf diese Ideologie möchte ich mich nicht einlassen, da mit ihr die Würde und die Wahrheit auf der Strecke bleiben. Schauen wir uns doch das an, was wir tatsächlich beobachten und beschreiben können:

Im Spermium befindet sich ein Actin-Vorrat. Actin ist neben dem Myosin das zweitwichtigste Muskelprotein und besteht aus 374 Aminosäuren (AS), darunter auch eine, die recht ungewöhnlich ist, das N-Methylhistidin. Histidin ist eine essenzielle Aminosäure. Die Bindung an eine N-Methyl-Gruppe bedeutet eine hohe Bereitschaft, sich auf Spannungsverhältnisse einzulassen bzw. an deren Änderung mitzuwirken. Nun, ein Spermium gelangt durch das spermiendeutende Organ (SO) in die Oozyte, die ein kataboles (von der Sache her aufbauendes) Milieu hat. Nun tritt die Spannungsänderung auch im Hinblick auf das ganze Actin ein: es wird zu einem Hormon umgebaut, das wir HSH (Human Survival Hormone) nennen wollen, das die männlichen Eiweiße mit den weiblichen Eiweißen so in Einklang bringt, dass sie nicht agglutinieren (umgangssprachlich: „verklumpen"), indem das HSH diese Eiweiße auf regenerative Distanz hält. Es wirkt außerdem bei der Begrenzung der Ag-AK-R (Antigen-Antikörper-Reaktion) nach der Einnistung mit.

Die regenerative Distanz verhindert nicht nur das Verklumpen (wenn die mütterlichen und die väterlichen Eiweiße sich gegenseitig zu wenig als fremd erkennen würden), sondern auch das Ge genteil, falls die beiden Eiweißsorten sich als artfremd identifizieren und nicht miteinander reagieren würden. In beiden Fällen käme es nie zu einer Schwangerschaft. Falls es geschieht, dass sich eine Frau (scheinbar!) nicht als so funktionstüchtig erweisen sollte, wird im Sinne der HCG-Hypothese davon geredet, dass zu wenig HCG vorhanden sei, um das eine oder das andere zu verhindern.

Doch die Verhinderung findet statt. Es muss einen anderen Grund haben, weshalb es dazu kommen kann, dass keine Schwangerschaft eintritt, oder zumindest nur unter erschwerten Bedingungen, wenn andere Pathologika ausgeschaltet werden können. Nun: Das Frontalhirn hat einen direkten Zugriff auf die Ovarien und kann die Follikelbildung beeinflussen. Entgegen der HCG-Hypothese sage ich: Auch eine Frau hat Geist!

Eine Untersuchung an der Frauenklinik der Universität Heidelberg hat ein sehr interessantes Ergebnis gebracht:

Es wurden drei Gruppen gebildet. Die Frauen der ersten Gruppe wurden mit Hormonen behandelt; die Frauen der zweiten Gruppe mit einer so genannten Immunstimulation durch Spritzen von Lymphozyten des Mannes (um die Ag-AK-Reaktion besser zu unterstützen) und die Frauen der dritten Gruppe mit Placebos. Und das Ergebnis? Die Behandlungsmethode war völlig egal, keine hat etwas an der Statistik geändert. Wie sollte auch ein geistiger Entschluss durch Medikamente geändert werden können?

Nach Befruchtung der Oozyte setzt sich die 2. Reifeteilung fort, die wie bei der Mitose abläuft. Am Ende haben wir die Zygote und eine weitere Zelle, die offiziell Polkörperchen genannt wird. Wir haben sie jedoch Gamozyte genannt, da sie eine Zelle ist mit väterlichen und mütterlichen Informationen. Diese **Gamozyte** wird durch die Eileiter in den Uterus wandern und den mütterlichen Organismus zu erhöhter Wachsamkeit bewegen. Dieser erkennt zwar in der Gamozyte Eigenes (Selbstiges), aber auch Nichtselbstiges, da ein Teil der Information unbekannt ist. Der Organismus wird wachsam und stellt zusätzliche Handlungsenergie bereit. Deshalb also wird die Gamozyte benötigt, damit die Blastozyste vom mütterlichen Organismus als von diesem unterschieden erkannt (also nicht als Eigenes einfach vereinnahmt) wird und bei der Einnistung eine Ag-AK-R einsetzen kann.

Zum HSH: es hält die männlichen und die weiblichen Eiweiße auf Distanz, indem es über seinen Glukoseanteil Wasserstoffbrücken zur Verfügung stellt: per effectum wird Eiweiß als Antikörper frei, um der Antigen-Reaktion der Frau begegnen zu können. Dieser erste Antikörper, der Urantikörper wird von uns i-Logon genannt, da er zur Primäridentität und zum Ursprünglichen gehört. Zusätzlich werden Sauerstoff und Wasser frei und zusätzliche Energie.

Die mit 145 AS nachgewiesene Substanz, die irrtümlich beta-HCG genannt wird, ist eine Addition von Hormonen, die vom HSH organisiert wird. Das HSH übt Gehirnfunktion aus und wahrt damit die Gelebig-keit der Zygote, sofern es ausreichend vorhanden ist.

Das HSH selbst besteht aus 8 AS und arbeitet als Glykopeptid-Hormon mit anderen Eiweißen nach dem Muster des Einklangs zwischen Spermium-Eiweiß und Oozyten-Eiweiß. Dadurch ist das HSH wie ein Organ in der Lage, etwas herzugeben, in diesem Falle Teile seiner Sequenzen an den passenden Stellen. Es wirkt mit bei der Bildung des TRO durch Induzierung von Mesenchymen (undifferenzierte Zellen) und Bereitstellung der Releasing-Factors (RF; vorauslaufende Informationen, die Hormone bauen helfen) GnRF (Gonadotropin-RF: FSH-LH-RF), SMRF (STH-MSH-RF) und TARF (TSH-ACTH-RF) und per effectum bei der Ausbildung <u>aller</u> Nervenzellen des Gehirns durch Bereitstellung von Zucker durch seinen Glukoseanteil.

Das HSH wirkt auch mit beim Aufbau des zentrokorporalen Drüsensystems („Bauch") durch Induzierung von Mesenchymen und Schaffung der Voraussetzung hormoneller Aktivitäten.

Das HSH wird seinerseits zur angemessenen Aktivität angeregt im Laufe des Wachstums des Kindes durch Effizierung der Ag-AK-R bei der Organogenese. Es hat also keine sinngebende Funktion, sondern ist Effekt der Primäridentität (PrI) mit der Aufgabe, das Überleben zu ermöglichen durch die Tätigkeit, die später das Gehirn als ganzes übernehmen wird. Der Sache nach muss ich auch hier sagen, dass wir es bei der Blastozyste nach der Befruchtung bereits 100 % mit einem menschlichen Lebewesen zu tun haben, das alle Kriterien erfüllt, die Menschlichkeit des Menschen ausmachen. Eine Verbesserung dieser Menschlichkeit ist ausgeschlossen.

Da es sich bei der Blastozyste um etwas völlig Neues handelt, wird sie vom mütterlichen Organismus als Antigen gedeutet. Das HSH der Blastozyste beeinflusst jedoch das Immunsystem der Frau so, dass sie nicht mehr nur als Nichtselbstiges, sondern als Relationspartnerin erfahren werden kann: Die Wahrung der Unterschiedenheit bildet den Inhalt dieser (wie jeder) Relationspartnerschaft.

Zu c)

Die Blastozyste erhält Eiweiß durch die Antikörper der Frau. Diese öffnen die DNA, so dass die Antikörpergabe der Frau per effectum die Öffnung der DNA der Blastozyste initiiert und eine weitere Entwicklung des Kindes möglich wird: „lieben" öffnet.

Nach dem Öffnen der DNA werden Enzyme gebildet, mit deren Hilfe neue Stoffe gebildet werden. Diese öffnen weitere Stellen an der DNA, so dass wieder andere Enzyme gebildet werden usw.: „leben""" als Widerfahrnis von „lieben" mit der logischen Folge des Widerfahrnisses von „müssen". Aus der Freude der Begegnung kommt es zur Hingabe und Annahme mit der logischen Folge („müssen") des Umsetzens in die Konkretion. Für die Mutter besteht zunächst keine An gewiesenheit auf die Blastozyste. Sie hat die Möglichkeit, Schwangerschaft oder Nicht-Schwangerschaft zu wagen.

Zu d)

Adenosin-Triphosphat (ATP) als Energie ist ausreichend vorhanden mit Hilfe der Versorgung durch die Frau. Die Blastozyste wächst nach ihrer Einnistung. Die bereits begonnene Ag-AK-R zwischen Kind und Frau geht in den Prozess der Organogenese über und wiederholt sich bis zum Entstandensein der einzelnen Organe: die Eiweiße des Kindes gelangen in den Körper der Frau.

Die Vermutung einer Organogenese mittels der Verplanung durch die DNA ist wegen der viel zu großen Fehlermöglichkeit (siehe Errasen in: „Zytologie in Auswahl", interdis 2007, S. 74 ff.) beim Ablesen der DNA unsinnig.

Die ersten Organinformationen von der Frau, die auf ein kindliches Antigen treffen, bilden als erste Antikörper, die selbst als erste wieder zum Kind gelangen, so dass die Bildung des entsprechenden Organs beim Kind beginnen kann. Als Erstes entsteht die Blutbahn.

Zu e)

Der Ort der Organentstehung ist der Effekt von Weg und Zeit, also das Ergebnis eines 4-dimensionalen Geschehens, das im Kind 3-dimensional konkretisiert wird. Ein Eiweißmolekül kommt aus der Blastozyste bei einem mütterlichen Organ an und wird als Antigen erkannt; im mütterlichen Organ wird ein organeigener Antikörper gebildet; dieser gelangt in die Blastozyste und setzt die Entwicklung des kindlichen Organs als Abbild in Gang. Dieser die Organogenese induzierende Antikörper hat eine Relation zu dem Organ, aus dem er kommt und zur Blastozyste; er wird angenommen und wirkt die Abbildung seines Ursprungs. Auf das „muss" der Hingabe folgt die Annahme des „können". Dieses ist der Anfang.

Zu f)

Der Ort für den Anfang ist innerhalb der Kugel, die die undifferenzierte Blastozyste darstellt, unerheblich. Das erste Organ wird „irgendwo" angelegt. Seine Funktion bringt seine Relation zum Ausdruck. Jede Funktion ist auf einen bestimmten Abstand zu Relationspartner/innen angewiesen und auf den Inhalt der Relation. Der Abstand zueinander und die jeweilige Anordnung ergibt sich aus dem Funktionszusammenhang und den Inhalten der Relation. Der Sinn wird nicht geliefert, er ereignet sich. Es hat Sinn, dass das Kind die Methode der Funktion erfährt und annimmt, über die Funktion und ihren Zusammenhang ist der jeweilige Ort als Effekt gegeben.

Empirisch entstehen zuerst Blutzellen, dann Blutgefäße, dann der Kreislauf, dann das Herz. Wir können uns darauf verlassen: das Herz pumpt am besten dort, wo es pumpt.

Sollte mit Hilfe einer Operation ein Organ entfernt worden sein, behält der Körper in seinem physiologischen Gedächtnis, dass es dieses Organ bei ihm gegeben hat, dass es dieses Organ somit überhaupt gibt. Die konkrete Lücke wird im funktionalen Zusammenhang erkannt und durch die Information des physiologischen Gedächtnisses geschlossen.

Die Geschlechtsentwicklung bildet zu Anfang nur das weibliche Geschlecht aus. Stößt die Weiblichkeitsinformation der Frau auf eine chromosomale Entsprechung, wird das weibliche Geschlecht des Kindes ausgebildet. Ist dies nicht der Fall, entwickelt sich per effectum das männliche Geschlecht durch gegenläufige Bewegungen der weiblichen Informationen. Auch hier zeigt sich, dass das männliche Prinzip die Summe zweier gegenläufiger weiblicher Anteile ist (siehe das „Männlich-Weibliche Prinzip" in Noosomatik Bd. I-2, 4. Kapitel). Auch deshalb ist der Mann in der Lage, eine Frau zu verstehen - und umgekehrt!

Fehlanlagen sind Folgen des Versagens des physiologischen Gedächtnisses der Frau; d.h. genetische Voraussetzungen sind Voraussetzungen, nichts weiter. Ausbildungen von Fehlanlagen bedürfen zusätzlicher Information.

Das alles hat einen Sinn: jedes Detail für sich und alle zusammen. Der Sinn ist unabhängig von den Funktionen der Organe zu betrachten. Jedes Organ hat die Fähigkeit, Funktionen auszuüben, was sich auch darin zeigen kann, dass es bei einer Fehlversorgung zu Symptomen kommt, die geradezu die Funktionstüchtigkeit eines Organs deutlich machen, da die Symptome die Fehlversorgung signalisieren und bewusst machen können, damit eine Änderung erwirkt werden kann.

11. Kapitel: Pubertät

Gegen Ende der vorlogischen Phase (Anm. 1), wenn die gesell-schaftlich tragfähigen Aversionen 2. Ordnung erworben werden, setzt mit etwa 5 - 6 Jahren die Steigerung der Produktion von Sexualhor-monen ein, nachdem die Nebenschilddrüse ihre Aktivitäten ändert und über ihr essentielles Hormon ACTH (= WPa) auf die NNR (Neben-nierenrinde) einwirkt und gleichzeitig auch die Haut ihre Aktivitäten vermehrt und zusätzliches MSH (Melanozyten stimulierendes Hormon, WPb) benötigt, was aus dem TRO kommend auch auf das Nebennie-renmark einwirkt.

Ein wesentliches Zeichen in diesem Zusammenhang ist die Pigmen-tierung von Mamillen und Areolen (kreisförmiger Hautbereich um die Mamille herum) (Geneser, S. 629).

Die Geschlechtlichkeit des Menschen beginnt sich selbst Frucht zu sein (die Gonadenentwicklung setzt sich fort) und die Selbstvorstel-lung zu ermutigen. Diese Addition ergibt Raum für die Entfaltung und für weiteres, nun besonders augenfälliges geschlechtsspezifisches Wachstum.

Zur Steigerung der Produktion von Sexualhormonen „kommt es durch die selektive Änderung der adrenalen <in der Nebennierenrinde = NNR> Biosynthese zu Gunsten von DHEA und DHEA-S. Ein bis zwei Jahre später steigen auch die Androstendionkonzentrationen an"[32] (Runnebaum, Rabe, S. 203 f.).

Das DHEA (De-hydro-epi-androsteron) ist ein WPb -Hormon, aus dem sowohl weibliche wie auch männliche Sexualhormone gebildet werden können. Das DHEA-S (De-hydro-epi-androsteron-Sulfat) stammt e-benfalls aus der NNR und stellt eine Speicherform für Sexualhormone dar (vgl. Buddecke, 1989, S. 371). Das DHEA-S kann auch während einer Schwangerschaft in der Placenta zu Östriol umgewandelt wer-den (Schmidt, Thews, 1987, S. 834), wenn z.B. in einem sauerstoff-armen Milieu nach Ansteigen der Produktion männlicher Hormone die Fortführung der Schwangerschaft gefährdet scheint. Das DHEA-S kann auch in DHEA umgewandelt werden (Runnebaum, Rabe, S. 496).

Frontalhirn-Impulse wirken fördernd oder hemmend auf das TRO, das auf die NNR Einfluss nimmt. Die durch die Adrenarche (a.a.O., S. 211) stimulierte Hormonproduktion wirkt die Möglichkeit zum Start des Menstruationszyklus (Menarche). Der Zeitpunkt der Menarche

---

[32] Diese Änderung wird Adrenarche genannt, wegen der besonderen Rolle der Nebennierenrinde

wird auch durch Umweltfaktoren, ethnographische, religiöse und eben auch noogene Einflüsse bestimmt (a.a.O., S. 211).

Die Gonaden(=Keimdrüsen)-Entwicklung wird unterstützt durch die Verminderung der Produktion von Interzyten in der Nebenschilddrüse (Zwischenform von Hauptzellen und oxyphilen Zellen) und durch die vermehrte Bereitstellung von oxyphilen (sauerstoffannehmenden) Zellen durch die Nebenschilddrüse. Diese sind sehr reich an Mito- chondrien (Atmungsorganellen und Energielieferantinnen der Zelle) und Glykogen (langkettige Speicherform von Glukose) (Junqueira, Carneiro, S. 353 f.; Rauber, Kopsch, S. 220 f.).

> Ihre Produktion wird bei Frauen in den Wechseljahren verrin- gert. Sie werden durch Fettzellen (Energiespeicher, dort kön- nen auch weibliche Hormone gebildet werden) ersetzt, um den Energiebedarf auch in der Postmenopause decken zu können.

Die männlichen Keimzellen entwickeln sich in der Pubertät aus den Spermatogonien im Hoden, wo sie sich seit dem 6. Schwanger- schaftsmonat befinden. Sie vermehren sich durch Teilung, werden zu Spermatozyten und dann zu Spermatozoen ausgebildet, wandern in den Nebenhoden, wo sie ihre letzte Ausbildung und zusätzliche Ener- gie erhalten (Kapazitation). Die erste Ejakulation geschieht in der Re- gel unwillkürlich nachts während einer REM-Phase, in der die Gona- dotropine, also die Hormone, die auf die Gonaden einwirken, eine er- höhte Ausschüttung erfahren.

Der Gedanke, dass die angesammelte Menge nach Ausschüttung rufe, entspricht eher patriarchal orientiertem Wunschdenken: Ein Mann bleibt auch Mann ohne Ejakulationszwang. Auch bei der ersten Eja- kulation ist von exogener Impulsierung der ggf. unterbewussten Fantasie auszugehen.

Anmerkung

Anm. 1: „Die Summe dieser - eben auch durch Verwundungserfahrungen qualifizierten - Rückmeldungen und Verarbeitungen führt zur Bildung des in- dividuellen Deutungssystems, das wir ‚Lebensstil' (LS) nennen (Dieser Begriff ist zuerst von A. Adler in seiner Individualpsychologie benutzt worden.)

Den Zeitraum zur Bildung dieses LS nennen wir die ‚vorlogische Phase', sie wird beendet, wenn ein bestimmtes individuelles Maß an Aktionspotenzialen im ‚geistigen' Anteil des Gehirns erreicht ist. Es wird dann das Signal an die Gonandenentwicklung gegeben; die Geschlechtsreife, die im 6. Schwanger- schaftsmonat unterbrochen wurde, setzt sich fort: die Pubertät beginnt (im Normalfall um das 8. Lebensjahr), zuerst noch inapparent zu beobachten." (WuL 1/1988, S.40).

„Erfahrungen in der vorlogischen Phase bringen den Menschen aus seiner ur- sprünglichen Position heraus, erzwingen wegen der andauernden Selbstdar- stellung der Erzieher ein anderes Lageempfingen und verändern so die bis- herige persönliche Gleichgewichtserfahrung (Ort des physiologischen Korre- lats: Hirnstamm)" (SuI-2, S. 66).

Im Umgang mit gesellschaftlichen Gegebenheiten entwickelt sich aus dem LS (Aversion 1. Ordnung) die Notwendigkeit, erlerntes Verhalten gesellschaftlich einzupassen. Das führt zur Entwicklung der Aversion 2. Ordnung, die als zusätzliche Verhaltensselektion verstanden werden muss. Familiäres Verhalten unterscheidet sich von gesellschaftlichem doch in wichtigen Punkten. Dazu siehe Noosomatik Band V-2, Nr. 9.1.2.

12. Kapitel: Zur Menstruation

Wer sich mit dem Thema „Menstruation" beschäftigt, sieht sich recht merkwürdigen Erscheinungen gegenüber, die Judith Schlehe eindrucksvoll beschrieben hat.[33] Wir möchten uns an dieser Stelle jedoch den physiologischen Tatbeständen zuwenden und daraus anthropologische Schlussfolgerungen ziehen.

Beginnen wir, in der Fachliteratur zu blättern und zu lesen. Und siehe da: „Die cyclischen Veränderungen der Uterusschleimhaut während der geschlechtsreifen Zeit der Frau ..." (Junqueira, Carneiro, 1986, S. 533) - hier stutzen wir schon und schauen in ein Gynäkologielehrbuch: „Vom Zeitpunkt der Menarche an wird das Leben einer Frau über 30 bis 40 Jahre lang von den zyklischen Ereignissen ihres Körpers beeinflusst, die der Fortpflanzung dienen" (G. Kern, 1985, S. 69).

Sollte die Geschlechtsreife ein Synonym sein für die Funktionstüchtigkeit eines Menschen weiblichen Geschlechts im Sinne einer Reduzierung auf dieselbe nach dem Motto „Und drinnen waltet die tüchtige Hausfrau"? Oder ein Synonym für die Gebärfähigkeit, die nach herrschender Meinung den Hauptanteil an der Unterschiedenheit von Frau und Mann trage?

Wir formulieren so: Der Menstruationszyklus wiederholt sich im Leben einer gebärfähigen Frau in aller Regel in einem Rhythmus von 28 Tagen. Darin enthalten sind Blutungstage (aus rein pragmatischen Gründen wird üblicherweise der Beginn der Blutung als erster Tag des Zyklus bezeichnet) mit unterschiedlicher Blutmenge -

nach Literaturdurchsicht:

35 - 50 ml (Junqueira, Carneiro, S. 535)

75 ml (20 - 120 ml) (Kaiser, Pfleiderer, 1989, S. 98)

50 - 150 ml (G. Kern, S. 119)

50 ml (Rauber, Kopsch, Bd. II, 1987, S. 515).

Zur Menstruation selbst finden sich in der Literatur einige merkwürdige Hinweise bzw. Fragen, z. B. ob sie überhaupt sinnvoll sei. Der Sinn kann also als nicht geklärt betrachtet werden.

Doch eines wird allemal behauptet:

„Eine echte Menstruationsblutung erfolgt nur nach einem ovulatorischen Zyklus" (Kern, S. 132).

---

[33] „Das Blut der fremden Frauen. Menstruation in der anderen und in der eigenen Kultur", 1987.

Die Kopplung der Menstruation an die Ovulation verbietet sich jedoch, da Ovulationen zu unterschiedlichen Zeiten innerhalb des Zyklus und auch ohne Menstruation stattfinden können. Die Kopplung des Zyklusbeginns an den Menstruationsbeginn unterstellt, dass der Sinn der Ovulation die Herstellung der Gebärfähigkeit der Frau sei und die Menstruation ein Nachweis der Funktionstüchtigkeit des weiblichen Geschlechts. Das wird allein schon dadurch widerlegt, dass die Entstehung von Schwangerschaften auch ohne Menstruation oder auch während ihr möglich sind. Außerdem gibt es das Phänomen, dass zyklische Blutungen auch während einer Schwangerschaft auftreten können.

Im Falle einer von außen ungewollten Schwangerschaft einer 16-jährigen kam es noch zu zyklischen Blutungen bis zum 4. Monat, so dass ein Schwangerschaftsabbruch mit sozialer Indikation bei Offenbarwerden der Schwangerschaft nicht mehr statthaft war.

Dem Wesen nach beginnt der Zyklus jedoch mit der Trophealphase, etwa am 16. Tag der üblichen Zählung.

„Die Follikelphase bezeichnet die Phase vom 1. bis 13. Tag des normalen 28-tägigen Menstruationszyklus (Heranreifen des oder der Follikel), gerechnet ab dem 1. Menstruationstag. Die Ovulationsphase ist die Zeit des Eisprungs, bei einem 28-tägigen Zyklus am 14. Tag, meist 14 Tage vor dem nächsten 1. Menstruationstag (auch bei kürzerem oder längerem Zyklus). Hiernach folgt die 1. Lutealphase, in der der nun offene Follikel durch progesteronproduzierendes Gelbkörpergewebe gefüllt wird (15. Tag bzw. ein Tag nach dem Eisprung). Nach der 1. Lutealphase kommt es zu einem Anstieg des LTH (luteotropes Hormon, Prolactin) mit dem Ziel, die Mammae auf eine möglicherweise zu erwartende Versorgung einzustellen: dies bezeichnen wir als Trophealphase (16. bis 18. Tag des normalen Zyklus). Ist keine Befruchtung eingetreten, schließt sich ab dem 19. Zyklustag bzw. 5 Tage nach dem Eisprung die 2. Lutealphase an, die bereits die Menstruation vorbereitet." (Noosomatik Bd. VI.2-2, S. 40)

Das Wesen des Zyklus lässt sich als Konsequenz der Anwendung des Männlich-Weiblichen Prinzips (MWP; in Noosomatik Bd. I-2, 4. Kapitel) erkennen: Die Aktivierung weiblicher Hormone ist der Normalfall bei einer Frau. Auch nach einer beidseitigen Entfernung der Ovarien (Ovarektomie) kann eine Frau Östradiol bilden. Die Nebennierenrinde (NNR) setzt Androstendion frei, das in peripheren Geweben in Östradiol umgewandelt werden kann, wenn diese den hierzu befähigten Enzymkomplex enthalten (Aromatasekomplex). Zu diesen Geweben werden z.B. Fettgewebe, Leber, Muskel, Haarfollikel und Stützgewebe im Gehirn gezählt (Löffler, Petrides, 1988, S. 712).

Die Trophealphase induziert die Drosselung der Ausschüttung von Dopamin, das unter anderem zuständig ist für den Erhalt des individuellen Mischungsverhältnisses (iMV; Anm. 1) mit Hilfe des APUD-Systems (Anm. 2). Sind Änderungen angezeigt, soll ein Mischungs verhältnis nicht so bleiben, wie es ist. Damit der Organismus sich auf eine veränderte Situation einstellen kann, kann eine Änderung durch Hemmung der Dopaminausschüttung im Sinne eines minimalen Aufwandes eingeleitet werden. Parallel dazu erhöht sich die Ausschüttung von Serotonin, das Schmerz signalisiert, aber auch gegenüber aversiven Impulsen desensibilisiert, weshalb es auch als „Stimmungsaufheller" bezeichnet wird.

Jede Änderung bedeutet für das Unterbewusste des Geistes (mit Zentrale im Frontalhirn) eine Stresssituation - wie wir alle sofort nachvollziehen können: Meist stellt sich eher Sorge ein als freudige Erregung; Sorge deshalb, weil wir nicht in die Zukunft schauen können, um zu überblicken, was aus Neuem werden kann, und um die Richtigkeit des eigenen Verhaltens schon im Vornherein sehen zu können. Stress ist ein hyperdynamisches Phänomen (freudige Erregung ist angemessen dynamisch) und wird physiologisch meist durch beruhigende Hormone gedämpft, also von solchen, die vom männlichen Prinzip (MP) getragen werden. Zu diesen Stresshormonen zählt auch Prolactin[34]. Die Hemmung von Dopamin lässt auch die Produktion von Prolactin steigen. Der Überschuss an Prolactin kann für regenerative Prozesse im Organismus verwendet werden. Falls eine Frau zur Füllung einer regenerativen Lücke das Energiebündel „Eizelle" benötigt, hilft ihr auch der Überschuss an Prolactin zur Stabilisierung regenerativer Wirkungen.

Besteht ein unterbewusstes „Ja" zu einer Schwangerschaft,

> das dadurch möglich wird, dass Serotonin den Zukunftssorgestress nicht aufkommen lässt, andernfalls würde eben dieser als Verwundungsfolge jedes Ja unmöglich machen (niemand kann über ein Kind nachdenken, das noch gar nicht existiert, normalerweise löst eine solche Situation Sorge aus, die hier aber durch Serotonin gedämpft wird) und die Menschheit aussterben; d.h.: die Physiologie der Frau zwingt nicht zur Schwangerschaft, ermöglicht sie aber, auch wenn unterbewusste (noogene) Inhalte dagegen stehen sollten,

und keine Regenerationslücke, wird das Prolactin benötigt, um das Corpus luteum zu befähigen, zur Ermöglichung einer Schwangerschaft weiterhin Progesteron und Östradiol zu bilden. Das Prolactin wirkt als LTH (Luteotropes bzw. Lactotropes Hormon) auf die Follikelepithelzellen (Granulosazellen), die sich unter Wirkung des LH (luteinisierendes Hormon) vermehrt und vergrößert haben und zu den Granulosaluteinzellen geworden sind und die Hormonbildung des Follikels

---

[34] Th. v. Uexküll, 1990, S. 183; B. Runnebaum, Th. Rabe, 1987, S. 4; M. Tausk, J. H. H. Thijssen, Tj. B. van Wimersma Greidanus, 1986, S. 172 f.

fortsetzen, die ohne Prolactineinwirkung nach wenigen Tagen zum Stillstand käme.

Die Erhöhung der Östradiol- und Progesteronspiegel wirkt im Zusammenhang mit dem vermehrt vorhandenen Prolactin ein zusätzliches Wachstum der Gebärmutterschleimhaut und zwar in unterschiedlichen Regionen der Gebärmutter (Junqueira, Carneiro, S. 535; Rauber, Kopsch, S. 515). Kommt es zur Befruchtung und zur Einnistung, wird zusätzliches Prolactin ausgeschüttet, was durch Serotonin (Antwort auf die Einnistungsverwundung) induziert wird[35].

Das Prolactin unterhält den Gelbkörper, der nun vermehrt Progesteron und Östradiol produziert, bis etwa zum Ende des 3. Schwangerschaftsmonats, wenn das Kind selbst mit Hilfe der Placenta die Produktion dieser Hormone übernimmt. Kommt es also zu einer Schwangerschaft, ist alles fein darauf vorbereitet. Allerdings steht für eine mögliche Befruchtung nur die Zeit von zwei Tagen zur Verfügung. Kommt es nicht zur Einnistung, beginnt nun die von uns so genannte 2. Lutealphase.

Die Einnistung erhält das Stressmilieu und damit die Prolactinproduktion, bei Nichteinnistung klingt die Stressreaktion wieder ab. Der Organismus bekommt über die Aktivität der „Naschzellen" (die die Stoffe der Eizelle „naschen", um die Regenerationslücke zu schließen) die gelingende Regeneration gemeldet. Dadurch wird die Produktion von Prolactin wieder auf das individuell benötigte Niveau gesenkt. Das Niveau von LH, Progesteron und Östradiol sinkt bis zum unteren Level der Basalsekretion. Damit der Spiegel nicht unter das Basalniveau absinkt, wird durch die Information des hormonellen Mischungsverhältnisses an das TRO (i.e. Tetrarezeptives Organ als Bezeichnung für Hypothalamus und Hypophyse als Organeinheit) das vom weiblichen Prinzip getragene Oxytocin freigesetzt und parallel dazu der Sympathikus aktiviert, der nun auch seinerseits auf die glatte Muskulatur der Gefäße wirkt und dadurch die Produktion von Prostaglandinen initiiert. Diese vermindern die Durchblutung des Ovars, so dass das Corpus luteum nicht mehr ausreichend versorgt wird und die Hormonproduktion einstellt. Gleichzeitig drosseln sie die Durchblutung der Gebärmutterschleimhaut. Da Östrogene in der Lage sind, eine Wasser- und Salzretention zu verursachen, bewirkt der abgesunkene Östradiolspiegel, dass das Wasser (aus den Zellzwischenräumen: die interstitielle Flüssigkeit) resorbiert werden kann. Dadurch schrumpft die Gebärmutterschleimhaut. Außerdem reagiert die Uterusmuskulatur (das Myometrium) auf das Oxytocin. Es kommt zur Kontraktion, die die Blutversorgung der Gebärmutterschleimhaut

---

[35] Forth u.a., S. 399; Tj. B. van Wimersma Greidanus, S. W. J. Lamberts, "Regulation of Pituitary Function" in der Reihe "Frontiers of Hormone Research", Bd. 14, 1985, S.75.

weiter verringert. Gleichzeitig öffnen sich die Basalarterien: Blut mit seinen reichen Inhaltsstoffen gelangt nun in das umgebende Gewebe und in die Zellzwischenräume. Dadurch wird zweierlei gewirkt:

a) Die Vergrößerung der Zellzwischenräume fördert die Trennung von Basalis (die im Uterus bleibende Grundschicht der Schleimhaut) und Functionalis (oho: ein hochinteressanter Name für die zusätzlich aufgebaute Schicht der Schleimhaut). Letztere gerät in die Isolation und wird nach dem 9. Hauptsatz von der Isolation[36] umgebaut.

b) Lebensnotwendige Inhaltsstoffe des Blutes werden zur Regeneration des MP resorbiert, ebenso wie die nahrhaften Stoffe der Functionalis aufgenommen werden (Kern, S. 122, belegt durch das Beispiel der menstruatio sine mense, d.h. der Bedarf kann so groß sein, dass es gar nicht zu einer Menstruationsblutung kommt). Nichtbenötigtes wird mit Hilfe der Kontraktion nach draußen befördert: Menstruationsblutung.

Jenen Frauen, die über eine zu geringe Blutung oder eine zu kurze klagen sollten, sei hiermit ausdrücklich versichert, dass es sich dabei um kein pathologisches Symptom handelt (siehe auch Kern ebd.). Eine Regelblutungszeit von 2 bis 3 Tagen kann also als normal angesehen werden. Dauert sie länger, kann etwa ab dem 4. Tag beobachtet werden, dass die Konsistenz des Blutes eine andere ist. Es wirkt wie Blut aus einer Wunde. Das Menstrualblut gerinnt nicht, „da sich im Endometrium und im Zervixschleim proteolytische Enzyme befinden" (Kern, S. 122). Die Verlängerung der Blutungszeit gelingt über eine Blockade des WP, indem die Ausschüttung des vom WP getragenen Oxytocins vermindert und die Sympathikuswirkung gedämpft wird, die über die Freisetzung von Prostaglandinen ebenfalls die Kontraktion von Myometrium und Gefäßen bewirkt. Dies kann ausgelöst werden über eine verstärkte Aktivierung des Parasympathikus (VA-Folge: Verbot, sich selbst Frucht sein zu dürfen). Die kontrahierende Wirkung der vom WP getragenen Sympathikus- und Oxytocinaktivität bei angemessener parasympathischer Mitwirkung begrenzt die Blutung auf ein Maß, das Regenerationsmöglichkeit belässt, und setzt gleichzeitig die Schließung der Basalarterien in Gang.

Das Ende der ersten Lutealphase bedeutet gleichzeitig das Ende eines Menstruationszyklus, der erst mit dem zusätzlichen Aufbau der Gebärmutterschleimhaut neu gestartet wird, d.h. die Trophealphase ist außerhalb des Menstruationszyklus und unabhängig von diesem und

---

[36] „Der Hauptsatz von der Isolation: „Substanz wandelt sich in der Isolation in ein Material um, das sich selbst abbaut (Beispiele: Rückbildung des primären Dottersacks, Rückbildung der akzessorischen Reizleitungsbündel; siehe WuL 1/1988, S. 45 ff.)" (Noosomatik Bd. I-2, Nr. 3.17.9.)

bedeutet immer Deckung zusätzlichen Regenerationsbedarfs bei der Frau. Sie ist damit unabhängig von der Gebärfähigkeit zu betrachten. Der Menstruationszyklus wird also dadurch effiziert, dass zuvor der zusätzliche Aufbau der Gebärmutterschleimhaut induziert worden ist.

Die Trophealphase wirkt nicht in jedem Falle einen Menstruationszyklus. Die Gebärmutterschleimhaut wird nur dann zusätzlich aufgebaut, wenn der Dopaminspiegel sinkt und gleichzeitig der Serotoninspiegel steigt (siehe oben). Kommt es nicht zur Einnistung an dieser Stelle der zusätzlich aufgebauten Gebärmutterschleimhaut, dann setzt der Menstruationszyklus ein. Frauen sind also mit Hilfe ihres weiblichen Prinzips in der Lage, sich von einem Augenblick in den nächsten gleiten zu lassen, ohne Sorgephänomene (im Unterschied zu Männern; Männer können höflich der Frau den Vortritt und sich dann bedienen lassen; Männer können jedoch auch diese andere Fähigkeit auf sich wirken lassen und sind dann in ihrem Fühlen beim Übergang in den nächsten Augenblick mit dabei.

Patriarchalisch orientierte Sozialisationsprozesse zwingen Frauen zu mehr oder weniger starken Reduzierungen auf das MP und damit zu Bravheit und Funktionstüchtigkeit. Durch die Begrenzung ihrer genuin eigenständigen Möglichkeiten geraten Frauen häufig in die Situation, ihre subjektiven und individuellen Möglichkeiten und Bedürfnisse nur in Form von Körpersymptomen äußern zu können, wobei auch diese durch gesellschaftliche Konvention bewertet werden. Zwar dürfen Frauen in unserer Kultur grundsätzlich häufiger krank werden als Männer, doch sollten sie darauf achten, dass dadurch die Versorgung derselben nicht gefährdet wird. Hier entstehen soziologische Nischen, in denen Frauen ihren tatsächlichen Wünschen unbewusst nachkommen können. Zu diesen Nischen gehören z.B. Schwangerschaft und Stillzeit. Während dieser Zeiten ist es gesellschaftlich erlaubt, und deshalb unverdächtig, nicht zu menstruieren.

Da sich jedoch die Eisprünge nicht an die androzentrische Sicht auf die Frau halten und trotzdem auch in diesen Zeiten stattfinden, finden auch in ihnen ganz heimlich Trophealphasen ohne Blutung statt. Diese können sogar so weit gehen, wie unser Beispiel der 16-Jährigen zeigt, dass ein zusätzlicher Aufbau der Gebärmutterschleimhaut stattfinden kann. Es handelt sich dabei um die von uns so genannte „weibliche Millimeterarbeit": „Die für die Sekretionsphase charakteristischen Veränderungen ergreifen die Uterusschleimhaut nicht in allen Abschnitten völlig gleichzeitig, sondern erfassen schrittweise nacheinander einzelne, jeweils von einer korkzieherartig gewundenen Arterie versorgte, einige Millimeter große Schleimhautfelder" (Rauber, Kopsch, S. 515). Neben der Placentahaftstelle steht also noch freie Gebärmutterschleimhaut zur Verfügung, die parziell aufgebaut und dann eben auch mit Hilfe eines Menstruationszyklus umgebaut werden kann, wodurch auch Blutungen möglich sind.

Wir wenden die 4-Schritt-Regel (Anm. 3) an:

1. Schritt
Bewegen: Oxytocin wirkt auf Uterusmuskulatur
bewegt werden: Prostaglandine wirken auf glatte
                      Muskulatur von Uterus und Gefäßen

2. Schritt
Grenzen setzen: Öffnen der Basalarterien
Grenzen erfahren: Isolation der Functionalis (Isolationssatz)

3. Schritt
Verarbeitung
des Augenblicks: Begegnung von Blut und Schleimhaut und per ef-
                      fectum Umbau durch proteo- und glykolytische
                      Enzyme

4. Schritt
Raum geben: Aufnahme (Resorption) ⎤ Regeneration
Raum erhalten: Ausscheiden   ⎦ des MP

zu 2.): Die Ablösung der Schleimhaut (Isolation) führt schon zur Umwandlung in Substanz, die sich selbst abbaut.

zu 3.): Das Blut aus den Basalarterien gerinnt nicht, dadurch kann es
mit der isolierten Schleimhaut reagieren (keine Sicherheit).

Die Gebärfähigkeit der Frau ist eine zusätzliche und weitergehende
Fähigkeit, die jeder Frau über das ihr eigene Zusammenspiel von
Möglichkeiten und Fähigkeiten hinausgehend zusätzliche Energien ab-
verlangt, d.h. eine Frau ist, auch ohne dass sie ein Kind geboren hat,
ganz und gar Frau. Die moralistische Wertsteigerung von Frau zur
Mutter ist Produkt der Reduzierung der Frau auf bloß diese zusätzliche Fähigkeit und behauptet, dass die Menschheit genetisch oder gar
göttlich zur Bevölkerungsexplosion gezwungen sei. Ohne Zweifel
dient die Gebärfähigkeit dem Erhalt der Menschheit und kann zu Formen des Zusammenlebens führen, die man gemeinhin „glückliches
Familienleben" nennt.

Die Nichtschwangerschaft ist der normale Zustand der Gebärmutter.
Sie ist ein für das physiologische Gleichgewicht der Frau wichtiges
Organ und darf keineswegs bloß von der Gebärfähigkeit der Frau her
betrachtet werden.

H. Poettgen „beobachtete, dass nach dem Verlust des Organs diesem ein höherer Wert zugesprochen wird als zuvor und dies unabhängig davon, ob die hysterektomierte Frau ihre Weiblichkeit zuvor
angenommen oder abgelehnt hatte". Es „kommt dem Verlust der
Gebärmutter im Selbstwertgefühl der Frau eine größere Bedeutung

zu als es im medizinisch naturwissenschaftlichen Verständnis definiert ist".[37]

Die Gebärfähigkeit desorientiert das physiologische Gleichgewicht durch die starke Betonung des männliches Prinzips (siehe das vom männlichen Prinzip getragene Prolactin). Die Menstruation ist die zusätzliche Möglichkeit der Regeneration zur Erhaltung des physiologischen Gleichgewichts der Frau. Schwangerschaft und Stillzeit erfordern eine Verstärkung des männlichen Prinzips in der Frau bei gleichzeitiger Förderung des weiblichen Prinzips.

Die subjektive Einschätzung und der daraus resultierende Umgang einer Frau mit der Menstruation ist abhängig von unterbewussten Impulsen und internalisierten Umgangserfahrungen und natürlich auch von bewussten Entscheidungen. „Der periodisch wiederkehrende Ablauf ... wird durch konzertierte Funktion" (sieh da! sieh da!) „von Ovarien, Hypophyse und Hypothalamus geregelt. Darüber hinaus können Einflüsse von Umwelt, Psyche" (hier wohl Synonym für das Unterbewusste) „oder somatischen Faktoren auf die Zyklusregulation wirksam werden" (Kern, S. 69).

Wenn wir von einer durchschnittlichen Menstruationszeit von 35 Jahren ausgehen und einer nicht unüblichen Blutungsdauer von 6 Tagen, kommen wir auf 2520 Blutungstage: Das entspricht einem Zeitraum von fast 7 Jahren. Nach den im Hauptteil ausgeführten Beschreibungen können zwei bis drei Blutungstage als ausreichend betrachtet werden, bezogen auf die Jahre also weit weniger als drei. Bei aller Anfechtbarkeit dieses Zahlenspiels macht jedoch stutzig, dass die Blutungszeit in der Regel länger ist, als notwendig erscheint. Die Ursachen dafür können sehr unterschiedlich sein. Sie sind jedoch stets abhängig von noogenen Einflüssen.

In einigen Kulturen wird den Frauen während der Blutungszeit sozusagen ein Schonraum zugebilligt, in dem die Möglichkeit besteht, sich auf sich selbst zu besinnen und durch die erlaubte andere Lebensführung sich zusätzliche regenerative Quellen zu erschließen. Mancherorts gelten Frauen sogar als unrein und müssen während dieser Zeit gemieden werden. Es kann also sehr wohl sein, dass eine verlängerte Blutungszeit, womöglich auch die Zwischenblutungen (bei Ausschluss pathologischer Faktoren), zu den wenigen tatsächlich „freien Meinungsäußerungen" im Leben einer Frau gehören. Dabei ist jedoch auch nicht auszuschließen, dass diese ein autoaggressiver Bestandteil des unterbewussten Systems sind und deshalb als Methodik einge

---

[37] „Ein Angriff auf die weibliche Identität. Hysterektomie - die häufigste gynäkologische Operation", 10. Wissenschaftliche Sitzung der Gesellschaft für praktische Sexualmedizin 1990 in Heidelberg, Moosmann, E. B. in „Fortschritte der Medizin", 109. Jahrgang, (1991), Nr. 4.

setzt werden können, um andere Möglichkeiten nicht anwenden zu müssen. Objektive Befunde werden „in der Regel" leichter akzeptiert als subjektive Empfindungen.

Eine andere Ursache kann z.B. ein unbewusster Protest gegen die Reduktion auf die Funktionstüchtigkeit durch Überbetonung ihrer Auswirkungen sein. Wird nämlich der Sinn der Existenz einer Frau bloß in ihrer Gebärfähigkeit gesehen, muss sie diese zum Nachweis derselben ordnungsgemäß und zum Nachweis der Nicht-Schwangerschaft „regel"mäßig durch die Menstruation offenbaren. Eine innere Ablehnung dieser Reduktion kann sich durch eine verstärkte Aktivität des Parasympathikus auswirken, so dass die kontrahierenden Wirkungen von Sympathikus und Oxytocin vermindert werden, wodurch per effectum eine längere Blutungsdauer entsteht. Das bedeutet, dass der Nebeneffekt dieser Not, die parasympathisch gesteuert wird, die zentrale Möglichkeit der Frau ist, in patriarchal orientierten Kulturen ihre Selbstständigkeit zu retten.

Um nun das weibliche Prinzip nicht zu sehr zu gefährden, bleibt der Frau die Umwandlung der vom pervertierten männlichen Prinzip getragenen Not in die vom pervertierten weiblichen Prinzip getragene Sorge (die Frau als Versorgungsinstanz), da anderenfalls die Auflösung der Not und des in ihr enthaltenen Verbots, sich selbst Frucht zu sein, in die Verwerfung genuiner Anteile (Hass) und damit in einen autoaggressiven Angriff gegen das zentrokorporale Drüsensystem (Galle, Leber, Bauchspeicheldrüse) zu münden droht.

Die aversiven Verschränkungen sind Folgen von VA-Erfahrungen und beleuchten das kulturelle Niveau des Umgangs mit Frauen. Eine Auflösung dieser Verschränkungen und damit die Erarbeitung eines individuellen adversiven Umgangs mit der Möglichkeit zur Menstruation ist denkbar über die selbstbestimmte Erweiterung der Fähigkeiten, sich selbst anzunehmen und Frucht sein zu können. Soll dies in Gemeinschaft mit Männern geschehen, müssten diese ihr eigenes Geschlecht und die in ihm wohnenden Möglichkeiten ebenfalls akzeptieren. Unser Gebrauch des Begriffs „körpern" zielt z. B. auf die Möglichkeit, dass der Mensch seinen Körper als Wohnung begreift, in der er der Gastgeber ist.

Nicht nur Frauen sollten sich sehr genau überlegen, wem sie Gastrecht gewähren und wie dieses wirksam wird, sondern auch Männer können sich sehr genau überlegen, welchen Ideologien und Vorstellungen sie in ihrem Kopf das Gastrecht verweigern sollten, um dem Ursprünglichen Raum zu gewähren. Außerdem könnten Männer bei mancherlei Gelegenheiten sich dessen bewusst sein, dass sie bei einer Frau zu Gast sind. Jede wirkliche Kommunikation in jedweder Form versteht sich wegen der Beteiligung der Sinnesorgane als Sensualität, die in der Verbindung von „Sinn und sinnlich" Gewalt ausschließt.

Widerfährt einem Menschen Gewalt, befindet er sich stets in einer A-nalogie zur VA mit den entsprechenden physiologischen Folgen, zu denen auch eine vermehrte Ausschüttung von Serotonin gehört. Serotonin fördert u. a. auch die Ausschüttung von Prolactin. Ein Mann kann dies unmittelbar zur Anwendung von muskulöser Gewalt verwenden, muss dies aber nicht, da durch bewusste Einwirkung auf seine Handlungsfähigkeit mit Hilfe der Epiphyse Dopamin produziert werden kann, um das Prolactin zu dämpfen.

Bei einer Frau jedoch wirkt die vermehrte Prolactinausschüttung nicht nur z. B. eine Verlängerung der Blutungszeit durch Effizierung von Angst und damit parasympathischer Tätigkeit wegen ihrer in der Regel körperlichen Unterlegenheit gegenüber einem Manne, sondern auch im Zusammenhang mit der Trophealphase einen verstärkten Aufbau der Gebärmutterschleimhaut und damit ihrer Empfängnisfähigkeit.

So ist es zu verstehen, dass Frauen bei Vergewaltigungen, sei es innerhalb oder außerhalb einer partnerschaftlichen Beziehung, schwanger werden können. Diese natürliche Reaktion macht deutlich, dass Frauen die ihnen widerfahrende Gewalt von Natur aus nur mit adversiven physiologischen Möglichkeiten beantworten können: Die noogen initiierte freie Entscheidung wird physiologisch außer Kraft gesetzt (vergleichbar dem Getötetwerden setzt die Willensfreiheit aus). Die Physiologie bleibt stets dem Widerfahrnis von „leben" zugewandt. Wir erkennen hier die grundlegende Überlebensstrategie, die in die Lage versetzt, Gewalt kanalisieren zu können, um zu retten, was zu retten ist.

Unabhängig von sonstigen not-wendigen Hilfen muss diesen Frauen die Möglichkeit eröffnet werden, zum Erleben ihrer Würde zurückzukehren. Auch unter solchen extremen Bedingungen bleibt ihre Würde erhalten. Würde wahrt die Einheit. Das MWP konsequent physiologisch zu Ende gedacht, offenbart, dass selbst in den extremsten Situationen die Physiologie eines Menschen weiblichen Geschlechts physiologisch adversiv agieren kann. Das entlastet den Vergewaltiger in keiner Weise. Doch das ist für den männlichen Partner einer vergewaltigten Frau von äußerst wichtiger Bedeutung, verstärkt er doch nicht selten durch seine Ängste und Fantasien die Auswirkungen des traumatischen Erlebnisses. Fehlt der Frau diese Information, und trifft eine extreme Situation auf Frontalhirn(=FH)-Inhalte, löst die adversive Aktivität der Physiologie wegen der FH-Aktivität dennoch im Sinne der 1. Umdrehung eine stark aversive Symptomatik aus, eben auch somatisch, die durch eine bewusste Verarbeitung verhindert werden kann. Wir merken: Frauen bedürfen der Informationen über sich selbst, sie wissen zu wenig über sich, da die Männer-Medizin sich dafür gar nicht interessiert und die Wissenslücken nicht schließt oder Wissen vorenthält.

Es bedarf zusätzlicher, d.h. zusätzlich gelernter noogener Einflüsse, die nur durch eine VA vermittelt werden können[38], damit eine Frau Gewalt mit Gegengewalt beantworten kann. Und so sieht es weitgehend aus: Als Alternative bietet sich für Frauen im Patriarchat eine diplomatische Einpassung, um Überlebenstendenzen wenigstens einigermaßen zu gewährleisten.

Frauen benötigen deshalb zusätzliche heimliche Räume zur Regeneration, zum Erhalt der vitalen Funktionen des Organismus. Die größte Heimlichkeit ist dort gewährleistet, wo es den Frauen selber verborgen bleibt, damit sie diese Räume nicht unbedacht zu erkennen geben. Sonst würden diese auch noch patriarchalisch besetzt werden.

> Nota bene: ‚erkennen' ist das hebräische Wort eben auch für den Sexualakt.

Es gibt jedoch eine Kommunikationsform, die diese Erkenntnisgabe nicht verhindert, so dass Frauen sich in ihr vorbehaltlos offenbaren: die Sexualität. In ihr gibt die Frau „geheime Informationen" weiter, die jedoch nur von dem Mann erkannt werden können, der sich der angemessenen Anwendung seines Geschlechts be-dient. Sollte er dies tun, nimmt er diese „geheimen Informationen" und damit die Offenbarung der Selbstvorstellung einer Frau an. Er spiegelt sie in der Annahme der Frau wider, was diese wiederum annehmen kann, wodurch sie die Selbstvorstellung des Mannes diesem widerspiegelt.

Dieses Miteinander kennt zwei Feinde: Gewalt und Routine. Zu letzterem sei gesagt, dass jeder Augenblick neu und unüberbietbar ist, so dass Vergleiche mit Vorstellungen und mit früheren Erfahrungen den Einlass in den Augenblick verbauen würden. Dieses Miteinander zeigt, dass die Asymmetrie der Geschlechter von grundlegender Bedeutung für das Offenhalten nicht nur einer lebendigen Beziehung ist, sondern auch für das eigene Menschsein als offenes System.

Anmerkungen

Anm. 1: „Jeder zusätzliche Verbrauch an Energien wird der Regeneration entzogen, er geht an die Substanz. Mit diesem Begriff meinen wir nicht nur ein materielles Vorhandensein von Energien oder Stoffen, sondern das inhaltliche und materiell-formale Mischungsverhältnis aller physiologischen Mischungsverhältnisse im individuellen Körper, das die Selbstorganisation des Organismus steuert und die Einzigartigkeit des Menschen in seiner ihm eigenen Individualität abbildet. Dass durch die VA-Erfahrungen hier Änderungen des Ursprünglichen im Sinne der Einpassung ins Familienkollektiv auftreten können, ist unmittelbar einleuchtend. „Vererbt" wird mehr durch Erziehung als durch genetische Vorbelastung.

---

[38] Siehe die „töchterliche Addition" in Noosomatik Bd. V-2, Nr. 5.10.5.5

94

Die eben erwähnten Verdrängungen verbrauchen die Energien, deren wir bei Krankheiten eigentlich bedürfen, um die Heilungstendenz zu unterstützen. Wir können geradezu sagen, dass von diesem zusätzlichen Verbrauch die eigentliche Schwere von Krankheiten ausgeht. Fehlende Energien und falsche Informationen bringen die organischen Mischungsverhältnisse so durcheinander, dass irgendein Organ schließlich gekränkt aufschreit und uns warnen möchte." (GuG, S. 135)

Anm. 2: „Mit APUD-System werden einzeln oder im Verbund auftretende Zellen bezeichnet, die miteinander kooperieren und eine Drüsentätigkeit ausüben.

APUD-Zellen (amin precursor uptake and decarboxylation) finden wir im Gehirn (in Epiphyse, TRO <vor allem im Sympathiskusgewebe>, im Kleinhirnwurm, in den Hirnhäuten <wegen der Melanoblasten>), im Auge (Netzhaut), in Schilddrüse (C-Zellen, Nebenschilddrüse), Lunge (Bronchialschleimhaut), Magen- Darm-Trakt (Schleimhäute), Urogenitalsystem, Pankreas, Nebennierenmark, Placenta und in der Haut (Melanoblasten).

APUD-Zellen sind eigen-artige Zellen; d. h. sie sind mit anderen Zellen des Körpers nicht vergleichbar. Sie sind weder Nerven-, noch Sinnes-, noch Körperzellen. Sie bilden vielmehr eine ‚drüsige' Zellart für sich. APUD-Zellen befinden sich in der Nähe von Gefäßen und haben Nervenzellen um sich. Ihre Drüsentätigkeit besteht darin, dass sie Sekret speichern und nach draußen auf unterschiedliche Weise abgeben können (endokrin, neurokrin, neuroendokrin und parakrin).

Das APUD-System stammt direkt aus der Zygote, also aus der Eizelle. Das Frappierende an dieser Erkenntnis ist der Zusammenhang zwischen Heilungstendenz und weiblichem Prinzip, das in jedem Menschen, unabhängig vom Geschlecht, die lebendige Verarbeitung von Außenimpulsen ebenso natürlich organisiert wie auch die gefühligen Antworten und die überlebensnotwendigen Varianten menschlichen Verhaltens."

(„Einheit und Relation. 1. Teil: Zur Heilungstendenz im Menschen aus zytologischer Sicht" in ZuA, S. 37 ff.).

Anm. 3: „In einem lebendigen offenen System werden Effizierungsprozesse über ein 4-Schritt-System bewegt, das sich nach dem 4. Schritt in dem jeweils neuen Zustand wiederholt, so dass niemals und an keiner Stelle gleiche Abläufe verlaufen können. Dieses 4-Schritt-System führt mit einem Minimum an Aufwand zu einem Maximum an Möglichkeiten, durch Mobilität ein lebendiges System offen zu halten. Diese 4 Schritte lassen sich in der Abstraktion beschreiben als

1. bewegen oder bewegt werden

2. Grenzen setzen oder erfahren

3. Verarbeiten des Augenblicks

4. Raum erhalten oder geben."

(Noosomatik Bd. I-2, Nr. 3.18.2.2.)

Exkurs zur so genannten „Pille"

Die Einnahme der so genannten Pille kann, da ihr ein Verhütungsschutz unterstellt wird, im sexuellen Umgang die Sorge vor einer Schwangerschaft nehmen.

Während einer Schwangerschaft werden vom Kind große Mengen an Östrogenen und Gestagenen gebildet. Über das feedback an das TRO der Frau sinkt die Produktion der Gonadotropine und Releasing-Hormone stark ab. Vermutet wurde, dass dadurch Eisprünge verhindert werden. Aus dieser Vermutung, in einer Schwangerschaft fänden keine Eisprünge statt, wurde die Pille entwickelt und erfolgreich vermarktet[39]. Die in ihr enthaltenen Hormone sollen eine Schwangerschaft vortäuschen und damit einen Eisprung und eine Schwangerschaft verhindern.

Allerdings ist mittlerweile das Phänomen der Superfetatio (d. h. bei bestehender Schwangerschaft tritt noch eine weitere auf) nachgewiesen. Eindeutig ist somit: Eisprünge sind auch zur „Unzeit" möglich, kurz vor, nach und sogar während der Menstruation. Und: Trotz Einnahme der Pille werden immer wieder Schwangerschaften bekannt.

Wie kommt es zum Eisprung?

LH (luteinisierendes Hormon) wird im TRO (siehe Noosomatik Bd. III, TRO) gebildet. Wie die anderen Gonadotropine und die Releasing-Hormone gehört es zum soterischen System. Bei der Frau wirkt es - zusammen mit FSH - am Ovar die Bildung von Östrogenen und Progesteron, die Reifung des Follikels, sowie - LH allein - den Eisprung und die Ausdifferenzierung des Gelbkörpers. Beim Mann wirkt es die Bildung von Testosteron in den Leydigschen Zwischenzellen des Hoden. LH ist geschlechtsunspezifisch, wirkt jedoch über das Testoste

---

[39] Die katholische Kirche hat nach Recherchen des Fernsehmagazins Stern-TV an der Produktion von Anti-Baby-Pillen verdient. Die Vatikanbank IOR habe bereits Ende der sechziger Jahre die Aktienmehrheit an dem italienischen Pharma-Unternehmen Instituto Farmacologico Serono besessen, das die Verhütungsmittel Luteolas und Luteonorm produzierte - ausgerechnet seit jenem Jahr 1968, in dem der Papst durch die Enzyklika Humanae vitae den Gebrauch solcher Mittel verdammt hatte. Chef von Serono war damals ein Neffe von Papst Pius XII. (Tagesanzeiger Zürich, 22.11.90) https://switzerland.indymedia.org/frmix/2004/05/23236.shtml, Abrufdatum 16.02.09.

„Der mit der Antibabypille groß gewordene Pharmakonzern Schering feiert auf vertrautem Terrain Erfolge. Steigende Umsätze des neuen Verhütungsmittels Yasmin verhalfen dem Konzern im Quartal zu einem Gewinnsprung von 28 Prozent." Online-Handelsblatt 22.10.2004:
http://www.handelsblatt.com/unternehmen/industrie/schering-peilt-mit-antibabypille-yasmin-die-umsatzmilliarde-an;808044, Abrufdatum 18.02.09

ron beim Mann die Ausprägung des spezifisch Männlichen und über das Östradiol bei der Frau die Ausprägung des spezifisch Weiblichen. So weist das LH darauf hin, dass die Menschlichkeit des Menschen das Primäre ist. Sie ist unabhängig vom Geschlecht, das wir sozusagen als „luxuriöse Zusatzausstattung" betrachten dürfen und: sie ist anwesend noch vor seiner Bildung.

Heil meint den Menschen - unabhängig, ob Mann oder Frau. Jedem Menschen ist untrennbar sein Geschlecht zugehörig, d.h. in jeder Situation ist er Mensch und zugleich Mann oder Frau. Das LH wahrt die Mitte des Mensch-Seins auch in der Geschlechtlichkeit. Die Gemeinsamkeit des Mensch-Seins ist die Basis der Möglichkeit, dass Mann und Frau sich verstehen können. Die Unterschiedenheit der Geschlechter, wie die Unterschiedenheit der Menschen überhaupt, kann reizvoll sein, sinnvoll ist sie allemal.

Gegen Ende der ersten Zyklusphase (der Follikelphase) steigt der Östradiolspiegel steil an. Dieser Östradiolgipfel effiziert den LH-Anstieg und damit den Eisprung.

Die Oozyte ist eine Zelle ganz besonderer Art:
- sie ist eine sehr alte Zelle - die Oozyten werden beim weiblichen Kind bereits in der 6. Schwangerschaftswoche angelegt; d.h. sie hat sehr „alte" umfassende Informationen von „leben",
- sie besitzt keine Kernmembran, sie ist deshalb entspezialisiert,
- sie hat einen großen Vorrat an energiereichen Substanzen (Ribosomen, Mitochondrien, Glykoproteine),
- sie kann ihre energiereichen Inhaltsstoffe schnell abgeben und ermöglicht damit schnelle Regeneration. Beim Eisprung wird die Eizelle vom Fimbrientrichter der Tube aufgefangen.

Die Schleimhaut der Eileiter besteht aus Flimmerepithel, d. h. die Zellen haben viele kleine Fortsätze, wodurch sich ihre Oberfläche vergrößert. Dadurch sind sie hervorragend zur Stoffaufnahme geeignet, mit ihren Fortsätzen „naschen" sie an der Eizelle, der Weitertransport des Eies ist Effekt dieser Naschbewegungen des Flimmerepithels.

Eine Frau hat über das 4. „Beinchen" ihres zweiten X-Chromosoms (siehe Anm. 1) mehr Energie und Substanz zur Verfügung. Wendet sie ihr weibliches Prinzip angemessen an, entsteht darüber ein erhöhter regenerativer Bedarf (regenerative Lücke). Und genau dafür stellt das Ovar jeden Monat eine Oozyte zur Verfügung - übrigens auch nach der Menopause.

Braucht und verbraucht eine Frau viel Energien, braucht sie anschließend mehr, um die entstandene regenerative Lücke wieder zu füllen. Die Oozyte wird auf dem Weg durch die Tube aufgebraucht; gleichzeitig entsteht durch den erhöhten Verbrauch von Östradiol ein relativ erhöhter Progesteronspiegel, so dass der Zervixschleim sich nicht verdünnt, die Spermien können nicht durch, es kann zu keiner Be fruchtung kommen. Bei geringerem Energieverbrauch bleibt die regenerative Lücke relativ klein, die Oozyte kann passieren, eine Schwangerschaft ist möglich.

Der Zeitpunkt dieser Regeneration ist die Trophealphase (2 Tage nach dem Eisprung[40]). In dieser Zeit ist reichlich Östrogen und Progesteron im Organismus vorhanden, d.h. das WP kommt auch in der Regenerationsphase nicht zum Stillstand.

> Östrogene und Gestagene sind in der Pille in ihrer Grundstruktur den körpereigenen Hormonen gleich, unterscheiden sich jedoch in den Seitengruppen. Alle körpereigenen Lipid-(Sexual)-Hormone passieren, da sie fettlöslich sind, die Membranen der Körperzellen, gelangen ins Zytoplasma und lagern sich an spezielle Hormonrezeptoren der Kernmembran an. Der Rezeptor-Hormon-Komplex gelangt in den Zellkern und induziert dort die Synthese von Proteinen. Die Pillen-Hormone gelangen - genau wie die körpereigenen - in die Zelle, die Hormonrezeptoren der Kernmembran erkennen sie jedoch auf Grund der Strukturunterschiede nicht und nehmen sie nicht an, sie bleiben im Zytoplasma. Die künstlichen Östrogene und Gestagene besitzen chemisch hochreaktive Gruppen, fast alle haben am 5er-Ring eine Ethinylgruppe (C-Dreifachbindung-CH). Diese Dreifachbindung ist instabil, sie schnappt sich in den Zellen Wasser, gibt ein H-Atom ab, dadurch wird das Milieu sauer. Nun kann die Pille gerechtfertigt werden, indem behauptet wird, dass die Spermien auch sauer reagieren und die Eizelle gar nicht oder nur als auszuscheidendes Fremdes erreichen.

Eine Frau entscheidet selbst, ob sie schwanger werden will. Für eine Frau sind Eisprünge „normal", eine Schwangerschaft die Ausnahme. Während ihres Lebens hat sie einige hundert Eisprünge, jedoch - falls überhaupt - nur wenige Schwangerschaften. Die Vorstellung, der Sinn eines Eisprungs liege ausschließlich in einer eventuellen Schwangerschaft, reduziert den physiologischen Sachverhalt und die Frau auf die Gebärfähigkeit.

Eine Frau kann Ja sagen zur Schwangerschaft und sie kann Ja sagen zur Nicht-Schwangerschaft. Ausgehend davon, dass Sinn und Wert eines Menschen weiblichen Geschlechts nicht an seiner Gebärfähigkeit festzumachen sind, dass Freiheit dem Menschen tatsächlich wesensmäßig zugehörig ist, Folge und Bedingung der Würde des Menschen überhaupt ist, und dass eine Schwangerschaft ihrem eigentlichen Sinn nach freudig annehmbar ist, ist es nicht vorstellbar, dass sie einer Frau zwangsläufig widerfährt.

---

[40] siehe auch Noosomatik Bd. VI.2-2, S. 41

Dem weiblichen Prinzip entspricht die Hingabe, an welche Sache auch immer, das möge jede Frau selbst entscheiden. Hingabe verbraucht auch Energien. Mit Hilfe der Eizelle kann die Frau wieder regenerieren, schwanger kann sie dann allerdings nicht mehr werden ..., muss sie auch nicht, da sie sich für eine andere Sache engagiert. Oder - in einer bestimmten Lebenssituation braucht eine Frau alle ihre Energien für sich, es bleibt nichts übrig. Dann ist es nur sinnvoll, dass sie jetzt nicht schwanger wird. So wirkt eine eigene Entscheidung oder ein Erfordernis draußen ganz einfach über die Physiologie, dass eine Frau nicht schwanger wird, wenn sie es nicht will, oder es in ihrer derzeitigen Situation nicht angemessen ist. Ein Opfer wird nicht verlangt, nichts wird erzwungen, solange das Frontalhirn sich nicht meldet. Seit der Sesshaftwerdung und der Entwicklung des Patriarchats hat sich das Maß möglicher Verwundungserfahrungen des Menschen vergrößert und parallel dazu sein Frontalhirn als Speicher dieser Verwundungserfahrungen.

Die Entscheidung einer Frau zur Frage „Schwangerschaft oder nicht" wird durch bewusste und unbewusste Einstellungen mit beeinflusst, die in sich auch widersprüchlich sein können. Je nach Einstellung und Stellungnahme der Umwelt braucht sie „Hilfe" von außen, um ihren Wunsch umsetzen zu können. Die Einnahme der Pille „erlaubt" ihr entweder nicht schwanger oder trotzdem schwanger zu werden oder wegen einer „vergessenen" Pille schwanger zu werden.

Anmerkung

(1) „Während die Chromosomen zu den Zellpolen wandern, stehen die Chromosomen-Relationspartner in innerer Kommunikation, impulsieren sich gegenseitig, ohne ihre Substanz auszutauschen (wie die Theorie des 'crossing over' behauptet): Osculum chromosomarum (chromosomaler Kuss) führt zur Selbste rkenntnis einer Zelle. 6 Wochen lang wird sich der Embryo von seiner eigenen menschlichen Mitte her weiblich orientieren, ehe sich ggf. die luxuriöse Zusatzausstattung des männlichen Geschlechts entwickeln wird, ehe also das Y-Chromosom sich auswirkt, das ja nur ein Chromosom unter anderen ist.

Nun stellen wir uns diesen „chromosomalen Kuss" vor zwischen X- und Y-Chromosom. Übrigens, was ist ein Y-Chromosom (männlich)? Es ist ein X-Chromosom, dem ein ‚Beinchen' fehlt. Doch das X-Chromosom versteht das Y-Chromosom, d.h. das weibliche Prinzip ist nicht dümmer dadurch, dass es etwas mehr hat! Das X-Chromosom versteht und nimmt die Inhalte des Y-Chromosoms an, jedoch so, dass das fehlende ‚Beinchen' beim X-Chromosom keine Aktivität auslöst. D.h. der nicht abbildbare Teil (das fehlende ‚Beinchen') bleibt unter Verschluss ... Wir wollen es Schneewittchen nennen."
(GuG, S. 202 ff.)

10. Kapitel: Zu den „Wechseljahren"

Das Einsetzen der so genannten „Wechseljahre" ist abhängig vom unterbewussten System der Frau (z. B. der Idee der Nützlichmachung durch die Geburt von Kindern).

Die Hormone stellen sich um, die Betroffene bekommt öfter Hitzewallungen, der Östradiolspiegel sinkt. Physiologisch werden die Wechseljahre durch die Epiphyse und die Nebenschilddrüse gestartet (siehe Noosoamtik Band III).

Unter dem adversiven Aspekt werden die Wechseljahre über die Epiphyse ausgelöst. Dies kann als angenehm oder als unangenehm gedeutet werden. Die angenehme Deutung akzeptiert die physiologische Situation und die Errungenschaft, dass die Gebärfähigkeit beendet ist.

Die Wechseljahre der unangenehmen Art werden über das NNM ausgelöst, durch die Sorge, nicht mehr gebärfähig (nützlich) oder attraktiv zu sein.

Die sogen. Hitzewallungen erinnern uns an Phänomene, die wir erleben, wenn wir Erröten, bei einer Lüge erwischt werden, oder unser Übermut gebremst werden soll (oder was wir wohlerzogen dafür halten sollen). Wärme zeugt erst einmal bloß von anderen Stoffwechselaktivitäten, die z. B. dazu führen können, bestimmte Hormone schneller bilden zu können, um mit der „neuen" Situation, der ganz anderen Eigenständigkeit, umgehen zu können. Diese Hitzewallungen sind also ein Hinweis auf die aktuelle Selbstvorstellung einer Frau.

Es gibt auch Frauen, die diese klimakteriellen Beschwerden nicht haben. Es ist also kein Muss, Beschwerden zu haben.

Personenverzeichnis

Stichwortverzeichnis

106

Literaturverzeichnis

Ackermann, Theodor: Physikalische Biochemie. Grundlagen der physikalisch-chemischen Analyse biologischer Prozesse, 1992.

Adler, Alfred/Furtmüller, Carl: Heilen und Bilden. Ein Buch der Erziehungskunst für Ärzte und Pädagogen, 1973.

Ahlheim, Karl-Heinz (Bearb.): Duden Wörterbuch medizinischer Fachausdrücke. 2., überarb. und ergänzte Aufl., 1973.

Aktories, Klaus u.a. (Hrsg.): Allgemeine und spezielle Pharmakologie und Toxikologie. 9., völlig überarb. Aufl., 2005.

Albert, Hans-Henning von: Vom neurologischen Symptom zur Diagnose. Differentialdiagnostische Leitprogramme, 4., Aufl., 1992.

Alberts, Bruce/Bray, Dennis/Lewis, Julian/Raff, Martin/Roberts, Keith/Watson, James D.: Molekularbiologie der Zelle, 2., Aufl., 1990.

Alberts, Bruce/Johnson, Alexander/Lewis, Julian/Raff, Martin/Roberts, Keith/Walter, Peter: Molekularbiologie der Zelle, 4., Aufl., 2004.

Alkon, Daniel L.: Memory's Voice. Deciphering the Mind-Brain Code, 1994.

Alpert, Joseph S./Francis, Gary S.: Der akute Myokardinfarkt. Intensivpflege, Therapie und Rehabilitation, 1982.

Das **AMDP-System**: Manual zur Dokumentation psychiatrischer Befunde, 1981.

Ammon, Günter: Dynamische Psychiatrie, 1980.

Apple, Michael/Payne-James, Jason: Handbuch der Gesundheit. Das große Standardwerk zur Selbstdiagnose, 1996.

Asaël, Thomas Georg: Neurologische Rehabilitationsbehandlung von schädelhirnverletzten Kindern und Jugendlichen. Freiburg, Univ.,Diss., 1995.

Asshauer, Egbert: Heilkunst vom Dach der Welt. Tibets sanfte Medizin, 1993.

Augustin, M./Schmiedel, V. (Hrsg.): Naturheilkunde (in: Praxisleitfaden hrsg. v. A. Schäffler u. U. Renz), 2., neubearb. Aufl., 1994.

Baader, Gerhard/Keil, Gundolf (Hrsg.): Medizin im mittelalterlichen Abendland. Wege der Forschung, Bd. 363, 1982.

Baenkler, Hanns-Wolf: Checkliste Immunologie. (in: Checklisten der aktuellen Medizin, hrsg. v. Sturm, Alexander/Largiader, Felix/Wicki, Otto, 1992.

Balint, Michael: Der Arzt, sein Patient und die Krankheit, 1970.

Baltzer, Jörg/Mickan, Harald: Gynäkologie. Ein kurzgefasstes Lehrbuch, Bd. I-VIII, 5., neubearb. und erw. Aufl., 1994.

Bartels, Heinz/Bartels, Rut: Physiologie. Lehrbuch und Atlas, 6., überarb. Aufl., 1998.

Battegay, Raymond/Glatzel, Johann/Pölchinger, Walter/- Rauchfleisch, Udo: Handwörterbuch der Psychiatrie, 2. überarb. Aufl., 1992.

Baudet, Jean-Henri/Seguy, Bernard/Aubard, Yves: Révision accélérée en gynécologie. 4. éd., 1992.

Bauer, Joachim: Die Alzheimer-Krankheit. Neurobiologie, Psychosomatik, Diagnostik und Therapie, 1994.

Bauernfeind,Adolf/Shah, Pramod M. (Hrsg.): Lexikon der Mikrobiologie und Infektiologie, 2., vollkommen neu bearb. u. erw. Aufl., 1995.

Bear, Mark F./Connors, Barry W./Paradiso, Michael A.: Neuroscience. Exploring The Brain, 2., Aufl. 2001.

Becker, Udo/Ganter, Sabine/Just Christian (Red.): Lexikon der Biologie, 6 Bde. und ein Ergänzungsbd., 1994.

Becker, Volker/Schipperges, Heinrich: Entropie und Pathogenese. Interdisziplinäres Kolloquium der Heidelberger Akademie der Wissenschaften, 1993.

Beers, Mark H. u. a. (ed.): MSD Manual der Diagnostik und Therapie, 7. Aufl. 2007.

Beese, Friedrich: Was ist Psychotherapie? ein Leitfaden für Laien zur Information über ambulante und stationäre Psychotherapie. 4., unveränd. Aufl., 1987.

Beinert, Wolfgang: Hilft Glaube heilen? 1., Aufl., 1985.

Benner, Klaus-Ulrich (Hrsg.): Gesundheit und Medizin heute, 1994.

Benner, Klaus-Ulrich (Hrsg.): Gesundheit und Medizin heute, 3., überarb. Neuaufl., 1997.

Benner, Klaus-Ulrich/Snell, Richard S.: Klinische Anatomie, Atlas und Textbuch, 1988.

Benz, Jörg/Glatthaar, Erich: Checkliste Gynäkologie. (in: Checklisten der aktuellen Medizin, hrsg. v. Lagiader, Felix/Wicki, Otto/Sturm, Alexander), 4., überarb. und erw. Aufl., 1990.

Berger, Michael (Hrsg.): Kompendium der klinischen Untersuchung, 1992.

Berlit, Peter: Neurologie, 3., vollständig neu bearb. Aufl., 1994.

Bertaux, Pierre: Mutation der Menschheit. Diagnosen und Prognosen, 1963.

Betz, Eberhard/Reutter, Klaus/Mecke, Dieter/Ritter, Horst: Biologie des Menschen. Lehrbuch der Anatomie, Physiologie und Entwicklungsgeschichte, 15., Aufl., 2001.

Bircher, Johannes/Wehkamp, Karl-H.: Das ungenutzte Potential der Medizin. Analyse von Gesundheit und Krankheit zu Beginn des 21. Jahrhunderts, 2006.

Black, Ira B.: Symbole, Synapsen und Systeme. Die molekulare Biologie des Geistes, 1993.

Blanc, Bernhard Jean-Louis/Boubli, Léon: Gynécologie, 2. éd., 1993.

Blankenburg, Wolfgang (Hrsg.): Biographie und Krankheit. Sammlung psychiatrischer und neurologischer Einzeldarstellung, 1989.

Bock, H.-E./Kaufmann, W./Löhr, G.-W.: Pathophysiologie, 3., Aufl., 1985.

Bogerts, Bernhard: Die Hirnstruktur Schizophrener und ihre Bedeutung für die Pathophysiologie und Psychopathologie der Erkrankung, 1990.

Bohnet Heidi/Piper Klaus (Hrsg.): Lust am Denken. Ein Lesebuch aus Philosophie Natur- und Humanwissenschaften 1981-1991, 1992.

Bolander, Franklyn F.: Molecular Endocrinology, 1989.

Borysenko, Joan: Minding the body, mending the mind, 1987.

Bottéro, A./Canoui, P./Granger, B.: Révision accélérée en psychiatrie de l'adulte, 1992.

Braun, Hans/Frohne, Dietrich: Heilpflanzenlexikon für Ärzte und Apotheker, 5., Aufl., 1987.

Bräutigam, Walter (Hrsg.): Medizinisch-Psychologische-Anthropologie, 1980.

Bräutigam, Walter/Christian, Paul: Psychosomatische Medizin. Ein kurzgefaßtes Lehrbuch, 4., neubearb. Aufl., 1986.

Bräutigam, Walter: Reaktionen - Neurosen - Abnorme Persönlichkeiten. Seelische Krankheiten im Grundriss, 5., neubearb. Aufl., 1985.

Bräutigam, Walter: Reaktionen - Neurosen - Abnorme Persönlichkeiten. Seelische Krankheiten im Grundriss, 6., neubearb. Aufl., 1994.

Bräutigam, Walter: Reaktionen Neurosen Psychopathien, 3., unveränderte Aufl., 1972.

Breidbach, Olaf: Expedition ins Innere des Kopfes. Von Nervenzellen, Geist und Seele, 1993.

Breidung, Ralph/Hager, Klaus: Innere Medizin systematisch, 1., Aufl., 1995.

Brem-Gräser, Luitgard: Handbuch der Beratung für helfende Berufe, Band 1-3, 1993.

Bruggencate, Gerrit ten: Medizinische Neurophysiologie. Zellfunktionen und Sensomotorik unter klinischen Gesichtspunkten, 1984.

Bruker, M. O.: Zucker, Zucker. Krank durch Fabrikzucker, 1991.

Bucher, Otto/Wartenberg, Hubert: Cytologie, Histologie und mikroskopische Anatomie des Menschen, 11., Aufl., 1989.

Buddecke, Eckhart: Grundriss der Biochemie. Für Studierende der Medizin, Zahnmedizin und Naturwissenschaften, 8., neubearb. Aufl., 1989.

Buddecke, Eckhart: Grundriss der Biochemie. Für Studierende der Medizin, Zahnmedizin und Naturwissenschaften, 9., neubearb. Aufl., 1994.

Bühring, Malte/Kemper, Fritz, H. (Hrsg.): Naturheilverfahren und unkonventionelle medizinische Richtungen, (Lose Blatt-Sammlung), ab Juli 1992.

Bünte, H,/Domschke, W./Meinertz, T./Reinhardt, D./Tölle, R./ Wilmanns, W. (Hrsg.): Therapiehandbuch, 4., Aufl., (Lose-Blatt-Sammlung), 1996.

Burger, Artur/Wachter, Helmut: Hunnius' pharmazeutisches Wörterbuch, 7.völlig neub. und stark erw. Aufl., 1993.

Busse, Rudi (Hrsg.): Kreislaufphysiologie, 1982.

Campbell, Peter N./Smith, Anthony D.: Atlas und Lerntext der Biochemie, 1., Aufl., 1985.

Canavan, Anthony G.M.: Klinische Neuropsychologie, 1990.

Chananaschwili, M.M./Hecht, K.: Neurosen Theorie und Experiment, 1984.

Chevallier, J.: Précis de terminologie médicale, 6. éd., 1995.

Christe, Walter/Janz, Dieter/Wolf, Peter: Epileptische Anfälle, o.J.

Christen, Barbara: Die Rolle der rechten Hirnhälfte im Verständnis von Phraseolexemen mit und ohne Kontext (in: Züricher Germanistische Studien, hrsg. v. Böhler, Michael/Burger Harald/Matt, Peter/Stadler, Ulrich. Bd. 45), Zugl.: Univ., Diss., 1995.

Christian, Paul: Anthropologische Medizin. Theoretische Pathologie und Klinik psychosomatischer Krankheitsbilder, 1989.

Classen, Meinhard/Diehl, Volker/Kochsiek, Kurt (Hrsg.): Innere Medizin, 2., überarb. Aufl., 1993.

Classen, Meinhard/Diehl, Volker/Kochsiek, Kurt: Innere Medizin, 4., neu bearb. Aufl., 1998.

Collier, Juditha (u.a.): Oxford Handbuch der klinischen Medizin – Teil 2: Clinical Specialities, 1991.

Condrau, Gion: Medizinische Psychologie, neubearb. und erw. Aufl., Psychosomatische Krankheitslehre und Therapie, 1975.

Conrad, Klaus: Die beginnende Schizophrenie. Versuch einer Gestaltanalyse des Wahns, 6., unveränd. Aufl., 1992.

McCracken, Thomas O. (Hrsg.): Der 3D Anatomie Atlas, 2000.

Cramer, Friedrich (Hrsg.): Erkennen als geistiger und molekularer Prozess, 1991.

Crapo, Lawrence: Hormone. Die chemischen Boten des Körpers, 3., Aufl., 1988.

Culclasure, David F.: Anatomie und Physiologie des Menschen: 15 Lehrprogramme. Bd. 1: Die Zelle. Bd. 2: Das Skelett. Bd. 3: Die Muskulatur. Bd. 4: Herz und Kreislaufsystem. Bd. 5: Das Abwehrsystem. Bd. 6: Das Atmungssystem. Bd. 7: Die Verdauungsorgane. Bd. 8: Nieren und ableitende Harnwege. Bd. 9: Die Fortpflanzungsorgane. Bd. 10: Die Fortpflanzung des Menschen. Bd. 11: Das Endokrinsystem. Bd. 12: Ernährung und Stoffwechselsystem. Bd. 13: Das Nervensystem. Bd. 14: Die Sinnesorgane. Bd. 15: Die Haut. 3., verbesserte Aufl., 1986.

Daele, Wolfgang van den/Müller-Salomon, Heribert: Die Kontrolle der Forschung am Menschen durch Ethikkommissionen, 1990.

Danzer, Gerhard: Psychosomatik. Gesundheit für Körper und Geist. Krankheitsbilder und Fallbeispiele, 2., erw. Aufl., 1998.

Deetjen, Peter/Speckmann, Erwin-Josef (Hrsg.):Physiologie: mit 52 Tabellen sowie Fragen zur Vorbereitung auf die mündliche Prüfung, 2., Aufl., 1994.

Deetjen, Peter/Speckmann, Erwin-Josef (Hrsg.): Physiologie. plus CD-ROM mit Prüfungsfragen, Glossar, Literatur und allen Abbildungen, 3., völlig neu bearb. Aufl., 1999.

Degkwitz, K./Helmchen, H./Kockott, G./Mombour, W. (Hrsg.): Diagnoseschlüssel und Glossar psychiatrischer Krankheiten. Deutsche Ausgabe der internationalen Klassifikation der Krankheiten der WHO ICD (= International Classification of Diseases), 1979.

Delamare, Jacques: Dictionnaire abrégé des termes de médecine. 2. éd., 1996.

Deleuze, Gilles/Guattari, Félix: L'Anti-Oedipe. Capitalisme et Schizoprénie, Tome 1, 1972.

Delmare, Jacques: Dictionnaire abrégé des termes de médecine, 2. éd., 1996.

Deppert, Wolfgang/Kliemt, Hartmut/Lohff, Brigitte/Schafer, Jochen (Hrsg.): Wissenschaftstheorien in der Medizin. Ein Symposium, 1992.

Dickmann, Christiane/Flossmann, Ina/Klasen, Regina/Schrey-Dern, Dietlinde/Stiller, Ulrike/Tockuss, Cordula: Logopädische Diagnostik von Sprachentwicklungsstörungen. Sprachsystematisch konzipierte Prüfverfahren, 1994.

Dietz, Thomas G./Marcus P. Schubert: Der EKG-Knacker. Das Notfall-EKG-Buch, 1998.

Dilger, Jürgen/Luft, Dieter, Ribler, Tent/Schmülling, Reinhold (Hrsg.): Therapieschemata. Akut- und Intensivmedizin, 4., Aufl., 1993.

Dilling, H./Mombour, W./Schmidt, M.H. (Hrsg.): Internationale Klassifikation psychischer Störungen. ICD-10 Kapitel V (F). Klinisch-diagnostische Leitlinien, 2., Aufl., 1993.

Dittmar, Friedrich W./Loch, Ernst-Gerhard/Wiesenauer, Markus (Hrsg.): Naturheilverfahren in der Frauenheilkunde und Geburtshilfe. Grenzen und Möglichkeiten, 1994.

Döpfner, M./Lehmkuhl, G./Steinhausen, H.-C.: Aufmerksamkeitsdefizit- und Hyperaktivitätsstörung (ADHS). KIDS – Kinder-Diagnostik-System, Bd. 1. 2006.

Drews, Ulrich: Taschenatlas der Embryologie, 1993.

Droese, Manfred: Punktionszytologie der Schilddrüse. Atlas und Handbuch (Aspiration Cytology of the Thyroid. Atlas and Manual), 2. überarb. und erw. Aufl., 1995.

Drug Facts and Comparisons: Pocket Version, 6 ed., 2002.

Duus, Peter: Neurologisch-topische Diagnostik, 5., überarb.Aufl.,1990.

Duus, Peter: Neurologisch-topische Diagnostik: Anatomie, Physiologie, Klinik. 6., überarb.Aufl.,1995.

Duve, Christian de: Die Zelle. Expedition in die Grundstruktur des Lebens. Bd.I, 1986 und Bd. II, 1986.

Eberle, Paul/Reuer, Egon: Kompendium und Wörterbuch der Humangenetik, 1984.

Eccles, John C./Robinson, Daniel N.: Das Wunder des Menschseins - Gehirn und Geist, 1985.

Eccles, John C.: Das Gehirn des Menschen, 6., durchges. Neuaufl., 1990.

Eccles, John C.: Die Evolution des Gehirns - die Erschaffung des Selbst, 1989.

Eccles, John C.: Die Psyche des Menschen. Das Gehirn-Geist-Problem in neurologischer Sicht, 1990.

Eccles, John C.: Gehirn und Seele. Erkenntnisse der Neurophysiologie, 3., Aufl., 1987.

Eder, Max/Gedigk, Peter (Hrsg.): Allgemeine Pathologie und Pathologische Anatomie, 33., neu bearb. Aufl., 1990.

Eibl-Eibesfeldt, Irenäus: Die Biologie des menschlichen Verhaltens. Grundriss der Humanethologie, 5. Auflage, 2004.

Eigen, Manfred (Vorwort): Lexikon der Biochemie und Molekularbiologie. Band 1 (A-Fle), 1995; Band 2 (Fle-NTP), 1995; Band 3 (Nuc-Z), 1995; Ergänzungsband (1993 A-Z), 1995; Ergänzungsband (1995 A-Z); 1995.

Eigen, Manfred: Stufen zum Leben. Die frühe Evolution im Visier der Molekularbiologie, 1987.

Emmermann, Rolf, (Hrsg.), Altenbach, Hans-Josef: An den Fronten der Forschung, Kosmos – Erde – Leben, Verhandlungen der Gesellschaft Deutscher Naturforscher und Ärzte (GDNÄ), 122. Versammlung 21. – 24. September 2002, 2003.

Engelhardt, Dietrich von: Ethik im Alltag der Medizin: Spektrum der medizinischen Disziplinen, 1989.

Erbsubstanz DNA. Vom genetischen Code zur Gentechnologie. Spektrum der Wissenschaft, Verständliche Forschung, 3., Aufl., 1988.

Ermann, Michael/Frick, Eckhard/Kinzel, Christian/Seidl, Otmar: Einführung in die Psychosomatik und Psychotherapie. Ein Arbeitsbuch für Unterricht und Eigenstudium, 1. Auflage 2006.

Esser, Günter/Schmidt, Martin: Minimale Cerebrale Dysfunktion - Leerformel oder Syndrom? Aus der Reihe: Klinische Psychologie und Pathologie; Bd. 43, 1987.

Evered, D. C./Hall, R.: Endokrinologie. Bilder, Fragen, Antworten, 1993.

Faber, Hans von/Haid, Herbert: Endokrinologie. Einführung in die Molekularbiologie und Physiologie der Hormone, 4., neubearb. Aufl., 1995.

Fantle Shimberg, Elaine: Der gestresste Darm. Hilfe bei Verdauungsstörungen, 1991.

Farke, Walter/Graß, Hildegard/Hurrelmann, Klaus (Hrsg.): Drogen bei Kindern und Jugendlichen. Legale und illegale Substanzen in der ärztlichen Praxis, 2003.

Fedor-Freybergh, Peter G. (Hrsg.): Pränatale und perinatale Psychologie und Medizin. Begegnung mit dem Ungeborenen, 1987.

Felix, Wolfgang (Hrsg.): O-(beta-Hydroxyethyl)-rutoside, 1987.

Ferlinz, Rudolf (Hrsg.): Internistische Differentialdiagnostik, 2., überarb. und erw. Aufl., 1990.

Fink, Elke: Biologie. Zum Praktikum der Biologie und zur Physikumsvorbereitung nach dem GK1. Jetzt mit Kompendium der alten Examensfragen, 4., Aufl., 1992.

Fink, Elke: Histologie. Zum Kurs der mikroskopischen Anatomie und zur Vorbereitung auf die ärztliche Vorprüfung, 6., Aufl., 1992.

Fischer, Ernst Peter u.a.: Widersprüchliche Wirklichkeit. Neues Denken in Wissenschaft und Alltag, 1992.

Flashar, Hellmut (Hrsg.): Antike Medizin. Wege der Forschung, Bd. 121, 1971.

Förstl, Hans (Hrsg.): Theory of Mind. Neurobiologie und Psychologie sozialen Verhaltens, 2007.

Forth, Wolfgang u.a. (Hrsg.): Allgemeine und spezielle Pharmakologie und Toxikologie. Für Studenten der Medizin, Veterinärmedizin, Pharmazie, Chemie und Biologie sowie für Ärzte, Tierärzte und Apotheker, 6., völlig neu bearb. Aufl., 1992.

114

Forth, Wolfgang u.a. (Hrsg.): Allgemeine und spezielle Pharmakologie und Toxikologie. Für Studenten der Medizin, Veterinärmedizin, Pharmazie, Chemie und Biologie sowie für Ärzte, Tierärzte und Apotheker, 8., völlig überarb. Aufl., 2001.

Forth, Wolfgang u.a. (Hrsg.): Allgemeine und spezielle Pharmakologie und Toxikologie. Für Studenten der Medizin, Veterinärmedizin, Pharmazie, Chemie und Biologie sowie für Ärzte, Tierärzte und Apotheker, 9., völlig überarb. Aufl., 2005.

Freyberg, Harald, J./Dilling, Horst (Hrsg.): Fallbuch Psychiatrie. Kasuistik zum Kapitel V (F) der ICD-10, 1., Aufl., 1993.

Fricke, Reiner/Treinies, Gerhard: Einführung in die Metaanalyse, 1., Aufl., 1985.

Fritzsch, Harald (Hrsg.): Materie in Raum und Zeit. Verhandlungen der Gesellschaft Deutscher Naturforscher und Ärzte. 123. Versammlung, 18. bis 21. September 2004, Passau, 2005.

Gadamer, Hans-Georg/Vogler, Paul (Hrsg.): Neue Anthropologie Band 1 und 2: Biologische Anthropologie. Erster und Zweiter Teil, 1972. - Band 3: Sozialanthropologie, 1972. - Band 4: Kulturanthropologie, 1973. - Band 5: Psychologische Anthropologie, 1973.

Gaebel, Wolfgang/Laux, Gerd (Hrsg.): Biologische Psychiatrie. Synopsis 1990/91, 1992.

Gahr, Manfred (Hrsg.): Pädiatrie, 1994.

Gassen, Hans Günther/Martin, Andrea/Bertram, Sabine: Gentechnik, 1985.

Gastpar, M. T./Kasper, S./Linden, M. (Hrsg.): Psychiatrie, 1996.

Geneser, Finn: Histologie, 1990.

Genz, Henning: Symmetrie - Bauplan der Natur, 2. durchges. Neuausg., 1992.

Gerber, Peter/Wicki, Otto: Stadien und Einteilungen in der Medizin, 1990.

Gernand, Karlheinz/Skoblo, Roman M.: Symptom - Labor - Diagnose. Empfehlungen zur rationellen Laboriumsdiagnostik, 1993.

Gerstenberger, Brigitte: Formelsammlung Chemie. 2. Organische Chemie, 1993.

Geue, Bernhard: Therapieziel: Gesundheit, 1990.

Goldhahn, Gisela: Neurologie für Nichtneurologen, 1993.

Gompel, Claude/Koss, Leopold G.: Cytologie gynécologieque et ses bases anatomo-cliniques, 1996.

Goodman Gilman, Alfred/Rall, Theodore W./Nies, Alan S./Taylor, Palmer (eds.): Goodman and Gilman's. The Pharmacological Basis of Therapeutics in Two Volumes, 8. ed., 1992.

Goossen, William T. F.: Pflegeinformatik, 1998.

Grafe, Alfred: Viren. Parasiten unseres Lebensraumes, Taschenbuch der Allgemeinen Virologie, 1977.

Gräfe, Udo: Biochemie der Antibiotika. Struktur - Biosynthese - Wirkmechanismus, 1992.

Greiling, H./Gressner, A. M.: Lehrbuch der Klinischen Chemie und Pathobiochemie, 2., überarb. Aufl., 1989.

Greiling, Helmut/Gressner, Axel: Lehrbuch der klinischen Chemie und Pathobiochemie, 3., neub. Aufl., 1995.

Greten, Heiner (Hrsg.): Innere Medizin. Verstehen - Lernen – Anwenden, 10. überarb. und neu gestalt. Aufl., 2001.

Grill, Markus: Kranke Geschäfte. Wie die Pharmaindustrie uns manipuliert. 1., Aufl. 2007.

Gross, Peter: Medical English. Zweisprachige Texte zur Vorbereitung auf die klinische Auslandstätigkeit, 1989.

Gross, Rudolf/Schölmerich, Paul/Gerok, Wolfgang: Die Innere Medizin, 8.,völlig neu bearb. Aufl., 1994.

Gruen, Arno: Der frühe Abschied. Eine Deutung des plötzlichen Kindstodes, 1988.

Grundnigg, Isidor: Das Trugbild des 20. Jahrhunderts. Fehlprämissen des Evolutionismus. Verlust der Mitte in der Biologie, 1965.

Haarer-Becker, Rosi/Schoer, Dagmar: Checkliste Physiotherapie in Orthopädie und Traumatologie, 2., überarb. Aufl., 1998.

Habermann, Ernst/Löffler, Helmut: Spezielle Pharmakologie und Arzneitherapie. (in: Heidelberger Taschenbücher, Basistext Medizin Bd. 166), 4., verb. und erw. Aufl., 1983.

Hadorn, Walter: Lehrbuch der Therapie, 7., vollst. neub. Aufl., 1983.

Häfner, Heinz: Weshalb erkranken Frauen später an Schizophrenie? (in: Sitzungsberichte der Heidelberger Akademie der Wissenschaften. Mathematisch-naturwissenschaftliche Klasse. Jahrgang 1993/94. Vorgetragen in der Sitzung vom 13. Februar 1993).

Hänsch, Gertrud M.: Einführung in die Immunbiologie, 1986.

Hagers Handbuch der Pharmazeutischen Praxis, 4. Ausg., Band I, Band II; Band III, 1969. Band IV A, 1973. Band IV C, 1973. Band V, 1976. Band VI a, 1977.

Hahn, Peter (Hrsg.): Psychosomatik. Band 1 und 2, 1983.

Hahn, Peter (Hrsg.): Psychosomatische Medizin, 1985.

Haken, Hermann/Haken-Krell, Maria: Entstehung von biologischer Information und Ordnung. Dimensionen der modernen Biologie, Bd. 3, 1989.

Hansen, Werner: Das medizinische Gutachten. Eine kurzgefasste Einführung, 1991.

Harth, Victor: Praxis der Naturheilverfahren. Tabellarische Übersichten zur Stufentherapie, 1992.

Hartmann, Alexander/Zierz, Stephan (Hrsg.): Corticosteroide bei neurologischen Erkrankungen, 1991.

Haupts, Michael/Durwen, Herbert F./Gehlen, Walter/-Markowitsch, Hans J. (Hrsg.): Neurologie und Gedächtnis, 1994.

Hauss, Kurt (Hrsg.): Medizinische Psychologie im Grundriss, 1976.

Hebel, Steven K. (Hrsg.): Drug Facts and Comparisons 2002. Pocket Version, 2001.

Heine, Hartmut: Lehrbuch der biologischen Medizin. Grundlagen und Systematik, 1991.

Heinrich, Kurt/Klieser, Eckhard: Psychopharmaka in Klinik und Praxis, 3. neubearb. u. erw. Aufl., 1995.

Heintz, Robert/Althof, Sabine: Das Harnsediment. Atlas- und Untersuchungstechnik - Beurteilung, 5., überarb. Aufl., 1993.

Heister, Rolf: Lexikon medizinisch-wissenschaftlicher Abkürzungen. Mit einem Verzeichnis der wichtigsten medizinisch-naturwissenschaftlichen Periodika gemäß Index Medicus, 3., Aufl., 1993.

Hennemann, Heinz-Harald/Hastka, Jan: Hämatologie und onkologische Zytologie. Compact Atlas, 1994.

Hensle, Ulrich: Einführung in die Arbeit mit Behinderten. Psychologische, pädagogische und medizinische Aspekte, 2., durchges. und überarb. Aufl., 1982.

Herzog, Beatrice: Arzt – Patient – Kommunikation. Die Sicht des Anderen, 2007.

Heßmann-Kosaris, Anita: Gesundheit auf dem Prüfstand. Medizinische Tests und Untersuchungen. Wie sie funktionieren, was sie aussagen und wer sie bezahlt, 1992.

Hexal Lexikon: Kardiologie. Angiologie, 1993.

Heyder, N.: Einführung in die Ultraschall-Anatomie, 1990.

Heyll, Uwe: Gesundheitsschäden und Kostenexplosion als Folgen ärztlicher Übertherapie, 1993.

Hildebrandt, Helmut (Leitung): Pschyrembel Wörterbuch Naturheilkunde und alternative Heilverfahren, 1996.

Hinrichsen, Klaus V. (Hrsg.): Humanembryologie. Lehrbuch und Atlas der Entwicklung des Menschen, 1990.

Hippokrates: Fünf auserlesene Schriften, 2., Aufl., 1984.

Hobom, Gerd: Biochemie, 1980.

Hobson, J. Allan: Schlaf. Gehirnaktivität im Ruhezustand, 1990.

Hof, Herbert/Dörries, Rüdiger/Müller, Robert Lee: Mikrobiologie, 2000.

Höfer, Renate: Die Hiobsbotschaft C. G. Jungs. Folgen sexuellen Missbrauchs. Neuaufl., 1997.

Höfler, Heike: Rückbildungsgymnastik, 1996.

Hoffmann, Christof/Faust, Volker: Psychische Störungen durch Arzneimittel, 1983.

Holler, Johannes: Das neue Gehirn. Ganzheitliche Gehirnforschung und Medizin. Modelle, Theorien, praktische Anwendungen, 2., aktual. Aufl., 1991.

Höllerhage, Hans-Georg: Die Permeabilität der Blut-Hirn-Schranke unter entzündlichen Bedingungen. Untersuchungen mit dem Komplementpeptid C3adesArg als Mediator in einem experimentellen Meningitismodell. 1989.

Hope, R. Anthony u.a.: Oxford Handbuch der klinischen Medizin, 3., überarb. Aufl., 1992.

Hopff, Wolfgang H.: Homöopathie kritisch betrachtet. 1991.

Hornbostel, H./Kaufmann, W./Siegenthaler, W. (Hrsg.): Innere Medizin in Praxis und Klinik. Bd. I: Herz, Gefäße, Atmungsorgane, Endokrines System, 4., überarb. Aufl., 1992.

Hornbostel, H./Kaufmann, W./Siegenthaler, W. (Hrsg.): Innere Medizin in Praxis und Klinik. Bd. II: Niere, Wasser-, Elektrolyt- und Säure-Basen-Haushalt, Nervensystem, Muskeln, Knochen, Gelenke, 4., überarb. Aufl., 1992.

Hornbostel, H./Kaufmann, W./Siegenthaler, W. (Hrsg.): Innere Medizin in Praxis und Klinik. Bd.III: Blut und blutbildende Organe, Immunologie, Infektion, Physikalische Einwirkungen, 4., überarb. Aufl., 1991.

Hornbostel, H./Kaufmann, W./Siegenthaler, W. (Hrsg.): Innere Medizin in Praxis und Klinik. Bd. IV: Verdauungstrakt, Ernährungsstörungen, Stoffwechsel, Vergiftungen. 4., überarb. Aufl., 1992.

Huber, Gerd (Hrsg.): Idiopathische Psychosen. Psychopathologie - Neurobiologie - Therapie. 8. Weißenauer Schizophrenie-Symposion am 2. u. 3. März 1990 in Bonn, 1990.

Huber, Gerd/Zerbin-Rüdin, Edith: Schizophrenie, 1979.

Huesmann, Gregor: Schwarzbuch Wundermittel, 2000.

Hunnius' pharmazeutisches Wörterbuch, 7., völlig neu bearb, und stark erw. Aufl., 1993.

ICD-10, (Hrgs.: DIMDI): Internationale statistische Klassifikation der Krankheiten und verwandter Gesundheitsprobleme. Bd. I: Systematisches Verzeichnis, Bd. II: Regelwerk, 10. Revision; Stand August 1994 [Ordner 1]. Bd. III: Alphabetisches Verzeichnis [Ordner 2], 10.Revision; Stand: Oktober 1995.

ICD-10, (Hrsg.: DIMDI): Internationale statistische Klassifikation der Krankheiten und verwandter Gesundheitsprobleme, 10. Revision – German Modification-, Stand: 1. Oktober 2005.

118

Immunsystem. Abwehr und Selbsterkennung auf molekularem Niveau. Spektrum der Wissenschaft, Verständliche Forschung, 2., Aufl., 1988.

Internationale Gesellschaft für Thymusforschung e. V. (Hrsg.): 1. Kongress in Bad Harzburg, vom 17. bis 19. September 1976. Zusammenfassung der Vorträge, 1976.

Irion, Roland/Oettinger, Thomas: Fast das gesamte Wissen für das 1. Examen ALLES in einem Buch. Der neue Weg zur Vorbereitung auf die IMPP-Prüfung im 1.Staatsexamen, 1993.

Irion, Roland: Fast das gesamte Wissen für das 2. Examen ALLES in einem Buch. Der neue Weg zur Vorbereitung auf die IMPP-Prüfung im 2. Staatsexamen, 1994.

Irion, Roland: Fast das gesamte Wissen für die ärztliche Vorprüfung. ALLES in einem Buch. Der neue Weg zur Vorbereitung auf die IMPP-Prüfung in der ärztlichen Vorprüfung, 1993.

Jäckele, Renate (Bearb.): Hexal-Lexikon Orthopädie, Rheumatologie, 1992.

Jecklin, Erica: Arbeitsbuch Anatomie und Physiologie für Krankenschwestern, Krankenpfleger und andere Medizinalfachberufe, 9., durchges. Aufl., 1996.

Jecklin, Erica: Arbeitsbuch Anatomie und Physiologie für Pflege- und andere Berufe, 11., bearb. Aufl., 2001.

Jenss, Harro (Hrsg.): Morbus Crohn. Neue Therapieansätze, Behandlung von Komplikationen. Tübinger Symposium. 25.-26. November 1988, 1990.

Jetter, Dieter: Grundzüge der Hospitalgeschichte, 1973.

Jingfeng, Cai (English Translator and Annotator): Tibetan Medical Thangka of the For Medical Tantras, 1987.

Juchems, Rudolf: Herz- und Kreislaufkrankheiten. Eine Einführung, 1981.

Junqueira, L. C./Carneiro, J.: Lehrbuch der Cytologie, Histologie und mikroskopische Anatomie des Menschen, 2., korr. Aufl., 1986.

Junqueira, L. C./Carneiro, J.: Histologie, 2. korr. Aufl., 1986.

Junqueira, L. C./Carneiro, J.: Histologie. Zytologie, Histologie und mikroskopische Anatomie des Menschen; unter Berücksichtigung der Histophysiologie, 3., erw. und völlig überarb. Aufl., 1991.

Junqueira, L. C./Carneiro, J.: Histologie, 4., Aufl., 1996.

Kahl, Kai G./Puls, Jan Hendrik/Schmid, Gabriele: Praxishandbuch ADHS. Diagnostik und Therapie für alle Altersstufen, 2007.

Kahle, Werner: Taschenatlas der Anatomie. Bd. 3: Nervensystem und Sinnesorgane, 6., Aufl., 1991.

Kaschka, Wolfgang P./Aschauer, Harald N. (Hrsg.): Psychoimmunologie, 1990.

Kaufmann, W./Löhr, G.-W. (Hrsg.): Pathophysiologie. Ein kurzgefasstes Lehrbuch, 4., überarb. und erw. Aufl., 1992.

Kayser, Fritz H./Bienz, Kurt A./Eckert, Johannes/Lindenmann, Jean: Medizinische Mikrobiologie, 8., Aufl., 1993.

Kayser, Hans u.a.: Gruppenarbeit in der Psychiatrie. Erfahrungen mit der therapeutischen Gemeinschaft, 2., überarb. und erw. Aufl., 1981.

Keller, Robert: Immunologie und Immunpathologie. Eine Einführung, 4., neubearb. und erw. Aufl., 1994.

Kern, Günther: Gynäkologie, 4., Aufl., 1985.

Keßler, Siegfried: Labordiagnostik, 1992.

Kiesel, Ludwig/Rabe, Thomas/Runnebaum Benno: Aktuelle Hormontherapie in der Gynäkologie, 1993.

Kirk, Stuart A./Kutchins, Herb: The Selling of DSM. The Rhetoric of Science in Psychiatry, 1992.

Kischka, U./Wallesch, C.-W./Wolf, G. (Hrsg.): Methoden der Hirnforschung. Eine Einführung, 1997.

Kisker, K. P./Freyberger, H./Rose, H.-K./Wulff, E. (Hrsg.): Psychiatrie, Psychosomatik, Psychotherapie, 4., neubearb. Aufl., 1987.

Kisker, K. P./Freyberger, H./Rose, H.-K./Wulff, E. (Hrsg.): Psychiatrie, Psychosomatik, Psychotherapie, 5., überarb. Aufl., 1991.

Klein, Gustav: Präparate-Kompendium, 1993.

Klepzig, Harald/Klepzig, Helmut: Herzkrankheiten. Grundbegriffe, Diagnostik, Therapie, Begutachtung, Übersichtentabellen, 6., völlig neubearb. Aufl., 1992.

Klietmann, Wolfgang (Hrsg.): Labormanual, 2., überarb. u. erw. Aufl., 1992.

Klinge, Rainer/Klinge, Sybille: Praxis der EKG-Auswertung, 2.Aufl., 1983.

Köhler, Thomas: Rauschdrogen und andere psychotrope Substanzen. Formen, Wirkungen, Wirkmechanismen, 2000.

Köhnlechner, Manfred (Hrsg.): Handbuch der Naturheilkunde. Bd. 1, Bd. 2., 3., aktual. Lizenz-Ausg., 1986

Kölsch, Stefan: Brain and Music. A contribution to the investigation of central auditory processing with a new electrophysiological approach. MPI SERIES in Cognitive Neuroscience 11. Zugl.: Leipzig, Univ., Diss. 2000.

König, Wolfgang: Peptide and Protein Hormones. Structure, Regulation, Activity. A Reference Manual, 1993.

Koeve, Alida/Koeve Dieter: Ärztliche Aufzeichnungen und Recht. Ein Leitfaden für den Arzt in Klinik und Praxis, 1994.

120

Kolip, Petra (Hrsg.): Weiblichkeit ist keine Krankheit. Die Medikalisierung körperlicher Umbruchphasen im Leben von Frauen, 2000.

Koolman, Jan/Röhm, Klaus-Heinrich: Taschenatlas der Biochemie, 1994.

Koolman, Jan/Röhm, Klaus-Heinrich: Taschenatlas der Biochemie, 2., überarb. und erw. Aufl., 1998.

Koslowski, Leo (Hrsg.): Maximen in der Medizin, 1992.

Krämer, G. (Hrsg.): Farbatlanten der Medizin. Band 5: Nervensystem I, 1987.

Krebs – Tumoren, Zellen, Gene. Spektrum der Wissenschaft, Verständliche Forschung. 1987.

Kropiunigg, Ulrich: Psyche und Immunsystem. Psychoneuroimmunologische Untersuchungen, 1990.

Krstic, Radivoj V.: Human Microscopic Anatomy, 1991.

Kuhlmann, Dieter/Straub, Heidrun: Einführung in die Endokrinologie. Die chemische Signalsprache des Körpers, 1986.

Kühnel, Wolfgang: Taschenatlas der Zytologie, Histologie und mikroskopischen Anatomie, 8., überarb. Aufl., 1992.

Kunze, Klaus (Hrsg.): Lehrbuch der Neurologie, 1992.

Kutter, Dolphe: Labormedizin für die Krankenschwester und die Arzthelferin. Probennahme, Untersuchung, Auswertung, 1993.

Lang, Florian: Pathophysiologie, Pathobiochemie. Eine Einführung, 3., völlig neu bearb. Aufl., 1987.

Lang, Florian: Pathophysiologie, Pathobiochemie. Eine Einführung, 4., durchges. Aufl., 1990.

Langbein, Kurt/Matin, Hans-Peter/Weiss, Hans: Bittere Pillen. Nutzen und Risiken der Arzneimittel; ein kritischer Ratgeber, überarb. Neuausg., 1988/89.

Langman, Jan: Medizinische Embryologie, 8., Aufl., 1989.

Lehninger, Albert L.: Prinzipien der Biochemie, 1987.

Lenz, Ilse/Luig, Ute: Frauenmacht ohne Herrschaft, 1990.

Lenzen, Dieter: Krankheit als Erfindung. Medizinische Eingriffe in die Kultur, 1991.

Leonhard, Karl: Aufteilung der endogenen Psychosen und ihre differenzierte Ätiologie (hrsg. von Helmut Beckmann), 7., neubearb. und erg. Aufl., 1995.

Leonhard, Karl: Aufteilung der endogenen Psychosen und ihre differenzierte Ätiologie (hrsg. von Helmut Beckmann), 8., Aufl., 2003.

Leonhardt, Helmut: Histologie, Zytologie und Mikroanatomie des Menschen, 8., Aufl., 1990.

Leonhardt, Helmut: Taschenatlas der Anatomie; Bd. 2: Innere Organe, 6., Aufl., 1991.

Lewis, Walter H.: Medical Botany. Plants effecting Men's Health, 1977.

Lewontin, Richard: Menschen. Genetische, kulturelle und soziale Gemeinsamkeiten, 1986.

Lexikon der Biochemie und Molekularbiologie. 1. Bd.: A bis Flechtenstoffe. 2. Bd.: Fleckfieber bis NTP. 3. Bd.: nucleär bis Zypressencampher. Erg.-Bd. 1993: A-Z. Erg.-Bd. 1995: A-Z. 1995.

Lexikon Medizin, durchges. Sonderausgabe, Urban & Schwarzenberg, 1997.

Lidz, Theodore: Der gefährdete Mensch. Ursprung und Behandlung der Schizophrenie, 1976.

Liebman, Michael: Basiswissen Neuroanatomie. Leicht verständlich, knapp, klinikbezogen, 1993.

Lienert, Rupert: Grundlagen der Chemie, 2., Aufl., 1975.

Liesenfeld, Rudolf: Psychosomatische Krankheitsbilder in der Praxis, 1987.

Lifton, Robert Jay: Ärzte im Dritten Reich, 1988.

Linde, Otfried K.: Pharmakopsychiatrie im Wandel der Zeit, 1988.

Linnemann, Markus/Kühl, Michael: Biochemie für Mediziner. Ein Lern- und Arbeitsbuch mit klinischem Bezug, 5., überarb. und erw. Aufl., 1999.

Linß, Werner/Halbhuber, K.-J.: Histologie und mikroskopische Anatomie, 17., neu bearb. Aufl., 1991.

Loew, Dieter/Heimsoth, Volker/Horstmann, Harald/Kuntz, Erwin/Schilcher, Heinz/Marshall, Markward: Diuretika. Chemie, Pharmakologie und Therapie einschließlich Phytotherapie, 3., neubearb. und erw. Aufl., 1992.

Löffler, Georg: Basiswissen Biochemie mit Pathobiochemie, 4., korr. Aufl., 2001.

Löffler, Georg/Petrides, Petro E.: Biochemie und Pathobiochemie, 6., korr. Aufl., 1998.

Löffler, Georg: Funktionelle Biochemie. Eine Einführung in die medizinische Biochemie, 2., korr. Aufl., 1994.

Löffler, Georg/Petrides, Petro E.: Physiologische Chemie. Lehrbuch der medizinischen Biochemie und Pathobiochemie für Studierende und Ärzte. 4., überarb. und erw. Aufl., 1990.

Lüllmann, Heinz/Mohr, Klaus/Ziegler, Albrecht: Taschenatlas der Pharmakologie, 2., überarb. und erw. Aufl., 1994.

Lüllmann, Heinz/Mohr, Klaus/Ziegler, Albrecht: Taschenatlas der Pharmakologie, 3., überarb. und erw. Aufl., 1996.

Lüttgau, Hans Christoph/Necker, Reinhold (Hrsg.): Biological signal processing. Final report of the Sonderforschungsbereich „Biolo

122

gische Nachrichtenaufnahme und –verarbeitung. Grundlagen und Anwendung" 1972-1986 /DFG, 1989.

Machens, Roman: Ganzheitliche Praxisführung. Organisation, Naturheilverfahren, Psychosomatik, 1994.

Machleidt, Wielant/Bauer, Manfred/Lamprecht, Friedhelm/Rose, Hans K./Rohde-Dachser, Christa (Hrsg.): Psychiatrie, Psychosomatik und Psychotherapie. 7., aktualisierte Aufl., 2004.

Martin, Jörg: Fertigarzneimittelkunde, 3., neubearb. Aufl., 1990.

Martius, Gerhard: Differentialdiagnose und Therapie in Geburtshilfe und Gynäkologie, 1988.

Matakas, Frank: Neue Psychiatrie. Integrative Behandlung psychoanalytisch und systemisch, 1992.

Matthies, Hansjürgen: Die Bedeutung von Orotsäure. Magdeburger Kolloquium über Orotsäure und Magnesium, März 1990, 1991.

Matz, Dieter: Epilepsien, 1985.

Meermann, Rolf/Vandereycken, Walter: Therapie der Magersucht und Bulimia nervosa, 1987.

Melchart, Dieter/Wagner, Hildebert: Naturheilverfahren. Grundlagen einer autoregulativen Medizin, 1993.

Mertz, Dieter Paul: Hyperurikämie und Gicht. Grundlagen, Klinik und Therapie, 6., überarb. u. erw. Aufl., 1993.

Michel, Karl Markus/Sprengler, Tilmann (Hrsg.): Verteidigung des Körpers. (in: Kursbuch 119), März 1995.

Miketta, Gaby: Netzwerk Mensch. Psychoneuroimmunologie: Den Verbindungen von Körper und Seele auf der Spur, 2., durchges. Aufl., 1992.

Möller, Hans-Jürgen: Psychiatrie. Ein Leitfaden für Klinik und Praxis. 4., aktualisierte und erw. Auflage, 2002.

Die **Moleküle des Lebens**. Spektrum der Wissenschaft, Verständliche Forschung, 2., Aufl., 1988.

Monod, Jacques: Zufall und Notwendigkeit. Philosophische Fragen der modernen Biologie, 6.Aufl., 1983.

Moore, Keith L.: Embryologie. Lehrbuch und Atlas der Entwicklungsgeschichte des Menschen, 3., Aufl., 1990.

Moore, Keith L./Persaud, Trivedi V. N.: Embryologie. Lehrbuch und Atlas der Entwicklungsgeschichte des Menschen, 4., überarb. und erw. Aufl., 1996.

Mörike, Klaus/Betz, Eberhard/Mergenthaler,Walter: Biologie des Menschen, 12., völlig neubearb. u. erw. Aufl., 1989.

Müller, Christian (Hrsg.): Lexikon der Psychiatrie. Gesammelte Abhandlungen der gebräuchlichsten psychiatrischen Begriffe, 2., neubearbearb. und erw. Aufl., 1986.

Müri, Walter (Hrsg.): Der Arzt im Altertum. Griechische und lateinische Quellenstücke von Hippokrates bis Galen mit der Übertragung ins Deutsche, 5., Aufl., 1986.

Mumenthaler, Marco/Regli, Franco: Der Kopfschmerz. Ein Leitfaden der Diagnostik und Therapie für die Praxis, 1990.

Murphy, J. M.: Psychiatric labeling in cross-cultural perspective. Similar kinds of disturbed behavior appear to be labeled abnormal in diverse cultures. Science 191 (1976) S. 1020-1028.

Mutschler, Ernst u.a.: Arzneimittelwirkungen. Lehrbuch der Pharmakologie und Toxikologie. Mit einführenden Kapiteln in die Anatomie, Physiologie und Pathophysiologie, 6., völlig neu bearb. und erw. Aufl., 1991.

Mutschler, Ernst u.a.: Arzneimittelwirkungen. Lehrbuch der Pharmakologie und Toxikologie. Mit einführenden Kapiteln in die Anatomie, Physiologie und Pathophysiologie, 8., völlig neu bearb. und erw. Aufl., 2001.

Mutschler, Ernst u.a.: Arzneimittelwirkungen. Lehrbuch der Pharmakologie und Toxikologie. Mit einführenden Kapiteln in die Anatomie, Physiologie und Pathophysiologie, 9., völlig neu bearb. und erw. Aufl., 2008.

Nauta, Walle J. H./Feirtag, Michael: Neuroanatomie. Eine Einführung, 1990.

Neitzel, Volkmar: Labordaten-Verarbeitung mit Labor-Informations- und –Management-Systemen (LIMS) (in: Datenverarbeitung in den Naturwissenschaften, hrsg. von Claus Bliefert und Josef Kwiatkowski), 1992.

Netter, Frank H.: Atlas of Human Anatomy, 1991.

Netter, Frank H.: Farbatlanten der Medizin Bd. 9: Bewegungsapparat III. Verletzungen der Knochen, Muskeln und Bänder/Diagnostik und Therapie, 1997.

Netter, Frank H.: Farbatlanten der Medizin, Bd. 1: Herz, 3., überarb. und erw. Aufl., 1990.

Netter, Frank H.: Farbatlanten der Medizin, Bd. 2: Nieren und Harnwege, 2., unveränd. Aufl., 1983.

Netter, Frank H.: Farbatlanten der Medizin, Bd. 3: Genitalorgane, 2., überarb. Aufl., 1987.

Netter, Frank H.: Farbatlanten der Medizin, Bd. 4: Atmungsorgane, 1982.

Netter, Frank H.: Farbatlanten der Medizin, Bd. 5: Nervensystem I, 1987.

Netter, Frank H.: Farbatlanten der Medizin; Bd. 6: Nervensystem II, 1989.

Netter, Frank H.: Farbatlanten der Medizin, Bd. 7: Bewegungsapparat I, 1992.

Netter, Frank H.: Farbatlanten der Medizin, Bd. 8: Bewegungsapparat II, 1995.

Die **Neuraltherapie nach Huneke** (aus der wissenschaftlichen Abteilung der PASCODE Pharmazeutische Präparate GmbH; o.J., o.A.).

Nieuwenhuys, Rudolf/Voogd, Jan/Huijzen, van Christiaan: Das Zentralnervensystem des Menschen. Ein Atlas mit Begleittext, 2., vollständ. überarb. Aufl., 1991.

Nieuwenhuys, Rudolf: Chemoarchitecture of the Brain, 1985.

Nissen, Gerhardt: Psychopathologie des Kindesalters, 1977. - Psychische Störungen im Kindes- und Jugendalter. Ein Grundriss der Kinder- und Jugendpsychiatrie, 1986.

Northrup, Christiane: Frauenkörper Frauenweisheit. Bewusst leben - ganzheitlich heilen, 2., Aufl., 1995.

Nüchtern, Michael: Medizin - Magie - Moral. Therapie und Weltanschauung, in der Reihe: Unterscheidung. Christliche Orientierung im religiösen Pluralismus, herausgegeben von Reinhart Hummel und Josef Sudbrack. 1995.

Oberdisse, Eckard: Allgemeine und spezielle Pharmakologie und Toxikologie. Teil 2, Pharmaka mit Wirkung auf das Nervensystem, Herz, Kreislauf und Blut, Niere, Säure-Basenhaushalt und Elektrolyte, Respirations- und Verdauungstrakt, 1986.

Oelze, Fritz/Brinkmann, Helmut/Wiesenauer, Markus: Naturheilverfahren bei Herz-Kreislauferkrankungen. Differentialtherapeutische Entscheidungen zwischen naturgemäßer und konventioneller Behandlung, 1994.

Oepen, Irmgard/Prokop, Otto: Außenseitermethoden in der Medizin. Ursprünge, Gefahren, Konsequenzen, 1986.

Oeser, Erhard/Seitelberger, Franz: Gehirn, Bewusstsein und Erkenntnis. Dimensionen der modernen Biologie, Bd. 2., 1988.

Oettinger, Barbara/Oettinger, Thomas: Anatomie. Das Kurzlehrbuch zum Präparierkurs und zur Vorbereitung auf die ärztliche Prüfung, 9., völlig neubearb. Aufl., 1992.

Ornstein, Robert/Sobel, David: The healing brain. Breakthrough discoveries about how the brain keeps us healthy, 1987.

Ots, Thomas: Medizin und Heilung in China. Annäherungen an die traditionelle chinesische Medizin, 2. überarb. und erw. Aufl., 1990.

Pätzold, Clemens/Ernst, Regina (Red.): Pschyrembel Wörterbuch Naturheilkunde: und alternative Heilverfahren mit Homöopathie, Psychotherapie und Ernährungsmedizin, 2., überarb. Aufl., 2000.

Paßmann, Jörg: Grundzüge des Arzthaftungsrechts. Eine Darstellung der zivilrechtlichen Haftungsmaßstäbe des Medizinschadensrechtes in der Bundesrepublik Deutschland, 1., Aufl., 2001.

Payer, Lynn: Andere Länder, andere Leiden. Ärzte und Patienten in England, Frankreich, den USA und hierzulande, 1989.

Payk, Theo R.: Checkliste Psychiatrie, Checklisten der aktuellen Medizin, 2. neubearb. Aufl., 1992.

Perkin, G. David (u. a.): Farbatlas der klinischen Neurologie, 1989.

Peters, Uwe Hendrik: Wörterbuch der Psychiatrie und medizinischen Psychologie. Mit einem englischen und französischen Glossar. Anhang: Nomenklatur des DSM, 4., überarb. und erw. Aufl., 1990.

Peters, Uwe Henrik (Hrsg.): Psychiatrie Band 1 und 2, 1983.

Piper, Wolfgang: Innere Medizin, 1974.

Pischinger, Alfred: Das System der Grundregulation: Grundlagen für eine ganzheitsbiologische Theorie der Medizin, 6., Aufl., 1988.

Platzer, Werner: Taschenatlas der Anatomie, Bd. 1: Bewegungsapparat, 6., Aufl., 1991.

Poeck, Klaus (Hrsg.): Klinische Neuropsychologie, 2., Aufl., 1989.

Poeck, Klaus: Neurologie, 8., Aufl., 1992.

Poeck, Klaus: Neurologie, 9., Aufl., 1994.

Pongratz, Dieter E.: Klinische Neurologie, (in: Innere Medizin der Gegenwart, hrsg. von Geork W./Hartmann, F./Schuster, H.-P.), 1992.

Portmann, Adolf: Biologie und Geist, 2., Aufl., 1978.

Pralle, Hans Bernd: Checkliste Hämatologie, 2., überarb. Aufl., 1991.

Prescott, David M./Flexer, Abraham S.: Krebs. Fehlsteuerung von Zellen. Ursachen und Konsequenzen, 1990.

Pschyrembel, Willibald: Klinisches Wörterbuch, 255., völlig überarb. und stark erw. Aufl., 1986.

Pschyrembel, Willibald: Klinisches Wörterbuch, 256., neu bearb. Aufl., 1990.

Pschyrembel, Willibald: Klinisches Wörterbuch, 257., neu bearb. Aufl., 1994.

Pschyrembel, Willibald: Klinisches Wörterbuch, 258., Aufl., 1998.

Pschyrembel, Willibald: Klinisches Wörterbuch, 259., neu bearb. Aufl., 2002.

Pschyrembel, Willibald: Klinisches Wörterbuch, 260., neu bearb. Aufl., 2004.

Pschyrembel, Willibald: Therapeutisches Wörterbuch [1999/2000], 1998.

Qualitätsmanagement - Neurologische Frührehabilitation. Tagungsband zum 2. Reha-Symposium:Neurologie und Orthopädie, Lingener Tage 1996, 1., Aufl., 1996.

Radcliffe European Medical Dictionary, 1991.

Ram, Bhanu P./Harris, Mary C./Tyle, Praveen (Hrsg.): Immunology. Clinical, Fundamental and Therapeutic Aspects (in: Immunology, Biochemestry, and Biotechnology 1), 1990.

Rauber, August/Kopsch Friedrich: Anatomie des Menschen, Bd. I: Bewegungsapparat, 1987.

Rauber, August/Kopsch, Friedrich: Anatomie des Menschen, Band II: Innere Organe, 1987.

Rauber, August/Kopsch, Friedrich: Anatomie des Menschen, Band III: Nervensystem, Sinnesorgane, 7., Aufl., 1987.

Rauber, August/Kopsch Friedrich: Anatomie des Menschen, Bd. IV: Topographie der Organsysteme, Systematik der peripheren Leitungsbahnen, 1988.

Reinwein, Dankwart/Benker, Georg: Checkliste Endokrinologie und Stoffwechsel, 2., überarb. Aufl., 1988.

Reinwein, Dankwart/Benker, Georg: Klinische Endokrinologie und Diabetologie, 2., völlig neu bearb. Aufl., 1992.

Remschmidt, Helmut (Hrsg.): Kinder und Jugendpsychiatrie. Eine praktische Einführung, 2., neubearb. und erw. Aufl., 1987.

Remschmidt, Helmut/Schmidt, Martin H.: Kinder- und Jugendpsychiatrie in Klinik und Praxis; Bd. I: Grundprobleme, Pathogenese, Diagnostik, Therapie. 1988; Bd. II: Entwicklungsstörungen, organisch bedingte Störungen, Psychosen, Begutachtung, 1985 und Bd. III: Alterstypische reaktive und neurotische Störungen, 1985.

Remschmidt, Helmut: Psychiatrie der Adoleszenz, 1992.

Remschmidt, Helmut: Psychologie für Pflegeberufe, 6. überarb. Aufl., 1994.

Ridder, Paul: Im Spiegel der Arznei. Sozialgeschichte der Medizin, 1990.

Riecker, Gerhard: Ärztliche Entscheidungen in der Inneren Medizin. Grundlagen, Testfragen, Kasuistiken; Bd. I u. Bd. II, 1996.

Rimpler, Horst: Biogene Arzneistoffe. Pharmazeutische Biologie, Bd. II, 1990.

Robinson, Vera M.: Praxishandbuch therapeutischer Humor: Grundlagen und Anwendung für Pflege- und Gesundheitsberufe, 1999.

Roche Lexikon Medizin, 3., neubearb. Aufl., 1993.

Rohen, Johannes W.: Funktionelle Anatomie des Nervensystems, 5., Aufl., 1994.

Rohen, Johannes W./Lütjen-Drecoll, Elke: Funktionelle Histologie, 2., erw. und neu bearb. Aufl., 1990.

Roitt, Ivan M./Brostoff, Jonathan/Male, David K.: Kurzes Lehrbuch der Immunologie, 2., Aufl., 1991.

Rorvik, David M.: Nach seinem Ebenbild. Der Genetik-Mensch: Fortpflanzung durch Zellkern-Transplantation, 1981.

Rossmanith, Winfried G./Scherbaum, Werner A. (Hrsg.): Neuroendocrinology of Sex Steroids. Basic Knowledge and Clinical Implications (in: New Developments in Biosciences 6), 1992.

Rote Liste 1989: Verzeichnis von Fertigarzneimitteln der Mitglieder des Bundesverbandes der Pharmazeutischen Industrie e. V., 1989.

Ruf-Bächtiger, Lislott: Das frühkindliche psycho-organische Syndrom. Minimale zerebrale Dysfunktion. Diagnostik und Therapie, 1987.

Rüegg, Johann Caspar: Gehirn, Psyche und Körper. Neurobiologie von Psychosomatik und Psychotherapie, 3., akt. u. erw. Aufl., 2006.

Runnebaum, Benno/Rabe, Thomas: Gynäkologische Endokrinologie und Fortpflanzungsmedizin. Bd. 1 Gynäkologische Endokrinologie, 1994.

Runnebaum, Benno/Rabe, Thomas: Gynäkologische Endokrinologie und Fortpflanzungsmedizin. Bd. 2: Fortpflanzungsmedizin, 1994.

Sadock, Benjamin J./Sadock, Virginia A. (Hrsg.): Kaplan & Sadock´s Comprehensive Textbook of Psychiatry. Vol. 2, 7. ed., 2000.

Sass, Hans-Martin (Hrsg.): Genomanalyse und Gentherapie. Ethische Herausforderungen in der Humanmedizin, 1991.

Schäffler, Arne/Braun, Jörg/Renz, Ulrich: Klinikleitfaden. Schwerpunkt Innere Medizin, 4., erw. Aufl., 1992.

Scharfetter, Christian: Allgemeine Psychopathologie. Eine Einführung, 3., überarb. Aufl., 1991.

Schauf, Charles L./Moffett, David F./Moffett, Stacia B.: Medizinische Physiologie. Nach der amerikanischen Originalausg. hrsg. v. E. Schubert, bearb. u. übers. von G. Asmussen u.a., 1993.

Schedlowski, Manfred/Tewes, Uwe (Hrsg.): Psychoneuroimmunologie, 1996.

Schedlowski, Manfred: Stress, Hormone und zelluläre Immunfunktionen. Ein Beitrag zur Psychoneuroimmunologie, 1994.

Scheider, Marie Luise/Schneider, Volker: Gynäkologische Zytologie. Atlas zur Differentialdiagnostik (Gynecologic Cytology. Differential Diagnostic Atlas), 3., Aufl., 1995.

Schenck, Eduard: Neurologische Untersuchungsmethoden, 4., überarb. u. erw. Aufl., 1992.

Schettler, Gotthard (Hrsg.): Innere Medizin. Ein kurzgefasstes Lehrbuch, Bd. I, Bd. II, 7., überarb. und erw. Aufl., 1987.

Schiebler, Theodor, Heinrich/Peiper, Ulrich/Schneider, Friedhelm: Histologie und mikroskopische Anatomie des Menschen unter Berücksichtigung der Histophysiologie, nach der amerikan. Ausg. von L. C. Junqueira und J. Carneiro, 2., Aufl., 1986.

Schiffter, Roland: Neurologie des vegetativen Systems, 1985.

Schindele, Eva: Pfusch an der Frau. Krankmachende Normen, überflüssige Operationen, lukrative Geschäfte, 1993.

Schlegel, Emil: Religion der Arznei. Das ist Herr Gotts Apotheke, erfindungsreiche Heilkunst, Signaturenlehre als Wissenschaft, 6., sehr verm. Aufl. (hrsg. v. Ernst Schmeer), 1987.

Schmidt, Josef M.: Katalog der Bibliothek des Krankenhauses für Naturheilweisen, 1990.

Schmidt, Lothar R.: Psychologie in der Medizin. Anwendungsmöglichkeiten in der Praxis, 1984.

Schmidt, Robert F. (Hrsg.): Neuro- und Sinnesphysiologie, 1993.

Schmidt, Robert F./Thews, Gerhard/Lang, Florian: Physiologie des Menschen, 22., korr. und aktual. Aufl., 1985.

Schmidt, Robert F./Thews, Gerhard/Lang, Florian: Physiologie des Menschen, 27., korr. und aktual. Aufl., 1997.

Schmidt, Robert F./Thews, Gerhard/Lang, Florian: Physiologie des Menschen, 28., korr. und aktual. Aufl., 2000.

Schmidt, Robert F./Thews, Gerhard/Lang, Florian: Physiologie des Menschen, 29., vollständig neu bearb. u. aktual. Aufl., 2005.

Schmidt, Robert, F.: Physiologie Kompakt, 2., Aufl., 1995.

Schmidt-Matthiesen, Heinrich (Hrsg.): Gynäkologie und Geburtshilfe. Kurzlehrbuch für Studium und Praxis unter Berücksichtigung des Lernzielkatalogs. Unter Mitarbeit von D. v. Fournier, H. Hepp, H. A. Hirsch, H.-D. Taubert, 8., überarb. Aufl., 1992, 1. korr. Nachdruck, 1994.

Schneewind, Klaus A.: Persönlichkeits-Theorien I: Alltagspsychologie und mechanistische Ansätze, 1982; II: Organismische und dialektische Ansätze, 1984.

Schneider, Frank/Fink, Gereon R. (Hrsg.): Funktionelle MRT in Psychiatrie und Neurologie, 2007.

Schneider, Kurt: Klinische Psychopathologie, 14., unveränderte Aufl., 1992.

Schneider, Kurt: Klinische Psychopathologie, 8., Aufl., 1967.

Schönthal, Hermann: Praxis der Differentialdiagnose innerer Erkrankungen. Kasuistiken, Übersichten und Kommentare. 2., überarb. und erw. Aufl. 2001.

Schüller, Heidi: Die Gesundmacher, 1993.

Schüßler, Gerhard: Psychosomatik/Psychotherapie systematisch, 1., Aufl., 1995.

Schwartz, Andreas: Neurologie systematisch, 1., Aufl., 1996.

Scully, James H. (Hrsg.): Psychiatry. NMS – National Medical Series For Independent Study, 4., ed., 2001

Selbach, Helmut: Pharmako-Psychiatrie, 1977.

Shepherd, Gordon M.: Neurobiologie, 2., Aufl., 1993.

Siebel, Walter Alfred/Winkler, Thomas: Kompendium der hämatologischen und serologischen Laborwerte. Noosomatik Bd. VI.2. 1989.

Siebel, Walter Alfred/Winkler Thomas: Theoretische Grundlegung. Noosomatik Bd. I, 1990.

Siebel, Walter Alfred/Winkler, Thomas: Noologie, Neurologie, Kardiologie. Noosomatik Bd. V, 1993.

Siebel, Walter Alfred/Winkler Thomas: Theoretische Grundlegung. Allgemeine Grundlagen. Noosomatik Bd. I, 2., Aufl., 1994.

Siebel, Walter Alfred/Winkler, Thomas: Noologie, Neurologie, Kardiologie. Noosomatik Bd. V, 2., überarb. und erw. Aufl. 1996.

Siebel, Walter Alfred/Winkler, Thomas: Kompendium der hämatologischen und serologischen Laborwerte. Noosomatik Bd. VI.2. 2., überarb. und erw. Aufl. 2001.

Siebel, Walter Alfred/Winkler, Thomas: Anatomie einiger philosophischer Theorien. Noosomatik Bd. VII, 2006.

Siebel, Walter Alfred/Winkler, Thomas: EKG-Modul (CD-Rom), Noosomatik Bd. V.1, 2007.

Siegel, Bernie S.: Love, medicine & miracle: lessons learned about self-healing from a surgeon's experience with exceptional patients, 1. ed., 1986.

Siegel, Bernie S.: Peace, love & healing: bodymind communication and the path to self-healing. An exploration, 1989.

Siegenthaler, W./Kaufmann, W./Hornbostel, H./Waller, H. D. (Hrsg.): Lehrbuch der inneren Medizin, 3., neubearb. und erw. Aufl., 1992.

Siegenthaler, Walter: Differentialdiagnose innerer Krankheiten, 16., Aufl., 1988.

Siegenthaler, Walter: Differentialdiagnose innerer Krankheiten, 18., vollst. neubearb. Aufl., 2000.

Siegenthaler, Walter: Klinische Pathophysiologie, 6., neubearb. Aufl., 1987.

Siegrist, Johannes: Chronischer Stress und koronares Risiko. Wissenschaftliche Erkenntnisse und praktische Konsequenzen. Eine Informationsbroschüre für den Arzt, 1987.

Silbernagl, Stefan/Despopoulos Agamemnon: Taschenatlas der Physiologie, 4., Aufl., 1991.

Singer, Maxine/Berg, Paul: Gene und Genome, 1992.

Smythies, John R.: Biologische Psychiatrie. Entwicklung - Fortschritte - Ausblicke, 1968.

Snyder, Solomon H.: Chemie der Psyche, 1989.

Sobotta, Johannes (hrsg. von Putz, R./Pabst, R.): Atlas der A-natomie des Menschen. Bd. 1: Kopf, Hals, obere Extremitäten, 20., neubearb. Aufl., 1993.

Sobotta, Johannes (hrsg. von Putz, R./Pabst, R.): Atlas der A-natomie des Menschen. Bd. 2: Rumpf, Eingeweide, untere Extremitäten, 20., neubearb. Aufl., 1993.

Sobotta, Johannes/Becher, H.: Atlas der Anatomie des Menschen Bd.3: Zentralnervensystem, Autonomes Nervensystem, Sinnesorgane und Haut, Periphere Leitungsbahnen, 17., neubearb. Aufl., 1973.

Sobotta, Johannes/Hammersen, Frithjof (neubearb. von Welsch, Ulrich): Histologie. Farbatlas der Mikroskopischen Anatomie, 4., neubearb. Aufl., 1994.

Speckmann, Erwin-Josef: Einführung in die Neurophysiologie, 1981.

Spiel, Walter/Spiel Georg: Kompendium der Kinder- und Jugend-neuropsychiatrie, 1987.

Spiel, Walter: Therapie in der Kinder- und Jugendpsychiatrie, 2., ü-berarb. u. erw. Aufl., 1976.

Springer, Sally P./Deutsch, Georg: Linkes Rechtes Gehirn. Funktionelle
Asymmetrien, 1987.

Staab, Heinz A./Gerok, Wolfgang/Bhakdi, Sucharit: Fort-schrittsberichte aus Naturwissenschaft und Medizin. Verhandlungen der Gesellschaft Deutscher Naturforscher und Ärzte, 112, 1983

Stafford-Clark, David/Smith, Andrew C.: Psychiatrie. Ein Kompendium, 1987.

Staines, Norman/Brostoff, Jonathan/James, Keith: Immunolo-gisches Grundwissen, 2., bearb. und erw. Aufl., 1994.

Standardrezepturen für den Arzt und den Apotheker, 16., Aufl., 1994.

Stein, Jay H. (ed.): Internal Medicine, 4., Aufl., 1994.

Steudel, Wolf-Ingo/Golling, Felix-Rainer: Medizinstudium und ärztliche Weiterbildung. Zulassung, Approbationsordnung, Promotion, Weiterbildungsordnung, Adressen, Tendenzen, 4., neubearb. Aufl., 1989.

Stiftung Warentest (Hrsg.): Die andere Medizin. Nutzen und Risi-ken sanfter Heilmethoden, 4., überarb. und erw. Aufl., 1996.

Stiftung Warentest (Hrsg.): Handbuch Medikamente. Über 5000 Arzneimittel für Sie bewertet. Ärztlich verordnete Präparate: Wie sie wirken, was sie nutzen, Preise und Festbeträge, 3., Aufl., 2000.

Stiftung Warentest (Hrsg.): Handbuch Selbstmedikation. Rezept-freie Arzneien und Hausmittel im Vergleich, 1995.

Stiftung Warentest (Hrsg.): Handbuch Selbstmedikation. Rezept-freie Mittel – Für Sie bewertet, 2002.

Stobbe, Horst/Baumann, Gert (Hrsg.): Innere Medizin. Grundlagen der Klinik innerer Krankheiten, 7., überarb. und erw. Aufl., 1996.

Stoll, Francois (Hrsg.): Arbeit und Beruf Band 1 und 2, 1983.

Stollberg, Dietrich: Seelsorge durch die Gruppe. Praktische Einführung in die gruppendynamisch-therapeutische Arbeitsweise, 1971.

Stollberg, Dietrich: Seelsorge praktisch. 3., durchges. Aufl., 1971.

Stryer, Lubert: Biochemie, völlig neubearb. Aufl., 1990.

Stryer, Lubert: Biochemie, 1. korr. Nachdruck 1999 der 4., Aufl. 1996, 1999.

Sulz, Serge K. D.: Psychotherapie in der klinischen Psychiatrie, 1987.

Szasz, Thomas S.: Recht, Freiheit und Psychiatrie. Auf dem Weg zum „therapeutischen Staat"? 1980.

Tange, Ernst Günter: Nobody is perfect. Zitatenschatz für Mediziner, 1992.

Tausk, Marius/Thijssen, J. H. H./van Wimersma Greidanus, Tjeerd B.: Pharmakologie der Hormone, 4., Aufl., 1986.

Teuscher, Eberhard: Pharmazeutische Biologie, 4., bearb. u. erw. Aufl., 1990.

Theuretzbacher, Ursula: Mikrobiologie im klinischen Alltag. Erreger, Diagnostik, Therapie. 2., überarb. und erw. Aufl., 2004.

Thews, Gerhard/Mutschler, Ernst/Vaupel, Peter: Anatomie Physiologie Pathophysiologie des Menschen, 5., völlig neu bearb. und erw. Aufl., 1999.

Thoden, Uwe: Neurogene Schmerzsyndrome. Differentialdiagnose und Therapie, 1987.

Thomas, C. (Hrsg.): Grundlagen der klinischen Medizin. Bd. 4: Nervensystem von H.-D. Mennel, G. Gebert und H., 1990, 1992. Bd. 5: Endokrines System von G. Gebert und C. Thomas, 1992. Bd. 9: Blut und Lymphsystem von S. Falk, G. Gebert, P. S. Mitrou, H. J. Stutte u. C. Thomas, 1994.

Thomas, Carmen: Ein ganz besonderer Saft - Urin, 8., Aufl., 1994.

Thome, Rainer/Wagner, Gustav: Dokumentation, Datenverarbeitung und Statistik in der Medizin. Kurzlehrbuch für medizinische Berufe, 2., verb. Aufl., 1983.

Thompson, Richard F.: Das Gehirn. Von der Nervenzelle zur Verhaltenssteuerung, 2., Aufl., 1994.

Tindall, Victor R.: Geburtshilfe und Gynäkologie. Bilder, Fragen, Antworten, 1988.

Toifl, Karl: Chaos im Kopf. Chaostheorie - ein nichtlinearer Weg für Medizin und Wissenschaft, 1995.

Tölle, Rainer: Psychiatrie, 9., Aufl., 1991.

Tölle, Rainer: Wahn. Seelische Krankheiten. Geschichtliche Vorkommnisse. Literarische Themen, 2008.

Uexküll, Thure von/Wesiack, Wolfgang: Theorie der Humanmedizin. Grundlagen ärztlichen Denkens und Handelns, 2., durchges. Aufl., 1991.

Uexküll, Thure von: Integrierte Psychosomatische Medizin in Praxis und Klinik. Hrsg.: Rolf Adler, Wulf Bertram, Antje Haag, Jörg Michael Herrmann, Karl Köhle, Thure von Uexküll, 3., durchges. und erw. Aufl., 1994.

Uexküll, Thure von: Psychosomatische Medizin, 4., neubearb. und erw. Aufl., 1990.

Uexküll, Thure von/Arnim, Angela von (Hrsg.): Subjektive Anatomie. Theorie und Praxis körperbezogener Psychotherapie, 1994.

Ufer, Joachim: Hormontherapie in der Frauenheilkunde, 1972.

Vogel, Günter/Angermann, Hartmut: Taschenatlas der Biologie in 3 Bänden, Bd. 1: Zellen, Organe, Organismen, Ontogenie; Bd. 2: Physiologie und Ökologie; Bd. 3: Genetik und Evolution, Systematik, in Taschenatlas der Biologie, 1990.

Vogl, Hans: Differentialdiagnose der medizinisch-klinischen Symptome Bd.1: A-K, 2., Aufl., 1981 und Bd. 2: L-Z, 2., Aufl., 1981.

Vogl, Hans: Differentialdiagnose der medizinisch-klinischen Symptome. Lexikon der klinischen Krankheitszeichen und Befunde, 3., überarb. Aufl., 1994.

Wahrnehmung und visuelles System, Spektrum der Wissenschaft, 2., Aufl., 1987.

Wainwright, Cherry L./Parratt James R.: Myocardial Preconditioning, 1996.

Waldeyer, Anton/Mayet, Anton: Anatomie des Menschen, 2. Teil: Kopf und Hals, Auge, Ohr, Gehirn, Arm, Brust, 15., Aufl., 1986.

Walter-Jung, Barbara: Dokumentation und EDV für Krankenpflegeberufe, 1989.

Weber, Klaus Georg: Abrechnung von Naturheilverfahren in EBM und GOÄ. Grundsätze, Ziffern, Beispiele, 1991.

Weizsäcker, Victor von: Gesammelte Schriften 1. Natur und Geist. Begegnungen und Entscheidungen, 1986. - Gesammelte Schriften 2. Empirie und Philosophie Herzarbeit/Naturbegriff, 1998. - Gesammelte Schriften 3. Wahrnehmen und Bewegen. Die Tätigkeit des Nervensystems, 1990. - Gesammelte Schriften 4. Der Gestaltkreis. Theorie der Einheit von Wahrnehmen und Bewegen, 1997. - Gesammelte Schriften 5. Der Arzt und der Kranke. Stücke einer medizinischen Anthropologie, 1987. - Gesammelte Schriften 6. Körpergeschehen und Neurose. Psychosomatische Medizin, 1986. - Gesammelte Schriften 7. Allgemeine Medizin. Grundfragen medizinischer Anthropologie, 1987. - Gesammelte Schriften 8. Soziale Krankheit und soziale Gesundung.

Soziale Medizin, 1986. - Gesammelte Schriften 9. Fälle und Probleme. Klinische Vorstellungen, 1988.

Wenderlein, Matthias: Psychosomatik in der Gynäkologie und Geburtshilfe, 1981.

Werner, Herbert/Heizmann, Wolfgang R./Döller, Peter C.: Medizinische Mikrobiologie, 1991.

Wichtl, Max (Hrsg.): Teedrogen. Ein Handbuch für die Praxis auf wissenschaftlicher Grundlage, 2., Aufl., 1989.

Wiegand, Ronald: Alfred Adler und danach. Individualpsychologie zwischen Weltanschauung und Wissenschaft, 1990.

Wiesenhütter, Eckart: Freud und seine Kritiker, 1974.

Wilke, Günther (Hrsg.): Horizonte. Wie weit reicht unsere Erkenntnis heute? 1993.

Winkler, Thomas: Die Vergleichbarkeit von Coffeinanalysen in Speichel- und Serumproben, Hannover, Univ., Diss., 1987.

Wittchen, H.-U./Saß, H./Zaudig, M./Koehler, K.: Diagnostisches und Statistisches Manual Psychischer Störungen (DSMIII-R), 1989.

Wolf, Alfred S./Esser Mittag, Judith (Hrsg.): Kinder und Jugendgynäkologie. Atlas und Leitfaden für die Praxis, 1996.

Wolf Gerald: Das Gehirn. Substanz, die sich selbst begreift, 1996.

Zander, Joef/Holzmann, Kurt/Kuss, Erich: Frauenheilkunde - Literatur - Wissenschaft. Versuch einer Standortbestimmung, 1994.

Zatouroff, Michael: Allgemeinmedizin. Bilder, Fragen, Antworten, 1989.

Zetkin,Maxim/Schaldach, Herbert: Wörterbuch der Medizin, 15., vollst. überarb. Aufl., bearb. v. Heinz David u. a., 1992.

Zimmermann, Walther: Praktische Phytotherapie. Die Arzneipflanze in der Medizin, 1994.

Zimprich, Hans: Kinderpsychosomatik, 1984.

Zollinger, Hans Ulrich: Pathologische Anatomie Bd. I: Allgemeine Pathologie. 5., Aufl., 1981 und Bd. II: Spezielle Pathologie, 5., Aufl., 1981.

Zumkley, Heinz/Kisters, Klaus: Spurenelemente. Geschichte Grundlagen Physiologie Klinik, 1990.

134

Verlagsmitteilungen:

Dareschta Verlag
und Versandbuchhandlung

Wir arbeiten weiter an der Erweiterung des Verlagsprogrammes, bleiben aber dem besonderen Flair treu.

Auszug der Veröffentlichungen:

Siebel, Walter Alfred: **Ordnung und Weite. Texte zur Anthropologie des Rechts auf sich selbst**, 2., überarb. u. erw. Aufl. auf CD-ROM, Euro 25,00, ISBN 978-3-89379-138-5, Wiesbaden 2008

Siebel, Walter Alfred: **Würde und Mut. Zur Anthropologie der Sprache, der Musik und des Rechts auf Gegenwart**, 2., überarb. u. erw. Aufl. auf CD-ROM, Euro 29,50, ISBN 978-3-89379-139-2; Wiesbaden 2008

Siebel, Walter Alfred: **Umgang. Einführung in eine psychologische Erkenntnistheorie**, 5., überarb. u. erw. Aufl., S. 317, Euro 28,00, ISBN 3-89379-778-5, Wiesbaden 2007

Siebel, Walter Alfred: **Schmach. Die Schuld, eine Frau zu sein. Ein Lesebuch für Frauen und Männer**, 4., überarb. u. erw. Aufl., inkl. CD-ROM zur Bindungstheorie, S. 366, Euro 28,00, ISBN 978-3-89379-135-4, Wiesbaden, 2007

Siebel, Walter Alfred, Straub, Sabina: **Noosomatik Band V.1: EKG-Modul**, CD-ROM, Euro 35,00, ISBN 978-3-89379-140-8, Wiesbaden 2007

Siebel, Walter Alfred, Winkler Thomas: **Noosomatik Band VII: Anatomie einiger philosophischer Theorien**, S. 259, Euro 36,00, ISBN 3-89379-077-2, Wiesbaden 2006

Siebel, Walter Alfred, Winkler, Thomas: **Noosomatik Band VI.2: Kompendium der hämatologischen und serologischen Laborwerte**, 2., neubearb. u. erw. Aufl., Diskette, Euro 20,20, ISBN 978-3-89379-053-1, Wiesbaden 2001

Siebel, Walter Alfred, Wriedt, Carsten: **Hoffnung und Sinn. Einführung in die Religionswissenschaft als Darstellung des Rechts auf Intimität**, 2., überarb. u. erw. Aufl., 169 S., EUR 20,35 ISBN 3-89379-132-9, Wiesbaden 2001, (PDF Euro 15,25)

Siebel, Walter Alfred, Winkler Thomas: **Noosomatik Band V: Noologie, Neurologie, Kardiologie**, 2., neubearb. u. erw. Aufl., S. 552, EUR 45,50, ISBN 3-89379-067-5, Wiesbaden 1996,

Siebel, Walter Alfred, Winkler, Thomas: **Noosomatik Band I: Theo-retische Grundlegung**, 2., neubearb. u. erw. Aufl., 609 S., EUR 44,00 ISBN 3-89379-082-9, Langwedel 1994

Siebel, Walter Alfred: **Gemeinschaft und Menschenrecht. Einfüh-rung in die anthropologische Soziologie**, 2., überarb. u. erw. Aufl., S. 338, EUR 20,20, ISBN 3-89379-124-8, Langwedel 1995

Siebel, Walter Alfred: **Human Interaction. Introduction to a New Psychological Theory of Cognition**, 3., überarb. u. erw. Aufl., S.295, € 40,90, ISBN 3-39379-769-6, Langwedel 1994

Stefan Kölsch: **Der soziale Umgang mit Fähigkeit. Die geschlos-sene Gesellschaft und ihre Freunde**, S. 239, EUR 21,40, ISBN 3-8979-146-9; Wiesbaden 2001

Gerald Wolf: **Das Gehirn. Substanz, die sich selbst begreift**, S.290, EUR 20,20, ISBN 3-8979-145-0, Wiesbaden 1996

interdis: Zeitschrift für interdisziplinäre Forschung; Euro 55,00 (im Abo Euro 48,00), ISSN 1864-2438

Der digitale Familienhelfer 2008, Ein Info-Butler für schon-länger, Vielleicht-bald-, Noch-nicht-ganz- und Jetzt-erst-recht-Familien ... und natürlich alle, die sich sonst noch für das Thema interssieren, 3. überarb. u. erw. Aufl. auf CD-Rom, Euro 20,00, Wiesbaden 2008

Innerhalb Deutschlands liefern wir alle lieferbaren Werke (auch digitale) porto- und verpackungsfrei gegen Rechnung an Ihre Versandadresse.
Auch gängige Software können Sie bei uns bestellen:
Dareschta Verlag
Bahnhofstrasse 41
D-65185 Wiesbaden
Besuchen Sie auch unseren Internetshop:
www.dareschta.de